사 주만에 다 끝내는 리 얼 합격 문제집

조주기능사
필기시험

박해나 편저

4단계 합격 비법!

이론
요약

기출
문제

+

CBT
문제

모의
고사

씨마스21

사 주만에 다 끝내는 리 얼 합격 문제집

조주기능사

필기시험

박해나 편저

씨마스21

머리말

우리는 하루 종일 음료를 마십니다. 커피를 마시며 잠을 깨우고, 식사 중에 물을 마시고, 운동 후 근육을 회복하기 위해 단백질 셰이크를 마시고, 퇴근 후 직장 동료와 간단히 술자리를 가지고, 잠자리에 들기 전 차를 마시며 긴장을 풀고 휴식을 취합니다. 이렇듯 음료는 단순히 수분 공급의 목적이 아니라 삶의 모든 측면에서 자신을 표현하는 수단이 됩니다.

조주기능사 시험은 국가에서 관리하는 유일한 '술'에 관한 자격증으로 술뿐만 아니라 음료에 대한 전반적인 내용을 다룹니다. 이 책을 통해 음료에 대한 기본 지식을 이해하고 실생활에 적용하여 즐겁게 음료 문화를 즐길 수 있게 되기를 바래봅니다. 무엇이든 아는 만큼 맛있는 법입니다.

바텐더로 10년간 근무한 뒤 저만의 업장을 운영하면서 많은 강의를 쌓은 경험이 있지만, 공부에 대한 열망으로 유학길에 올라 스페인 대학원의 와인학과에서 공식 석사 과정을 수료하였고, 관련 논문 대회에서 우승을 하기도 했습니다. 이 과정을 통해 수험자의 관점에서 가장 효율적인 구성과 체계적인 내용이 담긴 책이 무엇인지 잘 이해할 수 있었다고 생각합니다. 그래서 방대한 자료 중 핵심적인 내용만을 추렸고 정보의 정확도를 높였습니다.

이 책은 조주기능사 필기시험과 실기시험 대비를 위해 두 부분으로 나뉘어 있습니다. Part I 에서는 음료의 개념과 특성에 대해 자세히 다루었고, Part II 에서는 칵테일 조주 시 사용하는 재료와 기구들에 대해서 살펴보았으며, 이해를 돕기 위해 시각 자료를 충분히 사용하고자 하였습니다. Part III 에서는 영업장 관리를 위해 알아야 할 법규, 위생 시스템, 서비스 종사원의 자세 등 실무적인 부분을 기술하였고, Part IV 에서는 음료 분야에서 자주 사용하는 표현과 전문 용어 등을 영어로 구성하였습니다. 패션 시장에도 유행이 있듯 음료도 마찬가지입니다. 시대 상황이나 문화에 따라 생성되기도 소멸하기도 합니다. 기본 개념에는 충실하되 개정된 법규나 현재의 트렌드는 최대한 반영하고자 하였습니다. 또한 중요하다고 생각하는 부분에는 강조 표시와 보충 설명을 하였습니다. 기출문제 부분은 오류를 검토하고 해설과 함께 빈출 문제에 표시를 해두었습니다.

모쪼록 음료에 관한 전반적인 기초 지식을 쌓아 자격증을 취득하려는 수험생뿐만 아니라 칵테일 애호가, 현장 실무자에게도 유익한 지침서의 역할을 할 수 있기를 기대합니다.

끝으로, 발간을 위해 도움을 주신 많은 음료관계자 분들과 도서출판 씨마스의 모든 분들께 감사의 마음을 전합니다.

저자 드림

차례

시험 안내

 조주기능사 Craftsman Bartender
- 관련부처: 식품의약품안전처
- 시행기관: 한국산업인력공단
- 기타사항: 과정평가형 자격 취득 가능 종목

 검정형 자격 시험일정
- '접수 일정 전에 공지되는 해당 회별 수험자 안내(Q-net 공지사항 게시)' 참조 필수
- 원서접수 시간은 원서접수 첫날 10:00부터 마지막 날 18:00까지임
- 필기시험 합격예정자 및 최종합격자 발표시간은 해당 발표일 09:00임
- 시험 일정은 종목별, 지역별로 상이할 수 있음

 검정형 자격 응시료 정보
필기 14,500원 | 실기 28,600원

 조주기능사 검정현황

연도	필기			실기		
	응시	합격	합격률(%)	응시	합격	합격률(%)
2024	7,124	4,520	63.4%	5,345	3,598	67.3%
2023	8,485	6,471	76.3%	6,324	4,328	68.4%
2022	7,878	5,932	75.3%	6,048	4,167	68.9%
2021	8,426	6,138	72.8%	6,381	4,681	73.4%
2020	6,240	4,602	73.8%	5,169	3,696	71.5%
2019	7,095	4,669	65.8%	5,606	3,837	68.4%
2018	6,375	4,191	65.7%	5,372	3,694	68.8%
2017	5,784	3,606	62.3%	4,946	3,233	65.4%
2016	6,513	3,599	55.3%	4,915	3,366	68.5%
2015	8,310	4,337	52.2%	5,170	3,554	68.7%

연도	필기			실기		
	응시	합격	합격률(%)	응시	합격	합격률(%)
2014	9,063	4,449	49.1%	5,043	3,167	62.8%
2013	10,045	5,045	50.2%	5,781	3,579	61.9%
2012	8,981	5,295	59%	5,364	3,215	59.9%
2011	8,512	5,034	59.1%	5,174	3,031	58.6%
2010	8,086	5,017	62%	5,265	3,020	57.4%
2009	7,666	4,517	58.9%	4,992	2,881	57.7%
2008	6,062	3,671	60.6%	3,938	2,380	60.4%
2007	5,036	3,189	63.3%	3,631	2,169	59.7%
2006	5,553	3,677	66.2%	3,646	2,145	58.8%
2005	5,062	3,675	72.6%	3,706	2,213	59.7%
2004	5,354	3,873	72.3%	3,853	2,191	56.9%
2003	5,933	4,550	76.7%	4,105	2,247	54.7%
2002	5,703	4,253	74.6%	3,408	1,884	55.3%
2001	6,789	4,024	59.3%	3,580	1,959	54.7%
1984~2000	12,955	8,039	62.1%	6,984	4,373	62.6%
소 계	175,906	111,853	63.6%	118,401	75,010	63.4%

🍹 2024년도 조주기능사 수험자 동향 안내

분류	접수자	응시자	응시율(%)	합격자	합격률(%)
남자	4,172	3,389	81.2	2,259	66.7
여자	4,564	3,721	81.5	2,254	60.6

수험자동향 데이터는 원서접수 시 수집된 데이터로, 종목별 검정 현황 데이터와 다를 수 있음

출제기준안

출제기준(필기)

직무 분야	음식서비스	중직무 분야	조리	자격 종목	조주기능사	적용 기간	2025.01.01~ 2027.12.31
직무 내용		다양한 음료에 대한 이해를 바탕으로 칵테일을 조주하고 영업장관리, 고객관리, 음료서비스 등의 업무를 수행하는 직무이다.					
필기 검정 방법		객관식		문제 수	60	시험 시간	1시간

필기 과목명	문제 수	주요 항목	세부 항목	세세 항목
음료특성, 칵테일조주 및 영업장관리	60	1. 위생관리	1. 음료 영업장 위생 관리	1. 영업장 위생 확인
			2. 재료 · 기물 · 기구 위생 관리	1. 재료 · 기물 · 기구 위생 확인
			3. 개인위생 관리	1. 개인위생 확인
			4. 식품위생 및 관련법규	1. 위생적인 주류 취급 방법
				2. 주류판매 관련 법규
		2. 음료 특성 분석	1. 음료 분류	1. 알코올성 음료 분류
				2. 비알코올성 음료 분류
			2. 양조주 특성	1. 양조주의 개념
				2. 양조주의 분류 및 특징
				3. 와인의 분류
				4. 와인의 특징
				5. 맥주의 분류
				6. 맥주의 특징
			3. 증류주 특성	1. 증류주의 개념
				2. 증류주의 분류 및 특징

필기 과목명	문제 수	주요 항목	세부 항목	세세 항목
음료특성, 칵테일조주 및 영업장관리	60	2. 음료 특성 분석	4. 혼성주 특성	1. 혼성주의 개념
				2. 혼성주의 분류 및 특징
			5. 전통주 특성	1. 전통주의 특징
				2. 지역별 전통주
			6. 비알코올성 음료 특성	1. 기호음료
				2. 영양음료
				3. 청량음료
			7. 음료 활용	1. 알코올성 음료 활용
				2. 비알코올성 음료 활용
				3. 부재료 활용
			8. 음료의 개념과 역사	1. 음료의 개념
				2. 음료의 역사
		3. 칵테일 기법 실무	1. 칵테일 특성 파악	1. 칵테일 역사
				2. 칵테일 기구 사용
				3. 칵테일 분류
			2. 칵테일 기법 수행	1. 셰이킹(Shaking)
				2. 빌딩(Building)
				3. 스터링(Stirring)
				4. 플로팅(Floating)
				5. 블렌딩(Blending)
				6. 머들링(Muddling)

필기 과목명	문제 수	주요 항목	세부 항목	세세 항목
음료특성, 칵테일조주 및 영업장관리	60	3. 칵테일 기법 실무	2. 칵테일 기법 수행	7. 그 밖의 칵테일 기법
		4. 칵테일 조주 실무	1. 칵테일 조주	1. 칵테일 종류별 특징
				2. 칵테일 레시피
				3. 얼음 종류
				4. 글라스 종류
			2. 전통주 칵테일 조주	1. 전통주 칵테일 표준 레시피
			3. 칵테일 관능평가	1. 칵테일 관능평가 방법
		5. 고객 서비스	1. 고객 응대	1. 예약 관리
				2. 고객응대 매뉴얼 활용
				3. 고객 불만족 처리
			2. 주문 서비스	1. 메뉴 종류와 특성
				2. 주문 접수 방법
			3. 편익 제공	1. 서비스 용품 사용
				2. 서비스 시설 사용
			4. 술과 건강	1. 술이 인체에 미치는 영향
		6. 음료영업장 관리	1. 음료 영업장 시설 관리	1. 시설물 점검
				2. 유지보수
				3. 배치 관리
			2. 음료 영업장 기구· 글라스 관리	1. 기구 관리
				2. 글라스 관리
			3. 음료 관리	1. 구매관리

필기 과목명	문제 수	주요 항목	세부 항목	세세 항목
음료특성, 칵테일조주 및 영업장관리	60	6. 음료영업장 관리	3. 음료 관리	2. 재고관리
				3. 원가관리
		7. 바텐더 외 국어 사용	1. 기초 외국어 구사	1. 음료 서비스 외국어
				2. 접객 서비스 외국어
			2. 음료 영업장 전문용어 구사	1. 시설물 외국어 표현
				2. 기구 외국어 표현
				3. 알코올성 음료 외국어 표현
				4. 비알코올성 음료 외국어 표현
		8. 식음료 영 업 준비	1. 테이블 세팅	1. 영업기물별 취급 방법
			2. 스테이션 준비	1. 기물 관리
				2. 비품과 소모품 관리
			3. 음료 재료 준비	1. 재료 준비
				2. 재료 보관
			4. 영업장 점검	1. 시설물 유지관리
		9. 와인장비· 비품 관리	1. 와인글라스 유지·관리	1. 와인글라스 용도별 사용
			2. 와인비품 유지·관리	1. 와인 용품 사용

PART **I**

음료학
개론

01 음료

Chapter

필기 과목명	주요 항목	세부 항목	세세 항목
음료 특성, 칵테일 조주 및 영업장 관리	음료 특성 분석	음료의 개념과 역사	음료의 개념
			음료의 역사
		음료 분류	알코올성 음료 분류
			비알코올성 음료 분류

 Ⅰ. 음료의 개념과 역사

① **개념**: 음료란 사람이 마실 수 있는 모든 액체를 통칭하며, 국내 「주세법」에 따라 순수 알코올 함유량 1%를 기준으로 알코올 음료와 비알코올 음료로 분류된다.

② **역사**

- 최초의 비알코올 음료는 원시시대에 가축을 사육하는 과정에서 얻은 우유이다.
- 논란의 여지가 있기는 하나 중국에서 벌꿀로 구성된 미드(Mead; 봉밀주) 성분이 검출된 도자기가 기원전 7,000년경의 것으로 밝혀지면서 가장 오래된 알코올 음료로 여겨진다. 공기 중에 포함된 효모가 벌집에 담긴 빗물과 만나면서 발효된 내용물을 마셨던 것으로 추정된다.
- 기원전 4,000년경 이집트 문헌에서 맥주가 언급되어 있는데, 효모를 포함하고 있는 빵과 파종을 위해 보관하던 곡물이 우연히 섞여서 만들어졌고 초반에는 여과 없이 발효 곡물이 떠다니는 채로 마셨다고 한다.
- 이후 음료는 갈증 해소의 목적 이외에 종교적 의식, 전쟁, 사교 모임, 병의 치료 등 사회 문화와 함께 다양하게 발전되었다.

 Ⅱ. 음료의 분류

1 알코올 음료

① **양조주(Fermented Liquor)**: 과일의 과당을 발효시켜 만든 과실주(와인 등)와 곡물에

포함된 전분을 당화 후 발효시켜 만든 곡물주(맥주, 사케, 막걸리 등)로 분류할 수 있다.

② **증류주(Distilled Liquor)**: 양조주를 알코올과 물의 끓는점의 차이를 이용하여 증류하여 알코올 도수를 높인 술로 럼, 진, 보드카, 위스키, 고량주 등이 있다.

③ **혼성주(Compounded Liquor)**: 양조주와 증류주를 혼합하거나, 증류주에 과육이나 과피, 약재, 향료 등을 넣은 술로 대부분 달콤하며 다양한 색을 가지고 있다. '리큐르, 리큐어, 코디알' 이라고도 부른다. 참고로 혼합주(Mixed Liquor)는 칵테일을 뜻한다.

2 비알코올 음료

① **청량음료**: 이산화탄소를 함유하여 청량감을 주는 탄산음료(콜라, 사이다, 진저엘, 토닉워터 등)와 무탄산음료(물 등)로 분류할 수 있다.

② **영양음료**: 건강에 도움을 주는 영양 성분이 들어있는 음료로 우유나 주스가 해당된다.

③ **기호음료**: 기호품의 하나로 차, 커피 등이 해당된다.

〈음료의 분류〉

음료	알코올음료	양조주 Fermented Liquor	원료가 과실: 와인, 시드르 등
			원료가 곡류: 맥주, 청주, 사케, 막걸리 등
			기타: 풀케, 미드 등
		증류주 Distilled Liquor	원료가 과실: 브랜디, 칼바도스 등
			원료가 곡류: 위스키, 진, 보드카, 아쿠아비트, 증류식 소주 등
			기타: 럼, 테킬라, 그라파 등
		혼성주 Compounded Liquor	원료가 과실·과일: 쿠앵트로, 큐라소, 미도리 등
			원료가 약초·향초: 베네딕틴, 샤르트뢰즈 등
			원료가 씨앗·종자: 칼루아, 아마레또 등
			기타: 드람부이, 베일리스, 치나 등
	비알코올음료		청량음료: 탄산음료, 무탄산음료(물 등)
			영양음료: 우유 등
			기호음료: 커피, 차, 코코아 등

02 Chapter
양조주 (Fermented Liquor)

필기 과목명	주요 항목	세부 항목	세세 항목
음료 특성, 칵테일 조주 및 영업장 관리	음료 특성 분석	양조주 특성	양조주의 개념
			양조주의 분류 및 특징
			와인의 분류 및 특징
			맥주의 분류 및 특징
	와인 장비 및 비품 관리	글라스 및 비품 유지·관리	와인 글라스 용도별 사용
			와인 용품 사용

 ## I. 양조주의 개념

- 효모가 과실에 함유된 과당이나 곡류에 함유된 전분을 분해하여 알코올, 물, 이산화탄소를 배출하는 발효작용에 의해 만들어진 술이다.
- 발효는 산소 없이 일어나는 혐기성 화학반응이며 이상적인 발효 온도는 28~32℃, pH는 4.5~4.8이다.
- 양조주의 알코올 함량은 20% 이하로 비교적 낮은 도수로 인해 장기 보관이 어렵다.

 ## II. 양조주의 분류

① 과실을 원료로 하는 단발효주: 와인, 사과주(시드르, 사이다, Cidre)

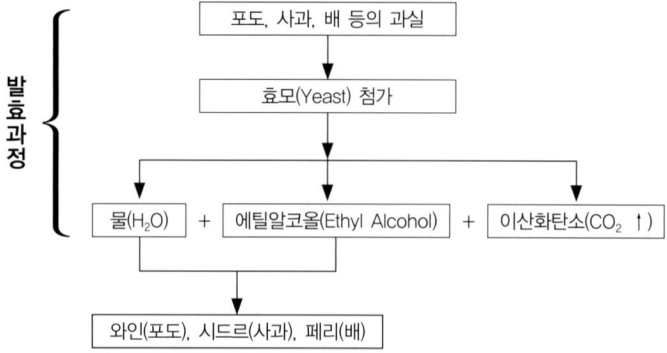

② **곡류(전분질)를 원료로 하는 복발효주**: 맥주, 사케, 막걸리, 청주

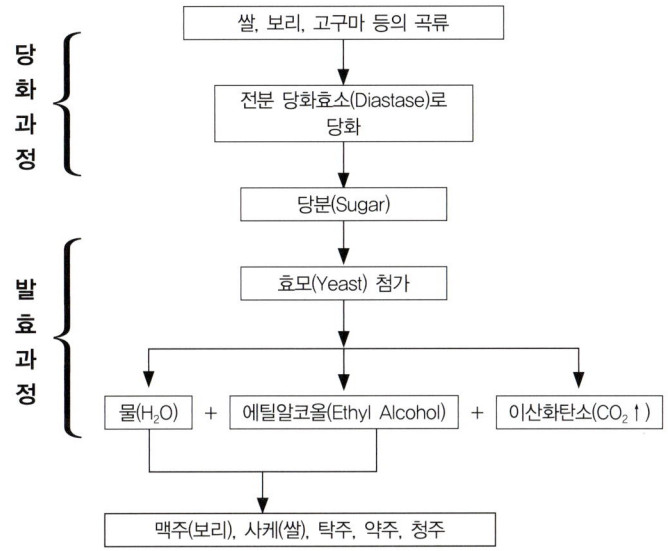

- **단행복발효주**: 당화와 발효를 순차적으로 구분하여 수행하며 맥주가 이에 속한다.
- **병행복발효주**: 당화와 발효를 동시에 수행하며 탁주, 약주, 청주가 이에 속한다.

③ **기타**: 벌꿀의 발효주인 미드(Mead), 용설란(Agave)의 발효주인 풀케(Pulque) 등

Point Check

01	비알코올 음료는 (　)음료, (　)음료, (　)음료로 분류한다.		청량, 영양, 기호
02	맥주는 단발효법으로 만들어진다.	×	곡물을 원료로 하는 발효주는 복발효법을 사용한다.
03	우유와 차는 영양음료에 해당된다.	×	차는 기호음료이다.
04	양조주는 유통기한이 길기 때문에 보관에 용이하다.	×	도수가 낮기 때문에 변질될 가능성이 있다.
05	발효주를 양조주라고도 한다.	○	

Ⅲ. 와인 Wine

1 와인의 역사

- 최초의 와인에 대해서는 여러 역사와 전설이 존재하나, 기원전 6,000년 와인 양조에 이용된 포도 씨, 항아리 등의 유물이 조지아에서 발견되면서 인류 최초의 와인 생산지로 알려져 있다.

- 그리스에서는 와인을 신들의 음료로 여겨 '신의 축복'이라 하였으며, 로마인들에게 와인은 권력과 문화의 상징이었다. 그리스 신화에 나오는 디오니소스(로마 신화의 바쿠스 Bacchus)는 포도주와 풍요, 다산, 축제의 신이다.
- 로마 제국과 중세 시대에 유럽 전역으로 퍼져 나갔으며 미사에서 성찬용으로 사용되면서 수도원들이 생산과 유통에서 핵심적인 역할을 했다. 이후 15~17세기 아메리카, 아프리카, 아시아에 전파되었다.
- 18세기 후반 미국에서 수입된 포도나무의 뿌리에 기생하던 **필록세라**(Phylloxela; 포도나무뿌리 진딧물)가 유럽 전역의 포도원을 약 20년간 황폐화시켰다. 이후 필록세라에 저항력이 강한 미국 종 뿌리(Rootstock)에 유럽 종 포도가지(Scion)를 접붙이는 방법이 실현되면서 해결하기 시작하였다.
- 필록세라 덕분에 천대받던 맥주가 빛을 보고 브랜디와 스카치 위스키가 상류층에 유행하기 시작하였다. 또한 와인이 귀해지자, 원산지를 속인 가짜 와인이 유행하기 시작하였고 1935년 프랑스가 '와인에 관한 원산지 관리 명칭(A.O.C)'을 제정하면서 와인의 품질관리가 엄격하게 시작되었다. 국가 간 동식물이 이동할 때 오염 상태를 조사하는 검역제도 또한 자리를 잡았다.

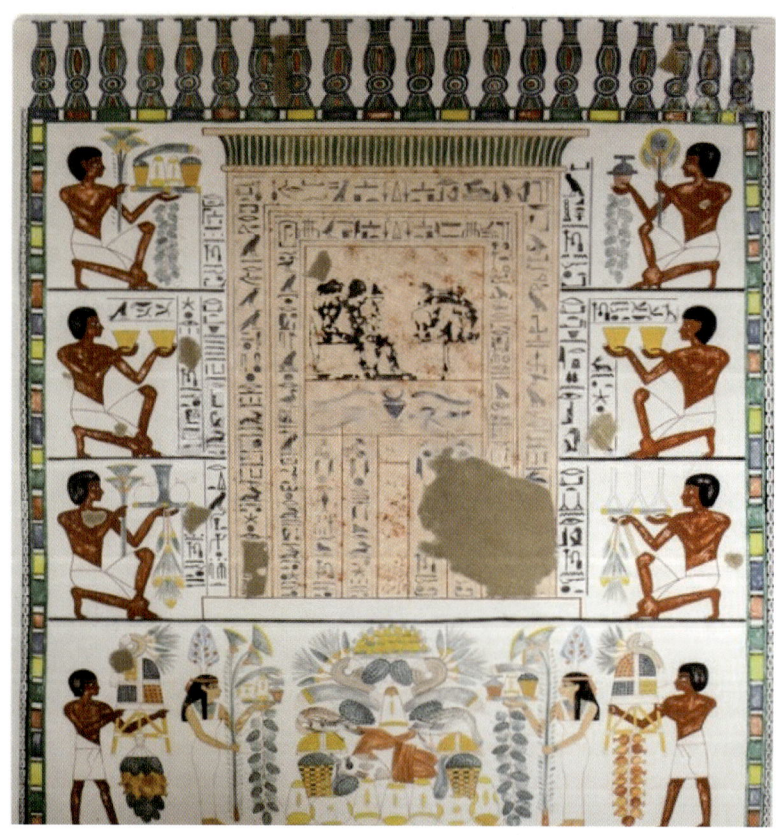

▲ 스페인 Mérida에서 발견된 고대 이집트인들의 음료 문화

▲ 그리스 신화에서의 디오니소스와 와인

2 와인의 개념 및 정의

- 과실을 발효시켜 만든 양조주의 통칭이나 일반적으로 포도를 발효시켜 만든 포도주를 의미한다. 다른 과실을 사용할 경우에는 라즈베리 와인, 감 와인 등과 같이 해당 원료를 함께 표기한다.
- 와인을 양조할 때는 물이 한 방울도 들어가지 않으며, 1kg의 포도로 만들 수 있는 레드 와인의 양은 약 1병(600~800ml)이다.
- **어원**: '술'이라는 뜻의 라틴어 '비눔(Vinum)'에서 유래되었다.
- **각국의 와인 명칭**: 프랑스 Vin, 이탈리아, 스페인 Vino, 독일 Wein, 포르투갈 Vinho

	프랑스		이탈리아		스페인	
레드와인	Vin Rouge	뱅 루즈	Vino Rosso	비노 로쏘	Vino Tinto	비노 띤또
화이트와인	Vin Blance	뱅 블랑	Vino Bianco	비노 비앙코	Vino Blanco	비노 블랑코
로제와인	Vin Rose	뱅 로제	Vino Rosato	비노 로사토	Vino Rosado	비노 로사도

- **와인의 성분**: 85%의 수분, 9~13%의 알코올, 기타(글리세롤, 아미노산, 미네랄, 당분, 아황산염 등)

3 와인의 제조 방법

① 레드 와인 (Red Wine)

- 적포도의 껍질과 씨를 함께 발효시키기 때문에 붉은 색상이 우러나오며, 포도의 타닌 성분으로 인해 와인 특유의 떫은맛이 생긴다.
- **양조 과정**: 수확 → 파쇄 → 발효 → 압착 → 2차 발효 → 앙금 분리 → 숙성 → 여과 → 병입
- **적정 서브 온도**: 15~19℃
- **숙성에 따른 색상 변화**: 짙은 자주색 → 체리색 → 루비색 → 붉은 벽돌색 → 황갈색

② 화이트 와인 (White Wine)

• 포도의 껍질을 제거한 적포도 혹은 백포도를 발효시킨다. 타닌 성분이 적어서 맛이 상대적으로 가벼우며, 포도 알맹이에 있는 유기산으로 인해 상큼하다.

• 양조 과정: 수확 → 파쇄 → 압착 → 발효 → 앙금 분리 → 숙성 → 여과 → 병입

• 적정 서브 온도: 8~12℃

• 숙성에 따른 색상 변화: 창백한 흰색에 약간 연둣빛이나 노란빛 기운이 도는 색 → 연초록색 → 밝은 노랑색 → 볏짚색 → 짙은 노랑색 → 황금색 → 호박색

③ 로제 와인 (Rose Wine)

• 적포도를 발효시키다가 어느 정도 색이 우러날 때 껍질을 제거하거나, 레드와 화이트 와인을 혼합하여 옅은 핑크색의 와인을 만든다.

• 적정 서브 온도: 7~13℃

• 숙성에 따른 색상 변화: 연한 핑크색 → 분홍색 → 분홍 장미색 → 연한 장미색

▲ 숙성에 따른 다양한 와인의 색상 변화

4 와인의 분류

① 무게감에 따른 분류

• 풀바디 와인(Full-bodied Wine): 마셨을 때 꽉 찬 무게감을 느끼며 진하다.

• 미디엄바디 와인(Medium-bodied Wine): 마셨을 때 중간 정도의 무게감을 느낀다.

• 라이트바디 와인(Light-bodied Wine): 마셨을 때 무게감이 가볍고 경쾌하다.

② 식사에 따른 분류

• 식전 와인(Aperitif Wine): 식욕 촉진을 위해 마시는 와인으로 드라이하고 신맛이 나는 와인, 스페인의 드라이 셰리(Dry Sherry), 샴페인 등이 있다.

• 테이블 와인(Table Wine): 요리와 조화를 생각하며 마시는 알코올 도수 14% 미만의 와인으로 일반적으로 육류에는 레드 와인, 생선류에는 화이트 와인을 선택한다.

• 식후 와인(Dessert Wine): 디저트와 함께 마시는 달콤한 와인이다.

③ 향의 첨가 유무에 따른 분류

• **가향 와인(Flavored Wine):** 와인 발효 전후에 과일즙이나 천연향을 첨가한 와인으로 많게는 50가지의 향이 첨가되며, 대표적으로 이탈리아의 베르무트(Vermouth, 버무쓰)가 있다.

• **일반 와인**

④ 탄산 가스 유무에 따른 분류

• **스파클링 와인(Sparkling Wine, 발포성 와인):** 병입된 일반 와인에 추가로 설탕과 효모를 첨가하면 2차 발효가 진행되면서 탄산 가스가 발생한다.

• **스틸 와인(Still Wine):** 탄산이 없는 모든 와인이다.

샴페인 Champagne

프랑스 북부 샹파뉴 지방에서 만들어지는 스파클링 와인만을 말하며, 이 지역의 낮은 연평균 기온 덕분에 신맛이 강하며 예리한 맛의 와인을 생산할 수 있다. 적포도 품종인 피노누아(Pinot Noir)와 피노 뫼니에(Pinot Meunier), 청포도 품종인 샤르도네(Chardonnay)로 만든다. 베네딕트의 수도승 동 페리뇽(Dom Pérignon : 1638~1715)이 병입된 와인의 발효가 겨울에 멈추었다가 봄에 다시 시작되면서 터져버리는 "악마의 와인"을 보고 스파클링 와인에 대한 연구를 시작했으며, 샴페인의 창시자이자 코르크 마개를 최초로 사용했다는 설이 있다.

샴페인의 당분 함유량에 따라 다음과 같이 분류된다.

BRUT NATURE	EXTRA BRUT	BRUT	EXTRA SEC	SEC	DEMI-SEC	DOUX
0g/L	0~6g/L	7~12g/L	12~17g/L	17~32g/L	32~50g/L	50+g/L

⑤ 알코올 첨가 유무에 따른 분류

• **주정 강화 와인(Fortified Wine):** 와인에 브랜디나 주정을 첨가하여 도수를 높인 와인이다. 발효 중에 주정을 첨가하면 효모가 더 이상 활동을 못하고, 포도의 당분이 남게 되어 단맛이 있는 와인이 만들어진다. 알코올 함량이 15~22%이므로 보존성이 높다.

• **비강화 와인(Unfortified Wine):** 일반 와인

⑥ 저장 기간에 따른 분류

• **영 와인(Young Wine):** 숙성을 거치지 않고 병입하거나 1~2년 정도 단기 숙성한 와인

• **올드 와인(Old Wine, Aged Wine):** 지하 저장고에서 5~15년 정도 숙성한 와인

• **그레이트 와인(Great Wine):** 지하 저장고에서 10~15년 이상 숙성한 와인

⑦ **당분 함유량에 따른 분류**

- **본 드라이 와인(Bone Dry Wine)**: 잔당이 리터당 1g 이하로 단맛을 감지하기 힘들다.
- **드라이 와인(Dry Wine)**: 단맛이 별로 느껴지지 않아 식전주로 적합하다.
- **미디엄 와인, 오프 드라이 와인(Medium Wine, Off-dry Wine)**: 드라이한 맛과 스위트한 맛 중간 정도의 당도를 느낄 수 있다.
- **스위트 와인(Sweet Wine)**: 농축된 달콤함이 느껴져 식후주로 적합하다.

⑧ **기타**

- **자연주의 와인(Natural Wine)**: 인간의 인위적 개입을 최소화한 와인이다. 화학 성분을 사용하지 않은 고품질의 포도와 야생 효모 등을 사용하여 최소한의 정제와 여과 과정을 거친다.
- **유기농 와인(Organic Wine)**: 합성 농약, 제초제, 합성 비료 등을 사용하지 않고 재배된 포도를 사용하여 생산한 와인이다.
- **바이오다이내믹 와인(Biodynamic Wine)**: 생태계 전체의 안전과 건강을 중요시하며 우주와 자연의 법칙을 존중한다는 관점을 가지고 생산한 와인이다. 빛과 열의 강도, 행성의 위치 등에 따라 양조 시기를 결정한다.

5 와인의 품질을 결정하는 요소

① **자연환경(Terroir; 떼루아)**

- **토양**: 포도나무는 배수가 잘되고 영양분이 없는 토양에서 수분과 영양분을 얻기 위해 뿌리를 깊이 내린다. 따라서 이러한 토양에서 나무는 여러 미네랄을 흡수하여 양질의 포도를 생산한다. 수분이 많은 토양에서 자란 포도는 당도가 낮다.
- **기후**: 풍부한 햇빛은 포도에 당분을 만들고 와인을 양조했을 때 알코올 농도를 증가시키며 붉은 색소 생성에 도움을 주는 반면, 서리나 과도한 강우량은 포도나무에 부정적인 영향을 준다. 포도가 정상적으로 생육하기 위해서 보통 연 700mm의 강우량이 필요하다. 또한 적당한 속도의 바람은 곰팡이와 관련된 병해의 발생을 방지한다.
- 포도원의 방향, 고도, 지형, 수역과의 근접성 등도 와인 품질에 영향을 끼친다.

② **양조 기술**

- 생산자의 경험, 철학(전통적 vs 혁신적), 기술, 전문성 등은 와인의 최종 품질을 좌우한다.

③ **포도 품종**

- 와인의 기본적인 특징을 결정짓는 가장 중요한 요소이다.
- 품종에 따라 고유의 맛과 향, 산도, 당도, 타닌 수준이 다르다.

④ 빈티지(Vintage)
• 포도가 수확된 해를 뜻하며, 특정 해의 기후, 토양, 강수량 등은 최종 와인의 품질과 맛에 영향을 미친다.

6 주요 포도 품종

① 레드 와인용 품종

카베르네 소비뇽	Cabernet Sauvignon	세계적인 인기 품종으로, 프랑스 보르도 메독 지방의 장기 숙성 타입 와인이 유명하다. 블랙커런트, 아메리칸 체리, 블루베리, 민트 등의 향이 느껴진다.
메를로 (멜롯)	Merlot	프랑스 보르도 생테밀리옹과 포므롤 지방의 와인이 유명하며, 라즈베리나 자두 등 짙고 풍부한 과일 향에 매끄러운 감촉이 특징이다. 주로 알코올 도수가 높은 와인을 만든다.
쉬라즈 (시라)	Shiraz Syrah	진한 빛깔에 타닌이 강한 와인을 만들며, 검은 과일, 가죽, 담배, 스파이시한 향 등 남성적인 성격이 느껴진다. 장기 숙성시키는 경우 바닐라나 다크 초콜릿의 향이 드러난다.
피노 누아	Pinot Noir	프랑스 부르고뉴 와인을 대표하며 딸기, 라즈베리, 체리 등 과일의 향은 숙성함에 따라 장미, 송로 버섯, 흙 등 미묘하고 복합적인 향으로 드러난다. 샴페인의 주품종으로도 사용된다.
그르나슈 (가르나차)	Grenache (Garnacha)	세계에서 가장 널리 재배되는 품종 중 하나로, 알코올 도수가 높고 진하며 허브, 향신료, 나무딸기향, 그리고 매콤한 후추향이 느껴진다.
네비올로	Nebbiolo	이탈리아의 토착 품종으로 높은 산도와 타닌은 와인을 장기 숙성시키기에 적합하다. 제비꽃, 장미꽃, 건포도, 감초향이 느껴진다.
산지오베제	Sangiovese	이탈리아의 유명한 와인의 종류인 끼안티(Chianti)를 만드는 품종으로 높은 산도의 와인을 생산한다. 검은 체리, 자두, 오디의 새콤달콤한 향이 느껴진다.
말벡	Malbec	아르헨티나의 대표 품종으로 짙은 색과 묵직한 타닌이 특징이며, 자두, 정향, 가죽, 초콜릿 향이 느껴진다.
템프라니요	Tempranillo	스페인을 대표하는 품종으로 검붉은 과일, 바닐라, 가죽 향이 나는 와인을 생산하며 숙성 능력이 뛰어나다.
가메	Gamay	그 해에 수확한 포도로 가장 처음 생산한 햇와인인 보졸레 누보(Beaujolais Nouveau)에 사용되는 품종으로 타닌이 적고 체리, 라즈베리 캔디와 상큼한 과일향이 풍부하다.
진판델	Zinfandel	미국 캘리포니아의 품종으로 말린 자두, 포도 잼, 무화과 향 등이 특징이다. 포도에 당분이 많아 알코올 도수가 높은 와인을 생산한다.

② 화이트 와인용 품종

샤르도네 (샤도네이)	Chardonnay	원산지는 프랑스 부르고뉴이며, 열대 과일, 청사과, 복숭아, 감귤 향이 느껴지고 오크통에서 숙성 시 바닐라나 미네랄 향이 드러난다.
소비뇽 블랑	Sauvignon Blanc	샤르도네와 함께 화이트 와인용 품종을 대표하며 막 깎아낸 잔디, 아스파라거스, 푸른 피망, 구스베리, 흙 향이 어우러진다.
세미용	Semillon	프랑스와 호주에서 주로 재배되며 감귤과 복숭아 향이 나는 드라이한 와인을 만든다. 곰팡이에 취약하여 귀부병에 걸리는 경우 망고, 견과류, 꿀 향이 농축된 달콤한 귀부 와인을 만든다.
리슬링	Riesling	독일의 대표 품종으로 청사과, 리치, 꿀, 석류, 감귤 향이 특징이며 숙성 정도에 따라 복합적인 향으로 변한다.
게뷔르츠 트라미너	Gewürz-traminer	원산지는 프랑스 알자스이며, 열대 과일, 장미, 리치, 꿀 등 향기롭고 강렬한 향이 두드러진다. 때때로 기름진 맛이 나고 산도는 낮다.
뮈스카 (모스카토)	Muscat (Moscato)	오렌지, 복숭아, 장미 등 과일 맛과 상쾌한 단맛이 난다. 아로마가 풍부하고 대부분 달콤하기 때문에 초보자들도 쉽게 마실 수 있다.

7 주요 와인 산지

① 프랑스(와인 등급: A.O.C – Vins de Pays – Vins de Table)

▲ 프랑스 와인 등급 체계

• 와인 양조 역사가 수천 년에 이르는 프랑스는 와인 생산량이 가장 많은 국가로, 200종 이상의 포도 품종을 재배하며 와인에 관해 세계 최고의 명성을 자랑한다.

• 보르도(Bordeaux)

가) 세계적으로 가장 유명하고 영향력이 큰 레드 와인의 생산 지역

나) 주요 품종: 메를로(Merlot), 카베르네 소비뇽(Cabernet Sauvignon), 카베르네 프랑(Cabernet Franc)

다) 주요 산지: 메독(Medoc), 포므롤(Pomerol), 그라브(Graves), 생테밀리옹(St-Emilion)

• 부르고뉴(Bourgogne)

가) 보르도와 함께 유명 스틸 와인 생산 지역

나) 주요 품종: 샤르도네(Chardonnay), 알리고떼(Aligote), 피노누아(Pinot Noir), 가메(Gamay)

다) 주요 산지: 샤블리(Chablis), 코트 도르(Côte d'Or), 보졸레(Beaujolais)

• 샹파뉴(Champagne)

가) 프랑스 동북부에 위치하여 샴페인을 생산하는 본고장

나) 주요 품종: 샤르도네(Chardonnay), 피노 누아(Pinot Noir), 피노 뫼니에(Pinot Meunier)

• 그 외: 알자스(Alsace), 론(Rhône), 프로방스(Provence) 등

② 이탈리아(와인 등급: D.O.C.G – D.O.C – I.G.T – V.d.T)

- 프랑스와 생산량으로 1, 2위를 다투는 이탈리아 와인은 전 지역에 걸쳐 포도를 재배하고 있으며, 500종 이상의 다양한 포도 품종을 재배한다. 주로 당분이 많고 산도가 낮은 레드 와인을 양조하여 장기 숙성하므로 남성적 풍미를 지닌다.
- **주요 품종**: 산지오베제(Sangiovese), 네비올로(Nebbiolo), 바르베라(Barbera), 트레비아노(Trebbiano), 말바시아(Malvasia)
- **주요 산지별 와인**

주(州)	지역
베네토(Veneto)	소아베(Soave), 발폴리첼라(Valpolicella)
피에몬테(Piemonte)	바롤로(Barolo), 바르바레스코(Barbaresco)
토스카나(Toscana)	키안티(Chianti), 브루넬로 디 몬탈치노(Brunello di Montalcino)

- **마르살라 와인(Marsala Wine)**: 시칠리아(Sicilia) 섬 끝에 위치한 마르살라 주변 지역에서 생산된 주정강화와인이다. 15~20%의 알코올의 함유하고 있으며 당도에 따라 세코(Secco; 드라이), 세미 세코(Semi-secco; 미디엄 드라이), 돌체(Dolce; 스위트)로 구분하고, 숙성 기간에 따라 피네(Fine), 수페리오레(Superiore), 베르지네(Vergine) 등으로 분류한다.

③ 독일 (와인 등급: QbA, Prädikatswein)

- 와인 생산지 중 가장 북쪽에 위치하여 서늘한 대륙성 기후를 보여주기 때문에 포도 재배에서 일조량의 확보가 중요하다. 다른 나라의 와인에 비해 알코올 함량이 낮으며, 신선함, 산도, 과일 향이 특징인 화이트 와인이 유명하다.
- **주요 품종**: 리슬링(Riesling), 게뷔르츠트라미너(Gewürztraminer), 실바너(Silvaner)
- **주요 산지**: 모젤(Mosel), 라인가우(Rheingau), 라인헤센(Rheinhessen), 팔츠(Pfalz)

하나 더

심화) 프레디카츠바인(Prädikatswein)에 따른 독일 와인의 6단계 분류
1. 카비네트(Kabinett): 정상적 시기에 수확한 포도로 만든 세미 드라이 스타일의 와인
2. 슈패트레제(Spatlese): 약 2주 늦게 수확한 포도로 만든 미디엄 스타일의 와인
3. 아우슬레제(Auslese): 슈패트레제보다 약 2주 늦게 선별된 포도만 수확해 만든 아주 달지는 않지만 무게감 있는 와인
4. 베렌아우슬레제(Beerenauslese): 아우슬레제보다 약 2주 늦게 수확하여 과숙되어 쭈글해진 포도로 만든 스위트 와인
5. 아이스바인(Eiswein): 포도가 얼 때까지 수분을 증발시켜 당도를 높인 포도로 만든 와인
6. 트로켄베렌아우슬레제(TBA): 귀부병에 걸려 건포도화된 포도로 만든 진하고 깊이 있는 스위트 와인

④ 스페인 (와인 등급: D.O.C.-D.O-VdT-VdM)

- 주로 덥고 건조한 기후를 보이며 와인 생산국 중 포도원의 면적이 가장 넓다. 다른 나라의 와인에 비해 알코올 함량이 높고 농도가 짙은 것이 특징이며 가성비가 좋은 와인을 생산한다.
- **주요 품종**: 템프라니요(Tempranillo), 가르나차(Garnacha), 아이렌(Airen)
- **주요 산지**: 리오하(Rioja), 리베라 델 두에로(Ribera del Duero), 헤레즈(Jerez), 뻬네데스(Penedès), 루에다(Rueda)
- **숙성 기간에 따라**: Joven - Crianza - Reserva - Gran Reserva로 표시한다.
- **셰리 와인**(Sherry Wine): 스페인 헤레스(Jerez) 지역의 유명한 강화 와인으로, 일련의 통들을 연결하여 오래된 와인에 새로운 와인을 지속적으로 첨가함으로써 일정한 스타일의 와인을 생산하고 와인의 신선함을 유지하는 솔레라 시스템(Solera System)을 사용하는 것이 특징이다. 피노(Fino), 아몬티야도(Amontillado), 만싸니야(Manzanilla), 올로로소(Oloroso) 등으로 분류한다.

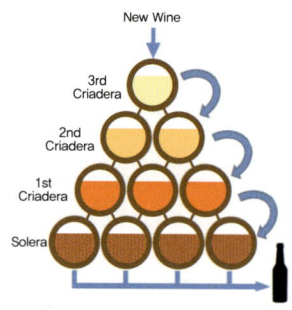

▲ 셰리 와인의 솔레라 시스템

⑤ **포르투갈**

- 250여 종의 토착 품종을 가지고 있으며, 오랜 전통을 가진 와인 생산국이지만 최근에는 현대적인 생산 기술과 혁신을 도입하여 와인 품질을 높이는 데 관심을 기울이고 있다.
- **주요 산지**: 비뉴 베르데(Vinho Verde), 도우루(Douro), 다웅(Dão)
- **주요 품종**: 토우리가 나씨오날(Touriga Nacional), 바가(Baga), 알바리뉴(Alvarinho)
- **포트 와인**(Port Wine): 와인의 발효 공정에서 일정량의 브랜디를 첨가하여 알코올 함량을 18~20%로 높인 주정강화와인이다. 다른 와인에 비해서 진하고 달콤하여 디저트 와인으로 적합하다. 루비 포트(Ruby Port), 토니 포트(Tawny Port), 빈티지 포트(Vintage Port) 등으로 분류한다.
- **마데이라 와인**(Madeira Wine): 포르투갈령 마데이라 제도에서 생산된 주정강화와인으로, 와인에 브랜디를 첨가하는 방식은 동일하나 약 50℃에서 가열하여 숙성하는 것이 특징이다.

⑥ **미국**

- 최초의 와인은 1564년에 양조되었으며 캘리포니아(California)가 미국 전체 생산량의 80% 이상을 차지한다. 레드 와인으로는 카베르네 소비뇽, 멜롯, 진판델, 화이트 와인으로는 샤르도네와 소비뇽 블랑 품종이 유명하다.

⑦ 뉴질랜드

• 최초의 와인은 1839년에 양조되었으며 1973년부터 현대적인 와인 양조법으로 생산
하기 시작했다. 서늘한 기후대가 특징이고, 말보로(Marlborough) 지역에서 소비뇽
블랑(Sauvignon Blanc) 품종으로 만든 신선하고 상큼한 화이트 와인이 유명하다.

⑧ 칠레

• 1980년대 중반 와인 산업이 크게 성장하여 수출을 위해 대량으로 생산되는 와인이
많다. 복합적인 풍미보다는 직설적인 맛과 향이 특징이고 가성비가 우수하다.

⑨ 아르헨티나

• 포도원은 안데스 산맥의 높은 지대에 위치하며, 일반적으로 알코올과 타닌 함량이
높은 와인을 생산한다. 멘도사(Mendoza) 지역에서 말멕(Malbec) 품종으로 만든
풀바디한 레드 와인이 유명하다.

① 브랜드 로고
② 빈티지(포도의 수확년도)
③ 생산자 병입('라벨에 기재된 생산지에서 전적으로
  양조되고 병입되었다.'라는 표기)
④ 브랜드명
⑤ 원산지 명칭
⑥ 알코올 함량
⑦ 용량
⑧ 병입 책임자 혹은 회사
⑨ 원산지

▲ 레드 와인 라벨 예시

① 브랜드 로고
② 브랜드명
③ 당도(Brut: 당도가 거의 없음)
④ 백포도로만 생산됨
⑤ 병입 책임자 혹은 회사
⑥ 원산지
⑦ 알코올 함량
⑧ 용량

▲ 샴페인 라벨 예시

8 와인의 보관 및 서비스

① 와인의 보관 방법

- 서늘하고 온도가 일정하며 빛과 진동이 없는 곳에 보관한다.
- 이상적인 와인 보관 온도는 13℃이며, 습도는 60~80%이다. 너무 건조하면 코르크 마개가 마르고 수축하여 와인이 산화된다. 와인을 눕혀서 보관하는 이유도 이 때문이다.

② 와인 서비스 순서

- 주문한 와인의 브랜드, 빈티지, 용량 등을 확인하고 호스트(고객)에게 라벨을 확인시킨다.
- 마개를 따고 서비스 냅킨으로 병마개 주위를 잘 닦은 후 코르크의 상태를 확인한다. 만약 이상이 있는 경우에는 신속하게 새로운 병을 준비한다.
- 호스트의 승낙을 얻은 후 소믈리에가 먼저 소량 테이스팅한다.
- 호스트에게 테이스팅을 권하고 확인을 얻는다.
- 메인 게스트(주빈)나 여성을 우선으로 서비스하며 마지막에 호스트에게 서비스한다.

③ 와인 서비스 유의사항

- 마개를 딸 때 큰 소리가 나거나 코르크가 부서지지 않도록 유의한다.
- 와인의 종류에 따라 적합한 잔을 준비하고 잔에 흠집, 얼룩, 냄새가 있는지 확인한다.
- 오랜 숙성을 거친 와인의 내부 침전물을 제거하거나 숙성이 덜 된 와인을 공기와 접촉시키는 등 필요하다고 생각되는 경우, 서비스 몇 시간 전에 와인을 미리 개봉해 두거나 디캔팅(Decanting)한다.
- 화이트 와인이나 스파클링 와인의 경우, 얼음통(와인 쿨러) 등을 준비하여 적정 온도를 유지시킨다.
- 종류가 다른 와인을 추가로 주문 받을 경우, 새 와인 글라스로 바꾸어 서비스한다.

④ 와인 글라스의 종류

- 대표적인 와인 글라스

| Standard Red | Pinot Noir | Burgundy | Large Bordeaux | Cabernet Sauvignon |

| Chardonnay | White | Flute |

- 좋은 와인 글라스는 무늬가 없고 투명하며, 얇고 가벼워야 한다.
- 일반적인 와인 글라스의 용량은 레드 와인 450~600ml, 화이트 와인 300~400ml이다.
- 레드 와인 1병으로 대략 5잔을 따를 수 있다.

9 와인 테이스팅 및 용어

- 와인 전문가는 테이스팅(Tasting)을 통해 와인의 품질과 적정 가격, 마실 시기를 판단하며 와인의 개성을 북돋아 줄 요리를 제안한다.
- 테이스팅 전에는 몸가짐을 정리하고 강한 향신료, 커피, 민트 등 자극적인 음식물을 자제한다. 또한 선입견을 배제하고 개인적인 기호를 전면에 내세우지 않으며 긍정적인 기분으로 임해야 한다.
- 밝고 냄새가 없는 실내, 하얀색 천이 깔린 테이블 위에서 수행한다.

- **와인 테이스팅 순서**

  가) 시각(외관): 라벨을 보며 와인의 상표와 이름을 확인하고 빈티지, 포도 품종, 양조원 등을 살핀다. 와인을 따른 뒤 투명성, 광택, 색상, 기포의 크기 등을 확인한다.

  나) 후각(향): 글라스를 들어 향을 맡아보고 잡내가 없고 와인 고유의 향이 나는지 확인한다. 이후 글라스를 두 세 번 돌려 다시 한 번 향을 맡고 향의 강약은 어떠한지, 가장 두드러지는 향은 무엇인지, 그 외의 향은 무엇인지 파악한다.

  다) 미각(맛): 와인을 한 모금 입에 머금고 공기를 들이마셔 입안 전체를 적신 후 맛을 본다. 목으로 넘기거나 뱉고 입 안에서 여운이 얼마나 오래 가는지 확인한다. 알코올, 타닌, 산미를 파악하고 무게감과 함께 와인의 균형과 조화를 평가한다. 와인 시음 온도를 낮출수록 단맛은 약해지고 신맛은 보다 자극적이게 느껴지며 쓴맛과 떫은맛은 강조된다.

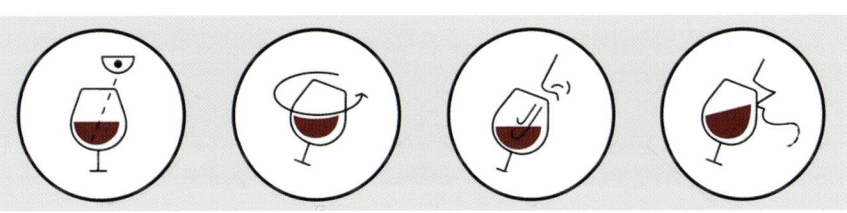

• 와인 용어

Aeration	에어레이션	와인이 부드러워지도록 산소에 노출시키는 과정
Aroma	아로마	포도 품종에서 생성되는 과실의 향
Bouquet	부케	숙성 과정에서 생성되는 복합적인 향
Balance	밸런스	와인을 마시고 느끼는 전체적인 맛의 조화와 균형
Body	바디	와인을 마시고 느끼는 맛의 무게, 와인이 가진 농도
Bouchonne	부쇼네	와인 병의 코르크가 곰팡이에 오염되어 와인 맛이 변한 현상
Chambrer	샹브레	적정 온도로 시음할 수 있도록 실내 온도에 맞추어 미리 준비하는 것
Chateau	샤토	포도원
Decanting	디캔팅	와인에 공기를 접촉시켜 부드럽게 하거나, 병 속에 가라앉은 침전물을 걸러내기 위하여 디캔터(Decanter)에 옮기는 작업
Dry	드라이	단맛이 없는 와인(프랑스어: sec, 독일어: trocken)
Etiquette	에티켓	규정에 따라 와인의 정보가 기재된 와인 라벨
Finish	피니쉬	와인을 삼키고 난 뒤 입 안에 남는 여운
Leg	레그	글라스에서 와인을 흔들었을 때 글라스 내부에서 눈물같이 흘러내리는 모습으로 알코올 함유량이 높을수록 많이 생성
Phylloxera	필록세라	포도나무에 기생하는 진딧물로 와인 생산 역사에서 가장 파괴적인 해충
Magnum	매그넘	일반 와인의 2배에 해당되는 양(1.5L)
Malolactic	말로락틱	젖산 발효라고도 하며 알코올 발효가 끝난 와인에 존재하는 사과산 성분이 부드러운 맛을 내는 젖산으로 전환되는 과정
Mariage	마리아주	와인과 음식의 조화
Noble Rot	노블 롯	귀부병(귀하게 부패)이라고 하며, 곰팡이가 포도 껍질에 낸 상처로 인해 포도알의 수분이 줄어들고 당도가 높아져 고품질의 스위트 와인(귀부 와인) 생산이 가능
Tannin	타닌	폴리페놀의 일종으로 레드 와인에서 떫은맛을 내는 물질
Terroir	떼루아	기후, 토양, 지질, 습도, 강우량 등 포도를 생산하는 데 영향을 주는 환경적 요소
Vintage	빈티지	포도를 수확한 연도

빈출내용 핵심정리
1. 와인 테이스팅의 3요소: 색, 향, 맛
2. 좋은 와인 생산을 위한 3요소: 포도 품종, 토양, 기후
3. 와인 서비스의 적정량: 레드 와인 150ml, 화이트 와인 120ml, 주정 강화 와인 60ml
4. 대표적인 주정강화와인: 스페인의 셰리(Sherry)와인, 포르투갈의 포트(Port)와인, 포르투갈의 마데이라(Madeira)와인
5. 대표적인 식후 와인: 아이스와인, 소테른(Sauternes), 바르삭(Barsac), 헝가리의 토카이(Tokaji), 포르투갈의 포트와인, 스페인의 크림 셰리와인

6. 스파클링 와인의 국가별 명칭
   – 프랑스: 끄레망(Cremant), 뱅 무쉐(Vin Mousseaux)
   – 독일: 젝트(Sekt)
   – 이탈리아: 스푸만테(Spumante), 프리잔테(Frizzante)
   – 스페인: 까바(Cava), 에스푸모쏘(Espumoso)
7. 클라렛(Claret): 보르도산 레드 와인을 뜻하는 영국식 명칭
8. 보졸레 누보(Beaujolais Nouveau): 프랑스 보졸레 지방에서 그 해에 수확한 가메(Gamay) 품종으로 가장 처음 생산한 햇 와인으로 11월 셋째 주 목요일에 전 세계에서 동시에 출시된다.

✔ Point Check

01	독일의 라인산 화이트 와인을 (wine)이라 한다.		Hock 호크
02	떼루아, 물, 포도, 기술은 와인의 특징 및 품질을 결정하는 요소이다.	×	와인 양조에는 물이 한 방울도 들어가지 않는다.
03	이탈리아의 스파클링 와인을 스푸만테(Spumante)라 한다.	○	젝트(Sekt)는 독일, 까바(Cava)는 스페인, 크레망(Cremant)은 프랑스 식으로 스파클링 와인을 뜻한다.
04	Sherry Wine의 원산지는 보르도(Bordeaux) 지방이다.	×	셰리 와인은 스페인의 헤레스(Jerez) 지역에서 생산된다.
05	포도를 인위적으로 으깨고 압착하기 전, 자체적 무게로 인해 눌려서 자연스럽게 흘러나오는 포도즙을 프리 런 주스(Free Run Juice)라 한다.	○	
06	리슬링(Riesling)은 레드 와인용 포도 품종이다.	×	
07	코르크 스크류(Cork Screw)는 와인을 보관하는 받침대를 뜻한다.	×	Cork Screw는 와인을 오픈할 때 사용하는 기물이며 '소믈리에 나이프'라고도 한다.
08	와인을 제공할 때에는 최근 생산된 와인을 오래 숙성된 와인보다 우선적으로 제공한다.	○	와인 제공 순서: 드라이→스위트, 화이트→레드, 영→올드
09	와인 코르크가 곰팡이에 오염되어 와인의 맛이 변하는 것으로 와인에서 종이 박스나 곰팡이 냄새 등이 나는 것을 네고시앙(Negociant)이라 한다.	×	부쇼네(Bouchonne)
10	샤르도네와 피노 누아는 부르고뉴(Bourgogne) 지역의 주요 포도 품종이다.	○	

 **IV. 맥주**

1 맥주의 역사

- 맥주는 인간이 한 곳에 정착하여 농사를 짓기 시작한 농경시대부터 음용되었던 것으로 보여진다.
- 기원전 4,000년경 메소포타미아 수메르인들의 유적에서 맥주를 마셨다는 기록 및 양조법이 적힌 점토판이 발견되면서 그들이 처음으로 맥주를 만들어 마셨을 것으로 추정한다.
- 이집트인들은 맥주를 최초로 상업화하였으며, 맥아에 사프란, 꿀, 생강, 커민 등을 첨가하여 맛과 색을 더하여 그리스인들에게 전수하였다.
- 우리나라에는 1876년(고종 13년) 일본인에 의해 처음으로 소개되었다.

2 맥주의 개념 및 정의

- 보리를 가공한 맥아를 발효한 술로, 알코올 함량은 약 3~8%이다.
- 도수가 낮은 편이므로 영업장에서는 선입선출(FIFO)에 유의해야 한다.(*FIFO는 First In Frist Out의 약자로 먼저 입고된 제품을 먼저 판매하는 것을 뜻한다.)
- 좋은 맥주는 투명도와 광도가 높고, 따랐을 때 헤드 부분에 생기는 거품이 안정적이며 그 모양을 유지한다.
- **어원**: '마시다'를 뜻하는 라틴어 'Bibere'나 '보리'를 뜻하는 게르만어 'Biore'에서 유래되었다.
- **각국의 맥주 명칭**: 프랑스 Biere, 스페인 Cerveza, 러시아 Pivo, 독일 Bier

3 맥주의 원료

① 보리(Barley)

- 대맥(大麥)이라고도 하며, 주로 두줄 보리(줄기 위에 보리알이 두 줄로 열매를 맺은 것)를 사용한다.
- **좋은 보리의 조건**
  가) 껍질이 얇고 담황색이며, 수분 함유량이 13% 이하로 잘 건조된 것
  나) 알맹이가 고르고 발아율이 95% 이상인 것
  다) 전분 함유량이 많고 단백질은 적은 것(단백질이 많으면 탁한 맥주가 만들어진다.)

② 물(Water)

- 맥주 성분의 90%를 차지하기 때문에 맥수의 품질을 좌우한다.

- 과거에는 양조수의 질을 개선하는 기술이 없었기 때문에 지역의 수질에 따라 맥주의 질이나 맛이 결정되었다.

③ 홉(Hop)

- 뽕나무과의 식물로 양조 시 수정되지 않은 황록색 암꽃을 사용한다.
- 전 세계적으로 80여 종의 품종이 재배된다.
- 맥주 특유의 향과 풍미, 그리고 상쾌한 쓴맛을 낸다.
- 단백질을 분리시키는 성질을 가지고 있어 혼탁을 방지한다.
- 맥주의 거품을 유지해 주는 역할을 한다.
- 홉 오일에 함유된 산성 물질이 미생물의 번식을 막는 항균 작용을 하므로 맥주의 신선도와 보존성을 높인다.
- 불면증을 치료하거나, 진정 작용을 위한 약재로도 사용된다.
- 맥주를 마시는 장소인 호프집과 무관하며, 이때 호프(Hof)는 독일어로 '앞마당', '객잔'을 뜻한다.

▲ 맥주에 사용되는 보리와 홉

④ 효모(Yeast)

- 맥아(Malt)즙 속의 당분을 분해하여 알코올과 탄산가스를 만드는 미생물이다.
- 효모의 종류에 따라 상면발효 맥주와 하면발효 맥주로 나뉜다.

	상면발효(Top Fermented)	하면발효(Bottom Fermented)
성질	효모가 발효 도중에 생기는 거품과 함께 위로 떠오름	효모가 발효 도중 가라앉음
발효온도	18~25℃ 고온발효	5~10℃ 저온발효
기간	약 2주 발효＋약 1주 숙성	7~12일 발효＋1~2개월 숙성
특징	강한 맛과 향, 쓴맛, 높은 도수	순하고 부드럽고 산뜻한 맛
	오랜 전통	세계 맥주 시장의 약 85% 차지
종류	에일(Ale), 포터(Poter), 스타우트(Stout)	라거(Lager), 필스너(Pilsner)
대표 브랜드	기네스, 파울라너, 레페 등	하이네켄, 밀러, 아사히, 카스 등

4 맥주의 제조 방법

① 침맥, 발아: 잘 건조된 보리를 선별하여 물에 침지하여 보리에 싹을 틔운다.

② 분쇄: 싹틔운 보리를 다시 건조시킨 후 분쇄한다.

③ 담금: 맥즙을 제조하는 공정으로, 당화를 끝내고 홉(Hop)을 첨가한다.

④ 발효: 맥즙에 효모를 첨가하여 알코올 발효 과정을 거친다.

⑤ 여과: 발효로 생긴 침전물이나 이물질을 거른다.

⑥ 살균, 병입: 살균하지 않거나 비열처리하면 생맥주, 저온 열처리로 살균하면 병
맥주나 캔맥주가 된다.

5 맥주의 분류

사용하는 효모의 종류에 따른 분류 이외에도 살균 유무, 알코올 도수, 원료나 맛에
따라 다양하게 나뉜다.

- **드래프트 비어**(Draft Beer): 여과한 맥주를 살균 과정 없이 곧바로 통에 넣은 것으로
'생맥주'라고 한다. 보관 온도는 2~3℃로 유지하고 적정 서브(음용) 온도는 3~4℃
이다. 캐그 속의 압력은 12~14 파운드가 적당하며, 압력이 12파운드 이하가 되면
플렛 현상(Flat; 김이 빠진 맥주)이 나타난다.
- **크래프트 비어**(Craft Beer): '수제 맥주'라고도 하며 소규모의 양조장에서 다양한 스타

일의 맥주를 전통 방식 그대로 또는 자체 개발한 방법으로 제조한 것을 뜻한다.

- **저칼로리 맥주(Low Calorie Beer)**: 특정 효모를 사용하거나, 발효 시 당분을 최대한 알코올로 변화시켜 맥주의 당도를 낮춘 맥주로, 부드럽고 담백한 느낌이 특징이다.
- **드라이 맥주(Dry Beer)**: 일본에서 시작되었으며 일반 맥주에 비해 맥아의 함량을 줄이고 옥수수 전분 등을 사용하여 가벼운 느낌과 청량감이 높은 것이 특징이다.
- **아이스 맥주(Ice Beer)**: 숙성의 마지막 단계에서 맥주를 -3~-5℃의 탱크에서 숙성시켜 맥주 맛을 거칠게 하는 잡미를 내는 성분을 살얼음과 함께 걷어내어 순수한 맛이 특징이다.
- **둔켈(Dunkel)**: 독일 바이에른 지방에서 검게 볶은 보리를 사용하여 만드는 흑맥주이다.
- **람빅(Lambic)**: 인공적으로 배양한 효모 대신 대기 중에 떠다니는 박테리아와 야생효모를 이용하여 자연적인 환경에 의지하여 발효시킨 맥주로, 신맛이 강한 것이 특징이다.
- **밀맥주(Wheat Beer)**: 독일에서 유래된 밀로 만든 맥주로 바이젠(Weizen)이라고도 한다.
- **복 비어(Bock Beer)**: 독일에서 유래되었으며 더 많은 원료와 긴 발효 기간을 통해 강하고 힘찬 느낌의 풍미와 높은 도수를 특징으로 하는 흑맥주이다.

6 맥주의 보관 및 서비스

- 통풍이 잘 되고 직사광선이 없으며 건조한 장소가 보관에 적합하다. 운반할 때에는 혼탁 현상을 방지하기 위해 충격에 유의한다.
- 맥주의 <mark>권장 서브 온도</mark>는 여름에 6~8℃, 겨울에 10~12℃이며, 라거는 에일보다 차갑게 제공해야 한다.
- 맥주잔은 사용 전 깨끗한 물로 행군 뒤 얼룩이 남지 않도록 타월로 닦아 이물질이 남아 있는지 확인하고 차게 보관하는 것이 좋다.
- 맥주의 종류에 따라 알맞은 전용 맥주잔을 사용하며, 맥주의 거품은 잔의 윗부분에 약 2cm 덮이도록 한다. 맥주의 온도가 너무 찬 경우, 맥주가 너무 오래된 경우, 잔에 기름기가 남아있는 경우, 탄산가스가 충분하지 못한 경우에는 맥주에 거품이 잘 형성되지 않는다.
- 병맥주는 고객 앞에서 개봉해야 하며, 밀맥주 등 병 안에 침전물이 포함되어 있는 경우에는 침전물도 함께 잔에 따를 것인지 여부를 물어야 한다.
- 생맥주를 취급할 때는 냉각기 주위를 항상 청결하게 유지하여 통풍이 잘 되도록 한다. 영업이 끝나면 생맥주에 연결된 호스에 남아 있는 잔류 맥주를 깨끗한 물로 대체시켜 다음 날 사용할 때 신선한 맥주를 서비스할 수 있도록 한다.

7 맥주의 국가별 유명 상표

- **네덜란드**: 하이네켄(Heineken), 그롤쉬(Grolsch)
- **덴마크**: 칼스버그(Carlsberg)
- **독일**: 벡스(Beck's), 에딩거(Erdinger, 밀맥주), 파울라너(Paulaner, 밀맥주)
- **멕시코**: 코로나(Corona)
- **미국**: 버드와이저(Budweiser), 밀러(Miller)

✔ Point Check

01	상면발효 방식을 사용하여 만든 맥주에는 ( ), ( ), ( ) 등이 있다.		에일, 스타우트, 포터
02	맥주를 만들 때 가장 중요한 역할을 하는 것은 물이다.	○	물이 맥주의 90% 이상을 차지한다.
03	좋은 맥주를 만들기 위해 보리는 수분 함유량이 많은 것을 고른다.	×	약 10%로 잘 건조된 것이 좋다.
04	맥주 양조 시 당분을 분해하여 알코올과 탄산가스를 만드는 작용을 하는 원료는 홉이다.	×	효모(Yeast)에 관한 설명이다.
05	맥주는 알코올 도수가 낮아 신선도를 위해 업장에서는 선입선출에 신경 써야 한다.	○	입고 순서대로 판매하는 F.I.F.O를 잘 지켜야 한다.
06	기네스는 미국의 대표 맥주이다.	×	아일랜드
07	상면발효 맥주는 하면발효 맥주와 비교해 더 낮은 온도에서 발효한다.	×	비교적 고온에서 발효하며, 맛과 향이 강하다.
08	알코올 도수가 비교적 낮은 담색 맥주를 복비어(Bock Beer)라 한다.	×	복 비어는 짙은 색의 맥주로 향미가 짙고 알코올 도수가 높다.
09	생맥주의 적정 보관 온도는 5~6℃이다.	×	적정 보관 온도는 2~3℃이며, 적정 서브 온도는 3~4℃이다.
10	맥주 양조 시 홉(Hop)은 단백질을 침전 및 분리시키는 성질을 가지고 있어 맥주를 맑게 해주고, 잡균의 번식을 막아준다.	○	

03 증류주 (Distilled Liquor)

Chapter

필기 과목명	주요 항목	세부 항목	세세 항목
음료 특성, 칵테일 조주 및 영업장 관리	음료 특성 분석	증류주의 특성	증류주의 개념
			증류주의 분류 및 특징

 ## Ⅰ. 증류주의 개념

- 양조주를 구성하는 알코올과 물의 끓는점(비등점)의 차이를 이용하여 고농도의 알코올만 분리하여 만든 술이다.
- 기원전 2,000년 전 메소포타미아에서 증류가 시작되었다고 추정하며, 바닷물을 식수로 바꾸거나 에센스나 향수의 제조 목적일 가능성이 높다. 이후 중동의 연금술사들이 금을 만들거나 불로장생을 꿈꾸며 약을 조제하는 과정에서 본격적으로 증류 기술이 발전하였다.
- 증류주를 '신성한 영혼의 힘이 깃든 액체'라 표현하며 스피릿(Spirit)이라고 불렀다.
- 우리나라에는 고려 말 몽고(원나라)로부터 증류 기술이 들어왔다.
- 증류주의 알코올 함량은 40% 이상으로 장기 보관이 가능하다.

증류기의 분류

	단식 증류기	연속식 증류기
명칭	Pot Still	Coffey Still, Patent Still
원리	하나의 증류기로 한 번의 증류를 통해 알코올을 얻는 방식	두 개의 길고 큰 통을 통해 끊임없이 계속 증류 가능
증류 횟수	2~3회	1회
최종 도수	10~75%	95% 이상
특징	오크통 숙성 시 특유의 향과 맛을 내는 성분 함유, 재증류의 번거로움	저렴한 비용으로 대량 생산 가능, 가볍고 깨끗한 향과 맛
생산 주류	몰트위스키, 코냑, 고량주	진, 보드카, 그레인위스키

 **Ⅱ. 증류주의 분류**

1 위스키(Whisky)

① 위스키의 개념 및 정의

- 보리, 옥수수 등 곡류를 당화, 발효 후 증류한 원액을 오크통에서 숙성시킨 술이다.
- 라틴어 'Aqua Vitae(생명의 물)'가 게일어 'Uisge Beatha(우스게 바하)'가 되어 'Usky(우스키)'를 거쳐 오늘날 'Whisky(위스키)'라 부르게 되었다.
- 위스키의 시초는 스코틀랜드와 아일랜드 사이에서 의견이 분분하나, 1830년대 아일랜드에서 연속식 증류기가 발명되면서 대량 생산을 가능하게 하는 중요한 계기가 되었다.

② 위스키의 분류

- 생산지에 따라

　가) 스코틀랜드(Scotch Whisky): 조니워커, 시바스리갈, 발렌타인 등

　나) 아일랜드(Irish Whiskey): 존제임슨, 올드 부시밀 등

　다) 미국(American Whiskey): 메이커스 마크, 와일드 터키, 짐빔 등

　라) 캐나다(Canadian Whisky): 캐내디언 클럽, 크라운 로얄 등

　마) 일본(Japanese Whisky): 히비키, 야마자키, 하쿠슈 등

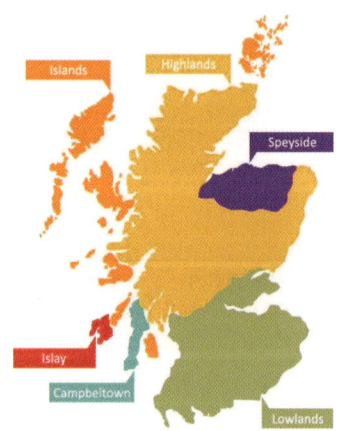
▲ 스코틀랜드의 위스키 생산지역

- <mark>원료에 따라</mark>

　가) 몰트위스키(Malt Whisky): 맥아(Malt; 싹틔운 보리) 100%를 원료로 하는 위스키

　나) 버번위스키(Bourbon Whiskey): 미국 켄터키의 버번 지방에서 옥수수 51%를 원료로 하여 내부를 새카맣게 태운 오크통에 숙성하는 위스키

　다) 라이위스키(Rye Whisky): 호밀 51% 이상을 원료로 하는 위스키

　라) 콘위스키(Corn Whisky): 옥수수 80% 이상을 원료로 하는 위스키

마) 그레인위스키(Grain Whisky): 보리 이외의 곡식을 원료로 하는 위스키

바) 블렌디드위스키(Blended Whisky): 여러 증류소에서 생산한 몰트 위스키와 그레인 위스키의 원액을 혼합하여 만든 위스키

• 기타

가) 싱글몰트위스키(Single Malt Whisky): 한 증류소에서 보리 100%를 원료로 하여 생산한 위스키로 보통 위스키의 이름이 증류소의 이름이다.

　　예 글렌피딕, 맥캘란, 발베니, 보모어 등

나) 테네시위스키(Tennessee Whiskey): 버번위스키와 유사하지만 미국 테네시주에서 생산하여야 하며 단풍나무 숯에 여과하는 작업이 추가된다.

　　예 잭다니엘

③ 몰트 위스키의 <mark>제조 과정</mark>

• 보리 ➡ 침맥 ➡ 발아 ➡ 건조 ➡ 분쇄 ➡ 당화 ➡ 발효 ➡ 단식증류기로 2회 증류 ➡ 오크통에서 숙성 ➡ 병입

④ 위스키 베이스 칵테일

• 맨하탄, 올드 패션드, 러스티 네일, 뉴욕, 위스키 사워, 불바디에 등

⑤ 위스키 마시는 다양한 방법

• **스트레이트(Straight) 또는 니트(Neat):** 실온 상태의 위스키를 잔에 따라 그대로 마시는 방법

• **온더락(On the Rocks):** 얼음을 넣은 잔에 위스키를 따라 마시는 방법

• **미즈와리(水割リ):** 위스키에 찬물을 따라 마시는 방법

• **오유와리(お湯割リ):** 따뜻한 물에 위스키를 따라 마시는 방법

• **하이볼(Highball):** 위스키에 얼음과 소다수 혹은 진저엘, 콜라 등 탄산음료를 섞어 마시는 방법

2 브랜디(Brandy)

① 브랜디의 개념 및 정의

• 과실주를 1회 증류한 후 알코올 함량이 20~25%가 되면 한 번 또는 두 번 더 재증류하여 알코올 함량 50~75%의 원액을 얻고 오크통에서 저장, 숙성시킨 술이다.

• '태운 와인'을 뜻하는 프랑스어 'Vin Brule(뱅 브륄레)'가 네덜란드로 건너가

'Brandewijn(브란데바인)'이 되었고 영국에서 'Brandy(브랜디)'로 불리었다.

- 와인을 오래 보존하고 운송을 용이하게 하기 위하여 증류를 시작하게 되었다.
- 숙성하기 전의 원액을 'Eau de Vie(오드비)'라고 하며, 어원은 '<mark>생명의 물</mark>'이다.
- 주로 스템(Stem)이 짧은 와인 잔이나 스니프터(Snifter) 잔에 따라 식후주로 마신다.

② 원료에 따른 분류

- **브랜디**: 포도를 원료로 하는 일반적인 브랜디
- **애플 브랜디**: 사과주(Cider)를 증류한 것으로 프랑스 노르망디 지역의 칼바도스 (Calvados), 미국의 애플잭(Applejack)이 유명하다.
- **프루츠 브랜디**: 포도나 사과 이외에 체리, 살구 등을 원료로 하는 브랜디
- **포도를 짜거나 와인을 만들고 남은 찌꺼기를 원료로 하는 브랜디**: 프랑스의 마르(Marc), 이탈리아의 <mark>그라파</mark>(Grappa)
- **피스코(Pisco)**: 칠레나 페루에서 발효된 포도주스로 만든 증류주

③ 코냑(Cognac)

- 프랑스의 코냑 지방에서 생산한 브랜디만을 일컫는다.
- 구리 단식 증류기로 2번 증류한 뒤 리무쟁(Limousin) 등 프랑스 숲의 나무로 만든 오크통에서 최소 2년 숙성시켜야 하며, 10월부터 수확한 포도로 3월 31일까지 모든 증류 작업을 마쳐야 한다.
- 숙성 기간 등 등급은 1865년 헤네시(Hennessy)사에 의하여 처음 도입되어 부호나 약자로 표기하지만, 법적 규제가 없기 때문에 브랜드별로 상이하다.
- Hennessy의 숙성기간 표기(1865)

기호 / 문자	저장 연수	기호 / 문자	저장 연수
★★★	3~5년	V.S.O.P	25~30년
★★★★★	8~10년	X.O	45년 이상
V.O	12~15년	EXTRA	70년 이상
V.S.O	15~25년		

※ V.S.O.P는 Very Superior Old Pale의 약자이다.

- **대표 상표**: 카뮤(Camus), 헤네시(Hennessy), 레미마틴(Remy Martin), 꾸브와지에 (Courvoisier), 마르텔(Martell)

④ 아르마냑(Armagnac)

- 프랑스의 아르마냑 지방에서 생산한 브랜디만을 일컫는다.
- '알람빅(Alambic)'이라고 부르는 연속식 증류기로 1회 증류한다.
- 코냑보다 먼저 생산하기 시작하였으며, 코냑에 비해 소박하지만 무겁고 힘이 있는 풍미가 특징이다.
- **대표 상표**: 샤보(Chabot)

하나 더

빈출내용 핵심정리

1. 모든 코냑은 브랜디이나 모든 브랜디가 코냑은 아니다.
2. 핀 샹파뉴(Fine Champagne): 그랑드 샹파뉴(Grande Champagne) 원액과 쁘띠뜨 샹파뉴(Petite Champagne) 원액을 블렌딩한 것으로 우수한 품질의 고급 코냑을 가리킨다.

⑤ 브랜디 베이스 칵테일

• 사이드카, 브랜디 알렉산더, 허니문(Apple Brandy) 등

3 보드카(Vodka)

① 보드카의 개념 및 정의

• 주로 감자, 옥수수, 호밀, 고구마 등을 당화, 발효, 증류하여 만들며 기원은 12세기 무렵의 폴란드와 러시아를 두고 의견이 분분하다.

• 러시아 문헌에 생명의 물을 뜻하는 'Zhiezenniz Vcda(지제니스 뷔타)'로 기록된 것이 15세기 'Voda(뷔타)'로 불리다 18세기 'Vodka(보드카)'가 되었다.

• 초기에는 불순물이 포함된 보드카를 생산하였으나, 18세기 러시아의 화학자 테오도르 로위츠(Theodore Lowitz)가 최종 산물에서 불순물을 제거하기 위해 숯으로 여과하는 방식을 발명하면서 점차 전파되었다.

• 고품질, 고순도의 보드카를 얻기 위해 활성탄 이외에 양모, 종이, 모래, 다이아몬드 등을 여과 매체로 사용하기도 한다.

② 보드카의 제조 방법

• 원료를 증류하여 얻은 알코올 함량 85~95%의 주정을 자작나무 숯으로 만든 활성탄을 채운 여과통에 천천히 여러 번 통과시킨 후 정제한다. 이후 증류수를 혼합하여 도수를 낮추어 병입한 술이다.

③ 보드카의 특징

• 러시아, 우크라이나, 폴란드, 체코, 슬로바키아 등의 기반이 되는 슬라브 민족의 국민주이다.

• 미국에서 보드카는 최소 40%, 유럽에서는 최소 37.5%의 알코올을 함유해야 한다.

• 여러 향신료나 과일 등을 첨가한 Flavored Vodka도 있다.

• 무색(Colorless), 무미(Tasteless), 무취(Odorless)의 중립적인 특성 덕분에 바텐더들은 각자의 기술과 상상력을 보여줄 수 있는 칵테일의 베이스로 사용한다.

④ 보드카 베이스 칵테일

• 모스코 뮬, 블러디메리, 스크류 드라이버, 코스모폴리탄 등

⑤ 주요 보드카 산지 및 상표

• 네덜란드: 케틀 원(Ketel One)

- **러시아**: 스톨리치나야(Stolichnaya)
- **미국**: 스미노프(Smirnoff), 스카이(SKYY)
- **스웨덴**: 앱솔루트(Absolut)
- **폴란드**: 벨베디어(Belvedere)
- **프랑스**: 그레이구스(Gray Goose), 씨락(Ciroc * 원료는 포도)
- **핀란드**: 핀란디아(Finlandia)

4 진(Gin)

① 진의 개념 및 정의

- 보리, 밀, 옥수수 등을 당화, 발효, 증류한 후 <mark>주니퍼 베리</mark>(Juniper Berry; 두송자), 코리앤더(Coriander), 안젤리카(Angelica) 등을 혼합하여 재증류하고 향을 입힌 술이다.
- 1650년경 네덜란드의 교수이자 의사인 Franz de le Boë, 일명 실비우스(Sylvius)가 해열제, 이뇨제, 소독제 등으로 사용하기 위해 '주니에브르(Genievre)'라는 이름을 붙여 약국에서 판매하였다. 이후 네덜란드와 스페인의 전쟁에 참전한 영국 군인들이 해상전을 하던 도중 배에서 처음 이것을 발견하고 '제네바(Geneva)'로 부르며 영국으로 가져와 점점 전파되었다. 이후 '진(Gin)'이 되어 미국에서 칵테일용으로 사용되기 시작하였다.
- 신선한 향과 무색·투명한 특징이 있어 다른 술과 조화를 잘 이루므로 칵테일의 베이스로 가장 많이 사용된다.

② 런던 드라이진의 규정

- 진을 증류하는 방법의 표기이므로 런던 뿐만 아니라 어느 나라에서나 생산이 가능하다.
- 1차 증류 후 얻은 원액에 허가받은 천연 향료만을 첨가하여 재증류한다.
- 최종 증류액은 최소 70%의 알코올을 함유해야 하며 37.5% 이상으로 병입되어야 한다.
- 리터당 0.1g 이하의 설탕, 물 이외에 감미료나 착색제는 포함할 수 없다.

③ 기타 다양한 스타일의 진

- **네덜란드 진(Netherlands Gin)**: 노간주 열매와 향료를 넣어 단식 증류기로 2~3회 증류한 후 얻은 55% 정도의 주정을 단기간 저장하고 증류수를 추가하여 약 45%로 병입한 진
- **올드 톰 진(Old Tom Gin)**: 드라이 진에 약간의 당분(약 2%)을 첨가한 진
- **플리머스 진(Plymouth Gin)**: 영국 최대 군항인 플리머스시의 수도원에서 만들어져 강한 향미를 특징으로 하는 진

④ 진 베이스 칵테일

- 드라이 마티니, 진피즈, 싱가포르 슬링, 네그로니 등

⑤ 주요 진 상표

• 봄베이 사파이어(Bombay Sapphire), 텐커레이(Tanqueray), 비피터(Beefeater), 고든스(Gordon's)

5 럼(Rum)

① 럼의 개념 및 정의

• 사탕수수(Sugar Cane)를 눌러 즙을 짜거나 제당 공정의 부산물인 당밀(Molasses) 을 발효하여 증류한 술이다. 원료 자체가 당분이기 때문에 발효 전 별도의 당화 과 정은 필요하지 않다.

• 17세기 서인도제도(카리브해)의 사탕수수 공장의 노예들이 설탕을 정제한 후 부산 물로 얻은 당밀을 발효하면 알코올을 얻을 수 있다는 사실을 발견한 것이 시초 이다. 이후 증류 기술이 도입되면서 바베이도스에서 처음 제조되었다. 술맛은 매우 거칠었으나, 참혹한 환경 속에서 하루하루를 살아내던 노예들의 고단함을 덜어 주었다고 한다.

• 해적이나 해군의 술로도 유명하며, 오랜 시간 항해를 하는 동안에는 물을 깨끗하게 유지하는 것이 어려웠기 때문에 물이나 맥주에 럼을 섞어 마시며 선원들의 사기를 북돋아 주었다. 지나친 소비로 인해 통제할 수 없는 소란이 생겼고, 흥분, 폭동을 뜻 하는 'Rumbullion(럼불리온)'이 어원이 되었다.

• 주요 생산 국가는 자메이카, 도미니카 공화국, 쿠바, 푸에르토리코이다.

② 럼의 분류

• 숙성 기간과 색상에 따라

가) 라이트럼(Light Rum, White Rum): 숙성하지 않거나 1년 이상 숙성한 후 여과 하여 색소를 제거하여 무색·투명하다. 다른 종류에 비해 맛이 순하고 바디감이 가볍다.

나) 미디엄럼(Medium Rum, Gold Rum): 라이트럼보다 풍미가 풍부하며 숙성에 의해 바닐라, 아몬드, 코코넛 향이 은은하게 느껴진다. 색상의 일관성 유지를 위해 캐러멜 색소를 추가하기도 한다.

다) 다크럼(Dark Rum, Heavy Rum): 단식 증류기로 증류한 후 장시간 숙성시킨 럼 으로 강한 맛과 향을 가지고 있어 스트레이트용으로 적합하다.

• 기타

가) 스파이스드 럼(Spiced Rum): 계피, 로즈마리, 바닐라 등과 같은 재료를 사용하 여 풍미를 더한 럼으로 대체로 황금빛을 띤다.

나) 카샤사(Cachaça): 발효된 사탕수수 즙을 증류한 브라질의 럼이다.

④ 럼 베이스 칵테일

- 다이키리, 모히또, 쿠바리브레, 마이타이, 피냐콜라다, 블루 하와이안 등

⑤ 주요 럼 상표

- 자카파(Zacapa), 브루갈(Brugal), 바카디(Bacardi), 하바나클럽(Habana Club)

6 테킬라(Tequila)

① 테킬라의 개념 및 정의

- 용설란(Agave)의 몸통 부분을 구덩이에서 찌거나 구워 당화한 후 발효한 것이 풀케(Pulque)이고, 이를 증류한 술이다.
- 멕시코가 원산지이며 16세기경 스페인으로부터 증류 기술이 도입되어 생산하기 시작하였다.
- 열대지방에 거주하는 멕시코인들은 부족한 비타민과 염분을 보충하기 위해 테킬라를 마실 때 소금이나 레몬, 라임을 함께 즐겼다.
- 메즈칼(Mezcal): 멕시코의 지정된 5개 주(州)에서 블루 웨버 아가베(Blue Weber Agave) 품종으로 만든 것만을 테킬라라고 하며 위치와 품종의 제한이 없이 생산한 것을 메즈칼(Mezcal)이라 한다.

② 테킬라의 분류

- 숙성 기간과 색상에 따라

    가) 블랑코(Blanco): '플라타(Plata)', '실버 테킬라(Silver Tequila)'라고도 하며, 최대 60일간 숙성 가능하지만 대부분 숙성하지 않아 무색·투명하다. 다른 종류에 비해 맛이 날카롭고 바디감이 가볍다.

    나) 호벤(Joven): '젊은, 소년'이라는 뜻으로 숙성하지 않은 테킬라와 숙성한 테킬라의 원액을 섞어서 만든다. 칵테일의 베이스로 많이 사용된다.

    다) 레포사도(Reposado): 오크통에서 2~11개월 숙성시킨 테킬라로 부드러운 맛이 특징이다.

    라) 아녜호(Añejo): '오랜, 숙성된'이라는 뜻으로 오크통에서 1~3년 숙성시킨 테킬라이다. 바닐라와 흑설탕의 맛을 내는 것이 특징이다.

    마) 엑스트라 아녜호(Extra Añejo): 오크통에서 3년 이상 숙성시킨 테킬라로 풍부한 향과 짙은 호박색을 특징으로 하며 프리미엄으로 간주된다.

③ 테킬라 베이스 칵테일

- 마가리타, 테킬라 선라이즈 등

④ 주요 테킬라 상표

- 호세쿠엘보(Jose Cuervo), 패트론(Patron), 올메카(Olmeca), 돈훌리오(Don Julio)

7 기타

- **아락(Arak)**: 코코넛 꽃이나 사탕수수의 발효 수액으로 만든 동남아시아의 증류주
- **아쿠아비트(Aquavit)**: 곡물이나 익힌 감자를 증류한 후 다양한 허브를 첨가하여 만든 스칸디나비아의 증류주로 무색·투명하거나 옅은 노란색을 띤다.
- **우조(Ouzo)**: 주정에 아니스를 첨가하여 만든 그리스의 전통 증류주

 하나 더

빈출내용 핵심정리
- 어원이 '생명의 물'인 증류주: 아쿠아비트(Aqua Vitae), 위스키(Uisce Beatha), 브랜디(Eau de Vie), 보드카(Aqua Vitae, Voda)

✔ Point Check

01	럼은 색깔에 따라 ( ), ( ), ( )으로 분류한다.		화이트럼, 골드럼, 다크럼
02	진은 네덜란드 ( )교수에 의해 만들어졌으며, ( )향을 첨가해야 한다.		실비우스(Sylvius), 두송자(Juniper Berry)
03	보드카의 가장 큰 특징은 ( ), ( ), ( )이므로 다양한 칵테일에 도수를 높이는 용도로 활용된다.		무색(Colorless), 무미(Odorless), 무취(Tasteless)
04	그레인 위스키는 단식 증류기(Pot Still)로 증류한다.	×	연속식 증류기(Patent Still)로 증류한다.
05	코냑의 숙성 등급 중 V.S.O.P의 약자는 Very Special Old Pale이다.	×	Very Superior Old Pale의 약자이다.
06	메즈칼과 테킬라의 가장 큰 차이는 생산 지역이다.	○	테킬라는 멕시코 서부 테킬라 지역에서 블루 아가베의 수액을 발효, 증류한 술이다.
07	버번 위스키는 옥수수 80% 이상을 원료로 사용해야 한다.	×	51% 이상 사용해야 한다.
08	코냑은 브랜디에 속한다.	○	모든 코냑은 브랜디이나 모든 브랜디가 코냑은 아니다.
09	위스키의 어원은 '생명의 물'이다.	○	'생명의 물'을 어원으로 하는 술: 위스키, 브랜디(오드비), 보드카, 아쿠아비트
10	호벤보다 레포사도가 숙성이 더 많이 된 테킬라를 뜻한다.	○	테킬라의 숙성 기간: 호벤−레포사도 − 아녜호

Chapter **04** 혼성주 (Compounded Liquor)

필기 과목명	주요 항목	세부 항목	세세 항목
음료 특성, 칵테일 조주 및 영업장 관리	음료 특성 분석	혼성주 특성	혼성주의 개념
			혼성주의 분류 및 특징

 Ⅰ. 혼성주의 개념 및 역사

증류주(주정)에 과실이나 향신료 등 초근목피의 향을 가미하고 당분을 첨가한 술이다. 처음에는 불로장생의 비약이라 하여 의약품, 강장제, 최음제의 목적으로 만들어졌으나 현재는 식후주나 칵테일의 색과 향을 내기 위한 핵심 재료로 다양하게 사용되고 있다. 가정에서 담그는 과일주나 약용주도 혼성주의 범주에 속한다. '리큐어(Liqueur)'라고 하며 라틴어 'Liquefacere(리케파세레; 액체를 만들다, 녹이다)'에서 유래되었다. 약용으로 사용되었기에 약용주에 건강에 좋은 성분을 녹여낸다는 의미이다. 13세기경 중세 연금술사에 의해 제조되기 시작하였고, 이후 수도원의 승려들에게 전수되어 더욱 새롭고 정교하게 발전되었다. '코디알(Cordial, 미국)' 혹은 '리큐르'라고도 불린다.

• **혼성주의 EU 법적 규제**
  가) 1리터당 최소 15%의 알코올과 최소 100g의 설탕이 함유되어야 한다.
  나) 크렘 드(Crème de)라는 명칭을 사용하기 위해서는 1리터당 최소 250g의 설탕이 함유되어야 한다. 크렘 드 카시스(Crème de Cassis)에는 리터 당 400g의 설탕이 들어있다.

 Ⅱ. 혼성주의 제조 방법

① **침출법**(Infusion Process): 증류하면 변질될 수 있는 재료를 주정에 담가 성분이나 향미를 우려내는 방법으로 열을 가하지 않기 때문에 '콜드 방식(Cold Method)'이라고도 부른다.

② **증류법(Distillation Process):** 주정에 재료를 넣고 증류한 후 당분을 첨가하는 방법으로 '핫 방식 추출(Hot Method)'이라고도 부른다.

③ **여과법(Percolation Process):** 재료를 기기 윗부분에 놓고 증류주를 아래에 두어 열을 가하면 알코올이 함유된 증기가 윗부분의 재료를 통하여 지나가는 방법으로 커피를 추출하는 방법과 유사하다.

④ **에센스법(Essence Process):** 천연 또는 합성향료를 주정에 혼합하는 방법으로 '향유혼합법'이라고도 한다.

 Ⅲ. 혼성주의 분류

1 과실류

이름	표기	원산지	주재료	부재료
애프리콧 브랜디	Apricot Brandy	브랜드별 상이	살구	브랜디
샴보드	Chambord	프랑스	라즈베리, 블랙베리	코냑
크렘 드 카시스	Crème de Cassis	브랜드별 상이	블랙커런트	
리몬첼로	Limoncello	이탈리아	레몬껍질	
말리부	Malibu	바베이도스	코코넛	럼
마라스키노	Maraschino	브랜드별 상이	체리	
미도리	Midori	일본	메론	
슬로진	Sloe Gin	브랜드별 상이	야생오얏(Sloe Berry)	진
써던컴포트	Southern Comfort	미국	복숭아	허브, 위스키
쿠앵트로	Cointreau	프랑스	오렌지껍질	
큐라소	Curaçao	네덜란드	오렌지껍질	
트리플섹	Triple Sec	브랜드별 상이	오렌지껍질	
그랑마니에	Gran Marnier	프랑스	비터오렌지	코냑

2 종자류

이름	표기	원산지	주재료	부재료
크렘 드 카카오	Crème de Cacao	브랜드별 상이	카카오	
프란젤리코	Frangelico	이탈리아	헤이즐넛	바닐라, 커피
깔루아	Kahlúa	멕시코	커피	럼
티아마리아	Tia Maria	자메이카	커피	바닐라, 럼
아마레또	Amaretto	브랜드별 상이	살구씨	아몬드
디사론노	Disaronno	이탈리아	살구씨	17가지 허브

3 약초, 향초 등 허브류

이름	표기	원산지	주재료	부재료
압생트	Absinthe	프랑스	향쑥	아니스, 회향
아니세트	Anisette	브랜드별 상이	아니스	
삼부카	Sambuca	이탈리아	아니스	
갈리아노	Galliano	이탈리아	아니스	바닐라
캄파리	Campari	이탈리아	용담뿌리, 감귤껍질	60가지 허브
치나	Cynar	이탈리아	허브	아티초크
크렘 드 바이올렛	Crème de Violett	브랜드별 상이	제비꽃	
예거마이스터	Jägermeister	독일	56가지 허브	
쿰멜	Kümmel	브랜드별 상이	캐러웨이 씨앗(회향풀)	
베네딕틴	Bénédictine D.O.M	프랑스	27가지 허브	
샤르뜨뢰즈	Chartreuse	프랑스	130가지 허브	

4 기타

이름	표기	원산지	주재료	부재료
아드보카트	Advocat	네덜란드	계란, 바닐라	브랜디
베일리스	Bailey's	아일랜드	위스키, 크림	카카오
드람부이	Drambuie	스코틀랜드	위스키, 꿀	허브
아이리쉬 미스트	Irish Mist	아일랜드	위스키, 꿀	허브

5 비터류(Bitters)

- '쓴맛'을 뜻하며 주정이나 브랜디 등에 허브, 뿌리, 향신료 등 식물 성분을 첨가하여 만든 리큐르이다.
- 프랑스에서는 아메르(Amer), 이탈리아에서는 아마로(Amaro)라고 한다.
- 소화를 돕기 위한 소화제나 강장제로도 음용되지만, 일반적으로 식욕을 돋우기 위한 식전주(Aperitif)로 적합하다.
- 대표적인 비터류
    - 가) 베르무트(Vermouth): 와인에 향쑥, 창포 뿌리, 고수, 마조람, 캐모마일 등 다양한 허브와 향신료를 가미한 리큐르(＊베르무트는 분류 기준에 따라 가향와인이나 강화와인 또는 리큐르에 속할 수 있다.)
    - 나) 캄파리(Campari): 오렌지, 키니네, 용담 뿌리 등을 첨가한 이탈리아의 리큐르
    - 다) 아페롤(Aperol): 오렌지와 대황 등을 첨가한 이탈리아의 리큐르

라) 아메르 피콘(Amer Picon): 말린 오렌지 껍질, 용담 뿌리, 기나나무 뿌리 등을 첨가한 프랑스의 리큐르

마) 페르넷 블랑카(Fernet-Branca): 페퍼민트, 감초, 사프란 등을 첨가한 이탈리아 의 리큐르

바) 치나(Cynar): 아티초크를 주원료로 하는 이탈리아의 리큐르

사) 앙고스투라 비터(Angostura Bitter): 허브나 향신료를 원료로 하는 농축제로, 독 특하고 풍부한 향으로 인해 칵테일에 소량 첨가하여 복합성을 더한다. 1824년 부터 트리니다드 토바고에서 생산하고 있으며, 알코올 함량은 44.7%이다.

하나 더

빈출내용 핵심정리

1. 혼성주는 리큐어, 리큐르, 코디알 등 다양한 명칭으로 불린다.
2. 혼성주(Compounded Liquor)를 칵테일을 의미하는 혼합주(Mixed Drink)와 혼동하지 않도록 한다.
3. 오렌지를 주원료로 하는 리큐르로는 쿠앵트로, (블루, 오렌지, 화이트)큐라소, 트리플섹, 그랑마니 에가 있다.
4. 베네딕틴의 D.O.M은 'Deo Optimo Maximo'의 약자로 '최선 최대의 신에게'라는 뜻이다.
5. 드람부이는 'Dram Buid Heach(사람을 만족시키는 음료)'라는 뜻이다.
6. 샤르뜨리즈는 그린과 옐로우가 있으며, 리큐르의 여왕으로 불린다. 영어 문제에서 키워드는 'Queen of Liqueur'이다.
7. 식전주(Aperitif)로 적합한 리큐르는 드라이 베르무트, 캄파리, 아페롤 등이 있다.

01	혼성주의 제조 시 시간이 가장 많이 소요되는 방법은 증류법이다.	×	원료의 성분을 우려내는 침출법(Infusion)에는 장기적인 시간이 필요하다.
02	압생트(Absinthe)는 이탈리아의 국민주로 붉은색의 쓴맛이 강한 혼성주이며, 각종 식물의 뿌리 등 70여 가지의 재료로 만들어진다.	×	캄파리(Campari)에 대한 설명이다.
03	프랑스의 가장 오래된 혼성주 중 하나로 호박색을 띠며 '최선 최대의 신에게'라는 뜻을 가진 혼성주는 베네딕틴(Bénédictine)이다.	○	베네딕틴에 표기된 DOM은 '최선 최대의 신에게'라는 뜻이다.
04	아마레토(Amaretto)는 커피 향이 나는 혼성주이다.	×	아마레토는 살구의 씨를 원료로 한다.
05	Triple sec, Curaçao, Cointreau, Grand Marnier의 공통점은 ( )를 원료로 한다는 것이다.		오렌지
06	슬로 진(Sloe Gin)은 증류주이다.	×	오얏나무 열매인 야생자두(Sloe Berry)에 진을 첨가해서 만든 빨간색의 혼성주이다.
07	베일리스(Bailey's)는 보관 및 신선도 관리에 유의해야 한다.	○	알코올 함량이 17%이고 크림이 포함되어 있기 때문에 변질될 가능성이 있다.
08	스카치 위스키에 꿀을 넣어 만들며 '사람을 만족시킬 만한 음료'의 뜻을 가진 혼성주는 Drambuie이다.	○	
09	131가지의 허브를 사용하여 리큐어의 여왕이라 불리는 샤르트뢰즈(Chartreuse)는 옐로우(Yellow)와 퍼플(Puple)이 있다.	×	옐로우(Yellow)와 그린(Green)이 있으며, 옐로우가 좀 더 도수가 낮고 달콤하며 부드럽다.
10	아르마냑(Armagnac)은 사과향이 특징인 리큐어이다.	×	아르마냑은 프랑스 아르마냑 지방에서 만든 브랜디를 뜻한다.

05 Chapter 전통주

필기 과목명	주요 항목	세부 항목	세세 항목
음료 특성, 칵테일 조주 및 영업장 관리	음료 특성 분석	전통주 특성	전통주의 특징
			지역별 전통주
	칵테일 조주 실무	전통주 칵테일 조주	전통주 칵테일 레시피

Ⅰ. 전통주의 개념

전통주는 한 집단이나 공동체에서 형성되어 역사의 흐름에 따라 내려오는 사상, 관습, 행동 등의 양식이나 그것의 핵심을 이루는 정신적 가치 체계를 담고 있는 술이다. 「전통주 등의 산업진흥에 관한 법률」에 따라 무형문화재나 식품 명인이 제조한 민속주, 지역 농산물을 주원료로 제조한 지역 특산주로 정의하며, 한국 술, 토속주, 민속주, 우리 술, K-sool 등으로 표현하기도 한다. 원료나 누룩, 제조 방법에 따라 술의 맛과 향, 도수가 다양하며 건강에 도움이 되는 효능이 있다.

Ⅱ. 전통주의 분류

전통주는 거르는 방법에 따라 다음과 같이 분류된다.

- **막걸리(탁주)**: 쌀, 누룩, 물로 빚어서 막 거른 술로 '막'은 '방금 걸러 신선한'의 의미와 '마구 걸러 거칠다.'는 의미를 가진다. 빚는 횟수에 따라 단양주와 이양주, 삼양주 등 다양주로 분류된다.
- **청주(약주)**: 쌀, 누룩, 물로 빚어서 걸러낸 맑은 술로 막걸리에 비해 맑은 술이며 발효가 끝나면 발효통에 용수를 박고 맑은 술이 고였을 때 떠낸다.
- **소주**: 걸러진 청주에 소주 고리를 걸어 증류하여 얻는 증류주이다.
    - 가) 증류식 소주: 쌀, 보리, 옥수수, 고구마 등을 원료로 단식 증류기를 통해 얻은 증류주로 원료의 풍미가 드러나는 소주이다.

나) 희석식 소주: 일반적으로 떠올리는 녹색 병에 담긴 술로, 연속식 증류기를 통해
   얻은 주정에 물과 단맛을 위한 감미료와 신맛을 내기 위한 산미료 등을 넣어
   만든 소주이다.

* 도량형 단위: 오늘날에는 미터법으로 통일되면서 잘 사용하지 않지만, 과거에는 곡식이나 액체, 가루 등의 부피를 측정하기 위해 '홉, 되, 말'의 단위를 사용하였다. 보통 정육면체 또는 직육면체로 나무나 쇠로 만든다.

 Ⅲ. 대표적인 전통주

이름	생산지역	분류	특징
감홍로	경기도 파주	일반 증류주	조선 3대 명주로 맛이 달고 붉은빛을 내는 술'이라는 뜻을 지녔다. 쌀과 조가 주원료이며 계피, 진피, 정향, 생강, 감초 등 다양한 약재가 포함되어 맛이 진하다.
경주 교동법주	경상북도 경주	청주(약주)	국가무형문화재 제86-3호로 350년 동안 10대째 내려온 알코올 함량 16%의 청주이다. 빚는 시기(겨울)와 방법이 엄격히 정해져 있어 법주라 하며, 차게 마시는 것이 좋다.
계명주	경기도 남양주	엿(조청) 탁주	경기도 무형문화재로 짧은 시간 내에 당화와 발효가 이루어지는 것이 특징이다. '술을 빚은 다음 날 새벽, 닭이 울 때까지 술이 다 익는다.'는 뜻으로 계명주라 하였다. 한국에 남아 있는 유일한 고구려 술로 인정받았다.
고소리술	제주 서귀포	증류식 소주	제주 오메기술을 증류하여 만들며 맛이 간결하면서 독하고 향이 강하다.
금산인삼주	충청남도 금산	청주(약주)	5년근 이상의 인삼을 저온 발효시켜 생산된 약주이다. 인삼 자체에 소주를 부어 만든 다른 인삼주와 달리 쌀과 누룩에 인삼을 분쇄하여 넣는다는 것이 특징이다.
김천과하주	경상북도 김천	기타주류 (혼양주)	경북 무형문화재로 과하천의 샘물을 사용하여 저온 장기 발효를 통해 숙성한 술이다. '여름을 나는 술'이라는 의미로 조상들이 여름을 날 때 주로 애음하던 약주와 소주를 혼합한 혼성주이다. 단맛과 부드러운 신맛을 가지고 있다.
면천두견주	충청남도 당진	청주(약주)	국가무형문화재 제86-2호로 청주를 빚은 후 깨끗이 다듬은 진달래꽃을 명주 주머니에 넣어 1개월 이상 담근 가향주이다. 진달래꽃을 "두견화"라고 부르기에 두견주라 한다. 꽃의 빛깔 덕분에 진한 담황색을 띠며 단맛이 강한 편이다.
문배주	경기도 김포	증류식소주	국가무형문화재 제86-1호로 평안도 지방에서 전승되어 오는 알코올 함량 40%의 증류주이다. 문배(야생 배)를 사용하지 않지만 술의 향이 문배나무 과실의 향과 비슷하여 문배주라 하였다. 남북정상회담 국가 행사에 건배주로 쓰인다.

이름	생산지역	분류	특징
송화백일주	전라북도 완주	기타주류 (혼성주)	전북 완주군 모악산에서 전통식품 명인 1호가 빚은 술로 전북 무형문화재이기도 하다. 송화가루, 솔잎, 찹쌀, 백미 등을 발효, 증류하여 산수유, 오미자, 구기자 등과 혼합하여 100일 동안 저온 숙성을 거쳐 알코올 함량 38%로 완성한다.
안동소주	경상북도 안동	증류식소주	박재서 명인이 빚은 안동소주는 안동의 좋은 물과 쌀로 빚어 장기간 숙성시킨 알코올 함량 45%의 증류주이다. 누룩의 향이 적고, 부드럽지만 날카로운 맛을 낸다.
전주모주	전라북도 전주	탁주	알코올 함량이 약 1%로 상당히 낮기 때문에 해장술로 알려져 있다. 술지게미나 막걸리에 생강, 대추, 인삼, 칡, 감초, 계피 등을 넣고 알코올이 거의 사라질 때까지 끓여서 만든다.
전주이강주	전라북도 전주	기타주류 (혼성주)	조선 3대 명주이자 전북 무형문화재이다. 배의 묵직함과 생강의 향긋함에 벌꿀이 가미돼 목 넘김이 부드럽다.
정읍죽력고	전라북도 정읍	일반 증류주	조선 3대 명주이자 전북 무형문화재이다. 훈증하여 얻어진 대나무의 진액을 일컫는 죽력이 첨가되어 있다.
진도홍주	전라남도 진도	기타주류 (혼성주)	전남 무형문화재로 뿌리 약재 식물인 지초로 인해 붉은색을 띤다. 높은 알코올 함량에 비해 부드럽고 향긋하며, 신경통이나 위장병에 효능이 있다고 한다.
한산소곡주	충청남도 서천	청주(약주)	충남 무형문화재로 백제시대부터 이어져 오는 비법으로 빚은 알코올 함량 18%의 달콤한 약주이다. '술맛에 반해 과거를 놓친 선비', '도둑질을 하려다 술에 취해 붙잡힌 도둑', '술을 빚던 며느리가 술이 잘 익고 있는지 확인하기 위하여 젓가락으로 찍어 먹다가, 그 맛이 좋아서 계속 먹고 취해서 일어나지 못하는 앉은뱅이 술' 등 술에 얽힌 재미있는 이야기들이 많다.
홍천옥선주	강원도 홍천	약용 증류주 혼성주	옥수수를 원료로 하며 '효자가 빚은 술'로 알려져 있다. 갈근과 당귀를 사용하여 그윽한 향으로 임금님께 진상했다. 약재를 넣고 증류한 후, 다시 약재를 넣는다.

🍷 Ⅳ. 전통주 베이스 칵테일

- **고창(Gochang)**: 선운산 복분자주, 휘젓기(Stirring) 기법
- **금산(Geumsan)**: 금산인삼주, 흔들기(Shaking) 기법
- **진도(Jindo)**: 진도홍주, 흔들기(Shaking) 기법
- **풋사랑(Puppy Love)**: 안동소주, 흔들기(Shaking) 기법
- **힐링(Healing)**: 감홍로, 흔들기(Shaking) 기법

01	소주는 (　　)소주와 (　　)소주로 분류하며, 그 중 (　　) 소주는 연속식 증류기로 얻은 주정에 여러 감미료를 넣어 만든 술로 참이슬, 처음처럼 등이 있다.		증류식, 희석식, 희석식
02	진도 홍주는 밀과 보리를 섞어 띄운 누룩을 물과 함께 섞어 항아리에 발효시킨 양조주이다.	×	발효 후 소주 고리를 이용하여 증류한 증류주이다.
03	조선 3대 명주는 이강주, 죽력고, 경주법주이다.	×	조선 3대 명주는 이강주, 죽력고, 감홍로이다.
04	우리나라에 증류주가 들어온 시기는 고려시대로 추정한다.	○	
05	민속주 중 누룩을 적게 쓰며 일명 앉은뱅이 술이라고 불리는 술은 소곡주이다.	○	
06	충남 서북부의 전통주로 찹쌀, 아미산의 진달래, 안샘물로 빚은 술은 문배주이다.	×	진달래꽃으로 만드는 술은 두견주이다.
07	김천 과하주는 여름을 잘 나게 하는 술의 의미로 경상북도 무형문화재로 지정되었다.	○	
08	청주는 약주라고도 하며 쌀의 향을 얻기 위해 주로 현미를 사용한다.	×	찹쌀이나 멥쌀을 사용한다.
09	가양주는 집(家)에서 빚는 술을 뜻하며, 우리나라의 전통주 중 상당수는 가양주이다.	○	
10	전통주 산업 활성화 정책 중 하나로, 양조장을 방문하여 우리술을 직접 만들고 체험해 보는 프로그램의 이름은 '찾아가는 양조장'이다.	○	
11	전통주 베이스 칵테일 풋사랑, 진도, 고창, 힐링 중 만드는 기법이 다른 하나는 진도이다.	×	고창은 직접넣기(Stirring) 기법이며, 나머지는 흔들기(Shaking) 기법으로 만든다.
12	1말은 10되이다.	○	100홉＝10되＝1말＝약 18L

하나 더

빈출내용 핵심정리

1. 고창, 금산, 진도, 풋사랑, 힐링 등 다섯 가지 칵테일은 조주기능사 실기시험에 출제되는 칵테일이자 필기시험 문제의 보기로도 출제될 가능성이 높기 때문에 기주(Base)와 기법은 암기하도록 한다.
2. 국가무형문화재 지정 전통주: 문배주, 면천두견주, 경주교동법주
3. 조선 3대 명주: 감홍로, 이강주, 죽력고
4. 한 홉: 약 180ml, 한 되: 약 1,800ml (=1.8L), 한 말: 약 18L

06 비알코올 음료

필기 과목명	주요 항목	세부 항목	세세 항목
음료 특성, 칵테일 조주 및 영업장 관리	음료 특성 분석	비알코올성 음료	기호음료
			영양음료
			청량음료

 I. 기호음료

1 커피

① 커피의 개념과 역사

- 꼭두서니과(Rubiaceae)에 속하는 커피나무 열매의 씨를 볶은 후 가루로 낸 것을 물이나 증기로 우려내어 마시는 쓴맛이 나는 짙은 갈색의 음료이다.
- 커피나무의 열매를 Cherry, 열매의 씨앗 부분을 Coffee Bean, 가공하지 않은 생두를 Green Bean, 볶은 원두를 Roasted Bean이라 한다.
- 어원은 아랍어인 'Caffa(카파)'로 '힘'을 뜻하며 1650년 무렵부터 커피라고 불렀다.
- 6~7세기 아비시니아(현 에티오피아)에서 칼디(Kaldi)라 불리는 목동이 염소들이 붉은 열매를 먹고 흥분상태로 새벽까지 산속에서 뛰어노는 것을 관찰했다. 수도자들은 열매를 불경스럽다고 여겨 불에 던졌는데 감미롭고 황홀한 향내가 풍기자 그것을 끓여 먹어 보기로 했다. 향기 이외에도 이 음료를 마시면 더욱 오랫동안 명상을 할 수 있도록 집중력이 향상된다는 사실을 알게 되었다. 이후 예멘 지방을 중심으로 전파되어 커피 재배와 무역이 발전하였다.
- 1895년 고종이 을미사변으로 인해 러시아 공사관에 피신해 있을 때 커피를 처음 접했고, 덕수궁 내 궁중 건축물인 정관헌을 세워 외교사절단을 맞아 연회의 용도로 사용했던 것이 한국의 첫 커피숍이다. 그 무렵 서울 중구의 손탁호텔에 최초의 민간 커피하우스가 생기며 점차 전파되었다.
- 2차 세계대전 전후로 미군이 인스턴트 커피를 군용 식량에 포함하면서 커피 문화 발전의 촉매제가 되어 커피믹스와 자판기가 개발되었다.

② 커피의 품종별 특징

명칭	아라비카(Arabica)	로부스타(Robusta)	리베리카(Liberica)
원산지	에티오피아	콩고	리베리아
생산량	전 세계의 75%	전 세계의 약 25%	전 세계의 약 1%
생산국	브라질, 콜롬비아, 멕시코, 에티오피아, 과테말라	서아프리카, 동남아시아	리베리아
재배고도	기후가 온화한 고지대 (해발 800m 이상)	해발 200m 이상이면 가능	저지대
특성	세련되고 은은하며 단맛과 산미 모두 풍부	약하지만 섬세한 아로마, 묵직한 바디감과 쓴맛	강한 쓴맛과 약한 향미
병충해	약함	강함	강함
카페인 함량	0.8~1.4%	1.7~4%	

③ 커피의 가공 및 분류

• **생산 환경**: 적도를 중심으로 남위 25°에서 북위 25° 사이의 열대, 아열대 지역에서 재배되며 이를 '커피벨트(Coffee Belt)'라 한다. 연평균 강우량 1,000~2,000mm, 습도 60~75%가 적합하다.

• **로스팅(Roasting)**: 생두에 열을 가하여 볶는 과정으로 조직을 팽창시키고 화학변화를 일으켜 맛과 향을 끌어내는 작업이다. 수분이 증발하여 무게는 12~18% 감소하고 부피는 약 2배 증가한다. 당분의 일부는 이산화탄소로 변화하여 방출되며, 맛과 향에 관계된 800여종의 물질을 만들어 낸다. 로스팅의 정도에 따라 다음과 같은 색상을 띤다. Medium Roasting을 'American Roasting'이라고도 한다.

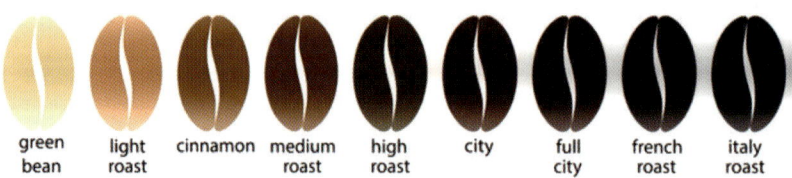

green bean · light roast · cinnamon · medium roast · high roast · city · full city · french roast · italy roast

• **그라인딩(Grinding)**: 원두를 분쇄하여 표면적을 넓힘으로써 추출이 잘 일어날 수 있도록 형태를 바꾸는 과정이다. 추출 방식과 기구에 따라 알맞게 조절한다.

가) 매우 가는 분쇄: 터키식 커피에 알맞으며 밀가루와 비슷한 질감

나) 가는 분쇄: 에스프레소에 알맞으며 카레 가루와 비슷한 질감

다) 중간 분쇄: 모카 포트나 전기 커피메이커에 알 맞은 일반 커피 분말

라) 약간 굵은 분쇄: 핸드드립에 알맞으며 백설탕과 비슷한 질감

마) 매우 굵은 분쇄: 프렌치 프레스에 알맞으며 흑설탕과 비슷한 질감

- **추출**: 추출 시간이 길어질수록 불쾌한 맛과 쓴맛이 증가하지만, 추출 시간이 너무 짧은 경우에는 커피의 화학 물질들이 충분히 녹아 나오지 않아 풍성한 향미를 느낄 수 없다.

- **보관**: 산소로부터 커피를 보호하여 산화를 방지하고, 빛이 없는 서늘하고 건조한 공간에 보관한다. 통 원두 상태로 구매하여 필요한 순간에 분쇄하는 것이 좋다.

④ **커피의 종류**

- **에스프레소(Espresso)**: 분쇄된 커피 6~7g을 95℃ 전후의 물로 약 9기압의 압력을 가해 20~30초 내에 25~30ml를 추출한 커피로 데미타스(Demitasse)잔에 제공한다.

- **리스트레토(Ristretto)**: 이탈리아어로 '짧다'라는 뜻으로 신맛을 강조하기 위해 15~20초 내에 15~20ml를 추출한 커피이다.

- **룽고(Lungo)**: 이탈리아어로 '길다'라는 뜻으로 씁쓸한 뒷맛을 강조하기 위해 35~40초 내에 35~40ml를 추출한 커피이다.

- **도피오(Doppio)**: 일반 양의 두 배의 분쇄커피를 사용하여 에스프레소를 추출한 더블 샷 커피이다.

- **아이리시커피(Irish Coffee)**: 각설탕, 아이리시 위스키, 뜨거운 커피, 휘핑크림으로 만드는 커피 칵테일이다.

- **카페 로열(Café Royal)**: 커피잔 위에 커피 스푼을 걸친 후 각설탕을 올리고 그 위로 브랜디를 부어 불을 붙인 커피 칵테일이다.

- **디카페인 커피(Decaffeinated Coffee)**: 원두를 물에 담가 이산화탄소나 유기용매 등을 이용하여 카페인을 제거한 커피이다. 실제로 카페인이 0인 것은 아니다.

- **베리에이션 커피(Variation Coffee)**: 에스프레소 이외에 물, 우유 등 다른 부재료를 넣은 커피를 말한다.

⑤ 크레마(Crema)

• 에스프레소를 추출할 때 생기는 황금빛 갈색의 거품층으로, 로스팅(Roasting) 과정에서 생기는 이산화탄소가 강한 압력과 증기에 노출되어 원두의 오일과 만나 표면위로 떠오른 것이다.

• 공기와 커피 사이에서 방어막 역할을 하여 커피의 아로마를 보존하고 온도 유지에 도움을 준다.

크레마가 만들어지지 않는 경우	크레마가 너무 진한 경우	커피가 너무 쓴 경우
수온이 너무 낮다.	수온이 너무 높다.	수온이 너무 높다.
오래된 커피를 사용했다.	머신의 물 공급이 제대로 되지 않는다.	머신이 깨끗하지 않다.
커피의 양이 적다.	너무 오랜 시간 동안 많은 커피의 양으로 추출했다.	커피의 로스팅이 너무 강하다.
머신의 압력이 충분하지 않다.	머신의 압력이 너무 높다.	사용한 커피에 로부스타의 양이 너무 많다.
분쇄도가 너무 굵거나 탬핑을 충분히 하지 않았다.	분쇄도가 너무 가늘다.	분쇄도가 너무 가늘거나 커피를 너무 꾹 눌러 담았다.

⑥ 커피와 건강

• 적당량을 섭취하는 경우(하루에 2~3잔, 약 300~400mg의 카페인 흡수)에는 기분과 수행 능력 증진, 주의력 향상, 운동 반응속도 상승, 편두통으로 인한 통증이 감소한다.

• 다량 또는 과다 섭취하는 경우(하루에 약 600mg 이상의 카페인 흡수)에는 심리 불안, 공격성 발현, 불면증, 가슴 두근거림, 몸의 떨림 등 신경과민이 발생할 수 있다.

⑦ 커핑(Cupping)

• 커피의 본질적인 특성을 평가하는 방법으로 커피를 시음하고 맛에 대해 분석한다.

• 개인의 취향보다는 커피가 가지고 있는 색상, 맛, 향, 질감, 뒷맛, 균형감, 투명도 등의 자료를 토대로 객관적으로 평가하며, 세계적으로 통용되는 커핑 규정에 따라 등급 및 가격대를 매기기도 한다.

2 차(茶)

① 차의 개념과 역사

차나무 잎을 비롯한 식물성 재료를 물에 우려 만드는 음료이다. 원산지는 중국이며, 우리나라에서는 삼국시대 후반부터 마시기 시작한 것으로 보인다. 미네랄과 비타민, 식물의 대사 산물인 플라보노이드(Flavonoid)가 풍부하여 항산화 효과가 있고 면역력을 증강시킨다.

② 차의 종류

- **불발효차**(Non-fermented Tea): 4월 20일 곡우 때부터 차의 여린 잎을 따서 무쇠나 돌솥에 덖거나 쪄 산화를 중단시킨 차로 녹차가 있다.
- **반발효차**(Semi-fermented Tea): 찻잎을 10~70% 발효시킨 후 향기가 날 때쯤 가마솥에 볶아 산화를 중단시킨 차로 오룡(우롱)차, 자스민차, 청차 등이 있다.
- **발효차**(Fermented Tea): 찻잎을 85% 이상 발효시킨 것으로 홍차라 부른다.
- **후발효차**(Post-fermented Tea): 찻잎을 가열 처리한 후 미생물을 발효시킨 것으로 보이차가 대표적이다.
- <mark>세계 3대 홍차</mark>: 다즐링(인도), 기문(중국), 우바(스리랑카)

✔ **Point Check**

01	카페 로열은 알코올성 커피이다.	○	
02	포터 필터의 구멍이 너무 작은 경우, 에스프레소 추출 시 과도한 크레마가 추출될 수 있다.	○	
03	핸드드립을 위한 원두 분쇄는 터키식 커피에 사용하는 것보다 굵은 것이 좋다.	○	추출 방식별 커피 분쇄 밀도 터키식 < 에스프레소 < 모카포트 < 사이펀 < 드립 < 프렌치 프레스
04	로부스타종의 원산지는 콩고이며, 전 세계 원두 생산량의 75%를 차지한다.	×	전 세계 원두 생산량의 75%를 차지하는 품종은 아라비카이다.
05	카페라테(Cafe Latte)의 알맞은 레시피는 에스프레소 20~30ml, 스팀 우유 60ml이다.	×	카페라테의 에스프레소와 스팀 우유의 비율은 대개 1:3~4이다.
06	녹차는 대표적인 반발효차이다.	×	녹차는 불발효차이다.
07	세계 3대 홍차는 (　), (　), (　)이다.		다즐링, 우바, 기문
08	차나무는 남위 30°~ 북위 42° 사이에 분포되어 있다.	○	

🍷 II. 영양음료

1 우유

① 우유의 개념과 역사

농경과 목축이 시작되면서 마시기 시작하였으며 치즈, 버터, 생크림, 요구르트 등 다양한 방식으로 발전하였다. 물, 지방, 단백질, 유당, 미네랄 등으로 구성되어 있다.

② 분류

- **원유(Raw Milk):** 소에서 짜낸 직후의 우유로 주로 목장에서 마실 수 있다.
- **락토프리 우유(Lactose-free Milk):** 유당 불내증이 있는 사람들을 위해 유당(락토스)을 분해한 우유를 말한다.
- **저지방 우유(Law-fat Milk):** 식품의약품안전처 기준 유지방 함량 0.6~2.6%인 우유를 말한다.
- **무지방우유(Skimmed Milk):** '탈지유'라고도 하며 식품의약품안전처 기준 유지방 함량 0.5% 이하로 우유에서 지방분을 원심분리하여 최대한 제거한 우유를 말한다.
- **가공우유:** 우유에 색소와 첨가물을 더한 것으로 커피우유, 바나나우유, 딸기우유 등이 해당된다.

> **하나 더**
>
> **우유 살균법**
> - 저온유지살균법(LTLT): 62~65℃에서 약 30분 가열
> - 고온유지살균법(HTLT): 75℃ 이상에서 약 15분 가열
> - 고온단시간법(HTST): 72℃ 이상에서 15초 이상 가열, 보편적으로 사용
> - 초고온단시간법(UHT): 멸균유, 120~130℃에서 2초 또는 150℃에서 1초 가열

2 주스

과일이나 채소를 통째로 갈거나 그의 과즙을 짜내 만든 음료로 인체에 부족한 수분과 비타민을 공급한다. 현재는 그 뜻이 확장되어 과즙과 다른 향신료를 섞어 만든 음료도 '주스'로 통칭한다.

> **하나 더**
>
> **주스의 분류**
> - **과실주스:** 과실즙 95% 이상
> - **희석과채음료:** 과채즙 10~50%
> - **과립과즙음료:** 과즙 및 과실 15% 이상
> - **토마토음료:** 토마토착즙 50~95%
> - **과채음료:** 과채즙 50~95%
> - **과육음료:** 과실 20% 이상
> - **토마토주스:** 토마토착즙 95% 이상
> * 우리나라는 토마토 제품을 따로 분류한다.

 **Ⅲ. 청량음료**

1 탄산음료

① 개요

물에 감미료, 착향료, 산미료 등을 첨가한 후 이산화탄소를 용해시킨 음료이다.

② 종류

- **소다수(Soda Water):** 물에 이산화탄소와 소다를 주입한 것으로 탄산수로 통칭하기도 한다.
- **토닉워터(Tonic Water):** 영국에서 원기 회복을 위한 강장제로 개발하였으며, 말라리아 치료제로 쓰이던 기나나무껍질 추출물인 키니네(Quinine, 퀴닌) 성분이 함유되어 있다.
- **진저엘(Ginger Ale):** 탄산수에 생강향과 다른 재료들을 섞어 만든 음료로 소화에 도움이 된다. 생강과 다른 재료들을 양조하여 만드는 진저비어와 구분된다.
- **콜린스믹스(카린스믹스, Collins Mix):** 소다수에 레몬, 설탕을 배합한 음료로 신맛이 특징이다.
- **콜라(Coke):** 콜라나무의 열매에서 추출한 원액에 캐러멜 색소와 여러 향료를 넣어 만든 음료로 카페인(Caffeine)과 콜라닌(Kolanin)을 함유하고 있다.
- **사이다(Cider):** 물에 구연산, 감미료, 탄산가스를 원료로 만든 무색 투명한 음료로 비슷한 상표로 스프라이트(Sprite), 세븐업(Seven up) 등이 있다. 사과를 발효하여 만드는 사과주인 시드르(Cidre, Apple wine)와 혼동하지 않도록 한다.

2 무탄산음료

① 개요

물이나 정제된 물에 유기산 등을 첨가하여 마실 때 청량감을 주며 알코올과 탄산가스가 함유되지 않은 음료

② 종류

- **물:** 산소와 수소가 결합된 물질로 상온에서 무색, 무미, 무취이며 바닷물, 강물, 지하수, 우물물, 빗물, 빙하, 온천수, 광천수 등으로 존재한다.
- **광천수(Mineral Water):** 지하수가 자연스럽게 지표로 분출된 것으로 칼슘, 마그네슘, 칼륨 등 다양한 미네랄이 함유된 물이다. 인체에 유효한 성분이 있어 의료용으로 음용하기 시작하였다.

- 물은 1820년대 프랑스의 에비앙 레 방(Evian-les-Bains) 지역에서 가장 먼저 상업적으로 이용되었다.
- 우리나라 정부는 1995년 '먹는물관리법'을 제정한 후 생수 판매를 합법화하였다.
- **이온 음료**: 수분과 전해질을 보충해 주는 기능성 음료로 스포츠 음료라고도 한다.

Point Check

01	유산균음료는 유가공품 또는 식물성 원료를 효모로 발효시켜 가공한 음료이다.	×	유가공품 또는 식물성 원료를 유산균으로 발효시킨 음료이다.
02	코코아(Cocoa)는 코코넛(Coconut) 열매를 가공하여 가루로 만든 것이다.	×	코코아는 카카오 나무의 열매인 카카오콩을 분쇄하여 가루로 만든 것이다.
03	콜린스 믹스는 탄산수에 설탕과 라임 또는 레몬즙을 넣어 만든다.	○	
04	토닉워터 특유의 쓴맛은 키니네(Quinine) 성분 때문이다.	○	
05	우유의 살균 방법 중 저온살균법은 '파스퇴르 살균법'이라고도 하며, 62~65℃에서 30분간 가열한다.	○	
06	음료에 과실즙이 80% 이상 포함되면 과실주스라 부를 수 있다.	×	과실즙이 95% 이상 포함되어야 한다.
07	산펠레그리노는 프랑스의 생수이다.	×	이탈리아

3 국내 음료 시장

- 서양에서 만들어진 탄산음료는 20세기 일본을 통해 한국에 전해졌으며, 1905년 일본인에 의해 우리나라에 처음으로 탄산수 회사가 설립되었다. 이후 '칠성사'가 1950년 본격적으로 한국 음료 회사를 세웠다.
- 청량음료 시장은 우리나라 가정에 냉장고가 보급되면서 더욱 발전했으며, 1980년대 소득 수준의 향상과 함께 주스 시장이 커지기 시작했다. 당시에 오렌지주스는 방문판매를 통해 구매할 수 있었다.
- 프로야구의 출범과 88 올림픽의 영향으로 스포츠 시장이 커지면서 스포츠음료가 등장했다.
- 1990년대 초 본격적으로 캔 커피 시장이 열렸고, 혼합차, 에너지 음료 등의 순으로 성장했다.
- 최근 음료 시장의 소비자들은 건강과 천연을 추구하고 설탕과 인공첨가물은 피하는 추세로, 무설탕(Zero-sugar)과 단백질 음료의 성장이 두드러진다.

PART II

칵테일 개론

01 칵테일

Chapter

필기 과목명	주요 항목	세부 항목	세세 항목
음료 특성, 칵테일 조주 및 영업장 관리	칵테일 기법 실무	칵테일 특성 파악	칵테일 역사
			칵테일 분류
	칵테일 조주 실무	칵테일 조주	칵테일 종류별 특징

Ⅰ. 칵테일의 개념 및 역사

1 개념 및 어원

- 술과 술, 술과 술 이외의 재료, 술 이외의 재료와 술 이외의 재료 등 마실 수 있는 2가지 이상의 음료를 섞은 <mark>혼합주</mark>이다.
- 칵테일의 구성
  - 가) Base: 진, 보드카, 럼, 맥주 등 칵테일의 중심이 되는 기주
  - 나) Modifier: 베르무트나 리큐르 등 베이스를 부드럽고 풍성하게 하기 위해 첨가하는 재료
  - 다) Accent: 과일 주스, 시럽, 허브 등 다른 구성 요소들을 돋보이게 하는 재료
  - 라) Dilution: 얼음, 탄산수, 진저엘 등 적당한 도수로 희석하기 위한 재료
- 칵테일의 어원에 관해서는 수많은 설들이 존재한다. 그 중 하나로, 멕시코 유카탄 반도의 캄페체 항구에 영국의 배가 입항할 당시였다. 배에서 내린 선원들은 술집에서 한 바텐더가 닭의 꼬리털 같이 생긴 나무 막대를 사용하여 여러 음료를 섞는 모습을 보았다. 그들은 이제껏 술을 스트레이트로만 마셨기 때문에 그 모습이 신기하여 술의 이름을 물었는데 바텐더는 막대의 이름을 묻는 줄로 착각하여 'Tail of cock(수탉의 꼬리)'라 대답하였고 이것이 'Cock's tail'이 되어 'Cocktail'이라 부르게 되었다.
- 문자로써 칵테일이 최초로 기록된 해는 1798년이며, 1806년 5월 13일 뉴욕 신문 "The Balance and Columbian Repository"에서 칵테일을 "설탕, 물, 쓴맛이 나는 성분으로 구성된, 활기를 주는 술이다."로 정의하였다.

2 역사

- 19세기 식민지 개척과 영토 확장을 활발히 하면서 이국적인 술들이 세계 각지에 소개되어 칵테일의 재료들을 더욱 풍성하게 하였다.

- 1850년 냉동고와 제빙기의 발명 및 대중화로 인해 더욱 상쾌하고 다양한 칵테일이 탄생하였다.

- 19세기 말 칵테일에 대한 관심이 높아지면서 1862년 바텐더 가이드와 칵테일 레시피 책이 최초로 출판되었다. 이 매뉴얼은 오늘날에도 여전히 존중받는 표준으로 여겨진다.

- 1919년 미국에서 술과 관련된 사회적 질병에 대응하기 위한 금주법이 시행되면서 의료용을 제외한 알코올 음료의 생산, 판매, 운송 등이 금지되었다.

- 역설적이게도 금주법이 본격화되면서 '스피크이지(Speakeasy)'라는 지하 깊숙한 곳에서의 주류 판매가 성행하였으며 이곳은 음악, 춤, 문화의 중심지가 되며 칵테일의 발전에 영향을 주었다. 또한 재능 있는 많은 바텐더들이 기술과 지식을 가지고 유럽 등지로 이주하였다.

- 1933년 금주법이 폐지되고 바(Bar)가 다시 합법적 영업을 시작하면서 칵테일은 대중문화에 뿌리를 내렸다.

- 현대에는 요리에 사용하는 기구나 과학으로부터 파생된 기술 등을 활용하여 음료 외 부재료를 보완, 강화한 칵테일이 생겨나고 있으며 신선한 재료, 창의적인 맛, 장인 정신, 각자가 개발한 레시피에 초점을 두기도 한다.

▲ 1862년 최초로 출간된 바텐더 가이드책

▲ 1920년대의 스피크이지 바(Speakeasy Bar)

3 특징

- **예술**: 화가가 색과 붓을 사용하여 종이에 예술을 그리는 것처럼 칵테일 전문가는 재료와 기술, 창의성을 발휘하여 유리잔에 작품을 담아 고객에게 깊은 인상을 남긴다.
- **사교**: 오래된 바(Bar)부터 현대적인 라운지에 이르기까지 칵테일은 사교의 중심 매개체로 여러 사람들이 함께 즐길 이유를 제공한다.
- **문화**: 칵테일은 재즈 시대의 화려함, 금주법 시대의 반란, 현대적 세련미 등 그들이 탄생한 시대에 대한 이야기를 들려주며 사회 문화에 따라 적응하거나 재창조된다.
- **상품**: 만드는 사람에 따라 다른 결과물이 만들어지기 때문에 인적 의존도가 높다. 유통과정이 없으며 반품이나 재고 관리가 어렵다. 또한 계절이나 상황에 따른 재료 수급에 변동이 있다.

Ⅱ. 칵테일의 분류

1 용량에 따른 분류

- **숏드링크 칵테일(Short Drink Cocktail)**: 120ml 미만의 작은 글라스에 담는 칵테일을 말한다. 주로 세 가지 이하의 재료가 사용되며 베이스가 되는 증류주의 맛을 강조하는 동시에 깔끔한 맛이 특징이다. 얼음 없이 제공되기 때문에 빠른 시간 내에 마시는 것이 좋다.
- **롱드링크 칵테일(Long Drink Cocktail)**: 180ml 이상의 글라스에 담는 칵테일을 말한다. 산뜻하고 달콤한 과일 풍미가 두드러지는 편이다.

2 형태에 따른 분류

- **하이볼(Highball)**: 증류주에 탄산음료와 얼음을 넣고 원통형 하이볼 글라스에서 혼합한 스타일의 칵테일
  - **예** 스카치소다, 브랜디진저엘, 럼콕, 진토닉 등
- **피즈(Fizz)**: 탄산음료를 개봉할 때 "피~즈"하는 소리가 난다는 데서 비롯되었으며 베이스에 레몬주스, 설탕, 소다수를 혼합한 스타일의 칵테일
  - **예** 진피즈, 슬로진피즈, 카카오피즈 등
- **콜린스(Collins)**: 피즈와 유사하나 용량이 더 큰 스타일의 롱드링크 칵테일
  - **예** 진 베이스의 톰콜린스, 버번위스키 베이스의 존콜린스 등
- **릭키(Rickey)**: 증류주에 라임주스, 설탕, 소다수를 혼합한 스타일의 칵테일
  - **예** 진릭키 등

- **사워(Sour)**: 증류주에 레몬주스를 넣어 상큼한 맛이 강조되는 스타일의 칵테일
  예 위스키사워, 브랜디사워 등
- **줄렙(Julep)**: 증류주와 으깬 민트, 설탕(또는 시럽)을 크러쉬드 아이스를 넣은 금속 잔에 제공하는 스타일의 칵테일
  예 민트 줄렙
- **슬링(Sling)**: '빠르게 삼키다'를 뜻하는 독일어 'Schlingen'에서 유래되었으며, 진, 레몬주스, 시럽, 앙고스투라 비터, 소다수 등을 혼합한 스타일의 칵테일
  예 싱가포르 슬링 등
- **쿨러(Cooler)**: 비교적 알코올 함량이 낮은 술에 신선한 과일 주스나 탄산수 등을 혼합한 상쾌한 스타일의 칵테일
  예 보드카크랜베리, 와인쿨러 등
- **펀치(Punch)**: 증류주, 설탕, 감귤류, 차, 향신료 등을 큰 보울(Bowl)에 모두 담아 대용량으로 만드는 스타일의 칵테일
  예 위스키펀치, 생강펀치, 밀크펀치 등
- **트로피컬(Tropical)**: 열대 과일이나 주스를 이용하여 화려한 장식과 함께 달콤하고 시원한 맛을 내는 스타일의 칵테일
  예 피나콜라다, 준벅, 마이타이 등
- **프라페(Frappe)**: 칵테일 글라스에 부순 얼음(Crushed Ice, 크러쉬드 아이스)을 가득 넣어 제공되는 단맛이 강한 스타일의 칵테일
  예 카시스프라페, 민트프라페 등
- **토디(Toddy)**: 증류주에 뜨거운 물과 설탕, 얇게 썬 레몬, 향신료 등을 넣어 따뜻하게 마시는 스타일의 칵테일
  예 핫토디 등
- **크러스타(Crusta)**: 증류주에 레몬주스, 약간의 리큐르 또는 비터를 넣고 커다란 레몬이나 오렌지 껍질로 장식한 스타일의 칵테일
  예 브랜디 크러스타 등
- **플립(Flip)**: 증류주 또는 뱅 뮈테(Vin Muté, 브랜디를 넣어서 발효를 중지한 와인)에 계란, 설탕, 넛멕 파우더를 넣은 스타일의 칵테일
  예 브랜디 플립, 럼 플립 등
- **에그녹(Eggnog)**: 증류주에 계란 노른자, 설탕, 우유 또는 크림, 넛멕 파우더를 혼합하여 뜨겁거나 차갑게 제공될 수 있는 스타일의 칵테일
  예 브랜디 에그녹 등
- **플로트(Float)**: 재료의 비중의 차이를 이용하여 층층이 쌓아 만드는 칵테일
  예 푸스 카페, B-52, 레인보우 등

- **프로스트(Frost)**: '스노우 스타일'이라고도 하며 글라스의 테두리에 소금이나 설탕을 묻혀 장식의 효과와 함께 칵테일의 맛을 향상시키는 스타일의 칵테일

  예 설탕을 묻힌 키스 오브 파이어, 레몬드랍, 소금을 묻힌 마가리타, 솔티독 등

▲ 줄렙스타일　　▲ 프라페스타일　　▲ 토디스타일　　▲ 플로트스타일　　▲ 프로스트스타일

3 상황에 따른 분류

- **애피타이저 칵테일(Appetizer Cocktail)**: 식전 칵테일로 '아페리티프(Aperitif)'라고도 하며, 캄파리(Campari), 베르무트(Vermouth) 등을 재료로 하여 단맛이 거의 없다.
- **애프터 디너 칵테일(After Dinner Cocktail)**: '디제스티프(Digestif)'라고도 하며, 식후 소화 촉진을 위해 마시는 칵테일로 단맛이 난다.
- **올데이 칵테일(All Day Cocktail)**: 식사의 전후와 상관없이 마시는 칵테일이다.
- **나이트캡 칵테일(Night Cap Cocktail)**: 숙면을 위해 자기 전에 마시는 칵테일로 따뜻하거나 허브의 풍미가 두드러진다.

Chapter 02

칵테일 조주

필기 과목명	주요 항목	세부 항목	세세 항목
음료 특성, 칵테일 조주 및 영업장 관리	칵테일 기법 실무	칵테일 특성 파악	칵테일 기구 사용
		칵테일 기법 수행	다섯가지 칵테일 기법
			그 밖의 칵테일 기법
	칵테일 조주 실무	칵테일 조주	글라스와 얼음 종류
		칵테일 관능평가	칵테일 관능평가 방법
	음료 특성 분석	음료 활용	부재료 활용

 ## Ⅰ. 칵테일 기구

지거(Jigger)	
액체의 분량을 측정하는 계량컵으로 'Measure cup'이라고도 한다. 작은 쪽은 1oz(30ml), 큰 쪽은 1.5oz(45ml)가 표준이다.	

바스푼(Bar Spoon)	
스푼으로는 액체를 계량하거나 (용량은 보통 1/8oz = 1 Tea spoon) 나선형으로 꼬인 부분을 이용하여 글라스에 넣은 내용물을 휘젓고, 포크로는 장식을 위한 체리나 올리브 등을 꺼낼 때 사용한다. 또한 층이 있는 칵테일(Layer, Floating)을 만들 때 사용하기도 한다.	

믹싱글라스(Mixing Glass)	
내용물과 얼음을 넣고 바스푼으로 휘저어 칵테일을 만드는데(Stir 기법) 사용하는 글라스이다.	 

스탠다드 셰이커(Standard Shaker)	
'코블러 셰이커(Cobbler Shaker)' 또는 '클래식 셰이커(Classic Shaker)'라고도 하며 각종 재료와 얼음을 넣고 흔드는 데 사용하는 기구이다. 뚜껑인 캡(Cap), 여러 개 뚫린 구멍으로 얼음을 걸러주는 스트레이너(Strainer), 내용물을 담는 바디(Body)로 구성되어 있다.	

보스턴 셰이커(Boston Shaker)		
스탠다드 셰이커에 비해 비교적 편리하게 사용할 수 있으며, 대용량의 내용물을 셰이킹하기에 유용하다. 유리나 스테인리스로 된 두 개의 틴으로 결합되어 있다.		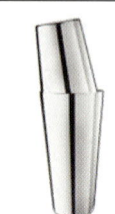
스트레이너(Strainer)		
믹싱 글라스에서 만든 칵테일을 글라스에 옮겨 따를 때 얼음을 걸러주는 역할을 하는 기구이며(좌), 더블 스트레이너는 민트나 과일 등이 들어가 있는 칵테일을 따를 때 입자를 거르기 위해 사용하는 거름망이다(우).		
스퀴저(Squeezer)		
레몬이나 오렌지 등의 과즙을 짜는 기구로, 반을 자른 과일을 뾰쪽한 부분에 대고 가볍게 돌리면서 즙을 짜낸다(좌). 좀 더 빠르고 편리하게 사용할 수 있는 핸드 스퀴저도 있다(우).		
머들러(Muddler)		
바텐더가 사용하는 머들러는 오렌지, 레몬, 민트 등을 으깰 때 사용하는 막대로 나무, 스테인리스, 플라스틱 등의 재질로 되어있다(좌). 한편 고객용으로 제공되는 머들러는 '스터러(Stirrer)'라고도 하며 글라스와 함께 제공되어 칵테일을 저을 때 사용한다(우).		
아이스 픽(Ice Pick)		
큰 덩어리 얼음을 적당한 크기로 깨거나 서로 붙어있는 얼음을 분리할 때 사용하는 기구이다. 송곳형(좌)과 포크형(우)이 있다.		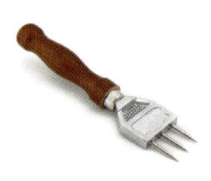

제스터(Zester)		**푸어러(Pourer)**	
레몬이나 오렌지 등 과일의 껍질을 가늘게 벗기는 칼이다.		병 입구에 끼워 음료가 한 번에 많은 양이 나오는 것을 방지하는 기구이다.	
칵테일 픽 (Cocktail Pick)		**아이스 페일, 텅 (Ice Pail, Tongs)**	
칵테일의 장식에 사용되는 올리브나 체리 등을 꽂는 핀으로 '가니쉬 픽(Garnish Pick)'이라고도 한다.		아이스 페일은 얼음을 담는 통으로 '아이스 버킷(Ice Bucket)'이라고도 하며, 아이스 텅은 얼음 집게를 뜻한다.	

블렌더(Blender)		리머(Rimmer)	
'믹서(Mixer)'라고도 하며, 슬러시 질감의 프로즌 스타일의 칵테일을 만들 때 사용한다.		소금이나 설탕을 담아 두는 용기로 레몬즙을 글라스 가장자리에 묻힌 후 찍어서 사용한다.	
아이스 스쿱 (Ice Scoop)	바 타올 (Bar Towel)	스토퍼 (Stopper)	코르크 스크류 (Cork Screw)
제빙기에서 얼음을 퍼담을 때 사용하는 기구이다.	'린넨'이라고도 하며 글라스의 얼룩을 닦는 데 사용하는 천이다.	사용하고 남은 탄산음료나 샴페인 등을 보관할 때 사용하는 보조 병마개이다.	와인의 코르크를 오픈할 때 사용하는 와인 오프너로 '소믈리에 나이프'라고도 한다.

II. 칵테일 조주법

① 빌딩(Building; 직접넣기)
- 글라스에 직접 재료와 얼음을 넣은 후 바스푼으로 저어주는 기법이다.
- 부재료로 탄산음료를 사용하는 경우에는 저어주는 횟수를 줄여야 칵테일의 청량감을 살릴 수 있다.

  예 블랙러시안(Black Russian), 러스티 네일(Rusty Nail), 진토닉(Gin & Tonic) 등

② 스터링(Stirring; 휘젓기)
- 믹싱 글라스에 재료와 얼음을 넣고 바스푼으로 휘저어 혼합한 다음 스트레이너로 얼음을 걸러 다른 글라스에 옮겨 따라주는 기법이다.

  예 드라이 마티니(Dry Martini), 맨하탄(Manhattan), 불바디에(Boulevardier) 등

③ 셰이킹(Shaking; 흔들기)
- 셰이커에 재료와 얼음을 넣고 힘차게 흔든 다음 글라스에 따르는 기법으로 크림, 시럽, 주스, 설탕 등 점성이 있거나 비교적 비중이 큰 재료로 칵테일을 만들 때 사용한다.

  예 코스모폴리탄(Cosmopolitan), 마가리타(Margarita), 준벅(June Bug) 등
- **드라이 셰이킹(Dry Shaking):** 칵테일에 계란 흰자가 들어가는 경우에 거품을 풍성하게 만들기 위해 셰이커에 얼음을 넣지 않고 흔드는 기법이다. 이후 얼음을 넣고 다시 셰이킹한다.

④ 플로팅(Floating, Layering, 띄우기)

- 재료의 알코올 도수가 높을수록 가볍고, 당분이 많을수록 무겁다는 비중의 차이를 이용하여 내용물을 층층이 띄우는 기법이다.
- 바스푼을 글라스 벽면에 대고 그 위로 내용물을 조금씩 따른다.

  예 엔젤스키스(Angel's Kiss), 푸스카페(Pousse Café), 비오이(B-52) 등

⑤ 블렌딩(Blending, 기계혼합)

- 혼합하기 힘든 재료를 섞거나 프로즌(Frozen) 스타일의 칵테일을 만들 때 전기 블렌더(믹서기)를 사용하는 기법이다.

  예 마이타이(Mai-Tai), 피냐콜라다(Piña Colada) 등

⑥ 머들링(Muddling, 으깨기)

- 생과일이나 허브 등의 맛과 향이 더욱 강해지도록 머들러로 으깨는 기법이다.

  예 모히또(Mojito), 까이삐리냐(Caipirinha) 등

⑦ 쓰로잉(Throwing)

- 휘젓기와 흔들기 기법의 중간에 해당되며, 내용물을 완전히 차갑게 만들지 않으면서 비교적 걸쭉한 재료들에 공기를 불어 넣고 싶을 때 선택하는 기법이다.
- 주로 믹싱 틴 2개와 스트레이너를 사용하여 액체를 한쪽에서 다른 한쪽으로 붓는 것을 반복한다.

🍷 Ⅲ. 칵테일 글라스

- 칵테일과의 첫 만남은 시각을 통해 이루어지므로 칵테일의 재료 및 섞는 기술과 더불어 적절한 글라스를 신중하게 선택해야 한다.

1 칵테일 글라스의 명칭

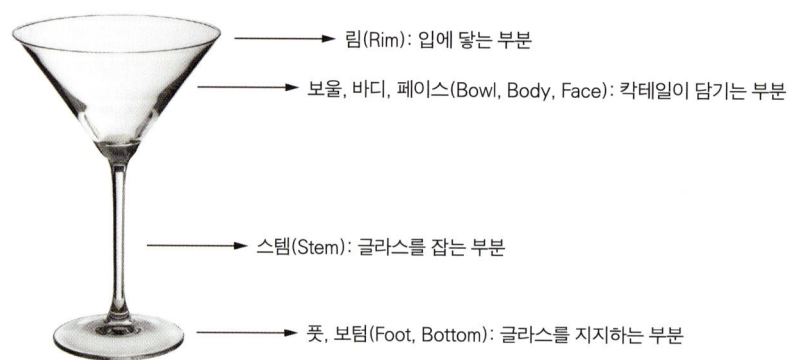

림(Rim): 입에 닿는 부분

보울, 바디, 페이스(Bowl, Body, Face): 칵테일이 담기는 부분

스템(Stem): 글라스를 잡는 부분

풋, 보텀(Foot, Bottom): 글라스를 지지하는 부분

- 역삼각형으로 발레리나를 연상하게 하는 모양을 하고 있다.
- 스템을 잡아 손의 온기에 의해 칵테일의 온도가 상승하는 것을 방지한다.
- 원뿔 모양의 몸통은 향을 끌어올리는 역할을 한다.
- 보통 3~6oz이다.

2 글라스의 종류

*1oz는 약 30ml

샷 글라스 Shot(Straight) Glass	리큐르 글라스 Liqueur(Cordial) Glass	셰리 글라스 Sherry Glass
위스키를 제공할 때 사용하며, 싱글은 1oz, 더블은 2oz이다.	샷 글라스에 스템이 있는 형태로 1~2oz이다. 주로 플로팅 기법의 칵테일을 만들 때 사용한다.	셰리 와인이나 포트 와인을 제공하거나 플로팅 기법의 칵테일을 만들 때 사용하며, 약 3oz이다.
사워 글라스 Sour Glass	플루트형 샴페인 글라스 Champagne Flute Glass	소서형 샴페인 글라스 Champagne Saucer Glass
신맛을 특징으로 하는 사워 스타일의 칵테일을 제공하는 글라스로 5~6oz이다.	사워 글라스보다 폭이 좁고 키가 크며 기포를 보존하는데 용이하기 때문에 샴페인 등 발포성 와인을 제공할 때 사용한다.	'쿠페 글라스(Coupe Glass)'라고도 하며 플루트형 샴페인 글라스에 비해 보울이 넓고 얕은 것이 특징이다.
올드 패션드 글라스 Old Fashioned Glass	하이볼 글라스 Highball Glass	콜린스 글라스 Collins Glass
'온더락 글라스(On The Rocks Glass)'라고도 하며 6~10oz의 낮은 원통형 글라스이다. 주로 위스키를 얼음에 희석하여 제공할 때 사용한다.	밑면과 윗면의 폭이 같은 원통형의 글라스로 보통 8oz이다. 식당에서 제공하는 맥주잔과 동일한 모양이다.	'텀블러 글라스(Tumbler Glass)'라고도 하며 10~14oz이다. 탄산수나 주스 등이 들어가 양이 많은 칵테일을 제공할 때 사용한다.

필스너 글라스 Pilsner Glass	허리케인 글라스 Hurricane Glass	고블렛 글라스 Goblet Glass
짧은 스템이 있거나 스템이 없을 수 있지만 윗부분으로 갈수록 조금씩 넓어진다는 공통점이 있다. 주로 맥주나 장식이 화려한 열대성(Tropical) 칵테일을 제공할 때 사용한다.	주로 이국적이고 색깔이 화려한 칵테일을 제공할 때 사용한다.	레드 와인잔과 비슷한 모양이지만 높이가 좀 더 낮다. 레스토랑에서 고객에게 물을 제공할 때 사용한다.
브랜디 글라스 Brandy Glass	마가리타 글라스 Margarita Glass	아이리시 커피 글라스 Irish Coffee Glass
'스니프터 글라스(Snifter Glass)'라고도 하며 코냑 등 브랜디를 제공할 때 사용한다. 향을 모으기 위해 튤립 모양에 스템이 짧은 것이 특징이다.	보울이 2단으로 되어있는 것이 특징이며, 주로 분쇄 얼음을 넣어서 제공하는 프라페 스타일의 칵테일에 사용한다.	두께가 두껍고 손잡이가 있기 때문에 아이리시 커피, 핫토디 등 뜨거운 칵테일을 제공할 때 사용한다.
머그 글라스 Mug Glass	칵테일 디캔터 Cocktail Decanter	와인 디캔터 Wine Decanter
몸통 옆에 손잡이가 있는 단단한 글라스로 주로 생맥주를 제공할 때 사용한다.	술을 마신 후 입가심을 하기 위한 체이서(Chaser)용으로 물, 주스, 우유, 콜라 등을 제공할 때 사용한다.	숙성이 덜 된 레드 와인을 공기와 접촉하여 맛과 향을 풍성하게 하거나 와인의 침전물을 분리하기 위해 사용한다.

Ⅳ. 칵테일 부재료

1 얼음

- 얼음은 칵테일을 만들 때 꼭 필요한 재료로 칵테일의 온도를 낮추는 목적 이외에도 사용하는 얼음의 양과 크기에 따라 질감, 강도, 맛을 조절할 수 있다.
- 기포가 없이 투명하고 단단한 것을 사용하는 것이 좋다.
- **얼음의 종류**
  - 가) 블록 아이스(Block Ice): 주로 아이스박스나 연회 행사 등에 사용되는 대형 통 얼음이다.
  - 나) 럼프드 아이스(Lumped Ice): 아이스픽으로 깨서 만든 형태가 일정하지 않은 덩어리 얼음으로 주먹 크기 정도이다.
  - 다) 크랙드 아이스(Cracked Ice): 아이스픽으로 깨서 만든 자갈 크기의 조각 얼음으로 특정한 모서리가 없는 것이 특징이다.
  - 라) 큐브드 아이스(Cubed Ice): 제빙기에서 만들어지는 육면체의 각얼음으로 가장 보편적으로 사용된다.
  - 마) <mark>크러쉬드 아이스</mark>(Crushed Ice): 아이스 크러셔를 이용하여 각얼음을 으깨 알갱이 모양으로 만든 것으로, 프라페 스타일의 칵테일을 만들 때 사용하거나 블렌더 기법으로 조주할 때 사용한다.
  - 바) 셰이브드 아이스(Shaved Ice): 곱게 갈아낸 얼음으로 눈(Snow)과 같은 모양이다.

2 시럽 및 믹서

- **플레인 시럽**: 칵테일 시럽의 가장 기본이 되는 것으로 '심플시럽(Simple Syrup)' 또는 '슈가시럽(Sugar Syrup)'이라고도 한다. 직접 만드는 경우에는 보통 물과 설탕의 비율을 1:1로 하여 눌어붙지 않도록 약불에서 천천히 젓는다.(＊메이플시럽: 캐나다나 미국 등에서 단풍나무의 수액을 쪄서 만든 것으로 주로 디저트에 사용한다. 플레인 시럽과 혼동하지 않도록 한다.)
- <mark>**그레나딘 시럽**</mark>(Grenadine Syrup): 당밀에 석류를 섞어 만든 붉은색의 시럽으로 칵테일에 강렬한 시각적 효과를 내기 위해 사용한다.
- **허브 및 과일시럽**: 말린 허브나 과일, 커피, 바닐라빈 등을 플레인 시럽을 만들 때 함께 넣고 끓이거나 따뜻한 시럽에 담가 1~3일간 냉장 보관하여 만든다. 변질되지 않도록 보관에 유의해야 한다.
- **피냐콜라다 믹스**(Piña Colada Mix): 옥수수당에 코코넛 크림, 파인애플 주스, 구연산 등을 넣어 만든 크림 제형의 제품이다.

- **스위트 & 사워 믹스(Sweet & Sour Mix):** 레몬즙과 라임즙에 물과 설탕을 혼합한 것으로 직접 만들거나 완제품을 구매하여 사용한다.

3 향신료(Spice) 및 허브(Herb)

- 소화, 이뇨, 살균, 항균 작용을 하는 동시에 칵테일의 맛과 향을 증진시키며 복합성을 더한다. 또한 칵테일에 장식의 기능을 하기도 한다.
- **부드럽고 달콤한 향:** 감초, 바질, 아니스, 카더멈(소두구), 바닐라빈, 넛맥(육두구) 등 (* 넛맥: 우유나 계란이 사용된 칵테일에 비린 맛을 잡기 위하여 사용한다.)
- **달콤하고 자극적인 향:** 고수, 정향 오레가노 등
- **맵고 자극적인 향:** 고추, 산초, 생강, 커민, 후추 등
- **시고 상큼한 향:** 레몬그라스, 레몬밤, 레몬버베나, 로즈힙 등
- **상쾌하고 강렬한 향:** 로즈마리, 스피아민트, 세이지 등

넛맥 Nutmeg	레몬그라스 Lemon Grass	바닐라빈 Vanilla Bean
스타아니스 Star Anise	정향 Clove	

▲ 칵테일에 사용되는 다양한 향신료

4 장식(Garnish)

- **기능:** 칵테일의 장식은 고객에게 시각적으로 즐거움을 주며, 안주나 입가심의 역할을 한다. 또한 칵테일의 맛을 보완하거나 강화하며 색과 글라스가 동일한 두 가지의 칵테일을 가니쉬의 차이로 구분이 가능하게 한다. 다양한 재료를 이용하는 추세이나 원칙은 먹을 수 있는 것을 사용해야 한다.
- **재료:** 체리, 올리브, 라임, 레몬, 자몽, 오렌지, 파인애플, 셀러리, 민트, 시나몬 스틱, 소금, 설탕, 식용 꽃 등

• **모양**: 레몬, 라임, 오렌지, 자몽 등 원형 모양의 과일은 자르는 방식에 따라 분류된다.

슬라이스 Slice	웨지 Wedge	휠 Wheel	필 Peel
세로로 반을 자른 것을 다시 반달 모양으로 자른다.	세로로 반을 자른 것을 다시 쐐기 모양으로 길게 4등분 한다. 심지와 씨는 제거한다.	동그란 바퀴 모양의 장식법으로, 두께가 일정하도록 유의하며 잘라야 한다.	껍질만 사용하는 장식법이다. 살짝 비틀어 껍질에 함유된 오일로 칵테일에 은은한 향을 더한다.

• **리밍(Rimming)**: 글라스의 가장자리인 림(Rim) 부분에 레몬즙을 바른 뒤 설탕이나 소금을 묻혀 장식하는 방법으로 눈이 내려앉은 모습과 비슷하여 '스노우 스타일(Snow Style)' 또는 '프로스트(Frost)'라고 한다.
• **드랍핑(Dropping)**: 올리브나 체리를 칵테일픽(Cocktail Pick)에 끼워 글라스에 담그는 방법이다.
• **더스팅(Dusting)**: 코코아 가루 등 분말을 칵테일의 윗부분에 뿌리는 방법이다.
• **플래밍(Flaming)**: 칵테일의 가장 윗부분에 도수가 높은 술을 부은 뒤 불을 붙이는 방법이다. 이때 안전사고에 유의한다.

V. 계량 단위

단위	표준 계량	단위	표준 계량
1 dash	$\frac{1}{32}$oz(5~6drop)	1 jigger	1.5 oz(45ml)
1 tsp(tea spoon)	$\frac{1}{8}$oz	1 spilt	6 oz(180ml)
1 Tsp(Table spoon)	$\frac{3}{8}$oz	1 cup	8 oz(240ml)
1 oz	1 oz(28.34ml)	1 pint	16 oz(480ml)
1 pony	1 oz	1 quart	32 oz(940ml)
1 finger	1 oz	1 gallon	128 oz(3840ml)
1 shot	1 oz		

VI. 칵테일 관능 평가

- 관능 평가(Sensory Evaluation)란 시각, 미각, 후각, 청각과 촉각 등 인간의 감각으로 제품의 특성을 평가하거나 기호를 조사하는 방법으로, 이를 통해 얻어진 자료를 통계적으로 처리하여 결과를 도출한다.

① **외관(Appearance)**: 시각적인 외관, 색상, 선명도, 탄산이 있을 시 거품의 크기와 지속력, 장식 등을 확인한다.

② **향(Aroma)**: 천천히 향을 맡아서 강도를 확인하고 조금 더 집중하여 다시 한 번 향을 들이마신다. 예) 과일, 꽃, 향신료, 허브, 채소, 크림 등

③ **맛(Plate)**: 칵테일이 입 안에 들어왔을 때의 첫맛, 입 안을 지날 때의 중간 맛, 넘기고 난 이후의 끝맛을 본다.

④ **여운(Finish)**: 맛과 향의 균형감(Balance), 복합성(Complexity), 여운(Length)의 지속성 등으로 칵테일을 전체적으로 평가한다.

수행자							샘플번호						
기술적 요소							**판별적 요소**						
외관	0	1	2	3	4	5	**외관**	0	1	2	3	4	5
색상의 강도							품질						
색조와 길이													
투명도													
밝기													
아로마	0	1	2	3	4	5	**향**	0	1	2	3	4	5
강렬함							강렬함						
커피							섬세함						
허브							개성						
향신료													
과일													
미각	0	1	2	3	4	5	**맛**	0	1	2	3	4	5
달콤함							품질						
높은 정도의 기름진							지속력						
매운							섬세함						
도수가 높음							향						
여운	0	1	2	3	4	5	**총평**	0	1	2	3	4	5

▲ 칵테일 관능 평가 시트 예시

03 술과 건강

Chapter

필기 과목명	주요 항목	세부 항목	세세 항목
음료 특성, 칵테일 조주 및 영업장 관리	고객 서비스	술과 건강	술이 인체에 미치는 영향

 Ⅰ. 술이 인체에 미치는 영향

① **적당한 알코올 섭취의 정의**

가) 세계보건기구(WHO)에서 지정한 적정 음주량은 보통 여성의 경우 한 잔, 남성의 경우 두 잔이다(한 잔의 기준: 맥주 355ml, 와인 148ml, 증류주 44ml).

나) 알코올 섭취 후 홍조가 발생하는 이유는 체내에 알데히드 탈수소효소가 적기 때문이다.

다) 프렌치 패러독스(French Paradox): 프랑스인들이 버터, 치즈, 육류 등 동물성 지방을 많이 섭취함에도 불구하고 심장 질환에 의한 사망률이 상대적으로 낮은 현상을 일컫는다. 매일 적당한 와인을 소비함으로써 와인에 포함된 폴리페놀이 심장 질환을 예방한다는 개념이다.

② **적당한 양을 섭취할 경우**

가) 소화액 분비를 촉진하여 소화를 돕는다.

나) 혈액 응고를 방지하고 혈류를 부드럽게 한다.

다) 뇌졸중 및 관상 동맥 심장 질환의 위험을 감소시킨다.

라) 정신을 유쾌하게 하여 우울증과 긴장감을 완화시킨다.

마) 사회적 결속을 촉진하여 공동체에 대한 긍정적인 영향을 준다.

바) 혈중 알코올 농도에 따른 신체의 변화: 혈중 알코올 농도가 0.15% 이상이면 신체와 정신의 조절 기능이 현저히 떨어지며, 0.40% 이상이면 의식이 없고, 0.60% 이상이면 호흡 부전으로 사망할 가능성이 있다.

③ 과도한 양을 섭취할 경우

　가) 간 기능을 약화시키고 위 점막을 자극한다.

　나) 술은 필수 영양소가 결핍된 고열량 식품이므로 영양 불균형이 초래된다.

　다) 사고력, 집중력, 기억력, 판단력 등에 장애를 일으킨다.

　라) 심장에 무리를 주며, 고혈압을 발생시킨다.

　마) 알코올 중독의 원인이 된다.

II. 건전한 음주 문화

- 술을 마시기 전에 음식을 섭취하고 술을 마실 때 물을 자주 마신다.
- 본인의 적정 음주량을 초과하지 않으며 타인에게 강요하지 않는다.
- 가능한 천천히 조금씩 마신다.
- 알코올 도수가 낮은 술부터 마신다.
- 미성년자, 임산부, 기타 질환이 있는 경우에는 음주를 금한다.

III. 알코올 도수와 섭취량

① 마신 알코올량(ml) 계산법

$$술의\ 농도(\%) \times 마신\ 양(ml) \times 0.8(에탄올의\ 비중)$$

② 칵테일의 알코올 도수 계산법

$$\frac{(재료\ 1의\ 양 \times 재료\ 1의\ 도수) + (재료\ 2의\ 양 \times 재료\ 2의\ 도수) \cdots}{(재료\ 1의\ 양 + 재료\ 2의\ 양) \cdots}$$

　예제) 진토닉에 40%의 진 30ml와 토닉워터 120ml가 사용된다고 할 때 이 칵테일의 도수를 구하시오. 단, 얼음의 녹는 양은 무시한다.

　해설) $\dfrac{(30ml \times 40\%) + (120ml \times 0\%)}{30ml + 120ml}$

　정답) 8%

③ 알코올 도수 표시 방법

　가) 우리나라의 도수 표시: 온도 15℃에서 술에 함유된 에틸알코올의 퍼센트 농도를 뜻하며, alc/vol 또는 ABV(Alcohol by Volume)로 표기한다. 프랑스의 게이 뤼삭(Gay Lussac)이 고안하여 '게이뤼삭식 단위법'이라고도 한다.

　나) 유럽연합의 도수 표시: 우리나라와 마찬가지로 '게이뤼삭식 단위법'을 따르나, 알코올 측정 시 술의 온도는 20℃(68℉)여야 한다.

다) 미국의 도수 표시: Proof(프루프) 단위를 사용하며, 60℉(15.6℃)에서 전체용량 200 중 에틸알코올의 함유량을 기준으로 한다. ABV로 표기된 도수의 2배로 계산하면 편리하다. 예) 알코올 함량 40%의 보드카 = 80proof

라) 영국식 도수 표시: 영국에서도 Proof(프루프) 단위를 사용하나, 게이뤼삭식 표기의 1.75배를 적용한다. 따라서 영국식 100proof를 게이뤼삭식으로 변환하면 57.1%가 된다. 1816년부터 시작되었으나 다른 표기법에 비해 복잡하여 최근에는 잘 사용하지 않는다.

✓ **Point Check**

01	식욕을 자극시키는 칵테일로 단맛은 없고 신맛이나 약간의 떫은맛이 나는 칵테일을 'Aperitif Cocktail'이라 한다.	○	
02	'잘 냉각된'이라는 뜻으로 으깬 얼음을 넣어 차게 한 칵테일을 '토디(Toddy) 스타일'이라 한다.	×	'프라페(Frappe) 스타일'이라 하며, 토디(Toddy)는 술에 향신료, 레몬, 설탕 등을 넣어 만든 따뜻한 칵테일이다.
03	셰이킹을 할 때는 바디(Body)에 재료를 넣고 캡(Cap)을 스트레이너(Strainer)에 씌운 다음 바디(Body)를 덮는다.	×	바디(Body)에 스트레이너(Strainer)를 씌우고 캡(Cap)을 닫아야 셰이킹할 때 내용물이 새지 않는다.
04	믹싱글라스(Mixing Glass)는 휘젓기(Stir) 기법에 사용하는 기물이다.	○	휘젓기(Stir) 기법을 위해서는 믹싱글라스, 바스푼, 스트레이너가 필요하다.
05	음료에 손의 체온이 전달되지 않도록 할 때는 스템(Stem)이 있는 글라스를 사용하는 것이 적합하다.	○	
06	레몬이나 과일 등 재료를 으깰 때 사용하는 기구를 스퀴저(Squeezer)라고 한다.	×	스퀴저(Squeezer)는 과일의 즙을 짤 때 사용하며, 위에서 설명하는 기구는 머들러(Muddler)이다.
07	1oz(약 30ml)와 같은 양의 계량 단위는 ( ), ( ), ( )이다.		1 oz=1 shot=1 finger=1 pony
08	1quart는 32oz이다.	○	32oz, 960ml이다.
09	Long Drink는 무알코올 음료의 총칭이다.	×	Long Drink는 6oz 이상으로 양이 많은 칵테일이다.
10	플로팅(Floating) 기법으로 칵테일을 만들 때는 도수가 높고 당분이 없는 재료부터 따른다.	×	재료의 도수가 낮고 당분이 많을수록 비중이 크다.
11	90proof의 위스키는 ( )도이다.		45, 우리나라 알코올 표기법 ×2=미국식 프루프

Part
II
칵테일 개론

PART

III

영업장
관리론

영업장 관리

Chapter 01

필기 과목명	주요 항목	세부 항목	세세 항목
음료 특성, 칵테일 조주 및 영업장 관리	음료 영업장 관리	음료 영업장 시설관리	시설물 점검
			유지보수 및 배치관리
		음료 영업장 기구관리	기구·글라스 관리
		음료 관리	구매·재고·원가관리
	식음료 영업 준비	영업장 점검	시설물 유지관리
		재료 준비	재료 준비 및 보관

 I. 주장의 개념 및 분류

1 주장의 개념

- 술을 파는 장소를 일컬으며, Bar는 고객과 바텐더 사이에 놓인 카운터를 뜻하는 영어 'Barrier' 또는 프랑스어 'Barre'에서 유래되었다. 술을 마시는 사람과 술을 판매하는 사람을 분리하는 장벽이라는 의미를 가진다.

2 주장의 분류

① 주제에 따라

- **클래식 바(Classic Bar):** 바텐더가 높은 수준의 지식과 서비스 마인드를 갖추고 다양한 위스키와 고전적인 칵테일을 전문으로 판매하는 조용하고 편안한 분위기의 바
- **플레어 바(Flair Bar):** 바텐더들이 병을 돌리거나 불을 사용하는 등 화려한 플레어 기술로 엔터테인먼트의 요소를 가미한 흥겨운 분위기의 바
- **웨스턴 바(Western Bar):** 미국 서부 개척 시대의 카우보이를 주제로 하여 컨트리풍의 음악과 나무 소재의 인테리어를 갖춘 선술집 분위기의 바
- **호텔 바(Hotel Bar):** 주로 로비 라운지나 루프탑에 설치되어 호텔 객실 이용 고객을 위주로 운영되는 라운지 바

- **케이터링 바(Catering Bar):** 행사 등 각종 모임을 위해 음식과 함께 제공하는 이동형 바
- **캐쉬 바(Cash Bar):** 행사나 파티 등에서 참석자가 현금이나 티켓을 이용하여 음료를 구매할 수 있도록 임시적으로 설치한 바
- **방케 바(Banquet Bar):** 연회 석상에서 각 고객들이 마신(소비한)만큼 별도로 계산을 하는 바
② **경영 형태에 따라:** 독립경영 바, 프랜차이즈 바
③ **중점 주류에 따라:** 위스키 바, 칵테일 바, 와인 바, 시가 바
④ **오락 시설에 따라:** 스포츠 바, 재즈 바
⑤ **이용객에 따라:** 개방형(일반) 바, 제한형(회원제, 멤버쉽) 바

3 주장의 조직

① **매니저(Manager):** 주장의 책임자 또는 지배인으로 종합적인 관리 활동을 하는 사람
- 채용, 승진, 교육, 일정 관리를 조직하며, 특히 직원들이 계속해서 전문성을 개발하여 성장할 수 있도록 돕는다.
- 주장의 운영에 필요한 체크 리스트를 만들고 영업 보고서를 작성한다.
- 음료 레시피 문서를 조직하고 관리한다.
- 예산을 설정하여 마케팅 전략과 공급업체 등을 선정하고 매출과 매입 흐름을 모니터링 한다.
- 주장의 기기와 기물들을 점검하여 항상 청결한 상태를 유지하고 품질 지침을 준수하는지 확인한다.
- 고객과 직원 모두가 안전하고 즐거운 분위기를 유지하기 위해 효과적으로 의사소통한다.

② **바텐더(Bartender):** 바 안에서 칵테일을 조주하는 사람
- 'Bar'와 'Tender(부드러운, 상냥한)'의 합성어로 Bar를 부드럽게 만드는 음료 전문가를 뜻한다.
- 지거(Jigger)를 이용하여 정해진 레시피에 준하여 고객이 보는 앞에서 조주한다. 표준 레시피(Standard Recipe)는 품질과 맛의 계속적인 유지 및 표준 조주법 이용으로 노무비 절감에 기여하고 정확한 원가 계산을 위해 필요하다.
- 레시피에 기재된 술이 없어서 유사한 상품으로 변경해야 하거나, 고객이 맞춤형 음료를 주문하는 경우에는 적정한 가격을 책정하여 사전에 알린다.
- 음료, 가니쉬를 위한 과일과 얼음 등 재료를 준비하고 재고 유지를 담당한다.
- 파 스톡(Par Stock, 일일 적정재고량)에 따라 사용할 주류와 재료들을 확인한다.

- 작업대, 진열장, 조주에 필요한 기물들의 청결 상태를 유지한다.
- 영업 종료 후 일일 재고조사(Inventory, 인벤토리), 월말 재고조사를 수행하여 재고 목록을 파악한다.

③ **바헬퍼(Bar Helper or Junior Bartender)**: 바텐더를 보조하여 기물이나 글라스를 정리, 주장 청결을 담당하는 사람

④ **웨이터, 웨이트리스(Waiter, Waitress or Server)**: 고객으로부터 주문을 받고 음료를 나르는 등 접객 업무를 담당하는 사람

4 주장 종사원의 자세

- 음료에 대한 충분한 경험과 지식을 숙지한다.
- 깨끗한 유니폼을 입고 칵테일 조주 시 얼음, 가니쉬, 글라스의 림 부분은 손으로 직접 잡지 않는 등 위생과 청결에 신경 쓴다.
- 주로 야간에 장시간 서서 근무하며, 맥주 상자 등 무거운 것을 옮기는 일이 많으므로 체력을 관리한다.
- Bar는 오픈된 공간이기 때문에 고객의 시선이 언제든 닿을 수 있다는 점을 인식한다.
- 고객의 정치 신념, 인종, 종교가 자신과 다르다고 하여 규정된 서비스의 품질을 임의로 높이거나 낮추어 제공하지 않는다.
- 고객으로부터 발생할 수 있는 문제 상황에 빠르게 대처하고 친절한 태도로 고객과 소통한다.
- 고객이 남은 음료를 보관할 때(Keeping)에는 명확한 표기와 보관을 책임진다.
- 긍정적인 태도, 자신감, 개성, 인내심을 갖추고 고객과 동료 직원을 존중한다.
- 서비스의 기본 정신(봉사성, 청결성, 환대성, 능률성, 경제성 등)을 갖춘다.

Ⅱ. 주장 시설 관리

1 Bar의 구성

① **프론트 바(Front Bar)**: 주문과 서브가 이루어지는 곳으로 고객이 음료를 즐길 수 있는 테이블이다. 표준 사양은 폭 40cm, 높이 120cm이다.

② **백 바(Back Bar)**: 바텐더의 뒷편에 위치한 공간으로 술, 글라스, 영업 서비스에 필요한 다양한 도구들을 진열한다. Bar의 핵심적인 분위기를 조성한다는 사실을 염두한다.

③ **언더바(Under Bar)**: 바텐더가 음료를 제조하는 곳으로 프론트 바의 아래쪽 공간이기 때문에 손님의 시선에는 노출되지 않는다.

▲ 칵테일 바(Bar)의 모습

▲ 언더바의 모습

2 시설물 관리 및 점검

① 안전 관리

• 소화설비(소화기 등), 경보설비(스프링 쿨러, 비상벨, 가스 누설 경보기 등), 피난설비(비상조명등, 유도등 등)의 소방시설과 비상구를 설치하고 '안전시설 등 완비증명서'를 발급받아야 하며, 정상적으로 작동되는지 주기적으로 점검한다.

② 시설물 관리

• 제빙기

　가) 얼음은 식품으로 정의되므로 식품과 마찬가지로 취급·관리한다.

　나) 모든 방향의 벽면과 약 30cm 거리를 두고 설치하며, 뜨거운 기기 옆은 피한다.

　다) 사용하지 않을 때는 항상 문을 닫아두며, 얼음삽(Ice Scoop)은 제빙기의 내부에 보관하지 않는다.

　라) 저장고 내부, 필터, 온도 조절기, 수도관 벨브, 물탱크 등을 중점으로 정기적인 검사와 청소를 수행한다.

• 냉장고

　가) 냉장고는 0~10℃, 냉동고는 −18℃ 이하를 유지하며, 외부에서 온도 확인이 가능하도록 온도계를 비치한다.

　나) 식재료는 냉장고 내부 용량의 70%까지 보관하는 것이 적정하며, 성에 제거 등 정기적인 청소를 수행한다.

　다) 설치 시 수평을 유지하며, 냉장고 위에 무거운 물건을 올려놓지 않는다.

• 생맥주 기기

　가) 주기적으로 물 세척과 세제를 이용한 세척을 병행해야 하며, 세제를 이용하는 경우에는 맑은 물로 충분히 헹궈 잔류물이 남지 않도록 한다.

　나) 기기의 헤드부분은 맥주 잔류물 및 이물질이 끼지 않도록 청결을 유지한다.

　다) 생맥주통(Keg)은 약 20L이며, 서늘한 장소에 보관하고 운반 시 무리한 충격을 가하지 않는다.

　라) 냉각기 콘덴서(응축기)에 이물질이나 먼지를 항상 제거하고 24시간 가동시킨다.

・ 와인 셀러

　가) 최적의 보관을 위한 설정 온도는 12~15℃, 습도는 약 75%이다.

　나) 진동을 최소화하고, 햇빛이 들지 않는 수평한 곳에 설치한다.

③ 시설물 배치

・ 종사원들의 업무 동선을 고려하여 효과적으로 시설물을 배치한다. 특히 Bar 내부에서는 바텐더의 움직임을 최소화하기 위해 자주 사용하는 것은 손이 닿는 거리에 둔다.

・ 프론트 바(Front Bar)와 언더 바(Under Bar)는 설계할 때 높낮이를 고려한다.

・ 다칠 수 있는 동작을 안전하게 실행할 수 있는 장소를 확보한다.

3 기구 및 글라스 관리

・ 식기는 너무 많이 쌓아 두지 않고 깨지기 쉬운 기물은 가능한 사용 후 즉시 세척한다.

・ 은기물류(Silverware)는 변색할 가능성이 있으므로 세척 후 마른 린넨으로 닦아야 하며, 전용 세척액을 사용할 경우에는 잠깐 담갔다 빼어 피부에 직접 닿지 않도록 주의한다.

・ 은기물류를 취급할 때는 고객 앞에서 부딪히는 소리가 나지 않도록 주의한다.

・ 글라스류(Glassware)는 중성세제를 사용하여 따뜻한 물을 사용하여 헹구고 음료 제공 시 온도 상승을 방지하기 위해 찬물로 살짝 헹군다.

・ 글라스류는 세척 후 린넨으로 닦아 얼룩을 제거하면서 금이 간 부분이 있는지 확인한다.

・ 글라스류를 트레이(Tray)로 옮길 때는 글라스가 미끄러지지 않도록 트레이에 매트나 냅킨을 깔고 무게 중심이 흐트러지지 않도록 배치한다.

Ⅲ. 음료 및 식자재 관리

1 구매 관리

・ **목표**: 주장 경영의 기초가 되는 부분으로 효율적인 구매 활동은 원가를 절감하고 메뉴 품질을 향상시켜 수익성을 창출함과 동시에 고객 만족도를 높인다.

・ **고려 사항**: 보유재고, 비용, 거래처 최소 주문량, 고객 수요량, 안전재고, 리드타임 등 (* 리드타임(Lead Time): 발주시점부터 공급자에게 제품을 수령할 때까지의 기간)

・ **검수**: 공급자에게 받은 물품을 구매명세서와 대조하는 과정으로 물품의 파손 여부, 수량, 유통기한, 상태, 품질 등을 확인한다. 대량으로 납품되는 물품 중 몇 개의 샘플만 발췌하여 구매 명세서와 비교하는 '발췌검수법'과 식재료가 소량이면서 고가,

희귀한 아이템의 경우 납품된 모든 물품을 검사하는 '전수검수법'으로 나뉜다.
- 음료를 포함한 식자재는 주장의 운영시간 이외에 배달되도록 하며, 별도의 공간을 지정하는 것이 검수 과정에 효율적이다.
- 주문하지 않은 식자재, 도착하지 않은 식자재, 주문의 일부분만 도착한 식자재, 가격이 변동된 식자재 등의 잘못된 명세서나 영수증은 별도로 보관하여 공급자에 따른 과실에 대한 기록이나 향후 보상을 위해 사용될 수 있도록 한다.

2 재고 관리

- **목표**: 저장 과정에서 도난이나 변질로 인하여 발생하는 갖가지 형태의 낭비 및 손실을 최대한 줄이고 재고의 원활한 회전을 돕는 동시에 수요나 공급에 따른 변화로 재료 확보에 대한 불확실성을 없앤다.
- **재고조사(Inventory)**: 일정 시점에 남아있는 상품의 수량을 확인하고 상태를 점검하는 것으로 보통 월말에 실시한다.
- 올바른 저장을 위해 선입선출(FIFO: First In First Out, 입고 순서대로 정리·배열하고 순서대로 출고하는 과정)과 적정 기준재고량(Par Stock)의 원칙에 따라야 한다.

3 원가 관리

① 목적
- 기업의 생산, 판매, 투자 계획을 분석하여 목표 이익 계획 수립
- 경영상 의사결정을 내리기 위한 필요 정보 제공
- 예산 조정 및 파트별 능력 평가의 지표로 활용

② 원가의 3요소
- **재료비**: 제품의 제조에 필요한 재료의 소비액
- **노무비**: 종사원의 노동력에 대해서 지급되는 임금, 상여금, 수당
- **제조경비**: 수선비, 보험료, 감가상각비, 수도광열비 등

③ 원가율
- 판매가×원가율(%) = 원가
- 원가율 = (재료원가/총매출액)×100
- 원가율이 높을수록 이익은 줄어든다.
- Bar에서는 칵테일 조주 과정에서 바텐더의 개인 능력이나 고객의 선호도에 따라 재료 사용량의 차이가 발생하기 쉽기 때문에 관리자의 효율적인 관리가 필요하다.

④ POS(Point Of Sales)
- 주장에서 발생하는 경영 상황을 실시간으로 분석하는 컴퓨터 판매 관리 시스템

- **지원 기능**: 계산, 매출통계(좌석 회전율, 평균 객단가, 원가율), 예약관리, 재고관리, 회원관리, 시재관리, 주문관리 등

⑤ **기타**

- 직접원가 = 직접재료비 + 직접노무비 + 직접경비
- 표준원가 = 가격표준(예상원가) × 수량표준
- **실제원가**: 생산활동이 모두 종료된 시점에서 계산된 원가로 사후원가라고도 한다.
- **손익분기점**: 일정 기간의 매출액이 그 기간의 총비용과 일치하는 점으로, 그 이하로 감소하면 손실이 나고 그 이상으로 증대하면 이익을 가져온다.

✔ **Point Check**

번호	문항	O/X	설명
01	구매 관리 시 공급업자와의 유대관계를 고려하여 검수 과정은 생략한다.	×	
02	주장 경영의 3요소는 ( ), ( ), ( )이다.		재료비, 노무비, 경비
03	식재료가 소량이면서 고가인 경우나 희귀한 아이템의 경우에는 발췌 검수법이 적합하다.	×	발췌 검수법은 대량 구매한 물품을 검수하는 데 적합하며, 이 문제에서 설명하는 것은 전수 검수법에 해당한다.
04	일정한 주기에 따라 남은 물량을 품목별로 재고조사하는 것을 ( )라 한다.		인벤토리, Inventory
05	식품은 냉장고 내부의 90%까지 채워서 사용하는 것이 효율적이다.	×	최대 70%를 사용하는 것이 적합하며, 빈 공간이 없을수록 냉장고의 작동 효율이 떨어진다.
06	활기찬 분위기에서 생맥주를 중심으로 각종 식음료를 비교적 저렴하게 판매하는 영국식 선술집을 Pub이라 한다.	O	
07	주장에서 매니저(Manager)는 서비스 매뉴얼 및 음료 레시피를 조직하고 관리한다.	O	
08	생맥주 기기의 냉각기 콘덴서와 제빙기는 영업 마감 후 전원을 잘 내렸는지 확인한다.	×	24시간 가동시킨다.
09	언더바(Under Bar)는 바텐더의 뒷편에 위치한 공간으로 술, 글라스, 영업 서비스에 필요한 다양한 도구들을 진열한다.	×	백바(Back Bar)에 관한 설명이다.
10	글라스를 세척할 때는 중성세제 – 따뜻한 물 – 찬물의 순서를 거친다.	O	

02 서비스 관리

Chapter 02

필기 과목명	주요 항목	세부 항목	세세 항목
음료 특성, 칵테일 조주 및 영업장 관리	고객 서비스	고객 응대	예약 관리
			고객 응대 매뉴얼 활용
			고객 불만족 처리
		주문 서비스 및 편익 제공	메뉴 종류와 특성
			주문 접수 방법

 Ⅰ. 주문 서비스 및 편익 제공

1 식음료 서비스 특성

① **무형성**: 구매 전 인지 및 평가가 불가능하다.

② **동시성(비분리성)**: 주문과 동시에 생산되며 소비도 함께 발생한다.

③ **이질성**: 서비스를 제공하는 인적 자원의 역량이 다르기 때문에 표준화가 어렵다.

④ **소멸성**: 고객이 주문하지 않아 판매되지 않은 서비스는 사라진다.

2 메뉴 특성

① **메뉴의 특성**
- 주장의 이미지와 개성을 조성해 주는 수단으로 상징적인 컨셉을 구축한다.
- 고객에게 곧바로 제공되는 기대 가치이며 고객과 의사소통의 연결체다.
- 적절한 가격으로 구성되어야 하며, 시장 조사에 따른 결과물이어야 한다.
- 메뉴는 주장의 충성 고객을 창출하는 수단이자 경영 이익을 달성하게 해주는 요인으로 운영의 모든 과정에 영향을 미친다.

② **메뉴 개발 계획(Menu Development Plan)**
- 주장의 시장 경쟁성, 수익성, 규모, 인력 수준 등을 고려하고 생산 능력, 입지성과 주 고객층을 파악하여 메뉴를 선정하며, 이 메뉴가 고객의 구매 욕구를 얼마나 일으킬 수 있을지 분석한다.

③ 메뉴의 분류

- **고정 메뉴**: 일정 기간 동안 품목이 변하지 않고, 몇 개월 또는 그 이상 사용되는 메뉴이다. 같은 품목을 반복하여 제공하기 때문에 관리가 용이하고 원가가 절감되며 생산성이 높아질 수 있는 장점이 있다.
- **순환 메뉴**: 일정한 주기 또는 계절에 맞추어 교체하는 메뉴이다. 변화를 주어 단골 고객에게 신선함을 제공할 수 있다.

 ## Ⅱ. 고객 서비스 및 응대

▣ 고객 응대 매뉴얼

- 업장 특징에 알맞게 기본적인 응대 프로세스부터 각 상황별 응대, 고객을 배려하는 표현, 불만 처리까지 세부적인 내용들이 모두 기술된 매뉴얼을 갖추어야 한다.

▣ 매뉴얼 활용

① 영업 준비

- 서비스를 위해 사용되는 기물, 장비, 비품, 소모품 등을 점검하고 제 위치에 비치한다.
- 청소 상태를 확인하고 테이블을 세팅하여 조명과 음악을 점검한다.

② 접객 서비스

- 각 구역에 적절한 인력을 배치한다. 고객 맞이 → 예약 확인 → 대기 → 테이블 안내 → 착석 → 메뉴 전달 → 주문받기 → 주문서 작성 → 서빙 → 계산 → 배웅 등의 순으로 이루어진다.

③ 주문 및 판매

- 종사원은 주장에서 판매하는 모든 제품을 정확하게 인지한 상태에서 세련된 판매 기법으로 효과적인 판매가 가능해야 하며, 가치와 분위기 등 부가적인 서비스도 포함한다는 인식이 필요하다.
- 업셀링(Up-selling)이나 크로스셀링(Cross-selling)을 할 때는 고객에게 더 나은 품질이나 경험, 더 많은 선택지로 편리함을 제공한다는 인식을 심어주고 고객의 기분을 상하게 하지 않는 선에서 합리적인 가격대로 이루어져야 한다.
- 고객과 대화 중 사용하는 언어가 곧 서비스의 수준임을 기억하고 고객이 즐거운 시간을 보낼 수 있도록 예절을 갖춘 대화 능력이 필요하다.

④ 불평 및 불만 관리

• 고객의 불만족 사례로는 퉁명스러운 말투 사용, 접객 태도 불량, 서비스 제공의 지연, 불충분한 설명 및 의사소통, 업무 지식의 부족, 부당한 가격 및 요금 부과, 무관심, 부주의로 인한 상품 훼손 등이 있다.

• 언제든지 벌어질 수 있다는 점을 염두에 두고, 먼저 고객의 불만을 끝까지 경청하고 공감하는 태도를 보인다. 이후 불평에 대한 사과를 하여 빠른 시간 내에 어떤 방법으로 서비스를 회복할 것인지 고민해야 한다.

• **불만 처리 기본 응대 프로세스**

   가) 경청, 공감하기: 고객의 불만 원인 파악을 위해 진지하게 경청하며, 이때 경청하고 있음을 표현해야 한다.

   예 "아~ 네. 그러셨어요? 제가 도움을 드리기 위해 몇 가지 질문을 드리고 해결 방법을 찾아보겠습니다.", "~이라는 말씀인 거죠?"

   나) 불평에 대한 사과: 감정을 섞지 않고 불편 사항에 대해 진심으로 사과하며 고객의 화를 가라앉힌다.

   예 "처리 과정에서 원활하게 진행되지 못해 죄송합니다.", "고객님께 불편함을 느끼게 해 드려 죄송합니다."

   다) 원인 분석: 고객의 불만을 정확하게 이해하고 있음을 알린다.

   예 "제가 고객님이 말씀하신 사항을 정확히 해결하기 위해 다시 한번 확인하자면 ~라는 말씀 이실까요?"

   라) 신속한 해결과 대안 제시: 쉬운 해결 방법을 먼저 제시하고 2차 대안을 제시한다.

   예 "고객님, 우선 지금 바로는 ~로 처리가 가능할 것 같습니다. 괜찮으실까요? 혹시 다른 생각하신 방법을 말씀 주시면 제가 최대한 도움을 드릴 수 있는 방법을 찾겠습니다."

   마) 긍정적 마무리: 다시 한번 불편에 대해 사과하고 개선점을 알게 된 것에 감사한다.

   예 "이해해 주셔서 감사합니다. 이번 건을 계기로 저희도 ~를 개선해서 불편을 끼치는 일이 없도록 조치하겠습니다."

⑤ **배웅 및 환송**

• 고객과의 직접적인 만남이 종료되는 시점으로 고객에게 감사의 마음을 표현한다. 고객이 빠뜨리고 간 물건이 없는지 확인하며, 출구 쪽으로 안내하면서 정중히 인사 드리며 배웅한다.

⑥ **영업 마감**

• 다음 날 영업 준비와 이어지는 마무리 단계로 모든 것이 원위치되어야 하며, 재고량을 확인한다.

위생 관리

필기 과목명	주요 항목	세부 항목	세세 항목
음료 특성, 칵테일 조주 및 영업장 관리	위생 관리	음료 영업장 위생 관리	영업장 위생확인
		재료·기물·기구 위생 관리	재료·기물·기구 위생확인
		개인 위생 관리	개인위생 확인
		식품위생 및 관련법규	위생적인 주류 취급 방법
			주류판매 관련 법규

 Ⅰ. 위생 관리

1 영업장 위생 관리

- 시설의 유지 및 보수는 신속하게 실시하며 정기적으로 점검하고 청결을 유지한다.
- 영업장의 모든 창문에는 방충망을 설치한다.
- 실온창고에서 재료를 보관하는 경우에는 직사광선이 차단되어 있고 환기와 통풍이 잘 되는지 해충 및 설치류가 침입하지 않는지 확인한다.
- 교차오염의 우려로 영업장 바닥에는 식재료 방치를 금한다.
- 청소계획서를 지정된 장소에 비치하고 시행 여부를 확인한다.
- 쓰레기통은 뚜껑이 발로 개폐 가능한 구조여야 하며, 용량이 2/3 이상 채워졌을 경우 비워야 한다.

2 식품 위생 관리

- **식품 위생법:**「식품위생법」은 식품으로 인한 위생상 위해를 방지하고 식품영양의 질적 향상을 도모함으로써 국민보건 증진에 이바지함을 목적으로 하는 영업 허가의 근거 법률이다.
- 「식품위생법」은 식품위생을 '식품, 첨가물, 기구 및 용기와 포장을 대상으로 하는 음식물에 관한 위생'이라 정의한다.
- 「식품위생법」에 의거 식품 표시 사항의 보존 기준에 맞는 저장 온도와 습도를 유지

하여야 하며, 유통기한을 수시로 확인하여 기한이 지난 것은 바로 폐기한다. 또한 영업을 허가받은 업체와 거래한다.

- **식품의 안정성을 위협하는 요인**
  가) 온도, 빛, 습도, 산소 등으로 인한 식품의 변질
  나) 부패균, 기생충, 식품에 존재하는 독성분, 해충이나 동물 등
  다) 식품을 생산하는 과정에서 불가피하게 사용되는 농약이나 첨가물로 인한 새로운 반응물 생성
  라) 고의 또는 부주의

- **식품 위생 관리 원칙**
  가) 품목 선정 시: 식품의 안정성 고려
  나) 검수 단계 시: 품질, 온도, 이물질 혼입, 유통기한 등 확인
  다) 보관 시: 식품과 비식품의 분리 및 적정 환경 유지
  라) 운영 시: 불량·부정식품 제조 금지, 조리 과정에서 유해 물질 혼입 주의

- **식품안전관리인증기준(HACCP; Hazard Analysis and Critical Control Point)**
  식품의 원재료 생산에서부터 최종소비자가 섭취하기 전까지 각 단계에서 생물학적, 화학적, 물리적 위해요소가 해당 식품에 혼입되거나 오염되는 것을 방지하기 위해 각 요소들을 확인·평가하는 위생관리 시스템

3 재료·기물·기구 위생 관리

- 애벌세척 → 세척 → 헹굼 → 살균·소독 → 건조 → 보관의 순으로 진행한다.
- 식품과 식기류의 취급은 모두 바닥에서 60cm 이상의 위치에서 작업한다.
- 기물이나 기구를 자외선으로 소독하는 경우에는 포개거나 뒤집지 않고 자외선이 고루 닿을 수 있도록 1단씩 배치한다.
- 기물이나 기구를 손으로 세척하는 경우에는 조리용 싱크대가 아닌 별도의 싱크대에서 수행한다.
- **세척제의 종류와 세척 용도**
  가) 1종 세척제: 채소 및 과일 세척
  나) 2종 세척제: 식기류 세척
  다) 3종 세척제: 식품의 조리 및 가공 기구 세척
- 2종 세척제는 1종의 용도로 사용할 수 없으나, 3종의 용도로는 사용 가능하다. 마찬가지로 3종 세척제는 1종과 2종의 용도로 사용할 수 없다.
- 세척제를 사용한 후에는 잔류물이 남지 않도록 반드시 음용수로 헹군다.

4 개인 위생 관리

- 「식품위생법」제40조에 의거 식품위생분야 종사자는 연 1회 건강진단을 실시한다. (＊식품위생분야 종사자: 식품 또는 식품첨가물의 채취, 가공, 조리, 저장, 운반, 판매에 직접 종사하는 영업자와 종업원)
- **건강진단 결과 영업에 종사하지 못하는 질병**: 결핵(비감염성인 경우 제외), 콜레라, 장티푸스, 파라티푸스, 세균성 이질, 장출혈성대장균감염증, A형간염, 피부병 또는 그 밖의 화농성 질환, 후천성면역결핍증(성매개감염병에 관한 건강진단을 받아야 하는 영업에 종사하는 사람만 해당)
- 식품위생법 제41조에 의거 식품접객영업장의 영업자나 위생관리책임자는 식품위생에 관한 교육을 받아야 하며, 위생 교육 수료증이 없는 경우 영업 허가를 받을 수 없다.
- 청결하지 못한 복장은 식음료를 오염시킬 수 있으므로 단정한 유니폼을 갖춘다.
- 시계와 장신구는 손을 올바르게 씻는 것을 방해하고 화학성분이 음식물에 혼입될 수 있으므로 금한다.

 ## Ⅱ. 위생적인 주류 취급 방법

1 주류 판매 관련 법규

① 「주세법」

- 「**주세법**」 제3조 제1항 주류의 정의: 주류는 알코올분 1% 이상의 음용할 수 있는 물료를 말한다(약사법에 따른 의약품으로 알코올분 6% 미만인 것 제외).
- 주류는 국민 대부분이 음용하는 기호 음료로, 국가 재정수입 확보를 위한 주요 세원 역할을 한다.
- 주세는 1909년 2월 제정되었으며 주류의 품질향상, 국민보건, 건전한 주류산업 유도, 무역 불균형 해소 측면에서도 중요한 의미를 가진다.

② 「**주세법**」 제3조 제2항 등 용어의 정의

- **밑술**: 효모를 배양·증식한 것으로 당분이 포함되어 있는 물질을 알코올 발효시킬 수 있는 재료를 말한다.
- **술덧**: 주류의 원료가 되는 재료를 발효시킬 수 있는 수단을 재료에 사용한 때부터 주류를 제성하거나 증류하기 직전까지의 재료를 말한다.
- **국**: 녹말이 포함된 재료에 곰팡이류를 번식시킨 것을 말한다.
- **알코올분**: 전체 용량에 포함되어 있는 에틸알코올(섭씨 15도에서 0.7947의 비중을 가진 것을 말한다)을 말한다.

- '알코올 도수 40%' 또는 '40도'는 액체의 양을 100으로 환산했을 때 알코올이 40 포함되어 있다는 의미이다.
- **주조연도:** 매년 1월 1일부터 12월 31일까지의 기간을 말한다.
- 주류의 첨가 재료는 「식품위생법」에 허용되는 재료여야 하므로 식품에 첨가할 수 없는 재료는 술에도 첨가할 수 없다.
- 주정은 출고량에 일정 세율을 적용하는 종량세 제도, 주정 외의 주류는 출고 가격에 일정 세율을 적용하는 종가세 제도를 채택하고 있다.

2 식품의약품안전처 고시 주류 보관법

- 주류는 화학약품, 난방유, 석유, 농약 등과 함께 보관하지 않는다.
- 주류를 보관하는 창고는 항상 청결하게 유지하고 채광 및 조명은 작업에 지장이 없도록 한다.
- 주류의 품질에 영향을 줄 수 있는 식품첨가물, 물품 등과는 분리하여 보관한다.
- 유통기한이 경과된 주류를 판매 목적으로 진열, 보관하지 않는다.
- 주류 운반 과정에서 용기나 포장이 파손되지 않도록 주의하며, 캔 제품은 외부에 녹이 발생하지 않도록 보관한다.
- 제품의 한글표시사항에 표시된 보관 방법을 준수하여 보관한다.
  (* 한글표시사항 보관 적정 온도는 상온: 15~25℃, 실온: 1~35℃ ,냉장: 0~10℃)
- 여름철 주류 보관 시 직사광선을 피하고, 고온에 노출되지 않도록 주의하며 운반 시 덮개를 덮어 운반한다.

✔ Point Check

01	알코올 도수를 측정할 때 기준 온도는 섭씨 (℃)이다		15
02	주세법상 알코올 1도 이상의 음용 가능한 음료를 알코올 음료로 분류하나 약사법에 따른 의약품으로 알코올분 (%) 미만인 것은 제외한다.		6
03	식품위생 분야 종사자의 건강진단 결과 비감염성 결핵, 콜레라, 장티푸스, B형간염 진단을 받는 경우 영업에 종사할 수 없다.	×	감염성 결핵, 콜레라, 장티푸스, A형간염, 전염성 피부질환 등
04	세척 시 2종 세척제는 식기 세척에 적합하며, 이때 1종 세척제를 사용해도 무방하다.	○	2종 세척제는 1종의 용도로 사용하지 못하고, 3종 세척제는 1종, 2종의 용도로 사용하지 못한다.

PART IV

실무영어

Chapter 01 실무영어

필기 과목명	주요 항목	세부 항목	세세 항목
음료 특성, 칵테일 조주 및 영업장 관리	바텐더 외국어 사용	기초 외국어 구사	음료 서비스 외국어
			접객 서비스 외국어
		음료 영업장 전문용어 구사	시설물·기구 외국어 표현
			음료 외국어 표현

 Ⅰ. 음료 및 요리 관련 용어

Angel's Share	증류주 원액의 숙성 과정에서 자연 증발하는 알코올의 양
Bar Hopper	짧은 시간에 다수의 Bar를 방문하는 고객
Charcuterie	돼지, 가금류, 양 등의 고기와 부속을 이용해 만드는 가공식품 등을 판매하는 곳
Chaser	높은 도수의 술을 마실 때 입가심용으로 곁들이는 물이나 탄산음료
Chilling	서비스 전 미리 글라스나 와인을 냉각시켜 놓는 것
Double	알코올의 양을 두 배로 추가하는 것
Dry	술이나 칵테일에 단맛이 없고 독하거나 쓴맛을 가졌다는 표현
Dry Shaking	셰이커에 얼음을 넣지 않고 흔드는 것
Entrée	앙뜨레: 코스 요리 중 메인 요리 앞에 나오는 전채 요리
Free Pour	지거 등 계량 도구를 사용하지 않고 술을 따르는 것
French Paradox	프랑스인들이 고지방의 음식을 다량 섭취함에도 불구하고 폴리페놀이 함유된 레드 와인을 자주 소비하기 때문에 심혈관 질환이 낮게 발생한다는 현상을 뜻하는 용어
Frosting(Rimming)	글라스의 가장자리에 레몬즙을 묻혀 소금이나 설탕을 바르는 방법
Guest Bartending	행사 등의 일환으로 다른 업장에서 일시적으로 근무하는 것
Hors-d'œuvre	오르되브르: 메인 요리 이전에 나오는 차가운 애피타이저
House Brand	특정 브랜드를 지정한 주문이 아닐 때 기본적으로 사용되는 술의 브랜드
Keep Bottle	Bar에서 병(Bottle)으로 주문한 후 다 마시지 못한 술을 보관하는 것
Neat	위스키를 얼음을 넣지 않은 상태로 마시는 것
Night Cap Cocktail	취침 전 숙면을 위해 마시는 칵테일
On the Rocks	얼음이 채워진 글라스에 술을 부어 마시는 것
Pannier	레드 와인을 테이블에 기울어진 상태로 고정하기 위한 바구니
Shooter	단숨에 삼킬 수 있는 술 또는 주류를 혼합한 샷 칵테일
Signature Cocktail	특정 업장이나 바텐더가 개발한 자신만의 독창적인 칵테일
Speed Rail	바텐더가 조주하는 공간에 위치하여 자주 사용하는 주류들을 놓는 선반

Standard Recipe	표준 레시피
Straight Up	다른 음료와 섞지 않고 얼음 없이 마시는 것
Virgin	알코올이 함유되지 않은 음료 (Mocktail)

Ⅱ. 서비스 및 운영 관련 용어

Back of House(BOH)	식품, 세면용품, 문구류 등 운영에 필요한 물품들을 정리하여 보관하는 공간
Bin	입고된 주류나 식품을 보관하는 장소의 가장 작은 공간 단위
Bin Card	Bin에 비치하여 품목별 출고와 입고를 기록하는 문서
BYOB	Bring Your Own Bottle: 파티나 모임 등에 각자 술을 지참하여 가는 것
Center Piece	꽃병, 촛대, 소금, 후추 등 식탁의 중앙 장식물
Complain	고객이 품질, 서비스 등을 이유로 불만을 제기하는 것
Complimentary	홍보나 판촉, 불만에 대한 대처로 고객에게 무료로 제공하는 상품
Corkage Charge	고객이 업장의 음료 상품을 이용하지 않고 음료를 가지고 오는 경우 필요한 글라스, 얼음, 레몬 등을 제공하고 받는 대가
Cutlery	Silverware: 서양 요리에서 식사를 위해 사용되는 포크 등의 식기
Daily Supply	1일 보급량: 고객들이 1일 영업시간 동안 평균적으로 필요로 하는 식자재 및 기타 일반 물품
Delicatessen	바로 먹을 수 있게 조리된 식품이나 치즈, 고기 등을 판매하는 식료품점
First Come First Served	선착순: 먼저 입장한 고객을 우선으로 하는 것
First In First Out	선입선출: 먼저 입고된 물품을 먼저 소비하는 것
Gratuity	서비스를 제공한 직원에게 남기는 팁
Happy Hour	고객이 붐비지 않는 시간대에 상품을 할인하여 판매하는 것
High Chair	유아용 의자
Host	손님을 초대한 주최 측
Host Bar	주최자가 마신 음료를 모두 지불하는 바(Bar)의 형태
Inventory	업장에서 보유하고 있는 재고의 양, 재고 조사
Mariage	마리아주: 음식과 주류의 페어링을 통한 조화나 궁합
Membership Bar	회원제 바(Bar)
Mise en place	미장: 영업 시작 전 사전 준비, 밑 준비 작업
No-show	예약부도: 예약 후 나타나지 않는 고객
Par Stock	일일 적정 재고량: 업장에서 재고로 보관 해야하는 품목의 최소 수량
Party	레스토랑에서 식사하는 그룹의 인원수
POS	컴퓨터 단말기를 통하여 매출을 정산하고 정보를 수집하는 시스템
Prime Cost	기초 원가: 식재료비, 인건비 등 업장 운영에 필요한 직접 비용
Service Station	고객 서비스에 필요한 기물 등 준비물을 갖추어 놓은 테이블
Up-selling	고객이 기본 제품보다 상위의 제품으로 구매하도록 유도하는 것
Walk In	a. 고기 등 부패하기 쉬운 음식을 보관하는 큰 냉장고 b. 예약 없이 레스토랑에 방문한 고객

Part
Ⅳ
실무영어

Are you leaving our hotel? - 우리 호텔을 떠나십니까?

Bottoms up! Here's to us! Let's toast! - 건배하자!

Bring us another round of beer. - 맥주를 한 잔씩 더 주십시오.

Have you finished your meal? - 식사가 끝나셨습니까?

How can I get to the bar? - Bar에 어떻게 가야 합니까?

How often do you go to the bar? - 얼마나 자주 Bar에 가십니까?

How would you like your steak? - 스테이크 굽기는 어느 정도로 하시겠습니까?

I beg your pardon? - 다시 한 번 말씀해 주시겠습니까?

I'd like a table for three, please. - 3인용 테이블을 원합니다.

I'll bring you some water right away. - 금방 물을 가져다 드리겠습니다.

I'll show you to your table. Come this way please. - 자리로 안내하겠습니다.
이쪽으로 오십시오.

I'm sorry, but martini is not on the cocktail list. - 죄송합니다만, 마티니는 칵테일
리스트에 없습니다.

It's on me. It's my treat. I'll pick up the tab. - 내가 낼게!

It is provided free of charge for customers. - 고객을 위하여 무료로 운영되고
있습니다.

Please keep the change. - 잔돈은 괜찮습니다.

May I have the bill please? - 계산서를 가져다 주시겠습니까?

May I put you on a waiting list? - 대기 목록에 올려드릴까요?

May I take your order now? - 주문하시겠습니까?

Our shuttle bus leaves here 10 times a day. - 셔틀버스는 이곳에서 하루에 10번
출발합니다.

Please be seated. - 어서 앉으십시오.

Please call me if you need any other assistance. - 도움이 필요하시면 불러
주십시오.

Sorry, but I can't give you a sure answer. - 죄송합니다만 확답을 드릴 수 없습니다.

Thank you for inviting me. - 초대해 주셔서 감사합니다.

This beer is flat. - 이 맥주는 김이 빠졌습니다.

This coffee is too hot for me to drink. - 이 커피는 마시기에 너무 뜨겁습니다.

This milk has gone bad. - 이 우유는 상했습니다.

Under whose name should I make the reservation? – 어느 분 성함으로 예약을 할까요?

We are fully booked on December 25th. – 12월 25일에는 예약이 다 되어 있습니다.

What kind of beer do you have? – 어떤 맥주가 있습니까?

Would you care for an aperitif? – 식전주를 마시겠습니까?

Would you like separate checks? – 계산을 각자 하시겠습니까?

Your bill includes 10% tax. – 계산서에는 10%의 세금이 포함되어 있습니다.

 **Point Check**

다음에서 설명과 용어를 바르게 연결하시오.

> FIFO, Center Piece, Corkage Charge, Aroma,
> Chambrer, Terroir, Bin Card, Par Stock, Happy Hour,
> Cubed Ice, Pannier

A. 하루 중 고객이 붐비지 않은 시간대에 할인 판매하거나 무료로 제공하는 마케팅 방법
B. 처음 입고된 것을 먼저 사용함으로써 원료의 신선도를 유지하는 관리 원칙
C. 저장되어 있는 적정 재고량
D. 고객이 업장의 음료 상품을 이용하지 않고 음료를 가지고 오는 경우 필요한 글라스, 얼음, 레몬 등을 제공하고 받는 대가
E. 꽃병, 촛대, 소금, 후추 등 식탁의 중앙 장식물
F. 포도 품종에서 생성되는 과실의 향
G. 레드 와인을 테이블에 기울어진 상태로 고정하기 위한 바구니
H. 정육면체 모양으로 제빙기에서 만들어지는 가장 기본 형태의 얼음
I. 와인을 적정 온도로 시음할 수 있도록 실내 온도에 맞추어 미리 준비하는 것
J. 기후, 토양, 지질, 습도, 강우량 등 포도를 생산하는 데 영향을 주는 환경적 요소
K. 품목별 출고와 입고를 기록하는 문서

!   A. Happy Hour   B. FIFO   C. Par Stock   D. Corkage Charge
E. Center Piece   F. Aroma   G. Pannier   H. Cubed Ice
I. Chambrer   J. Terroir   K. Bin Card

PART V

기출문제 해설

이 책의 기출문제 활용법

- 조주기능사 필기시험은 문제은행식 출제 방식입니다. 따라서 동일 문제가 반복 출제될 수도 있으니 기출문제에 대한 학습이 필요합니다.
- 각 문제에 해설을 추가하여 해당 내용을 앞에서 다시 찾아보아야 하는 번거로움을 줄였습니다.
- 문제 풀이 없이 해설 부분만 반복해서 읽더라도 기본적인 문제들은 맞힐 수 있도록 정리하였습니다.
- 최근 CBT 문제들을 복원하여 달라진 출제 경향을 파악할 수 있도록 하였습니다.
- 과년도 기출문제에서 출제 빈도가 높은 문제들은 문제 번호 밑에 언더바 (예 06)로 표시를 해두었으니 꼭 풀어보시기를 바랍니다.

조주기능사 필기시험의 최근 출제 경향과 대책

- 와인 파트에서 포도 품종이나 지역을 자세하게 묻는 문제나 싱글몰트위스키의 다양한 브랜드들이 보기에 등장하고 있습니다. 낯선 느낌이 들지 않도록 단어들과 친숙해져야 합니다.
- 특정 리큐르나 칵테일을 영어로 설명하는 문제를 위하여 키워드를 중심으로 암기할 필요가 있습니다.
- 컴퓨터 화면으로 문제를 푸는 방식(Computer Based Testing)이기 때문에 시험 시간에 집중력이 흐트러지지 않도록 주의합니다.
- 영어 문법문제나 계산문제(칵테일의 알코올 도수 등)가 나왔을 때 당황하지 않도록 준비합니다.
- 식품위생 등 관련법규 파트에 대해서도 체크하는 것이 좋습니다.

2014년 2회 조주기능사 필기 기출문제

자격 종목	코드	출제 문항 수	시험 시간	수험 번호	성명
조주기능사		60문항	60분		

01 진(Gin)이 제일 처음 만들어진 나라는?

① 프랑스　　② 네덜란드
③ 영국　　　④ 덴마크

> **!** • 진(Gin)
> 네덜란드의 실비우스 박사가 해열과 이뇨작용을 위한 치료
> 목적으로 발명하였다.

02 다음 중 식전주로 가장 적합한 것은?

① 맥주(Beer)
② 드람부이(Drambuie)
③ 캄파리(Campari)
④ 코냑(Cognac)

> **!** • 캄파리(Campari)
> 여러 허브를 원료로 하여 만든 쓴맛을 내는 이탈리아의 리
> 큐르이다.

03 다음 중 Fortified Wine이 아닌 것은?

① Sherry Wine　　② Vermouth
③ Port Wine　　　④ Blush Wine

> **!** • 블러쉬 와인(Blush Wine)
> 적포도 껍질의 접촉을 최소화하여 색을 조절한 핑크빛의
> 로제 와인이다.

04 화이트 와인용 포도 품종이 아닌 것은?

① 샤르도네　　② 시라
③ 소비뇽 블랑　④ 피노 블랑

> **!** • 시라(Syrah)
> 레드 와인용 포도 품종이며, 프랑스와 호주 등 전 세계적
> 으로 재배된다.

05 혼성주의 특징으로 옳은 것은?

① 사람들의 식욕부진이나 원기 회복을
위해 제조되었다.
② 과일 중에 함유된 당분이나 전분을 발
효시킨다.
③ 과일이나 향료, 약초 등 초근목피의 침
전물로 향미를 더하여 만든 것으로, 현
재는 식후주로 많이 애음된다.
④ 저온 살균하여 영양분을 섭취할 수
있다.

06 아쿠아비트(Aquavit)에 대한 설명 중 틀린
것은?

① 감자를 당화시켜 연속 증류법으로 증
류한다.
② 혼성주의 한 종류로 식후주에 적합
하다.
③ 맥주와 곁들여 마시기도 한다.
④ 진(Gin)의 제조 방법과 비슷하다.

> **!** • 아쿠아비트(Aquavit)
> 스칸디나비아에서 감자를 주원료로 하는 증류주이며, '생명
> 의 물'이라는 어원을 가지고 있다.

07 스팅어(Stinger)를 제공하는 유리잔(Glass)의 종류는?

① 하이볼(Highball) 글라스
② 칵테일(Cocktail) 글라스
③ 올드 패션드(Old Fashioned) 글라스
④ 사워(Sour) 글라스

08 주정 강화로 제조된 시칠리아산 와인은?

① Champagne   ② Grappa
③ Marsala   ④ Absinthe

> **!** • 마르살라(Marsala)
> 시칠리아의 마르살라 주변 지역의 와인으로 스페인의 셰리 와인, 포르투갈의 포트와인과 함께 대표적인 주정강화 와인 이다. 색, 당도, 숙성 기간에 따라 다양한 품종과 방식으로 제조된다.

09 Scotch Whisky에 대한 설명으로 옳지 않은 것은?

① Malt Whisky는 대부분 Pot Still을 사용 하여 증류한다.
② Blended Whisky는 Malt Whisky와 Grain Whisky를 혼합한 것이다.
③ 주원료인 보리는 피트(Peat)의 연기로 건조시킨다.
④ Malt Whisky는 원료의 향이 소실되지 않도록 반드시 1회만 증류한다.

> **!** 2회 증류를 거쳐야 높은 도수의 증류주가 만들어진다.

10 커피의 품종에서 주로 인스턴트 커피의 원료로 사용되고 있는 것은?

① 로부스타   ② 아라비카
③ 리베리카   ④ 레귤러

> **!** • 로부스타 품종
> 아라비카에 비해 쓴맛이 강하고 향이 약하기 때문에 향이 그다지 중요하지 않은 인스턴트 커피에 사용된다.

11 Whisky 1oz(알코올 함량 40%), Coke 4oz(녹는 얼음의 양은 계산하지 않음)를 재료로 만든 Whisky Coke의 알코올 도수는?

① 6%   ② 8%
③ 10%   ④ 12%

> **!** • 알코올 도수 계산법
> {(재료 1의 알코올 도수)×(재료1의 양)}+{(재료 2의 알코올 도수)×(재료 2의 양)}÷재료의 총량
> 따라서 {(40×30)+(0×120)}÷150=8

12 증류하면 변질될 수 있는 과일이나 약초, 향료에 증류주를 가해 향미성을 용해시키는 방법으로 열을 가하지 않는 리큐르 제조법으로 가장 적합한 것은?

① 증류법   ② 침출법
③ 여과법   ④ 에센스법

> **!** • 침출법
> '인퓨전(Infusion)'이라고도 하며 열을 가하지 않는 콜드 방식이다.

13 와인병 바닥의 요철 모양으로 오목하게 들어간 부분은?

① 펀트(Punt)
② 발란스(Balance)
③ 포트(Port)
④ 노블 롯(Noble Rot)

14 이탈리아 리큐르로 살구씨를 물과 함께 증류하여 향초 성분과 혼합하고 시럽을 첨가해서 만든 리큐르는?

① Cherry Brandy ② Curacao
③ Amaretto ④ Tia Maria

15 포도즙을 내고 남은 찌꺼기에 약초 등을 배합하여 증류해 만든 이탈리아 술은?

① 삼부카 ② 베르무트
③ 그라파 ④ 캄파리

> ! • 그라파(Grappa)
> 포도주를 만들고 남은 찌꺼기인 껍질, 즙, 씨앗 등을 증류해서 만든 브랜디로 이탈리아의 전통주이다.

16 조선시대에 유입된 외래주가 아닌 것은?

① 천축주 ② 섬라주
③ 금화주 ④ 두견주

> ! • 두견주
> 고려시대부터 빚은 전통주로 진달래꽃을 사용하는 것이 특징이다.

17 고려 때에 등장한 술로 병자호란이던 어느 해 이완 장군이 병사들의 사기를 돋우기 위해 약용과 가향의 성분을 고루 갖춘 이 술을 마시게 한 것에서 유래된 것으로 알려졌으며, 차보다 얼큰하고 짙게 우러난 호박색이 부드럽고 연 냄새가 은은한 전통주로 감칠맛이 일품인 것은?

① 문배주 ② 이강주
③ 송순주 ④ 연엽주

> ! • 연엽주
> 한여름에 피는 연잎을 술에 넣은 가향주이다. ①문배주: 문배나무 과실의 향, ②이강주: 배와 생강이 부재료, ③송순주: 소나무의 새순이 부재료

18 테킬라에 대한 설명으로 맞게 연결된 것은?

> 최초의 원산지는 (㉠)이며, 원료는 백합과의 (㉡)인데 이 식물에는 (㉢)이라는 전분과 비슷한 물질이 함유되어 있다.

① ㉠ 멕시코, ㉡ 풀케(Pulque),
  ㉢ 루플린
② ㉠ 멕시코, ㉡ 아가베(Agave),
  ㉢ 이눌린
③ ㉠ 스페인, ㉡ 아가베(Agave),
  ㉢ 루플린
④ ㉠ 스페인, ㉡ 풀케(Pulque),
  ㉢ 이눌린

19 차(Tea)에 대한 설명으로 가장 거리가 먼 것은?

① 녹차는 찻잎을 찌거나 덖어서 만든다.
② 녹차는 끓는 물로 신속히 우려낸다.
③ 홍차는 레몬과 잘 어울린다.
④ 홍차에 우유를 넣을 때는 뜨겁게 하여 넣는다.

> ! • 녹차
> 70~80℃에서 우리는 것이 적당하다.

20 이탈리아 I.G.T 등급은 프랑스의 어느 등급에 해당되는가?

① V.D.Q.S ② Vin de Pays
③ Vin de Table ④ A.O.C

> ! • 이탈리아의 와인 등급
> DOCG – DOC – IGT – VDT 순
> • 프랑스의 와인 등급
> AOC – VQDS – VdP – VdT 순

21 진저엘의 설명 중 틀린 것은?

① 맥주에 혼합하여 마시기도 한다.
② 생강향이 함유된 청량음료이다.
③ 진저엘의 엘은 알코올을 뜻한다.
④ 진저엘은 알코올분이 있는 혼성주이다.

22 곡류와 감자 등을 원료로 하여 당화시킨 후 발효하고 증류한다. 증류액을 희석하여 자작나무 숯으로 만든 활성탄에 여과하여 정제하기 때문에 무색, 무취에 가까운 특성을 가진 증류주는?

① Gin   ② Vodka
③ Rum   ④ Tequila

23 차와 코코아에 대한 설명으로 틀린 것은?

① 차는 보통 홍차, 녹차, 청차 등으로 분류된다.
② 차의 등급은 잎의 크기나 위치 등에 크게 좌우된다.
③ 코코아는 카카오 기름을 제거하여 만든다.
④ 코코아는 사이폰(Siphon)을 사용하여 만든다.

> **!** • 사이폰(Siphon)
> 증기의 압력을 이용해 물을 끌어올려 커피를 추출하는 가는 관을 뜻한다.

24 그랑 샹파뉴 지역의 와인 증류 원액을 50% 이상 함유한 코냑을 일컫는 말은?

① 샹파뉴 블랑   ② 쁘띠뜨 샹파뉴
③ 핀 샹파뉴   ④ 샹파뉴 아르덴

> **!** • 핀 샹파뉴(Fine Champagne)
> 코냑 지방의 중심부인 그랑 샹파뉴와 쁘띠드 샹파뉴에서 생산된 원액만 블렌딩한 고급 코냑이다. 그랑 샹파뉴의 포도 증류 원액이 50% 이상 함유되어야 한다.

25 단식증류기의 일반적인 특징이 아닌 것은?

① 원료 고유의 향을 잘 얻을 수 있다.
② 고급 증류주의 제조에 이용한다.
③ 적은 양을 빠른 시간에 증류하여 시간이 적게 걸린다.
④ 증류 시 알코올 도수를 80도 이하로 낮게 증류한다.

> **!** • 단식 증류기(Pot Still)
> 시설비가 저렴한 반면, 증류를 할 때마다 본체를 열고 가열부에 술덧(발효된 술)을 넣어야 하기 때문에 대량 생산이 어려워 시간이 오래 걸린다.

26 다음 중 과즙을 이용하여 만든 양조주가 아닌 것은?

① Toddy   ② Cider
③ Perry   ④ Mead

> **!** ① 토디(Toddy): 야자수 즙액을 발효한 동남아 지역의 술
> ② 시드르(Cider): 사과즙을 발효한 술
> ③ 페리(Perry): 배즙을 발효한 술
> ④ 미드(Mead): 벌꿀과 물에 이스트를 넣고 발효한 술

27 상면발효 맥주 중 벨기에에서 전통적인 발효법을 이용해 만드는 맥주로, 발효시키기 전에 뜨거운 맥즙을 공기 중에 직접 노출시켜 자연에 존재하는 야생효모와 미생물이 자연스럽게 맥즙에 섞여 발효하게 만든 맥주는?

① 스타우트(Stout)
② 도르트문트(Dortmund)
③ 에일(Ale)
④ 람빅(Lambic)

28 각국을 대표하는 맥주를 바르게 연결한 것은?

① 미국 – 밀러, 버드와이저
② 독일 – 하이네켄, 레벤브로이
③ 영국 – 칼스버그, 기네스
④ 체코 – 필스너, 벡스

❗ ① 네덜란드: 하이네켄
② 독일: 레벤브로이, 벡스
③ 체코: 필스너 우르켈
④ 덴마크: 칼스버그
⑤ 아일랜드: 기네스

29 조주 상 사용되는 표준계량의 표시 중에서 틀린 것은?

① 1티스푼(Tea Spoon) = 1/8온스
② 1스플리트(Split) = 6온스
③ 1파인트(Pint) = 10온스
④ 1포니(Pony) = 1온스

❗ 1파인트는 16oz로 480ml이다.

30 다음 중 홍차가 아닌 것은?

① 잉글리쉬 블랙퍼스트
　(English Breakfast)
② 로부스타(Robusta)
③ 다즐링(Darjeeling)
④ 우바(Uva)

❗ 로부스타는 커피 원두의 3대 품종 중 하나이다.

31 칵테일의 종류 중 마가리타(Margarita)의 주원료로 쓰이는 술의 이름은?

① 위스키(Whisky)　② 럼(Rum)
③ 테킬라(Tequila)　④ 브랜디(Brandy)

❗ • 마가리타(Margarita)
테킬라 1½oz, 트리플섹 ½oz, 라임주스 ½oz를 셰이킹하여 소금으로 리밍한 칵테일 글라스에 따른다.

32 1온스(oz)는 몇 mL인가?

① 10.5mL　　② 20.5mL
③ 29.5mL　　④ 40.5mL

33 바카디 칵테일(Bacardi Cocktail)용 글라스는?

① 올드 패션드(Old Fashioned) 글라스
② 스템드 칵테일(Stemmed Cocktail) 글라스
③ 필스너(Pilsner) 글라스
④ 고블렛(Goblet) 글라스

❗ • 바카디(Bacardi)
칵테일 글라스에 제공하며, 칵테일 글라스는 스템(Stem)이 있는 스템드 글라스로 분류된다.

Part
V
기출문제 해설

34 다음 주류 중 알코올 도수가 가장 낮은 것은?

① 진(Gin)
② 위스키(Whisky)
③ 브랜디(Brandy)
④ 슬로진(Sloe Gin)

> **!** • 슬로진(Sloe Gin)
> 진(Gin)에 야생자두의 일종인 슬로베리(Sloeberry)와 설탕을 넣어 만든 혼성주이다.

35 다음에서 주장관리 원칙과 가장 거리가 먼 것은?

① 매출의 극대화
② 청결 유지
③ 분위기 연출
④ 완벽한 영업 준비

36 메뉴 구성 시 산지, 빈티지, 가격 등이 포함되어야 하는 주류와 가장 거리가 먼 것은?

① 와인　　　② 칵테일
③ 위스키　　④ 브랜디

37 조주보조원이라 일컬으며 칵테일 재료의 준비와 청결 유지를 위한 청소 담당 및 업장 보조를 하는 사람은?

① 바 헬퍼(Bar Helper)
② 바텐더(Bartender)
③ 헤드 바텐더(Head Bartender)
④ 바 매니저(Bar Manager)

38 코스터(Coaster)란?

① 바(Bar)용 양념 세트
② 잔 밑받침
③ 주류 재고 계량기
④ 술의 원가표

39 칵테일 기구에 해당하지 않는 것은?

① Butter Bowl　　② Muddler
③ Strainer　　　④ Bar Spoon

> **!** • Butter Bowl(버터볼)
> 버터를 담는 접시이며 레스토랑에서 사용한다.

40 와인병을 눕혀서 보관하는 이유로 가장 적합한 것은?

① 숙성이 잘 되게 하기 위해서
② 침전물을 분리하기 위해서
③ 맛과 멋을 내기 위해서
④ 색과 향이 변질되는 것을 방지하기 위해서

> **!** 코르크를 촉촉하게 유지해야 공기의 접촉 면적이 최소화되어 와인이 변질되는 것을 방지한다.

41 얼음을 다루는 기구에 대한 설명으로 틀린 것은?

① Ice Pick - 얼음을 깰 때 사용하는 기구
② Ice Scooper - 얼음을 떠내는 기구
③ Ice Crusher - 얼음을 가는 기구
④ Ice Tongs - 얼음을 보관하는 기구

> **!** • 아이스 텅(Ice Tongs)
> 얼음 집게를 뜻한다.

42 핑크 레이디, 밀리언 달러, 마티니, B-52의 조주 기법을 순서대로 나열한 것은?

① Shaking, Stirring, Building, Float & Layer
② Shaking, Shaking, Float & Layer, Building
③ Shaking, Shaking, Stirring, Float & Layer
④ Shaking, Float & Layer, Stirring, Building

43 선입선출(FIFO)의 원래 의미로 맞는 것은?

① First-In, First-On
② First-In, First-Off
③ First-In, First-Out
④ First-Inside, First-On

! 먼저 입고된 상품을 먼저 판매하는 방식이다.

44 Honeymoon 칵테일에 필요한 재료는?

① Apple Brandy   ② Dry Gin
③ Old Tom Gin   ④ Vodka

! • 허니문(Honeymoon)
애플브랜디 $\frac{3}{4}$oz, 베네딕틴 $\frac{3}{4}$oz, 트리플섹 $\frac{1}{4}$oz, 레몬주스 $\frac{1}{2}$oz를 셰이킹하여 칵테일 글라스에 따른다.

45 바 매니저(Bar Manager)의 주 업무가 아닌 것은?

① 영업 및 서비스에 관한 지휘 통제권을 갖는다.
② 직원의 근무 시간표를 작성한다.
③ 직원들의 교육 훈련을 담당한다.
④ 인벤토리(Inventory)를 세부적으로 관리한다.

! 인벤토리를 세부적으로 관리하는 사람은 바텐더(Bartender)이다.

46 주로 Tropical Cocktail을 조주할 때 사용하며 "두들겨 으깬다."라는 의미를 가지고 있는 얼음은?

① Shaved Ice   ② Crushed Ice
③ Cubed Ice   ④ Cracked Ice

! • 크러쉬드 아이스(Crushed Ice)
모히또(Mojito)나 프라페(Frappe) 스타일의 칵테일을 만들 때 사용한다.

47 칵테일을 제조할 때 계란, 설탕, 크림(Cream) 등의 재료가 들어가는 칵테일을 혼합할 때 사용하는 기구는?

① Shaker   ② Mixing Glass
③ Jigger   ④ Strainer

! • 셰이커(Shaker)
비중이 크거나 잘 섞이지 않는 재료가 들어가는 칵테일에는 흔들기(Shaking) 기법을 사용하는 것이 적합하다.

Part
V
기출문제 해설

48 Champagne 서브 방법으로 옳은 것은?

① 병을 미리 흔들어서 거품이 많이 나도록 한다.
② 0~4℃ 정도의 냉장 온도로 서브한다.
③ 쿨러에 얼음과 함께 담아서 운반한다.
④ 가능한 코르크를 열 때 소리가 크게 나도록 한다.

> **!** 샴페인(Champagne)의 적정 서브 온도는 4~10℃이다.

49 칵테일 용어 중 트위스트(Twist)란?

① 칵테일 내용물이 춤을 추듯 움직임
② 과육을 제거하고 껍질만 짜서 넣음
③ 주류 용량을 잴 때 사용하는 기물
④ 칵테일의 2온스 단위

> **!** • 트위스트(Twist)
> 과일의 과육은 제거하고 껍질만 비틀어서 칵테일에 장식하는 방법이다.

50 칵테일 재료 중 석류를 사용해 만든 시럽(Syrup)은?

① 플레인 시럽 (Plain Syrup)
② 검 시럽 (Gum Syrup)
③ 그레나딘 시럽 (Grenadine Syrup)
④ 메이플 시럽 (Maple Syrup)

51 "What will you have to drink?"의 의미로 가장 적합한 것은?

① 식사는 무엇으로 하시겠습니까?
② 디저트는 무엇으로 하시겠습니까?
③ 그 외에 무엇을 드시겠습니까?
④ 술은 무엇으로 하시겠습니까?

52 What is the name of famous liqueur on Scotch base?

① Drambuie   ② Cointreau
③ Grand Marnier   ④ Curacao

> **!** • 드람부이(Drambuie)
> 스카치 위스키에 꿀, 허브를 넣어 만든 리큐르이다.

53 What is the meaning of the following explanation?

> When making a cocktail, this is the main ingredient into which other things are added.

① base   ② glass
③ straw   ④ decoration

> **!** • 기주(Base)
> 칵테일의 주재료를 기주(Base)라 한다.

54 "Would you care for dessert?"의 올바른 대답은?

① Vanilla ice-cream, please.
② Ice-water, please.
③ Scotch on the rocks.
④ Cocktail, please.

55 Which one is made of dry gin and dry vermouth?

① Martini   ② Manhattan
③ Paradise   ④ Gimlet

> **!** • 마티니(Martini)
> 진(Gin)과 드라이 베르무트(Dry Vermouth)로 만드는 칵테일은 마티니(Martini)이다.

56 다음 중 의미가 다른 하나는?

① Cheers!   ② Give up!
③ Bottoms up!   ④ Here's to us!

57 Which of the following is a liqueur made by Irish whiskey and Irish cream?

① Benedictine   ② Galliano
③ Créme de Cacao ④ Bailey's

! • 베일리스(Bailey's)
위스키와 크림을 함유한 아일랜드의 리큐르이며, 변질될 가능성이 있어 보관에 유의해야 한다.

58 Which of the following is not scotch whisky?

① Cutty Sark   ② White Horse
③ John Jameson   ④ Royal Salute

! • 존 제임슨(John Jameson)
아일랜드의 대표적인 위스키이다.

59 Which is the syrup made by pomegranate?

① Maple syrup   ② Strawberry syrup
③ Grenadine syrup ④ Almond syrup

! 그레나딘 시럽의 주재료는 석류이다.

60 다음 문장 중 나머지 셋과 의미가 다른 하나는?

① What would you like to have?
② Would you like to order now?
③ Are you ready to order?
④ Did you order him out?

! ④ 당신이 그를 나가도록 했나요?
①, ②, ③ 주문하시겠습니까?

Part
V
기출문제 해설

정답

01	02	03	04	05	06	07	08	09	10
②	③	④	②	③	②	②	③	④	①
11	12	13	14	15	16	17	18	19	20
②	②	①	③	③	④	④	②	②	②
21	22	23	24	25	26	27	28	29	30
④	②	④	③	③	④	④	①	③	②
31	32	33	34	35	36	37	38	39	40
③	③	②	④	①	②	①	②	①	④
41	42	43	44	45	46	47	48	49	50
④	③	③	①	④	②	①	③	②	③
51	52	53	54	55	56	57	58	59	60
④	①	①	①	①	②	④	③	③	④

자격 종목		코드	출제 문항 수	시험 시간	수험 번호	성명
조주기능사			60문항	60분		

01 쇼트 드링크(Short Drink)란?

① 만드는 시간이 짧은 음료
② 증류주와 청량음료를 믹스한 음료
③ 시간적인 개념으로 짧은 시간에 마시는 칵테일 음료
④ 증류주와 맥주를 믹스한 음료

> **!**
> • 쇼트 드링크(Short Drink)
> 주로 칵테일 글라스에 제공되며, 양이 적고 도수가 높은 편이다. 얼음 없이 제공되기 때문에 빠른 시간 안에 마시는 것이 좋다. 반대어는 롱 드링크(Long Drink)이다.

02 Stinger를 조주할 때 사용되는 술은?

① Brandy
② Crème de Menthe Blue
③ Cacao
④ Sloe Gin

> **!**
> • 스팅어(Stinger)
> 브랜디(Brandy)에 Créme de Menthe Green(크렘 드 망뜨 그린)을 셰이킹하여 칵테일 글라스에 따른다.

3 칵테일 명칭이 아닌 것은?

① Gimlet   ② Kiss of Fire
③ Tequila Sunrise ④ Drambuie

> **!**
> • 드람부이(Drambuie)
> 스카치 위스키, 꿀, 허브를 원료로 하는 리큐르이다.

04 맥주(Beer)에서 특이한 쓴맛과 향기로 보존성을 증가시키고 또한 맥아즙의 단백질을 제거하는 역할을 하는 원료는?

① 효모(Yeast)   ② 홉(Hop)
③ 알코올(Alcohol)   ④ 과당(Fructose)

05 다음 중 우리나라의 전통주가 아닌 것은?

① 소흥주   ② 소곡주
③ 문배주   ④ 경주법주

> **!**
> • 소흥주(Shao Xing Rice Wine)
> 중국의 샤오싱 지역의 대표적인 황주이다.

06 다음 중 미국을 대표하는 리큐르(Liqueur)는?

① 슬로 진(Sloe Gin)
② 리카르(Ricard)
③ 써던 컴포트(Southern Comfort)
④ 크렘 드 카카오(Créme de Cacao)

> **!**
> • 써던 컴포트(Southern Comfort)
> 아메리칸 위스키에 복숭아와 오렌지 향을 가미한 리큐르이다.

07 다음 중 오렌지 향의 리큐르가 아닌 것은?

① 그랑 마니에르(Grand Marnier)
② 트리플 섹(Triple Sec)
③ 쿠앵트로(Cointreau)
④ 미도리(Midori)

> **!**
> • 미도리(Midori)
> 녹색을 띠는 일본의 멜론 리큐르이다.

08 다음 증류주 중에서 곡류의 전분을 원료로 하지 않는 것은?

① 진(Gin)
② 럼(Rum)
③ 보드카(Vodka)
④ 위스키(Whisky)

> **!**
> • 럼(Rum)의 원료
> 당밀이나 사탕수수이다. 원료가 당분으로 이루어져 있으므로 당화 과정을 거칠 필요가 없다.

09 스페인 와인의 대표적 토착 품종으로 숙성이 충분히 이루어지지 않을 때는 짙은 향과 풍미가 다소 거칠게 느껴질 수 있지만 오랜 숙정을 통해 부드러움이 갖추어져 매혹적인 스타일이 만들어지는 것은?

① Gamay
② Pinot Noir
③ Tempranillo
④ Cabernet Sauvignon

> **!**
> • 템프라니요(Tempranillo)
> 스페인의 대표 품종이며, 대표 산지로는 리오하(Rioja)가 있다.

10 화이트 와인 품종이 아닌 것은?

① 샤르도네(Chardonnay)
② 말벡(Malbec)
③ 리슬링(Riesling)
④ 뮈스까(Muscat)

> **!**
> • 말벡(Malbec)
> 아르헨티나의 대표 적포도 품종이다.

11 테킬라의 구분이 아닌 것은?

① 블랑코　　　② 그라파
③ 레포사도　　④ 아녜호

> **!**
> • 테킬라(Tequila)
> 숙성 기간에 따라 블랑코, 레포사도, 아녜호로 구분
> • 그라파(Grappa)
> 와인을 만들고 남은 찌꺼기를 증류하여 만든 브랜디의 일종

12 Terroir의 의미를 가장 잘 설명한 것은?

① 포도 재배에 있어서 영향을 미치는 자연적인 환경요소
② 영양분이 풍부한 땅
③ 와인을 저장할 때 영향을 미치는 온도, 습도, 시간의 변화
④ 물이 빠지는 토양

13 다음 중 와인의 정화(Fining)에 사용되지 않는 것은?

① 규조토　　　② 계란의 흰자
③ 카제인　　　④ 아황산용액

> **!**
> • 와인의 정화(Fining)
> 와인의 불순물을 걸러내는 과정에서 젤라틴, 계란 흰자, 부레풀, 카제인, 규조토 등을 사용할 수 있다.

14 와인의 숙성 시 사용되는 오크통에 관한 설명으로 가장 거리가 먼 것은?

① 오크 캐스크(Cask)가 작은 것일수록 와인에 뚜렷한 영향을 준다.
② 보르도 타입 오크통의 표준 용량은 225리터이다.
③ 캐스크가 오래될수록 와인에 영향을 많이 주게 된다.
④ 캐스크에 숙성시킬 경우에 정기적으로 랙킹(Racking)을 한다.

> **!** • 오크 캐스크(Oak Cask)
> 보통 재사용하는데, 새 것일수록 와인의 풍미에 영향을 많이 준다.

15 칵테일을 만드는 기본 기법 중 글라스에서 직접 만들어 손님에게 제공하는 경우가 있다. 다음 칵테일 중 이에 해당되는 것은?

① Bacardi   ② Calvados
③ Honeymoon   ④ Gin Tonic

> **!** • 진토닉(Gin Tonic)
> 진(Gin)과 토닉워터(Tonic Water)를 하이볼 글라스(Highball Glass)에 채워 가볍게 저어서 제공한다.

16 롱 드링크 칵테일이나 비알코올성 펀치 칵테일을 만들 때 사용하는 것으로 레몬과 설탕이 주원료인 청량음료(Soft Drink)는?

① Soda Water   ② Ginger Ale
③ Tonic Water   ④ Collins Mix

17 다음 민속주 중 증류식 소주가 아닌 것은?

① 문배주   ② 삼해주
③ 옥로주   ④ 안동소주

> **!** • 삼해주
> 발효주로 조선시대 때 삼해주를 빚는데 소비되는 쌀의 양이 너무 많아 금주령을 내렸다는 기록이 있다.

18 커피 리큐르가 아닌 것은?

① 카모라(Kamora)
② 티아 마리아(Tia Maria)
③ 쿰멜(Kümmel)
④ 깔루아(Kahlua)

> **!** • 쿰멜(Kümmel)
> 캐러웨이 씨(Caraway Seed), 커민(Cumin) 등을 원료로 하는 독일의 리큐르이며, 소화 불량에 도움이 된다.

19 다음 칵테일 중 직접 넣기(Build) 기법으로 만드는 칵테일로 적합한 것은?

① Bacardi
② Kiss of Fire
③ Honeymoon
④ Kir

> **!** • 키르(Kir)
> 화이트 와인에 크렘 드 카시스를 직접 넣어 만드는 칵테일
> ①, ②, ③은 흔들기(Shaking) 기법으로 만드는 칵테일

20 칠레에서 주로 재배되는 포도 품종이 아닌 것은?

① 말벡(Malbec)

② 진판델(Zinfandel)

③ 메를로(Merlot)

④ 카베르네 쇼비뇽(Cabernet Sauvignon)

!
• 진판델(Zinfandel)
미국 캘리포니아에서 가장 많이 재배되는 적포도 품종이다.

21 코냑은 무엇으로 만든 술인가?

① 보리　　　　② 옥수수

③ 포도　　　　④ 감자

!
• 코냑(Cognac)
포도를 발효, 증류하여 만든 브랜디의 일종으로, 코냑 지방에서 생산한다.

22 Draft Beer의 특징으로 가장 잘 설명한 것은?

① 맥주 효모가 살아 있어 맥주의 고유한 맛을 유지한다.

② 병맥주보다 오래 저장할 수 있다.

③ 살균 처리를 하여 생맥주 맛이 더 좋다.

④ 효모를 미세한 필터로 여과하여 생맥주 맛이 더 좋다.

23 다음 중 싱글몰트위스키가 아닌 것은?

① Arran　　　　② Macallan

③ Crown royal　　④ The Glenlivet

!
• 크라운 로얄(Crown Royal)
영국 왕실의 1939년 캐나다 방문 기념으로 생산된 캐나다의 블렌디드 위스키로 유명하다.

24 Gin Fizz의 특징이 아닌 것은?

① 하이볼 글라스를 사용한다.

② 기법으로 Shaking과 Building을 병행한다.

③ 레몬의 신맛과 설탕의 단맛이 난다.

④ 칵테일 어니언(Onion)으로 장식한다.

!
• 진피즈(Gin Fizz)의 장식은 레몬 슬라이스이다.

25 음료의 살균에 이용되지 않는 방법은?

① 저온 장시간 살균법(LTLT)

② 자외선 살균법

③ 고온 단시간 살균법(HTST)

④ 초고온 살균법(UHT)

!
• 자외선 살균
화장실이나 식품 공장의 기구, 원료, 포장 재료 등의 살균에 이용하는 방법이다.

26 다음 중 롱 드링크(Long Drink)에 해당하는 것은?

① 마티니(Martini)

② 진 피즈(Gin Fizz)

③ 맨하탄(Manhattan)

④ 스팅어(Stinger)

!
• 진 피즈(Gin Fizz)
소다 워터를 넣어 하이볼 글라스(Highball Glass)에 제공하는 양이 많은 칵테일이다.

27 다음 중 원료가 다른 술은?

① 트리플 섹　　　② 마라스퀸

③ 쿠앵트로　　　④ 블루 큐라소

!
② 마라스퀸은 마라스카종 체리로 만든 리큐르이며, ①, ③, ④는 그랑마니에(Grand Marnier)와 함께 오렌지 껍질을 원료로 하는 리큐르이다.

28 다음 중 양조주가 아닌 것은?

① Aquavit ② Cider
③ Porter ④ Cava

> **!** ① 아쿠아비트(Aquavit)는 스칸디나비아 반도 일대에서 생산되는 증류주, ② 시드르(Cider)는 사과 발효주, ③ 포터(Porter)는 맥주의 종류, ④ 까바(Cava)는 스페인의 발포성 와인이다.

29 커피의 3대 원종이 아닌 것은?

① 아라비카종 ② 로부스타종
③ 리베리카종 ④ 수마트라종

> **!** 수마트라는 인도네시아의 대표 원두이며 아라비카의 재래종이다.

30 1Dash는 몇 mL인가?

① 0.9mL ② 5mL
③ 7mL ④ 10mL

> **!** 1대쉬(Dash)는 약 5~6방울이며, $\frac{1}{32}$oz, 0.94ml이다.

31 빈(Bin)이 의미하는 것으로 가장 적합한 것은?

① 프랑스산 적포도주
② 주류 저장소에 술병을 넣어 놓는 장소
③ 칵테일 조주 시 가장 기본이 되는 주재료
④ 글라스를 세척하여 담아 놓는 기구

> **!** • 빈(Bin)
> 식음료의 입고와 출고에 따라 재고를 비치하는 장소이다.

32 백포도주를 서비스할 때 함께 제공하여야 할 기물로 가장 적합한 것은?

① Bar Spoon ② Wine Cooler
③ Strainer ④ Ice Tongs

33 음료 서비스 시 수분 흡수를 위해 잔 밑에 놓는 것은?

① Coaster ② Pourer
③ Stopper ④ Jigger

> **!** 코스터(Coaster)를 글라스 아래에 깔아 미끄럼을 방지하고, 글라스에서 떨어지는 물을 흡수한다.

34 Floating의 방법으로 글라스에 직접 제공하여야 할 칵테일은?

① Highball ② Gin fizz
③ Pousse café ④ Flip

> **!** 띄우기 기법에 대한 설명으로, 레이어링(Layering) 혹은 레인보우 스타일(Rainbow Style)이라고도 한다.

35 다음 중 네그로니(Negroni) 칵테일의 재료가 아닌 것은?

① Dry Gin ② Campari
③ Sweet Vermouth ④ Flip

> **!** • 네그로니(Negroni)
> 진 $\frac{3}{4}$oz, 스위트 베르무트 $\frac{3}{4}$oz, 캄파리 $\frac{3}{4}$oz를 올드 패션드 글라스에 얼음과 함께 넣고 저은 뒤 레몬 필로 장식한다.

36 칵테일의 기법 중 Stirring을 필요로 하는 경우와 가장 관계가 먼 것은?

① 섞는 술의 비중의 차이가 큰 경우
② Shaking 하면 칵테일이 탁하게 만들어 질 것 같은 경우
③ Shaking 하는 것보다 독특한 맛을 얻고자 할 경우
④ Cocktail의 맛과 향이 손실될 우려가 있을 경우

> **!** 섞는 술의 비중의 차이가 큰 경우에는 흔들기(Shaking) 기법이나 플로팅(Floating) 기법을 사용한다.

37 레드 와인의 서비스로 틀린 것은?

① 적정한 온도로 보관하여 서비스한다.
② 잔이 가득 차도록 조심해서 서서히 따른다.
③ 와인 병이 와인 잔에 닿지 않도록 따른다.
④ 와인 병 입구를 종이 냅킨이나 크로스 냅킨을 이용하여 닦는다.

38 Cognac의 등급 표시가 아닌 것은?

① V.S.O.P   ② Napoleon
③ Blended   ④ Vieux

> **!** 코냑은 보통 V.S, V.O.S.P, X.O, EXTRA로 숙성 기간을 표기하며, Napoleon은 X.O, Vieux는 V.S.O.P와 동일한 의미이다.

39 주장 원가의 3요소는?

① 인건비, 재료비, 주장경비
② 재료비, 주장경비, 세금
③ 인건비, 봉사료, 주장경비
④ 주장경비, 세금, 봉사료

40 다음 중 용량에 있어 다른 단위와 차이가 가장 큰 것은?

① 1 Pony   ② 1 Jigger
③ 1 Shot   ④ 1 Ounce

> **!** • 음료의 계량
> Pony=Shot=Ounce(oz)=30ml
> 1 Jigger는 45ml이다.

41 Standard Recipe를 지켜야 하는 이유로 가장 거리가 먼 것은?

① 다양한 맛을 낼 수 있다.
② 객관성을 유지할 수 있다.
③ 원가 책정의 기초로 삼을 수 있다.
④ 동일한 제조 방법으로 숙련할 수 있다.

42 포도주를 관리하고 추천하는 직업이나 그 일을 하는 사람을 뜻하며 와인마스터(Wine Master)라고도 불리는 사람은?

① 셰프(Chef)
② 소믈리에(Sommelier)
③ 바리스타(Barista)
④ 믹솔로지스트(Mixologist)

43 Long Drink가 아닌 것은?

① Piña Colada   ② Manhattan
③ Singapore Sling   ④ Rum Punch

> **!** • 맨하탄(Manhattan)
> 칵테일 글라스에 제공되는 Short Drink이다.

44 Fizz 스타일의 칵테일 조주 시 일반적으로 사용되는 것은?

① Shaker　　　② Mixing Glass
③ Pitcher　　　④ Stirring Rod

! 피즈(Fizz) 스타일의 칵테일은 설탕이 들어가기 때문에 잘 녹을 수 있도록 Shaker로 흔든 뒤, 글라스에 따르고 소다워터를 채운다.

45 탄산음료나 샴페인을 사용하고 남은 일부를 보관할 때 사용되는 기물은?

① 스토퍼　　　② 푸어러
③ 코르크　　　④ 코스터

46 주장(Bar)에서 유리잔(Glass)을 취급·관리하는 방법으로 틀린 것은?

① Cocktail glass는 스템(Stem)의 아래쪽을 잡는다.
② Wine Glass는 무늬를 조각한 크리스탈 잔을 사용하는 것이 좋다.
③ Brandy Snifter는 잔의 받침(Foot)과 보울(Bowl) 사이에 손가락을 넣어 감싸 잡는다.
④ 냉장고에서 차게 해 둔 잔(Glass)이라도 사용 전 반드시 파손과 청결 상태를 확인한다.

! 와인의 색상과 숙성도를 잘 파악할 수 있도록 무늬가 없는 투명한 잔을 사용하는 것이 좋다.

47 Brandy Base Cocktail이 아닌 것은?

① Gibson　　　② B & B
③ Sidecar　　　④ Stinger

! • 깁슨(Gibson)
진(Gin) 베이스 칵테일로 휘젓기(Stir) 기법으로 조주하며 칵테일 어니언으로 장식하는 것이 특징이다.

48 Store Room에서 쓰이는 Bin Card의 용도는?

① 품목별 불출입 재고 기록
② 품목별 상품 특성 및 용도 기록
③ 품목별 수입가와 판매가 기록
④ 품목별 생산지와 빈티지 기록

! • 빈 카드(Bin Card)
식음료의 입고와 출고에 따라 재고를 기록하는 카드로, 창고 또는 물건이 비치된 장소에 둔다.

49 June Bug 칵테일의 재료가 아닌 것은?

① Pineapple Juice
② Coconut Flavored Rum
③ Blue Curacao
④ Sweet & Sour Mix

! • 준벅(June Bug)
멜론 리큐르(미도리) 1oz, 코코넛 럼(말리부) $\frac{1}{2}$oz, 바나나 리큐르 $\frac{1}{2}$oz, 파인애플주스 2oz, 스위트 & 사워믹스 2oz를 셰이킹하여 콜린스 글라스에 따르고 파인애플과 체리로 장식한다.

50 칵테일의 분류 중 맛에 따른 분류에 속하지 않는 것은?

① 스위트 칵테일(Sweet Cocktail)
② 사워 칵테일(Sour Cocktail)
③ 드라이 칵테일(Dry Cocktail)
④ 아페리티프 칵테일(Aperitif Cocktail)

!
• 아페리티프(Aperitif)
용도에 따른 분류에 속하며 식전주로 적합한 칵테일 종류이다.

51 "How would you like your steak?"의 대답으로 가장 적합한 것은?

① Yes, I like it.
② I like my steak
③ Medium rare, please.
④ Filet mignon, please.

!
스테이크의 굽기는 어떻게 해 드릴까요?
* 필레미뇽(Filet mignon): 두껍게 자른 안심 스테이크용 소고기

52 Which is not the name of sherry?

① Fino
② Oloroso
③ Tio pepe
④ Tawny port

!
①, ②는 셰리 와인의 종류, ③은 셰리 와인의 유명 브랜드, ④는 포트 와인의 종류이다.

53 Where is the place not to produce wine in France?

① Bordeaux
② Bourgogne
③ Alsace
④ Mosel

!
• 모젤(Mosel)
독일의 와인 생산지이며, 리슬링(Riesling) 품종으로 고품질의 화이트 와인을 생산한다.

54 다음 내용의 의미로 가장 적합한 것은?

Scotch on the rock, please.

① 스카치위스키를 마시다.
② 바위 위에 위스키
③ 스카치 온더락 주세요.
④ 얼음에 위스키를 붓는다.

55 다음의 (   ) 안에 들어갈 알맞은 것은?

Why do you treat me like that?
As you treat me, (   ) will you I treat you.

① as
② so
③ like
④ and

!
왜 나를 그렇게 대합니까?
당신이 나를 대하는 것처럼 나도 당신을 대할 것입니다.

56 Which is the best answer for the blank?

A dry martini served with an (   ).

① red cherry
② pearl onion
③ lemon slice
④ olive

!
마티니는 올리브로 장식한다.

57 다음 질문에 대한 대답으로 가장 적절한 것은?

> How often do you go to the bar?

① For a long time.　② When I am free.
③ Quite often.　④ From yesterday.

> ❗ 얼마나 자주 바(Bar)에 가시나요?
> ① 오랫동안이요.
> ② 한가할 때요.
> ③ 꽤 자주요.
> ④ 어제부터요.

58 아래는 어떤 용어에 대한 설명인가?

> A small space or room in some re-staurants where food items or food-related equipment are kept.

① Pantry　② Cloakroom
③ Reception Desk　④ Hospitality room

> ❗ 일부 식당에서 식품이나 식품 관련 장비를 보관하는 작은 공간이나 방은 팬트리이다.

59 Which is the best answer for the blank?

> Most highballs, Old fashioned, and On-the-rocks drinks call for (　　).

① shaved ice　② crushed ice
③ cubed ice　④ lumped ice

> ❗ 대부분의 하이볼, 올드패션드, 온더락 음료에는 각얼음이 필요하다.

60 다음 (　　) 안에 들어갈 단어로 알맞은 것은?

> (　　) is a generic cordial invented in Italy and made from apricot pits and herbs, yielding a pleasant almond flavor.

① Anisette　② Amaretto
③ Advocaat　④ Amontillado

> ❗ • 아마레토(Amaretto)
> 이탈리아에서 발명된 코디얼로, 살구씨와 허브로 만들어 기분 좋은 아몬드 향을 낸다.

정답

01	02	03	04	05	06	07	08	09	10
③	①	④	②	①	③	④	②	③	②
11	12	13	14	15	16	17	18	19	20
②	①	④	③	④	④	②	③	④	②
21	22	23	24	25	26	27	28	29	30
③	①	③	④	②	②	②	①	④	①
31	32	33	34	35	36	37	38	39	40
②	②	①	③	④	①	②	③	①	②
41	42	43	44	45	46	47	48	49	50
①	②	②	①	①	②	①	①	③	④
51	52	53	54	55	56	57	58	59	60
③	④	④	③	②	④	③	①	①	②

	수험 번호	성명

자격 종목	코드	출제 문항 수	시험 시간		
조주기능사		60문항	60분		

01 매년 보졸레 누보의 출시일은?

① 11월 첫째 주 목요일
② 11월 셋째 주 목요일
③ 11월 첫째 주 금요일
④ 11월 셋째 주 금요일

! 프랑스 보졸레(Beaujolais) 지방에서 그 해 수확한 가메(Gamey) 품종으로 가장 처음 생산한 가을 햇와인을 의미한다. 출시일은 1985년부터 프랑스 정부에 의해 지정되었다.

02 위스키의 제조 과정을 순서대로 나열한 것으로 가장 적합한 것은?

① 맥아-당화-발효-증류-숙성
② 맥아-당화-증류-저장-후숙
③ 맥아-발효-증류-당화-블렌딩
④ 맥아-증류-저장-숙성-발효

! Mashing – Fermentation – Distillation – Aging

03 샴페인의 발명자는?

① Bordeaux
② Champagne
③ St. Emilion
④ Dom Perignon

04 포도주에 아티초크를 배합한 리큐르로 약간 진한 커피색을 띠는 것은?

① Chartreuse
② Cynar
③ Dubonnet
④ Campari

05 각 나라별 발포성 와인(Sparkling Wine)의 명칭이 잘못 연결된 것은?

① 프랑스-Cremant
② 스페인-Vin Mousseux
③ 독일-Sekt
④ 이탈리아-Spumante

! 스페인의 스파클링 와인은 까바(Cava)이며, 뱅 무쉐(Vin Mousseux)는 프랑스의 스파클링 와인이다.

06 혼성주(Compounded Liquor)에 대한 설명 중 틀린 것은?

① 칵테일 제조나 식후주로 사용된다.
② 발효주에 초근목피의 침출물을 혼합하여 만든다.
③ 색채, 향기, 감미, 알코올의 조화가 잘 된 술이다.
④ 혼성주는 고대 그리스 시대에 약용으로 사용되었다.

! • 혼성주
보통 알코올 함량 16~40%로, 여러 재료의 침출물은 발효주보다 증류주에 혼합한다.

07 주류의 주정 도수가 높은 것부터 낮은 순서대로 나열된 것으로 옳은 것은?

① Vermouth > Brandy > Fortified Wine > Kahlua

② Fortified Wine > Vermouth > Brandy > Beer

③ Fortified Wine > Brandy > Beer > Kahlua

④ Brandy > Sloe Gin > Fortified Wine > Beer

> ! Brandy(약 40%) > Sloe Gin(약 30%) > Fortified Wine(약 18%) > Kahlua(16%) > Beer(약 5%)

08 프랑스의 와인 제조에 대한 설명 중 틀린 것은?

① 프로방스에서는 주로 로제 와인을 많이 생산한다.

② 포도당이 에틸알코올과 탄산가스로 변한다.

③ 포도 발효 상태에서 브랜디를 첨가한다.

④ 포도 껍질에 있는 천연 효모의 작용으로 발효가 된다.

> ! 발효 중에 브랜디를 넣으면 강화 와인(Fortified Wine)이 만들어지며 스페인의 셰리(Sherry), 포르투갈의 포트(Port)가 유명하다.

09 살균 방법에 의한 우유의 분류가 아닌 것은?

① 초저온살균우유 ② 저온살균우유

③ 고온살균우유 ④ 초고온살균우유

> ! • 우유 살균 방법
> ① 저온유지(LTLT): 62~65℃에서 30분(저온살균법)
> ② 고온유지(HTLT): 75℃ 이상에서 15분 이상
> ③ 고온단시간(HTST): 72~75℃에서 15초 이상
> ④ 초고온(멸균; UHT): 130~150℃에서 0.5~5초

10 에스프레소에 우유 거품을 올린 것으로 다양한 모양으로 디자인이 가능하여 인기를 끌고 있는 커피는?

① 카푸치노 ② 카페라테

③ 콘파냐 ④ 카페모카

> ! ① 카푸치노: 에스프레소+우유 거품+시나몬 가루
> ② 카페라떼: 에스프레소+우유
> ③ 콘파냐: 에스프레소+휘핑크림
> ④ 카페모카: 에스프레소+초콜릿+우유

11 곡물로 만들어 농번기에 주로 마셨던 막걸리는 어느 분류에 속하는가?

① 혼성주 ② 증류주

③ 양조주 ④ 화주

12 다음 중 혼성주에 속하는 것은?

① 글렌피딕 ② 코냑

③ 버드와이저 ④ 캄파리

> ! ①, ②는 증류주, ③은 양조주(맥주)이다.

13 코냑(Cognac) 생산 회사가 아닌 것은?

① 마르텔 ② 헤네시

③ 까뮈 ④ 화이트 홀스

> ! 화이트 홀스는 스카치 위스키이다.

14 맥주 제조에 필요한 중요한 원료가 아닌 것은?

① 맥아 ② 포도당

③ 물 ④ 효모

> ! • 맥주의 주요 원료
> 맥아(보리), 효모, 홉(Hop), 물이다.

15 상면 발효 맥주가 아닌 것은?

① 에일 맥주(Ale Beer)

② 포터 맥주(Porter Beer)

③ 스타우트 맥주(Stout Beer)

④ 필스너 맥주(Pilsner Beer)

! • 필스너(Pilsner)
상면 발효 맥주에 비해 낮은 온도에서 발효시키며, 청량감
이 높고 색이 옅은 것이 특징인 하면 발효 맥주이다.

16 차의 분류가 옳게 연결된 것은?

① 발효차-얼그레이

② 불발효차-보이차

③ 반발효차-녹차

④ 후발효차-재스민

! ① 불발효차: 녹차
② 반발효차: 재스민
③ 발효차: 얼그레이, 우바, 기문
④ 후발효차: 보이차

17 와인의 등급 제도가 없는 나라는?

① 스페인　　② 프랑스

③ 이탈리아　　④ 남아프리카공화국

! • 와인의 등급 명칭
① 스페인: D.O
② 프랑스: A.O.C
③ 이탈리아: D.O.C.G

18 다음 중 독일 와인 라벨 용어는?

① 로사토　　② 트로켄

③ 로쏘　　④ 비노

! ① 로사토(Rosato): 이탈리아어, 로제
② 트로켄(Trocken): 독일어, 드라이
③ 로쏘(Rosso): 이탈리아어, 붉은
④ 비노(Vino): 이탈리아어, 스페인어, 와인

19 보드카(Vodka)에 대한 설명 중 틀린 것은?

① 슬라브 민족의 국민주라고 할 수 있을
정도로 애음되는 술이다.

② 사탕수수를 주원료로 사용한다.

③ 무색(Colorless), 무미(Tasteless), 무
취(Odorless)이다.

④ 자작나무의 활성탄과 모래를 통과시켜
여과한 술이다.

! 사탕수수를 주원료로 하는 것은 럼(Rum)이며, 보드카는 주로
감자로 만든다.

20 다음의 설명에 해당하는 혼성주를 옳게 연결
한 것은?

> ㉠ 멕시코산 커피를 주원료로 하여 Cocoa
> 와 Vanilla향을 첨가해서 만든 혼성
> 주이다.
> ㉡ 야생 오얏을 진에 첨가해서 만든 빨
> 간색의 혼성주이다.
> ㉢ 이탈리아의 국민주로 제조법은 각종
> 식물의 뿌리, 씨, 향초, 껍질 등 70여
> 가지의 재료로 만들어지며 제조 기간
> 은 45일 걸린다.

① ㉠ 샤르트뢰즈(Chartreuse), ㉡ 치나
(Cynar), ㉢ 캄파리(Campari)

② ㉠ 파샤(Pasha), ㉡ 슬로 진(Sloe Gin),
㉢ 캄파리(Campari)

③ ㉠ 깔루아(Kahlua), ㉡ 치나(Cynar),
㉢ 캄파리(Campari)

④ ㉠ 깔루아(Kahlua), ㉡ 슬로 진(Sloe
Gin), ㉢ 캄파리(Campari)

! 파샤(Pasha)는 터키의 커피 리큐르이며, 치나(Cynar)는 아티
초크와 허브로 만든 쓴맛을 가진 이탈리아 리큐르이다.

21 증류주가 아닌 것은?

① Light Rum   ② Malt Whisky
③ Brandy   ④ Bitters

! • 비터(Bitters)
여러 허브와 약초를 배합하여 만든 리큐르의 일종으로 소량만 첨가해 칵테일에 향미제로 사용한다.

22 다음 중 양조주에 해당하는 것은?

① 청주(淸酒)   ② 럼주(Rum)
③ 소주(Soju)   ④ 리큐르(Liqueur)

23 커피의 3대 원종이 아닌 것은?

① 피베리   ② 아라비카
③ 리베리카   ④ 로부스타

! • 피베리(Peaberry)
통상적으로 커피 열매 하나에는 두 개의 종자가 들어있는데, 종자를 하나만 품은 경우 그 열매를 말한다.

24 비알콜성 음료(Non-alcoholic Beverage)의 설명으로 옳은 것은?

① 양조주, 증류주, 혼성주로 구분된다.
② 맥주, 위스키, 리큐르(Liqueur)로 구분된다.
③ 소프트 드링크, 맥주, 브랜디로 구분한다.
④ 청량음료, 영양음료, 기호음료로 구분한다.

25 스코틀랜드의 위스키 생산지 중에서 가장 많은 증류소가 위치한 지역은?

① 하이랜드(Highland)
② 스페이사이드(Speyside)
③ 로우랜드(Lowland)
④ 아일레이(Islay)

! 스코틀랜드에는 약 150개의 증류소가 있으며 그 중 스페이사이드 지역에 50개 이상이 위치해 있다.

26 곡류를 발효 및 증류시킨 후 주니퍼 베리, 고수 풀, 안젤리카 등의 향료 식물을 넣어 만든 증류주는?

① Vodka   ② Rum
③ Gin   ④ Tequila

27 증류주에 대한 설명으로 가장 거리가 먼 것은?

① 대부분 알코올 도수가 20도 이상이다.
② 알코올 도수가 높아 잘 부패되지 않는다.
③ 장기 보관 시 변질되므로 대부분 유통기간이 있다.
④ 갈색의 증류주는 대부분 오크통에서 숙성한 것이다.

! • 증류주(Distilled Liquor)
도수가 높아 미생물이 번식할 수 없기 때문에 장기간 보관이 가능하다.

28 다음 중 소주의 설명 중 틀린 것은?

① 제조법에 따라 증류식 소주, 희석식 소주로 나뉜다.
② 우리나라에 소주가 들어온 연대는 조선시대이다.
③ 주원료로는 쌀, 찹쌀, 보리 등이다.
④ 삼해주는 조선 중엽 소주의 대명사로 알려질 만큼 성행했던 소주이다.

❗ • 소주
고려시대에 원나라로부터 우리나라에 전파되었다.

29 영국에서 발명한 무색 투명한 음료로서 키니네가 함유된 청량음료는?

① Cider   ② Cola
③ Tonic Water   ④ Soda Water

❗ • 토닉워터(Tonic Water)
키니네 성분으로 인해 특유의 쓴 맛이 난다. 초기에는 말라리아의 치료제로 사용되었다.

30 다음 중 식전주로 알맞지 않은 것은?

① 셰리 와인   ② 샴페인
③ 캄파리   ④ 깔루아

❗ • 깔루아(Kahlua)
테킬라에 아라비카 품종의 커피를 넣어 만든 리큐르로 단맛이 강해 식후주로 적합하다.

31 다음 중 Tumbler Glass는 어느 것인가?

① Champagne Glass
② Cocktail Glass
③ Highball Glass   ④ Brandy Glass

❗ • 텀블러(Tumbler)
용량이 비교적 큰 원통형의 글라스를 말한다.

32 다음 와인 종류 중 냉각하여 제공하지 않는 것은?

① 클라렛(Claret)
② 호크(Hock)
③ 샴페인(Champagne)
④ 로제(Rose)

❗ ① 클라렛(Claret); 프랑스 보르도 지역의 레드 와인으로 냉각하여 제공하지 않는다.
② 호크(Hock) 와인; 독일 라인강 지역에서 생산되는 화이트 와인을 뜻한다.

33 칵테일을 만들 때, 흔들거나 섞지 않고 글라스에 직접 얼음과 재료를 넣어 바스푼이나 머들러로 휘저어 만드는 칵테일은?

① 스크류 드라이버(Screw Driver)
② 스팅어(Stinger)
③ 마가리타(Margarita)
④ 싱가포르 슬링(Singapore Sling)

❗ • 스크류 드라이버(Screw Driver)
하이볼 글라스에 얼음과 보드카, 오렌지주스를 넣고 가볍게 휘저어 만드는 칵테일이다.

34 Wine Master의 의미로 가장 적합한 것은?

① 와인의 제조 및 저장관리를 책임지는 사람
② 포도나무를 가꾸고 재배하는 사람
③ 와인을 판매 및 관리하는 사람
④ 와인을 구매하는 사람

35 칵테일에 사용하는 얼음으로 적합하지 않은 것은?

① 컬러 얼음(Colored Ice)
② 가루 얼음(Shaved Ice)
③ 각얼음(Cubed Ice)
④ 작은 얼음(Cracked Ice)

36 조주용 기물 중 푸어러(Pourer)에 대한 설명으로 옳은 것은?

① 쓰고 남은 청량음료를 밀폐시키는 병마개
② 칵테일을 마시기 쉽게 하기 위한 빨대
③ 술병 입구에 끼워 쏟아지는 양을 일정하게 만드는 기구
④ 물을 담아 놓고 쓰는 손잡이가 달린 물병

37 다음 중 가장 많은 재료를 넣어 만드는 칵테일은?

① Manhattan
② Apple Martini
③ Gibson
④ Long Island Iced Tea

> **!** 롱아일랜드 아이스티의 재료는 진, 보드카, 럼, 테킬라, 트리플섹, 스위트 앤 사워믹스, 콜라이며 콜린스 글라스에 제공된다. ①, ②, ③은 칵테일 글라스에 제공된다.

38 다음 중 Gin Base에 속하는 칵테일은?

① Stinger   ② Old-Fashioned
③ Dry Martini   ④ Sidecar

> **!** ① Brandy ② Bourbon Whiskey ④ Brandy

39 와인의 Tasting 방법으로 가장 옳은 것은?

① 와인을 오픈한 후 공기와 접촉되는 시간을 최소화하여 바로 따른 후 마신다.
② 와인에 얼음을 넣어 냉각시킨 후 마신다.
③ 와인 잔을 흔든 뒤 아로마나 부케의 향을 맡는다.
④ 검은 종이를 테이블에 깔아 투명도 및 색을 확인한다.

40 맥주 보관 방법 중 가장 적합한 것은?

① 냉장고에서 5~10℃로 보관한다.
② 맥주 냉장 보관 시 0℃ 이하로 보관한다.
③ 장시간 보관하여도 무방하다.
④ 맥주는 햇볕이 있는 곳에 보관해도 좋다.

> **!** • 맥주의 온도
> 맥주는 5~10℃로 보관하여 여름철에는 6~8℃, 겨울철에는 8~10℃로 서브하는 것이 이상적이다.

41 주장(Bar) 관리의 의의로 가장 적합한 것은?

① 칵테일을 연구, 발전시키는 일이다.
② 음료(Beverage)를 많이 판매하는데 목적이 있다.
③ 음료(Beverage) 재고조사 및 원가 관리의 우선함과 영업 이익을 추구하는데 목적이 있다.
④ 주장 내에서 Bottle 서비스만 한다.

42 Old Fashioned Glass를 가장 잘 설명한 것은?

① 옛날부터 사용한 Cocktail Glass이다.
② 일명 'On the Rocks Glass'라고도 하며 스템(Stem)이 없는 Glass이다.
③ Juice를 사용한 Cocktail을 마시는 Long Neck Glass이다.
④ 일명 'Cognac Glass'라고도 하며 튤립형의 스템(Stem)이 있는 Glass이다.

43 와인의 적정 온도 유지의 원칙으로 옳지 않은 것은?

① 햇빛이 들지 않고 서늘하며, 습기가 없는 곳에서 보관하는 것이 좋다.
② 연중 급격한 변화가 없는 곳이어야 한다.
③ 와인에 전해지는 충격이나 진동이 없는 곳이 좋다.
④ 코르크가 젖어 있도록 병을 눕혀서 보관해야 한다.

! 와인을 너무 건조한 곳에 보관하면 코르크 마개가 건조해져서 와인이 변질될 수 있다.

44 연회(Banquet) 석상에서 각 고객들이 마신(소비한)만큼 계산을 별도로 하는 바(Bar)를 무엇이라고 하는가?

① Banquet Bar ② Host Bar
③ No-Host Bar ④ Paid Bar

! Host Bar는 주최 측에서 이미 지급하여 음료를 무료로 마실 수 있는 바인 반면, Paid Bar, No-Host Bar, Cash Bar는 손님이 직접 음료 비용을 지불하는 바를 뜻한다.

45 Saucer형 샴페인 글라스에 제공되며 Crème de Menthe(Green) 1oz, Crème de Cacao(White) 1oz, Light Milk(우유) 1oz를 셰이킹 하여 만드는 칵테일은?

① Gin Fizz ② Gimlet
③ Grasshopper ④ Gibson

46 바 스푼(Bar Spoon)의 용도가 아닌 것은?

① 칵테일 조주 시 글라스 안의 내용물을 섞을 때 사용한다.
② 얼음을 잘게 부술 때 사용한다.
③ 플로팅 칵테일(Floating Cocktail)을 만들 때 사용한다.
④ 믹싱 글라스를 이용하여 칵테일을 만들 때 휘젓는 용도로 사용한다.

! 얼음을 부술 때 사용하는 도구는 아이스픽(Ice Pick)이다.

47 다음은 무엇에 대한 설명인가?

> 음료와 식료에 대한 원가 관리의 기초가 되는 것으로, 단순히 필요한 물품을 구입하는 업무만을 의미하는 것이 아니라 바 경영을 계획, 통제, 관리하는 활동이다.

① 검수 ② 구매
③ 저장 ④ 출고

48 플레인 시럽과 관련이 있는 것은?

① Lemon ② Butter
③ Cinnamon ④ Sugar

! • 설탕 시럽(Sugar Syrup)
  심플 시럽, 플레인 시럽이라 한다.

49 볶은 커피의 수분 함량은?

① 3.5% 이하 ② 5~7%
③ 10~12% ④ 13% 이상

! 로스팅 후 원두 내부 수분은 1.5~3% 이하로 감소한다.

50 조주 기법(Cocktail Technique)에 관한 사항에 해당하지 않는 것은?

① Stirring   ② Distilling
③ Straining   ④ Chilling

> ! ②는 주류 제조법(증류)이며, ④는 얼음이나 냉장 시설을 이용하여 글라스나 주류를 차갑게 하는 과정이다.

51 다음 질문의 대답으로 적합한 것은?

> Are the same kinds of glasses used for all wines?

① Yes, they are.   ② No, they don't.
③ Yes, they do.   ④ No, they are not.

> ! 와인의 종류에 따라 다양한 모양과 크기의 글라스를 사용한다.

52 Which drink is prepared with Gin?

① Tom Collins   ② Rob Roy
③ B&B   ④ Black Russian

> ! ② 위스키, ③ 브랜디, ④ 보드카

53 다음의 밑줄에 들어갈 알맞은 것은?

> This bar _____ by a bar helper every morning.

① cleans   ② is cleaned
③ is cleaning   ④ be cleaned

54 다음 대화 중 밑줄 친 부분에 들어갈 Bartender의 추천으로 적합하지 않은 것은?

> A: I'll have a Sunset Strip. What about you, Sally?
> B: I don't drink at all. Do you serve soft drinks?
> Bartender: Certainly, Madam. _____ ?
> B: It sounds exciting. I'll have that.

① How about a Virgin Colada?
② What about a Shirley Temple?
③ How about a Black Russian?
④ What about a Lemonade?

> ! B는 술을 잘 마시지 못하기 때문에 알코올이 포함되지 않은 음료를 원하고 있다.

55 What is the liqueur on apricot pits base?

① Benedictine   ② Chartreuse
③ Kahlua   ④ Amaretto

> ! • 아마레또(Amaretto)
> 살구씨를 이용하여 만든 리큐르이며, 아몬드 향이 난다. 유명한 브랜드로는 디사론노(Disaronno)가 있다.

56 다음의 밑줄에 들어간 단어로 알맞은 것은?

> Which one do you like better whisky ____ brandy?

① as   ② but
③ and   ④ or

> ! 위스키와 브랜디 중 어느 것을 더 좋아하나요?

57 Which of the following is not compounded liquor?

① Cutty Sark　　② Curacao

③ Advocaat　　　④ Aperol

! 커티삭(Cutty Sark)은 스카치 위스키로 혼성주가 아닌 증류주이다.

58 다음 중 Brand가 의미하는 것은?

> What brand do you want?

① 브랜디
② 상표
③ 칵테일의 일종
④ 심심한 맛

59 Which one is wine that can be served before meal?

① Table wine　　② Dessert wine

③ Aperitif wine　④ Port wine

! 식전에 식욕 증진을 위해 마시는 와인을 아페리티프(Aperitif)라 한다.

60 다음에서 설명하는 혼성주는?

> The great proprietary liqueur of Scotland made of Scotch whisky and heather honey.

① Anisette　　② Sambuca

③ Drambuie　④ Cherry Brandy

! 스카치위스키와 헤더 허니로 만든 스코틀랜드의 대표적인 리큐르이다.
① 아니스, ② 아니스, ④ 체리를 원료로 한다.

Part
V
기출문제 해설

정답

01	02	03	04	05	06	07	08	09	10
②	①	④	②	②	②	④	③	①	①
11	12	13	14	15	16	17	18	19	20
③	④	④	②	④	①	④	②	②	④
21	22	23	24	25	26	27	28	29	30
④	①	①	④	②	③	③	②	③	④
31	32	33	34	35	36	37	38	39	40
③	①	①	①	①	③	④	③	③	①
41	42	43	44	45	46	47	48	49	50
③	②	①	①	③	②	②	④	①	②
51	52	53	54	55	56	57	58	59	60
④	①	②	③	④	④	①	②	③	③

수험 번호	성명

자격 종목	코드	출제 문항 수	시험 시간		
조주기능사		60문항	60분		

01 음료에 대한 설명 중 틀린 것은?

① 소다수는 물에 이산화탄소를 가미한 것이다.

② 콜린스 믹스는 소다수에 생강향을 혼합한 것이다.

③ 사이다는 소다수에 구연산, 주석산, 레몬즙 등을 혼합한 것이다.

④ 토닉워터는 소다수에 레몬, 키니네 껍질 등의 농축액을 혼합한 것이다.

> **!** • 콜린스믹스(칼린스믹스)
> 탄산수에 설탕, 라임 또는 레몬즙을 첨가한 음료이며, 생강향이 나는 소다수는 진저엘(Ginger Ale)이다.

02 우유가 사용되지 않는 커피는?

① 카푸치노(Cappuccino)

② 에스프레소(Espresso)

③ 카페 마키아토(Cafe Macchiato)

④ 카페라테(Cafe Latte)

03 아티초크를 원료로 사용한 혼성주는?

① 언더버그(Underberg)

② 치나(Cynar)

③ 아메르 피콘(Amer Picon)

④ 샤브라(Sabra)

> **!** • 치나(Cynar)
> 아티초크를 주원료로 한 쓴맛을 가진 이탈리아의 리큐르이다.

04 당밀에 풍미를 가한 석류 시럽(Syrup)은?

① Raspberry syrup

② Grenadine syrup

③ Blackberry syrup

④ Maple syrup

05 럼(Rum)의 분류 중 틀린 것은?

① Light Rum   ② Soft Rum

③ Heavy Rum   ④ Medium Rum

> **!** • 럼의 분류
> Heavy (Dark) Rum, Medium Rum, Light (White) Rum 으로 분류한다.

06 Dry wine에 당분이 거의 남아 있지 않은 상태가 되는 주된 이유는?

① 발효 중에 생성되는 호박산, 젖산 등의 산 성분 때문

② 포도 속의 천연 포도당을 거의 완전히 발효시키기 때문

③ 페노릭 성분의 함량이 많기 때문

④ 설탕을 넣는 가당 공정을 거치지 않기 때문

> **!** 효모가 발효 중 포도에 함유된 당을 다 소비하면 당분이 낮은 와인이 생성된다.

07 다음 중 양조주가 아닌 것은?

① 그라파　　② 샴페인
③ 막걸리　　④ 하이네켄

> **!** • 그라파(Grappa)
> 와인을 만들고 남은 포도의 부산물을 사용한 이탈리아의 증류주이다.

08 다음 중 Gin Rickey에 포함되는 재료는?

① 소다수(Soda Water)
② 진저엘(Ginger Ale)
③ 콜라(Coke)
④ 사이다(Sprite)

> **!** • 리키(Rickey)
> 증류주에 라임즙과 탄산수 혹은 물을 섞은 스타일의 칵테일로, 단맛이 없고 청량감 있는 것이 특징이다.

09 위스키(Whisky)를 만드는 과정이 옳게 배열된 것은?

① Mashing - Fermentation - Distillation - Aging
② Fermentation - Mashing - Distillation - Aging
③ Aging - Fermentation - Distillation - Mashing
④ Distillation - Fermentation - Mashing - Aging

> **!** 위스키 제조 과정: 당화 - 발효 - 증류 - 숙성

10 Grain Whisky에 대한 설명으로 옳은 것은?

① Silent Spirit라고도 불린다.
② 발아시킨 보리를 원료로 해서 만든다.
③ 향이 강하다.
④ Andrew Usher에 의해 개발되었다.

> **!** • 그레인 위스키(Grain Whisky)
> 다양한 곡류를 원료로 하며 풍미가 가볍고 부드러운 것이 특징이다. 시적인 표현으로 'Silent Spirit'이라고도 한다.

11 비알코올성 음료에 대한 설명으로 틀린 것은?

① Decaffeinated Coffee는 Caffeine을 제거한 커피이다.
② 아라비카종은 에티오피아가 원산지인 향미가 우수한 커피이다.
③ 에스프레소 커피는 고압의 수증기로 추출한 커피이다.
④ Cocoa는 카카오 열매의 과육을 말려 가공한 것이다.

> **!** • 코코아(Cocoa)
> 카카오 열매 안에 과육으로 둘러싸인 카카오빈을 압착하여 분쇄한 것이다.

12 소주에 관한 설명으로 가장 거리가 먼 것은?

① 양조주로 분류된다.
② 증류식과 희석식이 있다.
③ 고려시대에 중국으로부터 전래되었다.
④ 원료로는 백미, 잡곡류, 당밀, 사탕수수, 고구마, 타피오카 등이 쓰인다.

> **!** 소주는 증류주로 분류된다.

13 로제 와인(Rose Wine)에 대한 설명으로 틀린 것은?

① 대체로 붉은 포도로 만든다.
② 제조 시 포도 껍질을 같이 넣고 발효시킨다.
③ 오래 숙성시키지 않고 마시는 것이 좋다.
④ 일반적으로 상온(17~18℃) 정도로 해서 마신다.

> **!** • 로제 와인(Rose Wine)
> 차게 마시는 것이 좋으며 붉은 포도를 껍질과 함께 짧게 발효한다.

14 Red Bordeaux Wine의 Service 온도로 가장 적합한 것은?

① 3~5℃   ② 6~7℃
③ 7~11℃   ④ 16~18℃

> **!** 레드 와인의 적정 서브 온도는 16~20℃이다.

15 Gin에 대한 설명으로 틀린 것은?

① 진의 원료는 대맥, 호밀, 옥수수 등 곡물을 주원료로 한다.
② 무색·투명한 증류주이다.
③ 활성탄 여과법으로 맛을 낸다.
④ Juniper Berry를 사용하여 착향시킨다.

> **!** 활성탄으로 여러 번 여과 과정을 거쳐 만들어지는 증류주는 보드카이며, 이로 인해 무미, 무취의 특징을 갖는다.

16 다음 중 주재료가 나머지 셋과 다른 것은?

① Grand Marnier   ② Drambuie
③ Triple Sec   ④ Cointreau

> **!** • 드람부이(Drambuie)
> 스카치 위스키에 꿀과 허브를 넣어 만든 리큐르이며, 나머지의 재료는 오렌지(껍질)이다.

17 곡류를 원료로 만드는 술의 제조 시 당화 과정에 필요한 것은?

① Ethyl Alcohol   ② CO_2
③ Yeast   ④ Diastase

> **!** 당화 과정에는 효소(Diastase), 발효 과정에는 효모(Yeast)가 필요하며 발효 후에 이산화탄소(CO_2)와 알코올(Ethyl Alcohol)이 생성된다.

18 와인의 품질을 결정하는 요소가 아닌 것은?

① 환경 요소(Terroir)
② 양조 기술
③ 포도 품종
④ 제조국의 소득 수준

19 까브(Cave)의 의미는?

① 화이트   ② 지하 저장고
③ 포도원   ④ 오래된 포도나무

20 다음 중 미국 위스키가 아닌 것은?

① Jim Beam   ② Jack Daniel's
③ Wild Turkey   ④ John Jameson

> **!** 존 제임슨(John Jameson)은 아이리쉬 위스키이다.

21 쌀, 보리, 조, 수수, 콩 등 5가지 곡식을 물에 불린 후 시루에 쪄 고두밥을 만들고, 누룩을 섞고 발효시켜 전술을 빚는 것은?

① 백세주   ② 과하주
③ 안동소주   ④ 연엽주

> ! 5가지 곡식을 원료로 한 전통주는 안동소주이다.

22 위스키의 종류 중 증류 방법에 의한 분류는?

① Malt Whisky
② Grain Whisky
③ Blended Whisky
④ Patent Whisky

> ! ④ 연속식 증류기(Patent Still)를 사용한 위스키를 뜻하며, 반대의 방법은 단식 증류(Pot Still)이다.

23 음료류의 식품 유형에 대한 설명으로 틀린 것은?

① 무향탄산음료: 먹는 물에 식품 또는 식품첨가물(착향료 제외) 등을 가한 후 탄산가스를 주입한 것을 말한다.
② 착향탄산음료: 탄산음료에 식품첨가물(착향료)을 주입한 것을 말한다.
③ 과실음료: 농축과실즙(또는 과실분), 과실주스 등을 원료로 하여 가공한 것(과실즙 10% 이상)을 말한다.
④ 유산균음료: 유가공품 또는 식물성 원료를 효모로 발효시켜 가공(살균을 포함)한 것을 말한다.

> ! 식품공전에 의거 유산균 음료는 효모가 아닌 유산균으로 발효한다.

24 나라별 와인을 지칭하는 용어가 바르게 연결된 것은?

① 독일-Wine   ② 미국-Vin
③ 이탈리아-Vino   ④ 프랑스-Wein

> ! ① 독일: 바인(Wein)
> ② 미국: 와인(Wine)
> ③ 프랑스: 뱅(Vin)
> ④ 이탈리아, 스페인: 비노(Vino)

25 차에 들어있는 성분 중 타닌(Tannin)의 4대 약리작용이 아닌 것은?

① 해독작용   ② 지방분해
③ 이뇨작용   ④ 소염작용

> ! 이뇨 작용은 차에 함유된 카페인 성분 때문이다.

26 우리나라 민속주에 대한 설명으로 틀린 것은?

① 탁주류, 약주류, 소주류, 등 다양한 민속주가 생산된다.
② 쌀 등 곡물을 주원료로 사용하는 민속주가 많다.
③ 삼국시대부터 증류주가 제조되었다.
④ 발효제로는 누룩만을 사용하여 제조하고 있다.

> ! 고려시대 원나라로부터 증류 기술이 도입되었다.

27 일반적으로 Dessert Wine으로 적합하지 않은 것은?

① Beerenauslese   ② Barolo
③ Sauternes   ④ Ice Wine

> ❗ • 바롤로(Barolo)
> 이탈리아의 피에몬테 지방에서 네비올로 품종으로 양조하는 드라이 와인이다.

28 다음의 제조 방법에 해당되는 것은?

> 삼각형, 받침대 모양의 틀에 와인을 꽂고 약 4개월 동안 침전물을 병 입구로 모은 후, 순간 냉동으로 병목을 얼려서 코르크 마개를 열면 순간적으로 자체 압력에 의해 응고되었던 침전물이 병 밖으로 빠져나온다. 침전물의 방출로 인한 양적 손실은 도자쥬(Dosage)로 채워진다.

① 레드 와인(Red Wine)
② 로제 와인(Rose Wine)
③ 샴페인(Champagne)
④ 화이트 와인(White Wine)

> ❗ 샴페인(Champagne)의 표준 제조 과정 중 르뮈아주(Remuage)와 데고르주망(Dégorgement)에 관한 설명이다.

29 혼성주에 대한 설명으로 틀린 것은?

① 중세의 연금술사들이 증류주를 만드는 기법을 터득하는 과정에서 우연히 탄생하였다.
② 증류주에 당분과 과즙, 꽃, 약초 등 초근목피의 침출물로 향미를 더했다.
③ 프랑스에서는 알코올 30% 이상, 당분 30% 이상을 함유하고 향신료가 첨가된 술을 리큐르라 정의한다.
④ 코디알(Cordial)이라고도 부른다.

> ❗ 프랑스를 포함한 유럽 연합에서는 알코올 함량 15% 이상, 당분 1리터당 100g 이상으로 정의한다.

30 다음 중 보르도(Bordeaux) 지역에 속하며, 고급 와인이 많이 생산되는 곳은?

① 콜마르(Colmar)
② 샤블리(Chablis)
③ 보졸레(Beaujolais)
④ 포므롤(Pomerol)

> ❗ ① 콜마르(Colmar): 프랑스 알자스 지역
> ② 샤블리(Chablis): 프랑스 부르고뉴 지역
> ③ 보졸레(Beaujolais): 프랑스 부르고뉴 지역

31 싱가포르 슬링(Singapore Sling) 칵테일의 재료로 가장 거리가 먼 것은?

① 드라이 진(Dry Gin)
② 체리 브랜디(Cherry Flavored Brandy)
③ 레몬주스(Lemon Juice)
④ 토닉워터(Tonic Water)

> ❗ • 싱가포르 슬링(Singapore Sling)
> 드라이 진 1.5oz, 레몬주스 0.5oz, 설탕, 소다워터, 체리 브랜디 1.5oz로 만들며, 가니쉬는 슬라이스 오렌지와 체리이다.

32 다음 중 Highball Glass를 사용하는 칵테일은?

① 마가리타(Margarita)
② 키르 로열(Kir Royal)
③ 시브리즈(Sea Breeze)
④ 블루 하와이(Blue Hawaii)

> ❗ ① 칵테일 글라스
> ② 플루트형 샴페인 글라스
> ④ 필스너 글라스

33 Bartender가 영업 전 반드시 해야 할 준비 사항이 아닌 것은?

① 칵테일용 과일 장식 준비
② 냉장고 온도 체크
③ 모객 영업
④ 얼음 준비

34 Key Box나 Bottle Membership 제도에 대한 설명으로 옳은 것은?

① 음료의 판매 회전이 촉진된다.
② 고정고객을 확보하기는 어렵다.
③ 후불이기 때문에 회수가 불분명하여 자금 운영이 원활하지 못하다.
④ 주문 시간이 많이 걸린다.

! Key Box는 고객이 주류를 병으로 주문하고 마신 뒤 남은 것을 Bar에서 보관해주는 제도를 말한다.

35 잔 주위에 설탕이나 소금 등을 묻혀서 만드는 방법은?

① Shaking
② Building
③ Floating
④ Frosting

! • 프로스팅(Frosting)
'Rimming' 또는 'Snow Style'이라고도 하며 마가리타는 소금, 키스 오브 파이어는 설탕을 사용한다.

36 Angostura Bitter가 1dash정도로 혼합되는 것은?

① Daiquiri
② Grasshopper
③ Pink Lady
④ Manhattan

! • 맨하탄(Manhattan)
버번 위스키 1½oz, 스위트 베르무트 ¾oz, 앙고스투라 비터 1dash를 휘젓기 기법으로 만든 후 칵테일 글라스에 따르고 체리로 장식한다.

37 재고 관리상 쓰이는 용어인 F.I.F.O의 뜻은?

① 정기 구입
② 선입 선출
③ 임의 불출
④ 후입 선출

! First In First Out의 약자이다. 주류 중 특히 신경 써야 할 품목은 생맥주이다.

38 서브 시 칵테일 글라스를 잡는 부위로 가장 적합한 것은?

① Rim
② Stem
③ Body
④ Bottom

! 체온으로 인하여 온도가 상승하는 것을 방지해야 한다.

39 와인의 보관 방법으로 적합하지 않은 것은?

① 진동이 없는 곳에 보관한다.
② 직사광선을 피하여 보관한다.
③ 와인을 눕혀서 보관한다.
④ 습기가 없는 곳에 보관한다.

! 와인 보관에 이상적인 습도는 60~80%이며, 습도가 너무 낮으면 코르크 마개가 건조해져서 와인이 변질될 수 있다.

40 칵테일에 레몬의 껍질을 가늘고 길게 나선형으로 장식하는 것과 관계있는 것은?

① Slice
② Wedge
③ Horse's Neck
④ Peel

! • 홀스넥(Horse's Neck)
이 칵테일의 가니쉬가 레몬 껍질을 길게 꼬아서 만들어진 것이 말 목의 곡선을 연상시킨다는 데서 유래되었다.

41 다음 중 고객에게 서브되는 온도가 18℃ 정도 되는 것이 가장 적정한 것은?

① Whisky   ② White Wine
③ Red Wine   ④ Champagne

42 와인 서빙에 필요하지 않은 것은?

① Decanter   ② Cork Screw
③ Stir Rod   ④ Pincers

> ! ③은 고객이 칵테일을 저을 때 사용하며, ④는 빈티지 포트 와인을 열 때 사용한다.

43 Corkage Charge의 의미는?

① 적극적인 고객 유치를 위한 판촉 비용
② 고객이 Bottle 주문 시 따라나오는 Soft Drink의 요금
③ 고객이 다른 곳에서 구입한 주류를 바(Bar)에 가져와서 마실 때 부과되는 요금
④ 고객이 술을 보관할 때 지불하는 보관 요금

44 칵테일 기법 중 믹싱 글라스에 얼음과 술을 넣고 바스푼으로 잘 저어서 잔에 따르는 방법은?

① 직접넣기(Building)
② 휘젓기(Stirring)
③ 흔들기(Shaking)
④ 띄우기(Float & Layer)

45 다음 중 칵테일 장식용(Garnish)으로 보통 사용되지 않는 것은?

① Olive   ② Onion
③ Raspberry Syrup   ④ Cherry

> ! 시럽은 대개 칵테일의 부재료로 사용한다.

46 칵테일의 기본 5대 요소와 가장 거리가 먼 것은?

① Decoration(장식)
② Method(방법)
③ Glass(잔)
④ Flavor(향)

> ! • 칵테일의 5대 요소
> 색, 향, 맛, 잔, 장식이다.

47 다음 중 소믈리에(Sommelier)의 역할로 틀린 것은?

① 손님의 취향과 음식과의 조화, 예산 등에 따라 와인을 추천한다.
② 주문한 와인은 먼저 여성에게 우선적으로 와인 병의 상표를 보여주며 주문한 와인임을 확인시켜 준다.
③ 시음 후 여성부터 차례로 와인을 따르고 마지막에 그 날의 호스트에게 와인을 따라준다.
④ 코르크 마개를 열고 주빈에게 코르크 마개를 보여주면서 시큼하고 이상한 냄새가 나지 않는지, 코르크가 잘 젖어 있는지를 확인시킨다.

> ! 와인을 서브할 때는 호스트에게 먼저 와인을 확인시킨 후 조금 따라준 뒤, 여성에게 우선적으로 따른다.

48 다음 중 그레나딘 시럽(Grenadine Syrup)이 필요한 칵테일은?

① 위스키 사워(Whisky Sour)
② 바카디(Bacardi)
③ 카루소(Caruso)
④ 마가리타(Margarita)

> **!**
> • 바카디 칵테일(Bacardi Cocktail)
> 바카디 럼 1¾oz, 라임주스 ¾oz, 그레나딘 시럽 1tsp를 셰이킹한 후 칵테일 글라스에 따라 만든다.

49 맥주를 취급, 관리, 보관하는 방법으로 틀린 것은?

① 장기간 보관하여 숙성시킨다.
② 심한 온도 변화를 주지 않는다.
③ 그늘진 곳에 보관한다.
④ 맥주가 얼지 않도록 한다.

> **!**
> • 맥주
> 도수가 낮기 때문에 장기 숙성하면 변질될 가능성이 있다.

50 칵테일 제조에 사용되는 얼음(Ice) 종류의 설명이 틀린 것은?

① 쉐이브드 아이스(Shaved Ice): 곱게 빻은 가루 얼음
② 크랙드 아이스(Cracked Ice): 큰 얼음을 아이스 픽(Ice Pick)으로 깨어서 만든 얼음
③ 큐브드 아이스(Cubed Ice): 정육면체의 조각 얼음 또는 육각형 얼음
④ 럼프 아이스(Lump Ice): 각얼음을 분쇄하여 만든 작은 콩알 얼음

> **!**
> ④는 크러쉬드 아이스(Crushed Ice)에 관한 설명이다.

51 「먼저 하세요.」라고 양보할 때 쓰는 영어 표현은?

① Before you, please.
② Follow me, please.
③ After you!
④ Let's go.

52 아래의 설명에 해당하는 것은?

> This complex, aromatic concoction containing some 56 herbs, roots, and fruits has been popular in Germany since its introduction in 1878.

① Kummel   ② Sloe Gin
③ Maraschino   ④ Jägermeister

> **!**
> • 예거마이스터(Jägermeister)
> 약 56가지 허브, 뿌리, 과일을 함유한 이 복잡하고 향기로운 혼합물은 독일에서 1878년 출시된 이래 인기를 끌었다.

53 Which is not scotch whisky?

① Bourbon   ② Ballantine's
③ Cutty sark   ④ V.A.T.69

> **!**
> 버번(Bourbon)은 미국 켄터키 지방의 위스키이다.

54 다음의 ( ) 안에 적당한 단어는?

> I'll have a Scotch (㉠) the rocks and a Bloody Mary (㉡) my wife.

① ㉠-on, ㉡-for   ② ㉠-in, ㉡-to
③ ㉠-for, ㉡-at   ④ ㉠-of, ㉡-in

> **!**
> 나는 스카치에 얼음을 넣고, 아내를 위해서는 블러디 메리를 주세요.

55 다음 중 'change'가 나머지 셋과 다른 의미로 쓰인 것은?

① Do you have change for a dollar?
② Keep the change.
③ I need some change for the bus.
④ Let's try a new restaurant for a change.

> **!**
> ① 1달러짜리 잔돈이 있니?
> ② 잔돈은 가지세요.
> ③ 나는 버스를 타기 위해 잔돈이 필요해.
> ④ 변화를 위해 새로운 레스토랑에 도전해 보자.

56 Which one is made with vodka, lime juice, triple sec and cranberry juice?

① Kamikaze　　② God Mother
③ Sea Breeze　　④ Cosmopolitan

57 다음에서 설명하는 것은?

> A kind of cocktail made of gin, brandy and so on sweetened with fruit juices, especially lime.

① Ade　　　② Squash
③ Sling　　④ Julep

> **!**
> 진이나 브랜디 등으로 만든 칵테일로 과일 주스, 특히 라임을 넣어 달게 만든 것은 슬링 스타일의 칵테일에 대한 설명이다.

58 "이것으로 주세요." 또는 "이것으로 할게요." 라는 의미의 표현으로 가장 적합한 것은?

① I'll have this one.
② Give me one more.
③ I would like to drink something.
④ I already had one.

59 다음의 (　) 안에 들어갈 알맞은 말은?

> I am afraid you have the (　) number.
> (전화 잘못 거셨습니다.)

① correct　　② wrong
③ missed　　④ busy

60 다음 중 Ice Bucket에 해당되는 것은?

① Ice Pail　　② Ice Tongs
③ Ice Pick　　④ Ice Pack

> **!**
> 아이스 버킷(Ice Buket)을 '아이스 페일(Ice Pail)'이라고도 하며, 아이스 텅(Ice Tongs)은 얼음 집게이다.

정답

01	02	03	04	05	06	07	08	09	10
②	②	②	②	②	②	①	①	①	①
11	12	13	14	15	16	17	18	19	20
④	①	④	④	③	②	④	④	②	④
21	22	23	24	25	26	27	28	29	30
③	④	④	③	③	③	②	③	③	④
31	32	33	34	35	36	37	38	39	40
④	③	③	①	④	④	②	②	④	③
41	42	43	44	45	46	47	48	49	50
③	③	③	②	③	②	②	②	①	④
51	52	53	54	55	56	57	58	59	60
③	④	①	①	④	④	③	①	②	①

2015년 5회 조주기능사 기출문제

자격 종목	코드	출제 문항 수	시험 시간	수험 번호	성명
조주기능사		60문항	60분		

01 멕시코에서 처음 생산된 증류주는?

① 럼(Rum)
② 진(Gin)
③ 아쿠아비트(Aquavit)
④ 테킬라(Tequila)

! 용설란(Agave)의 수액을 발효하면 풀케(Pulque), 풀케를 증류하면 테킬라(Tequila)이다.

02 맨해튼(Manhattan), 올드패션드(Old Fashioned) 칵테일의 재료로 쓰이며, 뛰어난 풍미와 향기가 있는 고미제로써 널리 사용되는 것은?

① 클로브(Clove)
② 시나몬(Cinnamon)
③ 앙고스투라 비터(Angostura Bitter)
④ 오렌지 비터(Orange Bitter)

! • 비터(Bitters)
  식물 추출물, 나무 껍질 등을 원료로 하는 쓴맛이 강한 술로 칵테일에 소량 첨가하여 복잡성과 풍미를 높인다.

03 제조 방법상 발효 방법이 다른 차(Tea)는?

① 한국의 작설차
② 인도의 다즐링(Darjeeling)
③ 중국의 기문차
④ 스리랑카의 우바(Uva)

! 세계 3대 홍차는 다즐링, 기문, 우바로 발효차이며 작설차는 녹차의 한 종류인 비(불)발효차이다.

04 다음 중 셰리를 숙성하기에 가장 적합한 곳은?

① 솔레라(Solera) ② 보데가(Bodega)
③ 까브(Cave) ④ 플로르(Flor)

! ① 셰리 와인을 숙성시키는 독특한 방식
  ② 스페인 와인을 숙성, 저장하는 지하 창고
  ③ 와인을 숙성, 저장하는 지하 창고
  ④ 숙성 중인 셰리 와인 위에 형성되는 효모 세포의 얇은 막

05 레드 와인용 품종이 아닌 것은?

① 시라(Syrah)
② 네비올로(Nebbiolo)
③ 그르나슈(Grenache)
④ 세미용(Semillon)

! • 세미용(Semillon)
  주로 프랑스와 호주에서 사용하는 청포도 품종으로 드라이하고 스위트한 와인을 모두 생산한다.

06 스카치위스키의 법적 정의로서 틀린 것은?

① 위스키의 숙성기간은 최소 3년 이상이어야 한다.
② 물 외에 색을 내기 위한 어떤 물질도 첨가할 수 없다.
③ 병입 후 알코올 도수가 최소 40도 이상이어야 한다.
④ 증류된 원액을 숙성시켜야 하는 오크통은 700리터가 넘지 않아야 한다.

> ❗ 숙성에 따라 달라지는 알코올 함량과 색상을 일정하게 유지하기 위해 물과 캐러멜 색소를 소량 첨가할 수 있다.

07 샴페인 제조 시 블렌딩 방법이 아닌 것은?

① 여러 포도 품종
② 다른 포도밭 포도
③ 다른 수확 연도의 와인
④ 10% 이내의 샴페인 외 다른 지역 포도

> ❗ 프랑스의 상파뉴(Champagne) 지역에서 생산되는 포도로만 제조하여야 한다.

08 재배하기가 무척 까다롭지만 궁합이 맞는 토양을 만나면 훌륭한 와인을 만들어 내며, Romanée-Conti를 만드는 데 사용되는 프랑스 부르고뉴 지방의 대표적인 품종으로 옳은 것은?

① Cabernet Sauvignon
② Pinot Noir
③ Sangiovese
④ Syrah

> ❗ • 로마네 꽁띠(Romanée-Conti)
> 피노누아(Pinot Noir) 100%로 생산한다.

09 소주의 원료로 틀린 것은?

① 쌀　　　　② 보리
③ 밀　　　　④ 맥아

> ❗ • 맥아(Malt)
> 싹 틔운 보리를 말하며 맥주와 몰트 위스키의 주원료이다.

10 보드카(Vodka)의 생산 회사가 아닌 것은?

① 스톨리치나야(Stolichnaya)
② 비피터(Beefeater)
③ 핀란디아(Finlandia)
④ 스미노프(Smirnoff)

> ❗ • 비피터(Beefeater)
> 진(Gin)의 유명 브랜드 중 하나이다.

11 다음 중 무색, 무미, 무취의 탄산음료는?

① 콜린스 믹스(Collins Mix)
② 콜라(Coke)
③ 소다수(Soda Water)
④ 에비앙(Evian Water)

12 Bourbon whiskey "80 proof"는 우리나라의 알코올 도수로 몇 도인가?

① 20도　　　② 30도
③ 40도　　　④ 50도

> ❗ • 프루프(Proof)
> 2로 나누면 우리나라 알코올 도수 표기법에 해당되는 도수이다.

13 두송자를 첨가하여 풍미를 나게 하는 술은?

① Gin   ② Rum
③ Vodka   ④ Tequila

! 두송자의 영문 표기는 주니퍼 베리(Juniper berry)이다.

14 클라렛(Claret)이란?

① 독일산의 유명한 백포도주 (White Wine)
② 프랑스 보르도 지방의 적포도주 (Red Wine)
③ 스페인 헤레스 지방의 포트와인 (Port Wine)
④ 이탈리아산 스위트 버무스 (Sweet Vermouth)

15 제조 시 향초류(Herb)가 사용되지 않는 술은?

① Absinthe
② Crème de Cacao
③ Benedictine D.O.M
④ Chartreuse

! 크렘 드 카카오는 종자류 리큐르에 해당된다.

16 우리나라의 증류식 소주에 해당되지 않는 것은?

① 안동 소주   ② 제주 한주
③ 경기 문배주   ④ 금산 삼송주

! • 삼송주
멥쌀, 인삼, 쑥 및 인삼 누룩을 원료로 발효 후 여과한 알코올 함량 16%의 발효주이다.

17 적포도를 착즙해 주스만 발효시켜 만드는 와인은?

① Blanc de Blanc   ② Blush Wine
③ Port Wine   ④ Red Vermouth

! • 블러쉬 와인(Blush Wine)
적포도 껍질의 접촉을 최소화하여 색을 조절한 핑크빛의 로제 와인이다.

18 커피의 맛과 향을 결정하는 중요 가공 요소가 아닌 것은?

① Roasting   ② Blending
③ Grinding   ④ Weathering

! • 풍화(Weathering)
대표적인 예는 테라로사(Terra Rossa)로, 석회암의 풍화 작용으로 생성된 배수성이 좋은 토양을 뜻하며 자연적 특성이지 가공 요소는 아니다.

19 다음 중 After Drink로 가장 거리가 먼 것은?

① Rusty Nail   ② Cream Sherry
③ Campari   ④ Alexander

! • 캄파리(Campari)
쓴맛이 강한 이탈리아의 붉은색 리큐르로 주로 식전에 마시는 것이 적합하다.

20 다음 중 비알콜성 음료의 분류가 아닌 것은?

① 기호음료   ② 청량음료
③ 영양음료   ④ 유성음료

21 스카치위스키를 기주로 하여 만들어진 리큐르는?

① 샤르트뢰즈   ② 드람부이
③ 쿠앵트로   ④ 베네딕틴

> **!** • 드람부이(Drambuie)
> 스카치 위스키를 베이스로 꿀과 허브류를 첨가하여 만든 스코틀랜드산 리큐르이다. '만족을 주는 음료'라는 뜻을 가지고 있다.

22 다음 중 영양음료에 해당하는 것은?

① 토마토 주스   ② 카푸치노
③ 녹차   ④ 광천수

> **!** 커피와 차는 기호음료에, 물은 청량음료에 속한다.

23 다음 리큐르(Liqueur) 중 그 용도가 다른 하나는?

① 드람부이(Drambuie)
② 갈리아노(Galliano)
③ 치나(Cynar)
④ 쿠앵트로(Cointreau)

> **!** • 치나(Cynar)
> 아티초크와 허브가 함유된 쓴 맛이 강한 이탈리아의 리큐르이므로 식전주에 적합하다.

24 나라별 와인 산지가 바르게 연결된 것은?

① 미국–루아르
② 프랑스–모젤
③ 이탈리아–키안티
④ 독일–나파밸리

> **!** ① 루아르(Loire) – 프랑스
> ② 모젤(Mosel) – 독일
> ④ 나파밸리(Napa Valley) – 미국

25 스카치 위스키(Scotch Whisky)와 가장 거리가 먼 것은?

① Malt
② Peat
③ Used Sherry Cask
④ Used Limousin Oak Cask

> **!** 스카치 위스키를 리무쟁(Limousin) 오크통에 숙성하는 경우도 있으나, 일반적으로 리무쟁 오크통은 브랜디 숙성에 적합하다.

26 다음에서 설명되는 약용주는?

> 충남 서북부 해안지방의 전통 민속주로 고려 개국공신 복지겸이 백양이 무효인 병을 앓고 있을 때 백일기도 끝에 터득한 비법에 따라 찹쌀, 아미산의 진달래, 안샘물로 빚은 술을 마심으로 질병을 고쳤다는 신비의 전설과 함께 전해져 내려온다.

① 두견주   ② 송순주
③ 문배주   ④ 백세주

> **!** 진달래를 '두견화'라고도 하며, 진달래 꽃잎으로 담은 술을 '두견주'라 한다.

27 커피(Coffee)의 제조 방법 중 틀린 것은?

① 드립식(Drip Filter)
② 퍼콜레이터식(Percolator)
③ 에스프레소식(Espresso)
④ 디캔터식(Decanter)

> **!** 디캔터(Decanter)를 사용한 디캔팅(Decanting)은 장기 숙성된 와인의 침전물을 걸러주거나 숙성이 덜 된 거친 와인의 향을 풍부하게 하기 위한 작업이다.

28 감미 와인(Sweet Wine)을 만드는 방법이 아닌 것은?

① 귀부 포도(Noble Rot)를 사용하는 방법
② 발효 도중 알코올을 강화하는 방법
③ 발효 시 설탕을 첨가하는 방법
④ 햇빛에 말린 포도를 사용하는 방법

❗ 발효 중인 포도 과즙에 설탕을 첨가하면 최종 와인의 알코올 함량이 높아지며, 이러한 방법을 보당(Chaptalization)이라 한다.

29 맥주를 따를 때 글라스 위쪽에 생성된 거품의 작용과 가장 거리가 먼 것은?

① 탄산가스의 발산을 막아준다.
② 산화작용을 억제시킨다.
③ 맥주의 신선도를 유지시킨다.
④ 맥주 용량을 줄일 수 있다.

30 다음 중 독일 맥주가 아닌 것은?

① 뢰벤브로이(Löwenbräu)
② 벡스(Beck's)
③ 밀러(Miller)
④ 크롬바커(Krombacher)

❗ 밀러는 미국의 대표적인 맥주이다.

31 다음 중 바 기물과 가장 거리가 먼 것은?

① Ice Cube Maker　② Muddler
③ Beer Cooler　　　④ Deep Freezer

❗ Deep Freezer는 급속 냉동고로 주로 레스토랑 등 음식점에서 사용한다.

32 프로스팅(Frosting) 기법을 사용하지 않는 칵테일은?

① Margarita
② Kiss of Fire
③ Harvey Wall-banger
④ Lemon Drop

❗ • 프로스팅(Frosting)
리밍(Rimming)이라고도 하며 글라스의 림(Rim) 부분에 소금이나 설탕을 묻혀 장식하는 방법이다. 하비월뱅어(Harvey Wall-banger)는 콜린스 글라스에 보드카 45ml, 오렌지 주스로 채운 뒤, 갈리아노 15ml를 넣는다.

33 다음의 설명에 해당하는 바의 유형으로 가장 적합한 것은?

- 국내에서는 위스키 바라고 부른다. 맥주보다는 위스키나 코냑과 같은 하드 리커(Hard Liquor) 판매를 위주로 하기 때문이다.
- 칵테일도 마티니, 맨해튼, 올드 패션드 등 전통적인 레시피에 좀 더 무게를 두고 있다.
- 우리나라에서는 피아노 한 대를 라이브 음악으로 연주하는 형태를 선호한다.

① 재즈 바　　　　② 클래식 바
③ 시가 바　　　　④ 비어 바

34 다음 중 셰이커(Shaker)를 사용하여야 하는 칵테일은?

① 브랜디 알렉산더(Brandy Alexander)
② 드라이 마티니(Dry Martini)
③ 올드 패션드(Old Fashioned)
④ 크렘 드 망뜨 프라페(Crème de Menthe Frappe)

❗ ② 휘젓기(Stir), ③ 직접넣기(Build), ④ 직접넣기(Build)

35 다음 칵테일 중 Mixing Glass를 사용하지 않는 것은?

① Martini
② Gin Fizz
③ Manhattan
④ Rob Roy

> ❗ • 믹싱 글라스(Mixing Glass)
> 스터 기법 칵테일을 만들 때 사용하며 이 기법의 대표적인 칵테일은 마티니, 깁슨, 맨하탄, 롭로이가 있다.

36 '조주보조원'이라 일컬으며 칵테일 재료의 준비와 청결 유지를 위한 청소 담당 및 업장을 보조를 하는 사람을 의미하는 것은?

① 바 헬퍼(Bar Helper)
② 바텐더(Bartender)
③ 헤드 바텐더(Head Bartender)
④ 바 매니저(Bar Manager)

37 테이블의 분위기를 돋보이게 하거나 고객의 편의를 위해 중앙에 놓는 집기들의 배열을 무엇이라 하는가?

① Service Wagon
② Show Plate
③ B & B Plate
④ Center Piece

> ❗ • 센터 피스(Center Piece)
> 테이블 세팅의 중앙에 놓는 장식품, 꽃, 촛대, 소금과 후추 등을 뜻한다.

38 Whisky나 Vermouth 등을 On the Rocks로 제공할 때 준비하는 글라스는?

① Highball Glass
② Old Fashioned Glass
③ Cocktail Glass
④ Liqueur Glass

> ❗ 올드 패션드 글라스(Old Fashioned Glass)를 온더락 글라스(On the Rocks Glass)라고도 한다.

39 Moscow Mule 칵테일을 만드는 데 필요한 재료가 아닌 것은?

① Rum
② Vodka
③ Lime Juice
④ Ginger ale

> ❗ • 모스코뮬(Moscow Mule)
> 하이볼 글라스에 보드카 45ml, 라임주스 15ml, 진저엘로 채운 뒤 레몬이나 라임 슬라이스로 장식한다.

40 다음 중 Sugar Frost로 만드는 칵테일은?

① Rob Roy
② Kiss of Fire
③ Margarita
④ Angel's Tip

> ❗ 설탕으로 리밍(Rimming)하는 대표적인 칵테일은 Kiss of Fire와 Lemon Drop이다.

41 칵테일 기구인 지거(Jigger)에 대해 잘못 설명한 것은?

① 일명 Measure Cup이라고 한다.
② 지거는 크고 작은 두 개의 삼각형 컵이 양쪽으로 붙어 있다.
③ 작은 쪽 컵은 1oz이다.
④ 큰 쪽의 컵은 대부분 2oz이다.

> ❗ 보통 지거의 작은 쪽은 1oz, 큰 쪽은 1.5oz로 이루어져 있다.

42 Sidecar 칵테일을 만들 때 재료로 적당하지 않은 것은?

① 테킬라
② 브랜디
③ 화이트 큐라소
④ 레몬주스

> ❗ • 사이드카(Side Car)
> 브랜디 1oz, 화이트 큐라소(혹은 쿠앵트로) 1oz, 레몬주스 ½oz를 셰이킹하여 칵테일 글라스에 따른다.

43 주장에서 사용하는 기물이 아닌 것은?

① Champagne Cooler
② Soup Spoon
③ Lemon Squeezer
④ Decanter

44 레스토랑에서 사용하는 용어인 "Abbreviation"의 의미는?

① 헤드 웨이터가 몇 명의 웨이터들에게 담당구역을 배정하여 고객에 대한 서비스를 제공하는 제도
② 주방에서 음식을 미리 접시에 담아 제공하는 서비스
③ 레스토랑에서 고객이 찾고자 하는 고객을 대신 찾아주는 서비스
④ 원활한 서비스를 위해 사용하는 직원 간에 미리 약속된 메뉴의 약어

45 얼음의 명칭 중 단위당 부피가 가장 큰 것은?

① Cracked Ice
② Cubed Ice
③ Lumped Ice
④ Crushed Ice

! Crushed Ice < Cubed Ice < Cracked Ice < Lumped Ice

46 믹싱 글라스(Mixing Glass)의 설명 중 옳은 것은?

① 칵테일 조주 시 음료 혼합물을 섞을 수 있는 기물이다.
② 셰이커(Shaker)의 또 다른 명칭이다.
③ 칵테일에 혼합되는 과일이나 약초를 머들링(Muddling) 하기 위한 기물이다.
④ 보스턴 셰이커를 구성하는 기물로서 주로 안전한 플라스틱 재질을 사용한다.

47 조주 서비스에서 체이서(Chaser)의 의미는?

① 음료를 체온보다 높여 약 62~67℃로 해서 서빙하는 것
② 따로 조주하지 않고 생으로 마시는 것
③ 서로 다른 두 가지 술을 반씩 따라 담는 것
④ 독한 술이나 칵테일을 내놓을 때 다른 글라스에 물 등을 담아 내놓는 것

48 Standard Recipe란?

① 표준 판매가
② 표준 제조표
③ 표준 조직표
④ 표준 구매가

49 Liqueur Glass의 다른 명칭은?

① Shot Glass
② Cordial Glass
③ Sour Glass
④ Goblet

! 리큐르를 '코디알(Cordial)'이라고도 부른다.

50 블러디 메리(Bloody Mary) 조주 시 사용하는 주스는?

① 토마토 주스　　② 오렌지 주스
③ 파인애플 주스　④ 라임 주스

! • 블러디 메리(Bloody Mary)
보드카에 토마토 주스, 소금, 후추, 타바스코 소스, 우스터 소스를 혼합하여 만든다.

51 다음 내용 중 옳은 것은?

① Cognac is produced only in the Cognac region of France.
② All brandy is Cognac.
③ Not all Cognac is brandy.
④ All French brandy is Cognac.

! 코냑은 코냑 지방에서만 생산되는 브랜디로, 모든 코냑은 브랜디이지만 모든 브랜디가 코냑은 아니다.

52 다음 ( ) 안에 공통적으로 적합한 단어는?

( ), which looks like fine sea spray, is the Holy Grail of espresso, the beautifully tangible sign that everything has gone right.
( ) is a golden foam made up of oil and colloids, which floats on the surface of a perfectly brewed cup of espresso.

① Crema　　　　② Cupping
③ Cappuccino　④ Cafe Latte

53 Please, select the cocktail based on gin in the following.

① Side car
② Zoom Cocktail
③ Between the Sheets
④ Million Dollar

! ① 브랜디 ② 브랜디 ③ 브랜디 ④ 진

54 다음의 ( ) 안에 들어갈 적합한 것은?

( ) whisky is a whisky which is distilled and produced at just one particular distillery. ( )s are made entirely from one type of malted grain, traditionally barley, which is cultivated in the region of the distillery.

① Grain　　　　② Blended
③ Single Malt　④ Bourbon

! 싱글 몰트 위스키는 하나의 특정 증류소에서 증류 및 생산되는 위스키이다. 싱글 몰트는 그 증류소의 지역에서 재배되는 전통적으로 보리라는 맥아 곡물로만 만들어진다.

55 다음의 문장에서 밑줄 친 postponed와 가장 가까운 뜻은?

The meeting was postponed until tomorrow morning.

① canceled　　② finished
③ put off　　　④ taken off

! 미팅은 내일 아침으로 연기되었다.

56 ( ) 안에 알맞은 리큐르는?

( ) is called the queen of liqueur. This is one of the French traditional liqueur and is made from several years aging after distilling of various herbs added to spirit.

① Chartreuse　　② Benedictine

③ Kummel　　　④ Cointreau

> ❗ 이것은 리큐르의 여왕이라 불린다. 프랑스 전통 리큐르 중 하나이며, 주정에 여러가지 허브들을 첨가하여 증류한 뒤 수년간 숙성하여 만든다.

57 다음에서 설명하는 것은?

What is used to present the check, return the change or the credit card, and remind the customer to leave the tip.

① Serving Trays　　② Bill Trays

③ Corkscrews　　　④ Can Openers

> ❗ 영수증을 제시하고 잔돈이나 신용카드를 돌려주거나, 고객이 팁을 남길 수 있도록 하는 것은 빌 트레이이다. 서빙 트레이는 음료나 음식을 제공할 때 사용하는 쟁반이다.

58 What does 'Black Coffee' mean?

① Rich in coffee

② Strong coffee

③ Coffee without cream and sugar

④ Clear strong coffee

> ❗ 크림이나 설탕 등 다른 재료를 첨가하지 않은 커피를 블랙커피라 한다.

59 'I feel like throwing up.'의 의미는?

① 토할 것 같다.

② 기분이 너무 좋다.

③ 공을 던지고 싶다.

④ 술을 더 마시고 싶다.

60 손님에게 사용할 때 가장 공손한 표현이 되도록 다음의 ( ) 안에 들어갈 알맞은 표현은?

( ) to have a drink?

① Would you like

② Won't you like

③ Will you like

④ Do you like

정답

01	02	03	04	05	06	07	08	09	10
④	③	①	②	④	②	④	②	④	②
11	12	13	14	15	16	17	18	19	20
③	③	①	②	②	④	②	④	③	④
21	22	23	24	25	26	27	28	29	30
②	①	③	③	④	①	④	③	④	③
31	32	33	34	35	36	37	38	39	40
④	③	②	①	②	①	④	②	①	②
41	42	43	44	45	46	47	48	49	50
④	①	②	④	③	①	④	②	②	①
51	52	53	54	55	56	57	58	59	60
①	①	④	③	③	①	②	③	①	①

Part
V
기
출
문
제
해
설

2016년 1회 조주기능사 기출문제

자격 종목	코드	출제 문항 수	시험 시간	수험 번호	성명
조주기능사		60문항	60분		

01 커피의 3대 원종이 아닌 것은?

① 로부스타종   ② 아라비카종

③ 인디카종   ④ 리베리카종

! 인디카는 쌀의 주요 품종이다.

02 이탈리아가 자랑하는 3대 리큐르(Liqueur) 중 하나로 살구씨를 기본으로 여러 가지 재료를 넣어 만든 아몬드 향의 리큐르로 옳은 것은?

① 아드보카트(Advocaat)

② 베네딕틴(Benedictine)

③ 아마레토(Amaretto)

④ 그랑 마니에르(Grand Marnier)

! 살구씨를 주재료로 하는 이탈리아의 리큐르는 아마레토(Amaretto)이며, 유명 브랜드로는 디사론노(Disaronno)가 있다.

03 Malt Whisky를 바르게 설명한 것은?

① 대량의 양조주를 연속식으로 증류해서 만든 위스키

② 단식 증류기를 사용하여 2회의 증류 과정을 거쳐 만든 위스키

③ 피트탄(Peat)으로 건조한 맥아의 당액을 발효해서 증류한 피트향과 통의 향이 배인 독특한 맛의 위스키

④ 옥수수를 원료로 대맥의 맥아를 사용하여 당화시켜 개량 솥으로 증류한 고농도 알코올의 위스키

! 아일랜드 몰트 위스키의 경우, 피트 훈연을 하지 않으며 단식 증류기를 사용하여 3회 증류한다. 스코틀랜드 몰트 위스키의 경우, 피트 훈연은 선택이며 단식 증류기를 사용하여 2회 증류한다. 정답은 ③이나 논란의 여지가 있다.

04 Ginger Ale에 대한 설명 중 틀린 것은?

① 생강의 향을 함유한 소다수이다.

② 알코올 성분이 포함된 영양음료이다.

③ 식욕 증진이나 소화제로 효과가 있다.

④ Gin이나 Brandy와 혼합하여 마시기도 한다.

! • 진저에일(Ginger ale)
소다수에 생강, 구연산, 캐러멜 색소 등을 넣은 청량음료이다.

05 우유의 살균 방법에 대한 설명으로 가장 거리가 먼 것은?

① 저온 살균법: 50℃에서 30분 살균

② 고온 단시간 살균법: 72℃에서 15초 살균

③ 초고온 살균법: 135~150℃에서 0.5~5초 살균

④ 멸균법: 150℃에서 2.5~3초 동안 가열 처리

> ! • 우유 살균 방법
> ① 저온유지(LTLT): 62~65℃에서 30분 (저온살균법)
> ② 고온유지(HTLT): 75℃ 이상에서 15분 이상
> ③ 고온단시간(HTST): 72~75℃에서 15초 이상
> ④ 초고온(멸균; UHT): 130~150℃에서 0.5~5초

06 다음 중에서 이탈리아 와인 키안티 클라시코 (Chianti Classico)와 가장 거리가 먼 것은?

① Gallo Nero   ② Fiasco

③ Raffia   ④ Barbaresco

> ! • 키안티 클라시코(Chianti Classico)
> 이탈리아 토스카나 키안티 지방에서 생산되는 와인의 종류로 전통적인 병 모양은 다음과 같다
> → ① Gallo nero: 검은 수탉이라는 뜻으로 키안티 클라시코의 마크
> → ② Fiasco: 짚으로 싼 호리병 모양의 키안티 와인병
> → ③ Raffia: Fiasco 병을 감싸는 짚
> 한편, ④는 이탈리아 피에몬테 지역에서 생산되는 와인이다.

07 옥수수를 51% 이상 사용하여 연속식 증류기로 알코올 농도 40% 이상 80% 미만으로 증류하는 위스키는?

① Scotch Whisky

② Bourbon Whiskey

③ Irish Whiskey

④ Canadian Whisky

08 사과로 만들어진 양조주는?

① Camus Napoleon

② Cider

③ Kirschwasser

④ Anisette

> ! Apple wine을 프랑스에서는 시드르(Cidre), 영어로는 사이다 (Cider)라 한다.

09 스트레이트 업(Straight Up)의 의미로 가장 적합한 것은?

① 술이나 재료의 비중을 이용하여 섞이지 않게 마시는 것

② 얼음을 넣지 않은 상태로 마시는 것

③ 얼음만 넣고 그 위에 술을 따른 상태로 마시는 것

④ 글라스 위에 장식하여 마시는 것

> ! 희석이나 믹서 없이 술 그대로를 마시는 것이며 '니트(Neat) 스타일'이라고도 한다.

10 약초, 향초류의 혼성주는?

① 트리플섹

② 크렘 드 카시스

③ 깔루아

④ 쿰멜

> ! ① 트리플섹: 과실계(오렌지 껍질)
> ② 크렘 드 카시스: 과실계(블랙커런트)
> ③ 깔루아: 종자계(커피)
> ④ 쿰멜: 약초계(회향)

11 헤네시의 등급 규격으로 틀린 것은?

① EXTRA: 15~25년
② V.O: 15년
③ X.O: 45년 이상
④ V.S.O.P: 20~30년

> **!** **1865년 헤네시(Hennessy) 등급 규정**
>
> | 기호 / 문자 | 저장 연수 |
> |---|---|
> | ★★★ | 3~5년 |
> | ★★★★★ | 8~10년 |
> | V.O | 12~15년 |
> | V.S.O | 15~25년 |
> | V.S.O.P | 25~30년 |
> | X.O | 45년 이상 |
> | EXTRA | 70년 이상 |

12 다음은 어떤 포도 품종에 관하여 설명한 것인가?

> 작은 포도알, 깊은 적갈색, 두꺼운 껍질, 많은 씨앗이 특징이며 씨앗은 타닌 함량을 풍부하게 하고, 두꺼운 껍질은 색깔을 깊이 있게 나타낸다. 블랙커런트, 체리, 자두 향을 지니고 있으며, 대표적인 생산 지역은 프랑스 보르도 지방이다.

① 메를로(Merlot)
② 피노누아(Pinot Noir)
③ 카베르네 소비뇽(Cabernet Sauvignon)
④ 샤르도네(Chardonnay)

> **!** **카베르네 소비뇽(Cabernet Sauvignon)**
> 레드 와인의 포도 품종으로 가장 널리 알려져 있다.

13 담색 또는 무색으로 칵테일의 기본주로 사용되는 Rum은?

① Heavy Rum
② Medium Rum
③ Light Rum
④ Jamaica Rum

> **!** **라이트럼(Light Rum)**
> 맛과 향이 가벼워 칵테일의 베이스로 사용하기 좋으며 무색 투명하여 화이트럼(White Rum)이라고도 한다.

14 전통 민속주의 양조기구 및 기물이 아닌 것은?

① 오크통
② 누룩고리
③ 채반
④ 술자루

> **!** **오크통(Oak Cask)**
> 와인이나 위스키 등을 저장하거나 숙성할 때 사용한다.

15 세계의 유명한 광천수 중 프랑스 지역의 제품이 아닌 것은?

① 비시 생수(Vichy Water)
② 에비앙 생수(Evian Water)
③ 셀처 생수(Seltzer Water)
④ 페리에 생수(Perrier Water)

> **!** **셀처(Seltzer)**
> 독일의 천연 광천수이다.

16 Irish Whiskey에 대한 설명으로 틀린 것은?

① 깊고 진한 맛과 향을 지닌 몰트 위스키도 포함된다.

② 피트 훈연을 하지 않아 향이 깨끗하고 맛이 부드럽다.

③ 스카치 위스키와 제조 과정이 동일하다.

④ John Jameson, Old Bushmills가 대표적이다.

! 아이리쉬 위스키와 스카치 위스키의 가장 큰 차이점은 증류 횟수로 아이리쉬 위스키는 증류 3회, 스카치 위스키는 증류 2회의 과정을 거친다.

17 세계 4대 위스키(Whisky)가 아닌 것은?

① 스카치(Scotch)

② 아이리쉬(Irish)

③ 아메리칸(American)

④ 스패니쉬(Spanish)

! • 세계 4대 위스키
American, Canadian, Irish, Scotch이며, 5대 위스키에 Japanese가 포함된다.

18 다음 중 연속식 증류주에 해당하는 것은?

① Pot Still Whisky

② Malt Whisky

③ Cognac

④ Patent Still Whisky

! 연속식 증류기를 Patent Still라 하며, 단식 증류기를 Pot Still이라 한다.

19 Benedictine의 설명 중 틀린 것은?

① B-52 칵테일을 조주할 때 사용한다.

② 병에 적힌 D.O.M은 '최선 최대의 신에게'라는 뜻이다.

③ 프랑스 수도원 제품이며 품질이 우수하다.

④ 허니문(Honeymoon) 칵테일을 조주할 때 사용한다.

! • B-52 칵테일
Kahlua $\frac{1}{3}$ part, Bailey's $\frac{1}{3}$ part, Grand Marnier $\frac{1}{3}$ part를 띄우기(Floating) 기법으로 만든다.

20 다음 중 이탈리아 와인 등급 표시로 맞는 것은?

① A.O.P   ② D.O

③ D.O.C.G   ④ QbA

! ① 프랑스 ② 스페인 ④ 독일

21 소주가 한반도에 전해진 시기는 언제인가?

① 통일신라   ② 고려

③ 조선초기   ④ 조선중기

22 프랑스 와인의 원산지 통제 증명법으로 가장 엄격한 기준은?

① DOC   ② AOC

③ VDQS   ④ QMP

! • 프랑스 와인 등급 순서
A.O.C(A.O.P) – V.D.Q – V.d.P(IGP) – V.d.T(V.d.F)

23 솔레라(Solera) 시스템을 사용하여 만드는 스페인의 대표적인 주정강화 와인은?

① 포트 와인　　② 셰리 와인
③ 보졸레 와인　　④ 보르도 와인

> ! • 솔레라(Solera) 시스템
> 셰리 와인을 숙성하는 방식으로, 오크통들을 피라미드 모양으로 쌓아 구멍을 뚫어 서로 연결한 후 병입 시 가장 아래층 원액의 ⅓을 빼서 담고 비워진 만큼 위층에 새 원액을 채운다. 좋은 품질의 와인을 균일하게 만드는 독창적인 방법이다.

24 리큐르(liqueur) 중 베일리스가 생산되는 곳은?

① 스코틀랜드　　② 아일랜드
③ 잉글랜드　　④ 뉴질랜드

> ! • 베일리스(Bailey's)
> 아일랜드의 대표적인 리큐르로 원료는 아이리쉬 위스키와 크림이다.

25 다음 중 스타일이 다른 맛의 와인이 만들어지는 것은?

① Late Harvest　　② Noble Rot
③ Ice Wine　　④ Vin Mousseux

> ! • 뱅 무쉐(Vin Mousseux)
> 프랑스의 발포성 와인을 뜻하며, 나머지는 스위트 와인의 종류 혹은 제조 방식이다.

26 스파클링 와인에 해당되지 않는 것은?

① Champagne
② Cremant
③ Vin Doux Naturel
④ Spumante

> ! ①, ②는 프랑스, ④는 이탈리아의 발포성 와인이며, ③은 프랑스의 주정강화 스위트 와인이다.

27 주류와 그에 대한 설명으로 옳은 것은?

① Absinthe - 노르망디 지방의 프랑스산 사과 브랜디
② Campari - 주정에 향쑥을 넣어 만드는 프랑스산 리큐르
③ Calvados - 이탈리아 밀라노에서 생산되는 와인
④ Chartreuse - 승원(수도원)이라는 뜻을 가진 리큐르

> ! ① Absinthe: 주정에 향쑥을 넣어 만드는 프랑스산 리큐르
> ② Campari: 이탈리아 밀라노에서 생산되는 와인
> ③ Calvados: 노르망디 지방의 프랑스산 사과 브랜디

28 브랜디의 제조공정에서 증류한 브랜디를 열탕 소독한 White Oak Barrel에 담기 전에 무엇을 채워 유해한 색소나 이물질을 제거하는가?

① Beer　　② Gin
③ Red Wine　　④ White Wine

> ! 브랜디의 최종 색상에 영향을 미치지 않으면서 오크통의 이물질을 제거하기 위하여 화이트 와인을 사용한다.

29 양조주의 제조 방법 중 포도주, 사과주 등 주로 과실주를 만드는 방법으로 만들어진 것은?

① 복발효주　　② 단발효주
③ 연속발효주　　④ 병행발효주

> ! 과실은 이미 포도당과 과당을 포함하고 있기 때문에 효모를 넣으면 바로 발효된다.

30 다음 중 알코올성 커피는?

① 카페 로열(Cafe Royale)
② 비엔나 커피(Vienna Coffee)
③ 데미타세(Demitasse)
④ 카페오레(Cafe au Lait)

! 알코올이 포함된 대표적인 커피는 카페 로열(브랜디)과 아이리쉬 커피(위스키)이다.

31 영업 형태에 따라 분류한 Bar의 종류 중 일반적으로 활기차고 즐거우며 조금은 어둡지만 따뜻하고 조용한 분위기와 가장 관련된 것은?

① Western bar   ② Classic bar
③ Modern bar   ④ Room bar

! 미국 서부 시대의 분위기를 가진 Bar로 자유분방하고 캐주얼한 분위기가 특징이다.

32 소프트 드링크(Soft Drink) 디캔터(Decanter)의 올바른 사용법은?

① 각종 청량음료(Soft Drink)를 별도로 담아 나간다.
② 술과 같이 혼합하여 나간다.
③ 얼음과 같이 넣어 나간다.
④ 술과 얼음을 같이 넣어 나간다.

! • 드링크 디캔터(Drink Decanter)
주류를 마실 때 입가심 등을 위한 물, 주스, 우유 등을 담을 때 사용하며 이러한 음료를 체이서(Chaser)라고 한다.

33 우리나라에서 개별소비세가 부과되지 않는 영업장은?

① 단란주점   ② 요정
③ 카바레   ④ 나이트클럽

! 특정 장소에서의 유흥음식행위에 대하여 부과하는 세금으로 유흥업소가 이에 해당되며, 단란주점은 유흥 접객원이 종사하지 않기 때문에 제외된다.

34 칵테일 글라스의 3대 명칭이 아닌 것은?

① Bowl   ② Cap
③ Stem   ④ Base

! ① 칵테일을 담을 수 있는 부분
③ 손으로 잡을 수 있는 다리 부분
④ 글라스의 바닥 부분
② Shaker의 뚜껑

35 칵테일 서비스 진행 절차로 가장 적합한 것은?

① 아이스 페일을 이용해서 고객의 요구대로 글라스에 얼음을 넣는다.
② 먼저 커팅보드 위에 장식물과 함께 글라스를 놓는다.
③ 칵테일용 냅킨을 고객의 글라스 오른쪽에 놓고 젓는 막대를 그 위에 놓는다.
④ 병술을 사용할 때는 스토퍼를 이용해서 조심스럽게 따른다.

! 커팅보드(도마) 위에는 과일이나 허브 이외에 다른 것을 두어서는 안된다.

36 오크통에서 증류주를 보관할 때의 설명으로 틀린 것은?

① 원액의 개성을 결정해 준다.
② 천사의 몫(Angel's share) 현상이 나타난다.
③ 색상이 호박색으로 변한다.
④ 변화 없이 증류한 상태 그대로 보관된다.

! • 천사의 몫(Angel's Share)
오크통 숙성 중 증류주의 수분이나 알코올이 매년 2~3% 증발하는 것을 뜻하며, 숙성 과정을 거치면서 복잡하고 다양한 맛과 향이 만들어진다.

37 Blending 기법에 사용하는 얼음으로 가장 적당한 것은?

① Lumped Ice   ② Crushed Ice
③ Cubed Ice   ④ Shaved Ice

> ! 너무 큰 얼음을 사용하면 블렌더의 날이 상하고, 너무 고운 얼음을 사용하면 원하는 질감의 칵테일을 만들 수 없다.

38 비터류(Bitters)가 사용되지 않는 칵테일은?

① Manhattan   ② Cosmopolitan
③ Old Fashioned ④ Negroni

> ! ①, ③에는 앙고스투라 비터, ④에는 캄파리가 비터류로 사용된다. 코스모폴리탄(Cosmopolitan)의 재료는 보드카, 트리플 섹, 라임주스, 크랜베리주스이다.

39 Bock beer에 대한 설명으로 옳은 것은?

① 알코올 도수가 높은 흑맥주
② 알코올 도수가 낮은 담색 맥주
③ 이탈리아산 고급 흑맥주
④ 제조12시간 이내의 생맥주

> ! • 복비어(Bock Beer)
> 독일의 흑맥주로, 도수와 향미가 높다.

40 탄산음료나 샴페인을 사용하고 남은 일부를 보관할 때 사용하는 기구로 가장 적합한 것은?

① 코스터   ② 스토퍼
③ 푸어러   ④ 코르크

41 맥주의 보관에 대한 내용으로 옳지 않은 것은?

① 장기 보관할수록 맛이 좋아진다.
② 맥주가 얼지 않도록 보관한다.
③ 직사광선을 피한다.
④ 적정 온도(4 ~10℃)에 보관한다.

> ! 맥주는 낮은 알코올 도수로 인해 장기 보관하면 변질될 가능성이 있으므로 선입선출(FIFO)에 유의하여 관리해야 한다.

42 칼바도스(Calvados)는 보관 온도상 다음 품목 중 어떤 것과 같이 두어도 괜찮은가?

① 백포도주   ② 샴페인
③ 생맥주   ④ 코냑

> ! • 칼바도스(Calvados)
> 사과로 만든 브랜디로 코냑과 함께 증류주에 속한다.

43 칵테일 Kir Royal의 레시피(Recipe)로 옳은 것은?

① Champagne＋Cacao
② Champagne＋Kahlua
③ Wine＋Cointreau
④ Champagne＋Crème de Cassis

> ! Champagne 대신 White wine을 사용하면 Kir라는 칵테일이 된다.

44 바텐더가 Bar에서 Glass를 사용할 때 가장 먼저 체크하여야 할 사항은?

① Glass의 가장자리 파손 여부
② Glass의 청결 여부
③ Glass의 재고 여부
④ Glass의 온도 여부

45 Red cherry가 사용되지 않는 칵테일은?

① Manhattan   ② Old Fashioned
③ Mai-Tai   ④ Moscow Mule

> ❗ ① Manhattan: 체리
> ② Old Fashioned: 오렌지 슬라이스 + 체리
> ③ Mai Tai: 파인애플 웨지 + 체리
> ④ Moscow Mule: 레몬 혹은 라임 슬라이스

46 고객이 위스키 스트레이트를 주문하고, 얼음과 함께 콜라나 소다수, 물 등을 원하는 경우 이를 제공하는 글라스는?

① Wine Decanter
② Cocktail Decanter
③ Collins Glass
④ Cocktail Glass

> ❗ 문제 32번 참고

47 스카치 750mL 1병의 원가가 100,000원이고 평균 원가율을 20%로 책정했다면 스카치 1잔의 판매가격은?

① 10,000원   ② 15,000원
③ 20,000원   ④ 25,000원

> ❗ 위스키 한 잔은 30ml씩 제공되므로 한 병으로 25잔을 판매할 수 있고 한 잔당 원가는 4,000원이다. 이 경우 판매가격의 20%가 원가이므로 4,000원×5=20,000(100%)

48 일반적인 칵테일의 특징으로 가장 거리가 먼 것은?

① 부드러운 맛
② 분위기의 증진
③ 색, 맛, 향의 조화
④ 항산화, 소화 증진 효소 함유

49 휘젓기(Stirring) 기법을 할 때 사용하는 칵테일 기구로 가장 적합한 것은?

① Hand Shaker   ② Mixing Glass
③ Squeezer   ④ Jigger

> ❗ 휘젓기 기법으로 칵테일을 만들기 위해서는 믹싱 글라스(Mixing Glass), 스트레이너(Strainer), 바스푼(Bar Spoon)이 필요하다.

50 다음 중 용량 표시가 옳은 것은?

① 1tea spoon＝$\frac{1}{32}$oz
② 1pony＝$\frac{1}{2}$oz
③ 1pint＝$\frac{1}{2}$quart
④ 1table spoon＝$\frac{1}{32}$oz

> ❗ ① 1tea spoon = $\frac{1}{6}$oz
> ② 1pony = 1oz
> ④ 1table spoon = $\frac{3}{8}$oz

51 "당신은 손님들에게 친절해야 한다."의 표현으로 가장 적합한 것은?

① You should be kind to guest.
② You should kind guest.
③ You'll should be to kind to guest.
④ You should do kind guest.

52 Three factors govern the appreciation of wine. Which of the following does not belong to them?

① Color   ② Aroma
③ Taste   ④ Touch

> ❗ 와인의 평가를 좌우하는 세 가지 요소가 있다. 다음 중 그에 속하지 않는 것은 무엇인가?

53 '한 잔 더 주세요.'의 가장 정확한 영어 표현은?

① I'd like other drink.
② I'd like to have another drink.
③ I want one more wine.
④ I'd like to have the other drink.

55 바텐더가 손님에게 처음 주문을 받을 때 사용할 수 있는 표현으로 가장 적합한 것은?

① What do you recommend?
② Would you care for a drink?
③ What would you like with that?
④ Do you have a reservation?

! ② 한 잔 하시겠습니까?

54 Which of the following is the right beverage in the blank?

> B: Here you are. Drink it while it's hot.
> G: Um... Nice. What pretty drink are you mixing there?
> B: Well, it's for the lady in that corner. It is a "___", and it is made from several liqueurs.
> G: Looks like a rainbow. How do you do that?
> B: Well, Just pour it carefully. Each liquid has a different weight, so they sit on the top of each other without mixing.

① Pousse Café ② Cassis Frappe
③ June Bug ④ Rum Shrub

!
B: 여기 있습니다. 뜨거울 때 드세요.
G: 음, 좋네요. 지금 만들고 있는 예쁜 음료는 무엇입니까?
B: 이것은 저 코너에 계신 숙녀분을 위한 것입니다. 여러가지 리큐르로 만든 '푸스카페'입니다.
G: 꼭 무지개처럼 보이네요. 어떻게 만드나요?
B: 조심스럽게 따르면 됩니다. 각각의 액체는 무게가 다르기 때문에 섞이지 않고 층층이 쌓입니다.

56 Which one is the right answer in the blank?

> B: Good evening, sir. What Would you like?
> G: What kind of ( ) have you got?
> B: We've got our own brand, sir. Or I can give you an rye, a bourbon or a malt.
> G: I'll have a malt. A double, please.
> B: Certainly, sir. Would you like any water or ice with it?
> G: No water, thank you. That spoils it. I'll have just one lump of ice.
> B: One lump, sir.

① Wine ② Gin
③ Whisky ④ Rum

!
B: 안녕하세요. 무엇을 원하시나요?
G: 어떤 종류의 위스키를 갖고 있나요?
B: 저희만의 브랜드가 있습니다. 선생님. 아니면 호밀이나 버번이나 몰트를 드릴 수도 있습니다.
G: 몰트로 하겠습니다. 더블로 주세요.
B: 네, 선생님. 물이나 얼음도 함께 드릴까요?
G: 물은 괜찮습니다. 고맙습니다. 그러면 맛을 해칠 것 같아요. 얼음 덩어리 하나만 주세요.
B: 네. 얼음 덩어리로 드리겠습니다.

57 'Are you free this evening?'의 의미로 가장 적합한 것은?

① 이것은 무료입니까?
② 오늘 밤에 시간 있으십니까?
③ 오늘 밤에 만나시겠습니까?
④ 오늘 밤에 개점합니까?

58 다음 ( ) 안에 알맞은 것은?

> I don't know what happened at the meeting because I wasn't able to ( ).

① decline
② apply
③ depart
④ attend

! 나는 회의에서 무슨 일이 일어났는지 잘 몰라. 왜냐하면 나는 거기에 참석하지 않았거든.

59 Which one is not made from grapes?

① Cognac
② Calvados
③ Armagnac
④ Grappa

! 칼바도스(Calvados)는 사과를 발효, 증류한 술이다.

60 다음 ( ) 안에 알맞은 것은?

> ( ) must have juniper berry flavor and can be made either by distillation or re-distillation.

① Whisky
② Rum
③ Tequila
④ Gin

! 진은 주니퍼 베리 향이 있어야 하며 증류 또는 재증류를 통해 만들 수 있다.

Part V 기출문제 해설

정답

01	02	03	04	05	06	07	08	09	10
③	③	③	②	①	④	②	②	②	④
11	12	13	14	15	16	17	18	19	20
①	③	③	①	③	③	④	④	①	③
21	22	23	24	25	26	27	28	29	30
②	②	②	②	④	③	④	④	②	①
31	32	33	34	35	36	37	38	39	40
①	①	①	②	③	④	②	②	①	②
41	42	43	44	45	46	47	48	49	50
①	④	④	①	④	②	③	④	②	③
51	52	53	54	55	56	57	58	59	60
①	④	②	①	②	③	②	④	②	④

2016년 2회 조주기능사 기출문제

자격 종목		코드	출제 문항 수	시험 시간	수험 번호	성명
조주기능사			60문항	60분		

01 다음 중 혼성주에 해당하는 것은?

① Armagnac   ② Corn Whisky
③ Cointreau   ④ Jamaican Rum

02 각 국가별 적포도주를 일컫는 말로 틀린 것은?

① 프랑스-Vin Rouge
② 이태리-Vino Rosso
③ 스페인-Vino Rosado
④ 독일-Rotwein

❗ Rosado는 '장미빛'이라는 뜻으로 로제 와인을 말한다.

03 Sparkling Wine이 아닌 것은?

① Asti Spumante   ② Sekt
③ Vin mousseux   ④ Trocken

❗ ① 이탈리아, ② 독일, ③ 프랑스의 발포성 와인을 일컫는 말이며 ④는 독일어로 'Dry'를 뜻한다.

04 포도 품종의 그린 수확(Green Harvest)에 대한 설명으로 옳은 것은?

① 수확량을 제한하기 위한 수확
② 청포도 품종 수확
③ 완숙한 최고의 포도 수확
④ 포도원의 잡초 제거

❗ • 그린 하비스트(Green Harvest)
포도의 품질을 향상시키기 위해 일부 포도 송이를 솎아내어 수확량을 제한하는 방법이다.

05 보르도 지역의 와인이 아닌 것은?

① 샤블리(Chablis)   ② 메독(Medoc)
③ 마고(Margaux)   ④ 그라브(Graves)

❗ • 샤블리(Chablis)
프랑스 부르고뉴(Bourgogne) 최북단에 위치한 와인 생산지로, 샤르도네(Chardonnay) 품종으로 만든 화이트 와인으로 유명하다.

06 프랑스에서 생산되는 칼바도스(Calvados)는 어느 종류에 속하는가?

① Brandy   ② Gin
③ Wine   ④ Whisky

❗ • 칼바도스(Calvados)
시드르(Cider)를 증류시켜 만든 사과 브랜디이다.

07 원료인 포도주에 브랜디나 당분을 섞고 향료나 약초를 넣어 향미를 내어 만들며 이탈리아산이 유명한 것은?

① Manzanilla   ② Vermouth
③ Stout   ④ Hock

08 다음 중 Aperitif Wine으로 가장 적합한 것은?

① Dry Sherry Wine
② White Wine
③ Red Wine
④ Port Wine

> ❗ ①은 대표적인 식전주, ④는 대표적인 식후주이다.

09 혼성주의 종류에 대한 설명이 틀린 것은?

① 아드보카트(Advocaat)는 브랜디에 계란 노른자와 설탕을 혼합하여 만들었다.
② 드람부이(Drambuie)는 "사람을 만족시키는 음료"라는 뜻을 가지고 있다.
③ 아르마냑(Armagnac)은 체리향을 혼합하여 만든 술이다.
④ 깔루아(Kahlua)는 증류주에 커피를 혼합하여 만든 술이다.

> ❗ • 아르마냑(Armagnac)
> 코냑(Cognac)과 함께 유명한 프랑스 브랜디이다.

10 혼성주 제조 방법인 침출법에 대한 설명으로 틀린 것은?

① 맛과 향이 알코올에 쉽게 용해되는 원료일 때 사용한다.
② 과실 및 향료를 기주에 담가 맛과 향이 우러나게 하는 방법이다.
③ 원료를 넣고 밀봉한 후 수개월에서 수년간 장기 숙성시킨다.
④ 맛과 향이 추출되면 여과한 후 블렌딩하여 병입한다.

> ❗ 침출법(Infusion)으로 제조하는 경우 재료가 알코올에 쉽게 용해되어서는 안된다. 열을 가하지 않기 때문에 '콜드방식(Cold Method)'이라고도 부른다.

11 보졸레 누보(Beaujolais Nouveau) 양조 과정의 특징이 아닌 것은?

① 기계수확을 한다.
② 열매를 분리하지 않고 송이째 밀폐된 탱크에 집어넣는다.
③ 발효 중 CO_2의 영향을 받아 산도가 낮은 와인이 만들어진다.
④ 오랜 숙성 기간 없이 출하한다.

> ❗ 보졸레 누보를 위한 포도 송이는 온전한 유지를 위하여 기계수확을 금지한다.

12 맥주의 원료로 알맞지 않은 것은?

① 물   ② 피트
③ 보리   ④ 호프

> ❗ 맥주의 4대 원료는 보리, 물, 홉(Hop), 효모(Yeast)이다.

13 원산지가 프랑스인 술은?

① Absinthe　　② Curacao

③ Kahlua　　　④ Drambuie

> ! ② 네덜란드, ③ 멕시코, ④ 스코틀랜드

14 상면발효맥주로 옳은 것은?

① Bock Beer　　② Budweiser Beer

③ Porter Beer　　④ Asahi Beer

> ! 에일(Ale), 스타우트(Stout), 포터(Porter)는 대표적인 상면발효맥주로, 높은 도수와 짙은 색깔이 특징이다.

15 Hop에 대한 설명 중 틀린 것은?

① 자웅이주의 숙근 식물로서 수정이 안
된 암꽃을 사용한다.

② 맥주의 쓴맛과 향을 부여한다.

③ 거품의 지속성과 항균성을 부여한다.

④ 맥아즙 속의 당분을 분해하여 알코올
과 탄산가스를 만드는 작용을 한다.

> ! ④는 효모(Yeast)의 역할이며, 홉의 수꽃을 섞어 사용하면 좋지 못한 냄새로 인해 적합하지 않다.

16 다음에서 설명하는 것은?

> • 북유럽 스칸디나비아 지방의 특산주로 어원은 생명의 물이다.
> • 먼저 감자를 익혀 으깨고 당화, 발효시켜 증류한다.
> • 연속식 증류기로 95%의 고농도 알코올을 얻은 다음 물로 희석하고 회향씨나 박하, 오렌지 껍질 등 여러가지 허브로 착향시킨 술이다.

① Vodka　　　② Rum

③ Aquavit　　④ Brandy

17 프랑스에서 사과를 원료로 만든 증류주인
Apple Brandy는?

① Cognac　　② Calvados

③ Armagnac　④ Camus

18 다음 중 과실음료가 아닌 것은?

① 토마토주스　② 천연과즙주스

③ 희석과즙음료　④ 과립과즙음료

> ! 토마토는 채소로 분류되기 때문에 채소음료이다.
> ② 과실의 과즙이 95% 이상
> ③ 과실의 과즙이 10~50%
> ④ 과실(퓨레) 및 과즙이 15% 이상

19 우리나라 전통주 중에서 약주가 아닌 것은?

① 두견주　　② 한산 소곡주

③ 칠선주　　④ 문배주

> ! 국가무형문화재 제86-1호로 지정된 문배주는 문배나무 과실의 향을 풍기는 증류주이다.

20 다음 중 스카치 위스키(Scotch Whisky)가
아닌 것은?

① Crown Royal　② White Horse

③ Johnnie Walker　④ Chivas Regal

> ! • 크라운 로얄(Crown Royal)
> 캐나디안 위스키이다.

21 차를 만드는 방법에 따른 분류와 대표적인 차의 연결이 틀린 것은?

① 불발효차-보성녹차
② 반발효차-오룡차
③ 발효차-다즐링차
④ 후발효차-쟈스민차

!
① 불발효차: 녹차
② 반발효차: 우롱차, 화(花)차
③ 발효차: 홍차
④ 후발효차: 보이차

22 소다수에 대한 설명으로 틀린 것은?

① 인공적으로 이산화탄소를 첨가한다.
② 약간의 신맛과 단맛이 나며 청량감이 있다.
③ 식욕을 돋우는 효과가 있다.
④ 성분은 수분과 이산화탄소로 칼로리는 없다.

!
• 소다수(Soda Water)
2차 가공을 하지 않는 한 무감미이다.

23 다음에서 설명되는 우리나라 고유의 술은?

> 엄격한 법도에 의해 술을 담근다는 전통주로 신라시대부터 전해오는 유상곡수(流觴曲水)라 하여 주로 상류계급에서 즐기던 것으로 중국 남방술인 사오싱주보다 조금 희고 그 순수한 맛은 가히 일품이다.

① 두견주   ② 인삼주
③ 감홍로   ④ 경주교동법주

24 레몬주스, 설탕 시럽, 소다수를 혼합한 것으로 대용할 수 있는 것은?

① 진저엘   ② 토닉워터
③ 콜린스 믹스   ④ 사이다

!
① 소다수+생강향
② 소다수+레몬+키니네
③ 소다수+레몬+설탕
④ 소다수+구연산+액상과당+레몬라임향

25 다음 중 테킬라(Tequila)가 아닌 것은?

① Jose Cuervo   ② El Toro
③ Sambuca   ④ Sauza

!
• 삼부카(Sambuca)
아니스 향을 가진 이탈리아 혼성주이다.

26 다음 중 아메리칸 위스키(American Whiskey)가 아닌 것은?

① Jim Beam   ② Wild Turkey
③ John Jameson   ④ Jack Daniel's

!
• 존 제임슨(John Jameson)
아이리쉬 위스키이다.

27 다음 중 그 종류가 다른 하나는?

① Vienna Coffee
② Cappuccino Coffee
③ Espresso Coffee
④ Irish Coffee

!
• 아이리쉬 커피(Irish Coffee)
아일랜드 위스키를 베이스로 커피와 크림을 넣어 만든 따뜻한 칵테일이다.

28 스카치 위스키의 5가지 법적 분류에 해당하지 않는 것은?

① 싱글 몰트 스카치 위스키
② 블렌디드 스카치 위스키
③ 블렌디드 그레인 스카치 위스키
④ 라이 위스키

! • 스카치 위스키(Scotch Whisky)의 원료에 따른 분류
① 싱글 몰트 위스키(Single Malt Whisky)
② 싱글 그레인 위스키(Single Grain Whisky)
③ 블렌디드 몰트 위스키(Blended Malt Whisky)
④ 블렌디드 그레인 위스키(Blended Grain Whisky)
⑤ 블렌디드 스카치 위스키(Blended Scotch Whisky)

29 다음 중 증류주에 속하는 것은?

① Vermouth　　② Bitters
③ Sherry Wine　④ Light Rum

30 음료의 역사에 대한 설명으로 틀린 것은?

① 기원전 6,000년경 바빌로니아 사람들은 레몬과즙을 마셨다.
② 스페인 발렌시아 부근의 동굴에서는 탄산가스를 발견해 마시는 벽화가 있었다.
③ 바빌로니아 사람들은 밀로 만든 빵이 물에 젖어 발효된 맥주를 발견해 음료로 즐겼다.
④ 중앙아시아 지역에서는 야생의 포도가 쌓여 자연 발효된 포도주를 음료로 즐겼다.

! 스페인 발렌시아 아라니아 동굴에서 벌꿀을 채취하는 여성들의 모습이 그려진 신석기시대의 벽화가 발견되면서 꿀로 만든 음료가 인류가 마신 가장 오래된 것으로 추정한다.

31 주장(Bar)에서 주문을 받는 방법으로 가장 거리가 먼 것은?

① 손님의 연령이나 성별을 고려한 음료를 추천하는 것은 좋은 방법이다.
② 추가 주문은 고객이 한잔을 다 마시고 나면 최대한 빠른 시간에 여쭤 본다.
③ 위스키와 같은 알코올 도수가 높은 술을 주문 받을 때는 안주류도 함께 여쭤 본다.
④ 2명 이상의 외국인 고객의 경우 반드시 영수증을 하나로 할지, 개인별로 따로 할지 여쭤본다.

! 추가 주문은 고객이 음료를 다 마셔갈 때쯤 받아야 새로운 잔을 준비하여 고객이 다 마셨을 때 제공할 수 있다.

32 샴페인 1병을 주문한 고객에게 샴페인을 따라주는 방법으로 옳지 않은 것은?

① 샴페인은 글라스에 서브할 때 2번에 나눠서 따른다.
② 샴페인의 기포를 눈으로 충분히 즐길 수 있게 따른다.
③ 샴페인은 글라스의 절반 정도까지만 따른다.
④ 샴페인을 따를 때에는 최대한 거품이 나지 않게 조심해서 따른다.

! 샴페인을 마실 때 입구가 좁고 긴 잔을 사용하는 이유는 거품을 유지하고 크게 만들기 위해서이다. 샴페인의 거품은 터질 때 공기 중으로 향과 맛을 느끼게 하는 화학 물질이 많이 발산된다.

33 에스프레소 추출 시 너무 진한 크레마(Dark Crema)가 추출되었을 때 그 원인이 아닌 것은?

① 물의 온도가 95℃보다 높은 경우
② 커피 가루가 너무 가늘게 분쇄된 경우
③ 포터 필터의 구멍이 너무 큰 경우
④ 물 공급이 제대로 안 되는 경우

! 포터 필터 바스켓의 구멍이 너무 큰 경우에는 약하고 연한 에스프레소가 추출된다.

34 칵테일을 만드는 데 필요한 기물이 아닌 것은?

① Cork Screw   ② Mixing Glass
③ Shaker   ④ Bar Spoon

! • 코르크 스크류(Cork Screw)
와인을 서브할 때 필요한 와인 오프너이다.

35 다음 중 주장 종사원(Waiter/Waitress)의 주요 임무는?

① 고객이 사용한 기물과 빈 잔을 세척한다.
② 칵테일의 부재료를 준비한다.
③ 창고에서 주장(Bar)에서 필요한 물품을 보급한다.
④ 고객에게 주문을 받고 주문받은 음료를 제공한다.

36 바람직한 바텐더(Bartender)의 직무가 아닌 것은?

① 바(Bar) 내에 필요한 물품의 재고를 항상 파악한다.
② 일일 판매할 주류가 적당한지 확인한다.
③ 바(Bar)의 환경 및 기물 등의 청결을 유지, 관리한다.
④ 칵테일 조주 시 지거(Jigger)를 사용하지 않는다.

! 칵테일을 조주할 때는 항상 지거(Jigger)를 사용하여 정확하게 계량해야 한다.

37 Glass의 관리 방법 중 틀린 것은?

① 알맞은 Rack에 담아서 세척기를 이용하여 세척한다.
② 닦기 전에 금이 가거나 깨진 것이 없는지 먼저 확인한다.
③ Glass의 Stem 부분을 시작으로 돌려서 닦는다.
④ 물에 레몬이나 에스프레소 1잔을 넣으면 Glass의 잡내가 제거된다.

! 손 세척이 일반적이나 세척기를 사용하기도 하며, 손으로 세척 시에는 따뜻한 물을 사용하여 입술이 닿는 림(Rim) 부분의 기름기부터 닦아내기 시작한다

Part V 기출문제 해설

38 Extra Dry Martini는 Dry Vermouth를 어느 정도 넣어야 하는가?

① $\frac{1}{4}$oz   ② $\frac{1}{3}$oz
③ 1oz   ④ 2oz

! 조주기능사 실기 레시피의 Dry Martini는 Gin 2oz, Dry Vermouth $\frac{1}{2}$oz이다. 더욱 드라이하게 조주하기 위해서 베르무트의 함량을 줄일 수 있다.

39 Gibson에 대한 설명으로 틀린 것은?

① 알코올 도수는 약 36도에 해당된다.
② 베이스는 Gin이다.
③ 칵테일 어니언(Onion)으로 장식한다.
④ 기법은 Shaking이다.

❗ 깁슨(Gibson), 마티니(Martini), 맨하탄(Manhattan), 롭로이 (Rob Roy)는 대표적인 휘젓기(Stir) 기법의 칵테일이다.

40 칵테일 상품의 특성과 가장 거리가 먼 것은?

① 대량 생산이 가능하다.
② 인적 의존도가 높다.
③ 유통 과정이 없다.
④ 반품과 재고가 없다.

41 바의 한 달 전체 매출액이 1,000만원이고 종사원에게 지불된 모든 급료가 300만원이라면 이 바의 인건 비율은?

① 10%　　② 20%
③ 30%　　④ 40%

❗ • 매출액 대비 인건비 비율의 산식
인건비/순매출액×100

42 내열성이 강한 유리잔에 제공되는 칵테일은?

① Grasshopper　　② Tequila Sunrise
③ New York　　④ Irish Coffee

❗ • 아이리시 커피(Irish Coffee)
뜨거운 커피가 사용되는 칵테일이다.

43 다음 중에서 Cherry로 장식하지 않는 칵테일은?

① Angel's Kiss　　② Manhattan
③ Rob Roy　　④ Martini

❗ 마티니(Martini)의 장식(Garnish)은 올리브이다.

44 칵테일에 사용되는 Garnish에 대한 설명으로 가장 적절한 것은?

① 과일만 사용이 가능하다.
② 꽃은 화려하고 향기가 많이 나는 것이 좋다.
③ 꽃가루가 많은 꽃은 더욱 운치가 있어서 잘 어울린다.
④ 과일이나 허브향이 나는 잎이나 줄기가 적합하다.

45 다음 중 가장 영양분이 많은 칵테일은?

① Brandy Eggnog　　② Gibson
③ Bacardi　　④ Olympic

❗ • 브랜디 에그녹(Brandy Eggnog)
계란과 우유를 사용하기 때문에 다른 칵테일에 비해 영양가가 높다.

46 다음 중 1oz당 칼로리가 가장 높은 것은? (단, 각 주류의 도수는 일반적인 경우를 따른다.)

① Red Wine　　② Champagne
③ Liqueur　　④ White Wine

❗ 혼성주(Liqueur)에는 많은 당분이 포함되어 있다.

47 네그로니(Negroni) 칵테일의 조주 시 재료로 가장 적합한 것은?

① Rum $\frac{3}{4}$oz, Sweet Vermouth $\frac{3}{4}$oz, Campari $\frac{3}{4}$oz, Twist of Lemon Peel

② Dry Gin $\frac{3}{4}$oz, Sweet Vermouth $\frac{3}{4}$oz, Campari $\frac{3}{4}$oz, Twist of Lemon Peel

③ Dry Gin $\frac{3}{4}$oz, Dry Vermouth $\frac{3}{4}$oz, Campari $\frac{3}{4}$oz, Twist of Lemon Peel

④ Tequila $\frac{3}{4}$oz, Sweet Vermouth $\frac{3}{4}$oz, Campari $\frac{3}{4}$oz, Twist of Lemon Peel

48 다음 중 장식이 필요 없는 칵테일은?

① 김렛(Gimlet)
② 시브리즈(Seabreeze)
③ 올드 패션드(Old Fashioned)
④ 싱가포르 슬링(Singapore Sling)

> ! ② 웨지 레몬 또는 라임
> ③ 오렌지 슬라이스와 체리
> ④ 오렌지 슬라이스와 체리

49 칵테일 레시피(Recipe)를 보고 알 수 없는 것은?

① 칵테일의 색깔　② 칵테일의 판매량
③ 칵테일의 분량　④ 칵테일의 성분

50 Gibson을 조주할 때 Garnish는 무엇으로 하는가?

① Olive　② Cherry
③ Onion　④ Lime

51 "우리 호텔을 떠나십니까?"의 표현으로 옳은 것은?

① Do you start our hotel?
② Are you leave to our hotel?
③ Are you leaving our hotel?
④ Do you go our hotel?

52 다음 (　) 안에 가장 적합한 것은?

> A: Good evening, Mr. Carr.
> How are you this evening?
> B: Fine, and you Mr. Kim?
> A: Very well. Thank you. What would you like to try tonight?
> B: (　　　　　　　)
> A: A whisky, no ice, no water. Am I correct?
> B: Fantastic!

① Just one for my health, please.
② One for the road.
③ I'll stick with my usual.
④ Another one please.

> ! A: 좋은 오후입니다, Carr씨. 오늘 저녁은 어떠셨나요?
> B: 좋습니다. Kim씨 당신은요?
> A: 매우 좋습니다. 감사합니다. 오늘 밤은 어떤 것을 드셔보시겠나요?
> B: 늘 먹던 것으로 주세요.
> A: 위스키에 얼음과 물 없이, 맞지요?
> B: 완벽합니다!
> • stick with는 ~을 고수하다/유지하다/함께하다 라는 뜻으로 '항상 먹던 것으로 주세요'라는 뜻이다. 다른 표현으로는 'I will have my usual.'이 있다.

Part V 기출문제 해설

53 다음 ( ) 안에 알맞은 단어와 아래의 상황 후 Jenny가 Kate에게 할 말의 연결로 가장 적합한 것은?

> Jenny comes back with a magnum and glasses carried by a barman. She sets the glasses while barman opens the bottle. There is a loud ( ) and the cork hits Kate who jumps up with a cry. The champagne spills all over the carpet.

① Peep-Good luck to you.
② Ouch-I am sorry to hear that.
③ Tut-How awful!
④ Pop-I am very sorry. I do hope you are not hurt.

! Jenny는 바맨이 들고 온 매그넘과 잔들을 가지고 돌아온다. 바맨이 병을 여는 동안 그녀는 잔을 놓는다. '펑'하는 소리가 크게 들리고 코르크 마개가 Kate를 때리자 Kate는 비명과 함께 벌떡 일어섰다. 샴페인은 카펫 전체에 쏟아졌다.

54 다음 밑줄에 들어갈 가장 적합한 것은?

> I am sorry to have _____ you waiting.

① kept   ② made
③ put   ④ had

! 기다리게 해서 죄송합니다.

55 Which one is not aperitif cocktail?

① Dry Martini
② Kir
③ Campari Orange
④ Grasshopper

! • 그래스호퍼(Grasshopper)
민트 초콜릿 맛이 나는 칵테일로 식후주로 알맞다.

56 다음 ( ) 안에 알맞은 것은?

> ( ) is distilled spirits from the fermented juice of sugarcane or other sugarcane by products.

① Whisky   ② Vodka
③ Gin   ④ Rum

! • 럼(Rum)
사탕수수(Sugarcane)나 당밀(Molasses)을 원료로 만든 증류주(Distilled liquor)이다.

57 There are basic direction of wine service. Select the one which is not belong to them in the following.

① Filling four-fifth of red wine into the glass.
② Serving the red wine with room temperature.
③ Serving the white wine with condition of 8~12℃.
④ Showing the guest the label of wine before service.

! ① 레드 와인은 글라스에 ⅘ 정도 따른다.
② 레드 와인은 실온 상태에서 서브한다.
③ 화이트 와인은 8~12℃에서 서브한다.
④ 와인을 서비스하기 전에 고객에게 라벨을 확인시킨다.
• 레드 와인 한 잔의 적정량은 150㎖이며, 글라스의 ⅓ 정도 따르는 것이 좋다.

58 Which one is not distilled beverage in the following?

① Gin　　　　② Calvados

③ Tequila　　④ Cointreau

> **!** • Cointreau(쿠앵트로)
> 오렌지 껍질을 원료로 하는 혼성주(Liqueur)이다.

59 다음 문장에서 의미하는 것은?

> This is produced in Italy and made with apricot and almond.

① Amaretto　　② Absinthe

③ Anisette　　④ Angelica

60 다음 밑줄 친 곳에 가장 적합한 것은?

> A: Good evening, Sir.
> B: Could you show me the wine list?
> A: Here you are, Sir. This week is the promotion week of _____.
> B: OK. I'll try it.

① Stout

② Calvados

③ Glenfiddich

④ Beaujolais Nouveau

> **!** A: 좋은 오후입니다.
> B: 와인 리스트를 볼 수 있을까요?
> A: 여기 있습니다. 이번 주는 (보졸레 누보)의 홍보 기간입니다.

Part V 기출문제 해설

정답

01	02	03	04	05	06	07	08	09	10
③	③	④	①	①	①	②	①	③	①
11	12	13	14	15	16	17	18	19	20
①	②	①	③	④	③	②	①	④	①
21	22	23	24	25	26	27	28	29	30
④	②	④	③	③	③	④	④	④	②
31	32	33	34	35	36	37	38	39	40
②	④	③	①	④	④	③	①	④	①
41	42	43	44	45	46	47	48	49	50
③	④	④	④	①	③	②	①	②	③
51	52	53	54	55	56	57	58	59	60
③	③	④	①	④	④	④	④	①	④

자격 종목	코드	출제 문항 수	시험 시간	수험 번호	성명
조주기능사		60문항	60분		

01 레드 와인용 포도 품종이 아닌 것은?

① 리슬링(Riesling)
② 메를로(Merlot)
③ 피노누아(Pinot Noir)
④ 카베르네 소비뇽(Cabernet Sauvignon)

! • 리슬링(Riesling)
독일을 대표하는 화이트 와인용 포도 품종이다.

02 과일이나 곡류를 발효시켜 증류한 스피릿츠(Spirits)에 감미와 천연 추출물 등을 첨가한 것은?

① 양조주(Fermented Liquor)
② 증류주(Distilled Liquor)
③ 혼성주(Liqueur)
④ 아쿠아비트(Aquavit)

! 혼성주의 정의에 대한 설명이다.

03 이탈리아 와인에 대한 설명으로 틀린 것은?

① 거의 전 지역에서 와인이 생산된다.
② 지명도가 높은 와인 산지로는 피에몬테, 토스카나, 베네토 등이 있다.
③ 이탈리아 와인 등급 체계는 5등급이다.
④ 네비올로, 산지오베제, 바르베라, 돌체토 포도 품종은 레드 와인용으로 사용된다.

! • 이탈리아의 와인 등급 체계
4등급으로, DOCG – DOC – IGT – VDT로 나뉜다.

04 다음 보기들과 가장 관련 있는 것은?

a. 만싸니야(Manzanilla)
b. 아몬티야도(Amontillado)
c. 올로로쏘(Oloroso)
d. 몬티야(Montilla)

① 이탈리아산 포도주
② 스페인산 백포도주
③ 프랑스산 샴페인
④ 독일산 포도주

! a, b, c는 스페인의 헤레스 지역에서 백포도로 만든 강화와인인 셰리 와인의 종류이며, d는 헤레스 지역의 동쪽에 위치한 곳으로 셰리 와인과 유사한 와인을 생산한다.

05 맥주의 제조 과정 중 발효가 끝난 후 숙성시킬 때의 온도로 가장 적합한 것은?

① -1~3℃ ② 8~10℃
③ 12~14℃ ④ 16~20℃

> **!** 보통 발효가 끝난 후, 5℃ 이하에서 숙성을 통해 얻어진 풍미와 향을 안정화하는 과정을 거친다.

06 밀(Wheat)을 주원료로 만든 맥주는?

① 산미구엘(San Miguel)
② 호가든(Hoegaarden)
③ 람빅(Lambic)
④ 포스터스(Foster's)

> **!** • 호가든(Hoegaarden)
> 벨기에의 대표적인 밀맥주이다.

07 리큐르(Liqueur)의 여왕이라고 불리며 프랑스의 수도원의 이름을 가지고 있는 것은?

① 드람부이(Drambuie)
② 샤르트뢰즈(Chartreuse)
③ 베네딕틴(Benedictine)
④ 체리브랜디(Cherry Brandy)

08 맥주 제조 시 홉(Hop)을 사용하는 가장 주된 이유는?

① 잡냄새 제거
② 단백질 등 질소화합물 제거
③ 맥주 색깔의 강화
④ 맥즙의 살균

> **!** • 홉(Hop)
> 맥즙 안의 단백질, 질소화합물 등과 결합하여 가라앉는다. 맥주의 쓴맛과 함께 다양한 아로마를 부여하고, 거품의 안정성 유지 및 항균제의 역할을 하여 맥주의 보존성과 유통 효율을 높여준다.

09 다음 중 호크 와인(Hock Wine)이란?

① 독일 라인산 화이트 와인
② 프랑스 버건디산 화이트 와인
③ 스페인 호크하임엘산 레드 와인
④ 이탈리아 피에몬테산 레드 와인

> **!** 독일의 Hochheim am Main 마을에서 유래된 라인강 지역의 화이트 와인을 뜻하는 영국식 용어이다.

10 다음 중 Bitter가 아닌 것은?

① Angostura ② Campari
③ Galliano ④ Amer Picon

> **!** • 비터류(Bitters)
> 강한 허브향과 뚜렷한 쓴맛을 지닌 것에 반해, 갈리아노는 바닐라와 아니스 등 허브로 만들어졌으나 달콤하다.

11 발포성 와인의 이름이 잘못 연결된 것은?

① 스페인-카바(Cava)
② 독일-젝트(Sekt)
③ 이탈리아-스푸만테(Spumante)
④ 포르투갈-도세(Doce)

> **!** Doce는 포르투갈어로 달콤한(Sweet) 이라는 뜻이다.

12 식후주(After Dinner Drink)로 가장 적합한 것은?

① 코냑(Cognac)
② 드라이 셰리 와인(Dry Sherry Wine)
③ 드라이 진(Dry Gin)
④ 베르무트(Vermouth)

13 리큐르 중 D.O.M. 글자가 표기되어 있는 것은?

① Sloe Gin   ② Kahlua
③ Kümmel   ④ Benedictine

> ! 베네딕틴(Benedictine) 병에 표기되어 있으며, D.O.M은 Deo Optimo Maximo의 약자로 "최선, 최대의 신에게 바치는 술"이라는 뜻이다.

14 슬로진(Sloe Gin)의 설명 중 옳은 것은?

① 증류주의 일종이며, 진(Gin)의 종류이다.
② 보드카(Vodka)에 그레나딘 시럽을 첨가한 것이다.
③ 아주 천천히 분위기 있게 먹는 칵테일이다.
④ 진(Gin)에 야생 자두(Sloe Berry)의 성분을 첨가한 것이다.

> ! 슬로진은 혼성주, 리큐르이다.

15 콘 위스키(Corn Whiskey)란?

① 원료의 50% 이상 옥수수를 사용한 것
② 원료에 옥수수 50%, 호밀 50%가 섞인 것
③ 원료의 80% 이상 옥수수를 사용한 것
④ 원료의 40% 이상 옥수수를 사용한 것

> ! ① 버번 위스키 : 원료의 51% 이상이 옥수수
> ② 라이 위스키 : 원료의 51% 이상이 호밀
> ③ 콘 위스키 : 원료의 80% 이상이 옥수수

16 일반적으로 단식 증류기(Pot Still)로 증류하는 것은?

① Kentucky Straight Bourbon Whiskey
② Grain Whisky
③ Dark Rum
④ Aquavit

> ! 몰트위스키, 다크 럼, 코냑을 생산할 때 주로 단식 증류기를 사용한다.

17 알코올성 음료를 의미하는 용어가 아닌 것은?

① Hard Drink   ② Liquor
③ Ginger Ale   ④ Spirits

18 비알코올성 음료의 분류 방법에 해당되지 않는 것은?

① 청량음료   ② 영양음료
③ 발포성음료   ④ 기호음료

> ! • 비알코올성 음료
> 청량음료, 영양음료, 기호음료로 분류된다.

19 다음 중 럼에 대한 설명이 아닌 것은?

① 럼의 주재료는 사탕수수이다.
② 럼은 서인도제도를 통치하는 유럽의 식민정책 중 삼각무역에 사용되었다.
③ 럼은 사탕을 첨가하여 만든 리큐르이다.
④ 럼의 향, 맛에 따라 라이트 럼, 미디엄 럼, 헤비 럼으로 분류된다.

> ! • 럼(Rum)
> 사탕수수나 당밀로 만든 증류주이다.

20 탄산음료 중 뒷맛이 쌉쌀한 맛이 남는 음료는?

① 콜린스 믹스　　② 토닉 워터
③ 진저엘　　　　④ 콜라

❗ 토닉워터의 키니네(Quinine) 성분은 특유의 쓴맛을 내며, 콜린스 믹스는 새콤한 맛이 강하다.

21 다음 중 생산지가 옳게 연결된 것은?

① 산펠레그리노(San Pellegrino) - 오스트리아
② 비쉬 까딸란(Vichy Catalán) - 스페인
③ 에비앙(Evian) - 그리스
④ 페리에(Perrier) - 이탈리아

❗ 산펠레그리노-이탈리아, 에비앙-프랑스, 페리에-프랑스

22 우리나라 전통주에 대한 설명으로 틀린 것은?

① 증류주 제조 기술은 고려시대에 몽고에 의해 전래되었다.
② 탁주는 쌀 등 곡식을 주로 이용하였다.
③ 탁주, 약주, 소주의 순서로 개발되었다.
④ 청주는 쌀의 향을 얻기 위해 현미를 주로 사용한다.

❗ • 청주
주로 찹쌀을 사용하여 발효시킨 뒤 맑은 것만 걸러낸 것으로 사케와 비슷하다.

23 보드카의 설명으로 옳지 않은 것은?

① 슬라브 민족의 국민주로 애음되고 있다.
② 보드카는 러시아에서만 생산된다.
③ 보드카의 원료는 주로 보리, 밀, 호밀, 옥수수, 감자 등이 사용된다.
④ 보드카에 향을 입힌 보드카를 플레이버드(Flavored) 보드카라 칭한다.

❗ 보드카는 러시아뿐만 아니라 체코, 슬로바키아, 불가리아 등에서 생산된다.

24 Whisky의 재료가 아닌 것은?

① 맥아　　　　② 보리
③ 호밀　　　　④ 감자

❗ 감자는 보드카의 재료로 사용된다.

25 에스프레소의 커피 추출이 빨리 되는 원인이 아닌 것은?

① 너무 굵은 분쇄 입자
② 약한 탬핑 강도
③ 너무 많은 커피 사용
④ 높은 펌프 압력

❗ 커피의 양이 많으면 입자 간에 틈이 없기 때문에 느리게 추출된다.

26 브랜디에 대한 설명으로 가장 거리가 먼 것은?

① 포도 또는 과실을 발효하여 증류한 술이다.
② 코냑에 처음으로 별표의 기호를 도입한 것은1865년 헤네시(Hennessy)사에 의해서이다.
③ 브랜디는 저장기간을 부호로 표시하며 그 부호가 나타내는 저장기간은 법적으로 정해져 있다.
④ 브랜디의 증류는 와인을 2~3회 단식 증류기(Pot Still)로 증류한다.

> ! 기호나 문자에 따른 브랜디의 숙성 기간은 법적 규제가 없기에 제조사 별로 다르다.

27 위스키의 원료에 따른 분류가 아닌 것은?

① 몰트 위스키
② 그레인 위스키
③ 포트스틸 위스키
④ 블렌디드 위스키

> ! 위스키의 증류 방식에 따라 Pot Still(단식 증류) 위스키와 Patent Still(연속식 증류) 위스키로 분류된다.

28 국가 지정 중요무형문화재로 지정된 전통주가 아닌 것은?

① 충남 면천두견주 ② 진도 홍주
③ 서울 문배주   ④ 경주 교동법주

> ! ① 중요무형문화재로 지정된 전통주: 면천두견주, 문배주, 교동법주
> ② 시도무형문화재로 지정된 전통주: 한산소곡주, 김천과하주, 진도홍주, 계명주 등

29 커피 로스팅의 정도에 따라 약한 순서에서 강한 순서대로 나열한 것으로 옳은 것은?

① American Roasting→German Roasting→French Roasting→Italian Roasting
② German Roasting→Italian Roasting→American Roasting→French Roasting
③ Italian Roasting→German Roasting→American Roasting→French Roasting
④ French Roasting→American Roasting→Italian Roasting→German Roasting

30 혼합물을 구성하는 각 물질의 비등점의 차이를 이용하여 만드는 술을 무엇이라 하는가?

① 발효주   ② 발아주
③ 증류주   ④ 양조주

> ! 물의 끓는점은 100℃, 알코올의 끓는점은 78.4℃라는 점을 이용하여 증류주를 만든다.

31 구매 부서의 기능이 아닌 것은?

① 검수   ② 저장
③ 불출   ④ 판매

32 Pousse Café를 만드는 재료 중 가장 나중에 따르는 것은?

① Brandy
② Grenadine Syrup
③ Crème de Menthe
④ Crème de Cassis

! 도수가 낮고 당분이 높을수록 비중이 크기 때문에 증류주인 브랜디를 가장 나중에 따른다. Grenadine Syrup→Crème de Menthe(Green)→Brandy

33 Manhattan 조주 시 필요한 기물은?

① 셰이커(Shaker)
② 믹싱 글라스(Mixing Glass)
③ 전기 블렌더(Blender)
④ 주스 믹서(Juice Mixer)

! 맨하탄과 마티니는 대표적인 휘젓기(Stir) 기법의 칵테일로 믹싱 글라스와 바스푼이 필요하다.

34 바텐더의 칵테일용 가니쉬 재료 손질에 관한 설명 중 가장 거리가 먼 것은?

① 레몬 슬라이스는 미리 손질하여 밀폐용기에 넣어서 준비한다.
② 오렌지 슬라이스는 미리 손질하여 밀폐용기에 넣어서 준비한다.
③ 레몬 껍질은 미리 손질하여 밀폐용기에 넣어서 준비한다.
④ 딸기는 미리 꼭지를 제거한 후 깨끗하게 세척하여 밀폐용기에 넣어서 준비한다.

! 딸기는 꼭지를 제거하면 쉽게 무를 수 있기 때문에 사용하기 직전에 준비하는 것이 좋다.

35 Gin &Tonic에 알맞은 Glass와 장식은?

① Collins Glass-Pineapple Slice
② Cocktail Glass-Olive
③ Cordial Glass-Orange Slice
④ Highball Glass-Lemon Slice

! 진토닉에는 보통 레몬이나 라임으로 장식한다.

36 Classic Bar의 특징과 가장 거리가 먼 것은?

① 서비스의 중점을 정중함과 편안함에 둔다.
② 소규모 라이브 음악을 제공한다.
③ 고객에게 화려한 바텐딩 기술을 선보인다.
④ 칵테일 조주 시 정확한 용량과 방법으로 제공한다.

! 술병이나 도구들을 이용하여 다양한 볼거리를 제공하는 곳은 플레어 바(Flair Bar)이다.

37 위스키가 기주로 쓰이지 않는 칵테일은?

① 뉴욕(New York)
② 로브 로이(Rob Roy)
③ 블랙 러시안(Black Russian)
④ 맨하탄(Manhattan)

! 블랙 러시안의 레시피는 Vodka 1oz, Kahlua $\frac{1}{2}$oz이다.

38 셰이킹(Shaking) 기법에 대한 설명으로 틀린 것은?

① 셰이커에 얼음을 충분히 넣어 빠른 시간 안에 잘 섞이고 차게 한다.
② 셰이커에 재료를 넣고 Cap을 Strainer에 씌운 다음 Body에 덮는다.
③ 잘 섞이지 않는 재료들을 셰이커에 넣어 세차게 흔들어 섞는 조주 기법이다.
④ 계란, 우유, 크림, 당분이 많은 리큐르 등으로 칵테일을 만들 때 많이 사용된다.

> ! Body에 Strainer를 덮고 Cap을 씌운다.

39 주장의 종류로 가장 거리가 먼 것은?

① Cocktail Bar
② Members Club Bar
③ Snack Bar
④ Pub Bar

> ! • 스낵바(Snack Bar)
> 간단한 식사를 하거나 테이크 아웃을 할 수 있는 간이형 레스토랑이다.

40 다음 중 달걀이 들어가는 칵테일은?

① Millionaire
② Black Russian
③ Brandy Alexander
④ Daiquiri

> ! 달걀이 들어가는 대표적인 칵테일은 밀리어네어(Millionaire), 핑크 레이디(Pink Lady), 브랜디 에그노그(Brandy Eggnog)이다.

41 다음 중 휘젓기(Stir) 기법으로 만드는 칵테일이 아닌 것은?

① Manhattan ② Martini
③ Gibson ④ Gimlet

> ! 스터 기법으로 만드는 대표적인 칵테일은 맨하탄, 롭로이, 깁슨, 마티니이다.

42 다음 칵테일 중 Floating 기법으로 만들지 않는 것은?

① B&B ② Pousse Café
③ B-52 ④ Black Russian

> ! 블랙 러시안(Black Russian)은 직접넣기(Build) 기법으로 조주한다.

43 와인에 대한 Corkage Charge의 설명으로 가장 거리가 먼 것은?

① 업장의 와인이 아닌 개인이 따로 가져온 와인을 마시고자 할 때 적용된다.
② 와인을 마시기 위해 이용되는 글라스, 직원 서비스 등에 대한 요금이 포함된다.
③ 주로 업장이 보유하고 있지 않은 와인을 시음할 때 적용된다.
④ 코르크로 밀봉되어 있는 와인을 서비스하는 경우에 적용되며, 스크류 캡을 사용한 와인은 부과되지 않는다.

> ! 콜키지 차지(Corkage Charge)는 병당 혹은 가격에 비례하여 부과된다.

44 주장(Bar)에서 기물의 취급 방법으로 적합하지 않은 것은?

① 금이 간 접시나 글라스는 규정에 따라 폐기한다.
② 은기물은 은기물 전용 세척액에 오래 담가 두어야 한다.
③ 크리스탈 글라스는 가능한 손으로 세척한다.
④ 식기는 같은 종류별로 보관하며 너무 많이 쌓아 두지 않는다.

> ! 은기물 세척액은 화학약품이기 때문에 너무 오래 담가 두지 않도록 한다.

45 다음 중 소믈리에(Sommelier)의 주요 임무는?

① 기물 세척(Utensil Cleaning)
② 주류 저장(Store Keeping)
③ 와인 판매(Wine Selling)
④ 칵테일 조주(Cocktail Making)

46 바의 매출액 구성요소 산정 방법 중 옳은 것은?

① 매출액＝고객수÷객단가
② 고객수＝고정고객×일반고객
③ 객단가＝매출액÷고객수
④ 판매가＝기준단가×(재료비/100)

47 바(Bar) 기물이 아닌 것은?

① Bar Spoon ② Shaker
③ Chaser ④ Jigger

> ! • 체이서(Chaser)
> 술을 마신 후에 입가심으로 마시는 물이나 음료를 말한다.

48 글라스 세척 시 알맞은 세제와 세척 순서로 짝지어진 것은?

① 산성세제－더운물－찬물
② 중성세제－찬물－더운물
③ 산성세제－찬물－더운물
④ 중성세제－더운물－찬물

> ! 식기, 과일 등의 세척과 기름을 제거하기 위해서는 중성세제가 알맞으며, 따뜻한 물로 깨끗이 씻고 찬물로 헹구어 글라스의 온도가 너무 높아지지 않게 한다.

49 Rum 베이스 칵테일이 아닌 것은?

① Daiquiri ② Cuba Libre
③ Mai Tai ④ Stinger

> ! • 스팅어(Stinger)
> Brandy 1⅓oz, Crème de Menthe White ¾oz이다.

50 다음 중 보드카(Vodka)를 주재료로 사용하지 않는 칵테일은?

① Cosmopolitan ② Kiss of Fire
③ Apple Martini ④ Margarita

> ! 마가리타(Margarita)는 테킬라 베이스의 대표적인 칵테일이다.

51 "5월 5일에는 이미 예약이 다 되어 있습니다."의 표현은?

① We look forward to seeing you on May 5th.
② We are fully booked on May 5th.
③ We are available on May 5th.
④ I will check availability on May 5th.

52 다음 문장 중 틀린 것은?

① Are you in a hurry?
② May I help with you your baggage?
③ Will you pay in cash or with a credit card?
④ What is the most famous in Seoul?

> ❗ May I help you with your baggage?

53 아래 문장의 의미는?

> The line is busy, so I can't put you through.

① 통화 중이므로 바꿔 드릴 수 없습니다.
② 고장이므로 바꿔 드릴 수 없습니다.
③ 외출 중이므로 바꿔 드릴 수 없습니다.
④ 아무도 없으므로 바꿔 드릴 수 없습니다.

> ❗ The line is busy. 통화 중입니다.

54 Which one is the spirit made from agave?

① Tequila   ② Rum
③ Vodka   ④ Gin

> ❗ • 테킬라(Tequila)
> 용설란(Agave)을 발효, 증류하여 만든다.

55 "A glossary of basic wine terms"의 연결로 틀린 것은?

① Balance: the portion of the wine's odor derived from the grape variety and fermentation.
② Nose: the total odor of wine composed of aroma, bouquet, and other factors.
③ Body: the weight or fullness of wine on palate.
④ Dry: a tasting term to denote the absence of sweetness in wine.

> ❗ ①에서 설명하는 용어는 아로마(Aroma)이다.
> ② 노즈(Nose): 아로마, 부케, 기타 요소들로 구성된 와인의 총체적인 향
> ③ 바디(Body): 입안에 남는 와인의 무게감 또는 충만감
> ④ 드라이(Dry): 와인에 단맛이 없음을 나타내는 테이스팅 용어

56 다음 (   )에 들어갈 단어로 가장 적합한 것은?

> (   ) goes well with dessert.

① Ice Wine   ② Red Wine
③ Vermouth   ④ Dry Sherry

57 Which equipment is not used for the stirring technique in cocktail making?

① Mixing Glass ② Bar Spoon
③ Shaker ④ Strainer

> **!**
> • 휘젓기(Stir)
> 믹싱 글라스에 재료와 얼음을 넣고 바스푼으로 가볍게 저은 후 스트레이너로 걸러 글라스에 따르는 기법이다.

58 다음 중 의미가 다른 하나는?

① It's my treat this time.
② I'll pick up the tab.
③ Let's go Dutch.
④ It's on me.

> **!**
> ③은 각자 계산, 나머지는 내가 낸다는 뜻이다.

59 ( ) 안에 가장 적합한 것은?

> A bartender must ( ) his helpers, waiters or waitress. He must also ( ) various kinds of records, such as stock control, inventory, daily sales report, purchasing report and so on.

① take, manage
② supervise, handle
③ respect, deal
④ manage, careful

> **!**
> 바텐더는 보조원, 웨이터 및 웨이트리스를 감독해야 한다. 그는 또한 재고 관리, 일일 판매 현황, 구매 보고서 등 각종 기록을 처리해야 한다.

60 Dry Gin, Egg White, and Grenadine Syrup are the main ingredients of ( ).

① Bloody Mary ② Eggnog
③ Tom and Jerry ④ Pink Lady

> **!**
> 드라이 진, 달걀 흰자 그리고 그레나딘 시럽은 핑크레이디 (Pink Lady)의 주재료이다.

정답

01	02	03	04	05	06	07	08	09	10
①	③	③	②	①	②	②	②	①	③
11	12	13	14	15	16	17	18	19	20
④	①	④	④	③	③	③	③	③	②
21	22	23	24	25	26	27	28	29	30
②	④	②	④	③	③	③	②	①	③
31	32	33	34	35	36	37	38	39	40
④	①	②	④	④	③	③	②	③	①
41	42	43	44	45	46	47	48	49	50
④	④	④	④	③	③	③	④	④	④
51	52	53	54	55	56	57	58	59	60
②	②	①	①	①	①	③	③	②	④

	수험 번호	성명

자격 종목	코드	출제 문항 수	시험 시간
조주기능사		60문항	60분

01 리큐르(Liqueur)의 여왕이라고 불리며 프랑스 수도원의 이름을 가지고 있는 것은?

① 드람부이(Drambuie)
② 베네딕틴(Benedictine)
③ 체리브랜디(Cherry Brandy)
④ 샤르트뢰즈(Chartreuse)

! • 샤르뜨뢰즈(Chartreuse)
프랑스어로 '수도원, 승려'라는 뜻으로 130여 가지의 허브를 증류하여 만든 리큐르의 여왕이다. 그린과 옐로우 두 가지 종류가 있다.

03 탄산음료에서 피-하고 나오는 소리에서 유래된 칵테일 스타일의 명칭은 무엇인가?

① 플립　　　　　② 슬링
③ 피즈　　　　　④ 사워

! • 피즈(Fizz)
탄산음료를 개봉할 때 나는 피-즈라는 소리에서 붙여진 이름이며, 베이스에 레몬주스, 설탕, 탄산수를 넣어 만든다.

02 콜라(Coke)에 대한 설명으로 틀린 것은?

① 원산지는 서아프리카이다.
② 탄산 성분은 자연 발효 중 생성된다.
③ 콜라나무 열매에서 추출한 농축액을 가공하여 만든다.
④ 콜라나무 종자에는 커피보다 2~3배 많은 카페인과 콜라닌이 들어있다.

! • 콜라(Coke)
콜라나무 열매에서 추출한 원액에 여러 향료를 혼합한 후 인위적으로 탄산가스를 주입한 청량음료이다.

04 보드카(Vodka)에 대한 설명 중 틀린 것은?

① 슬라브 민족의 국민주라고 할 수 있을 정도로 애음되는 술이다.
② 사탕수수를 주원료로 사용한다.
③ 무색(Colorless), 무미(Tasteless), 무취(Odorless)이다.
④ 자작나무 활성탄과 모래를 통과시켜 여과한 술이다.

! 보드카는 감자나 고구마를 원료로 사용하며, 사탕수수를 주원료로 하는 것은 럼(Rum)이다.

05 혼성주의 제조 방법이 아닌 것은?

① 양조법(Fermentation)
② 증류법(Distillation)
③ 침출법(Infusion)
④ 에센스법(Essence)

! ② 재료를 주정에 넣고 증류하여 향을 얻는 방법
③ 재료를 주정에 넣고 용해될 때까지 담가 두는 방법
④ 주정에 합성 향료의 에센스를 혼합하는 방법

06 비알코올성 음료에 대한 설명으로 틀린 것은?

① Decaffeinated Coffee는 카페인을 제거한 커피이다.
② 아라비카종은 에티오피아가 원산지이며, 향미가 우수하다.
③ 에스프레소 커피는 고압의 수증기로 추출한 커피이다.
④ Cocoa는 카카오 열매의 과육을 말려 가공한 것이다.

! • 코코아(Cocoa)
카카오 열매(콩)를 분쇄하여 가루로 만든 것이다.

07 다음 중 Sugar Frost로 만드는 칵테일은?

① Rob Roy
② Kiss of Fire
③ Margarita
④ Angel's Tip

! '리밍' 혹은 '스노우 스타일'이라고도 하며 글라스의 Rim 부분에 설탕이나 소금을 묻히는 스타일이다. 설탕은 키스 오브 파이어에, 소금은 마가리타에 사용된다.

08 Irish Whiskey에 대한 설명으로 틀린 것은?

① 깊고 진한 맛과 향을 지닌 몰트 위스키도 포함된다.
② 대부분 피트 훈연을 하지 않아 맛이 부드럽다.
③ 스카치 위스키와 제조 과정이 동일하다.
④ John Jameson, Old Bushmills가 대표적이다.

! 아이리쉬 위스키와 스카치 위스키의 가장 큰 차이점은 증류 횟수(아이리쉬: 3회, 스카치 위스키: 2회)이다. 증류 횟수가 늘어날수록 원재료의 풍미가 줄어들지만 불순물이 정제된 원액을 얻을 수 있다.

09 다음 중 양조주가 아닌 것은?

① 맥주(Beer)
② 와인(Wine)
③ 브랜디(Brandy)
④ 풀케(Pulque)

! 풀케는 용설란(Agave)을 원료로 하는 발효주이며, 이것을 증류하면 테킬라(Tequila)가 된다.

10 레드 와인의 서비스 온도로 알맞은 것은?

① 10℃
② 12℃
③ 8℃
④ 16℃

! 레드 와인의 적정 서브 온도는 16~18℃이다.

11 와인의 등급을 A.O.C, V.D.Q.S, Vins de Pay, Vins de Table로 구분하는 나라는?

① 이탈리아
② 스페인
③ 독일
④ 프랑스

! • 국가별 와인 원산지 명칭 통제 기준
① 이탈리아: DOCG, DOC, IGT, VDT
② 스페인: DO
③ 독일: QMP, QBA

12 보르도(Bordeaux) 지역에서 재배되는 레드 와인용 포도 품종이 아닌 것은?

① 메를로(Merlot)
② 뮈스카델(Muscadelle)
③ 카베르네 소비뇽(Cabernet Sauvignon)
④ 카베르네 프랑(Cabernet Franc)

> ! • 뮈스카델(Muscadelle)
> 프랑스 화이트 와인용 포도 품종으로 꽃과 청포도 향이 특징이며, 소비뇽 블랑이나 세미용 품종과 블렌딩 한다.

13 믹싱 글라스에서 만든 칵테일을 글라스에 따를 때 얼음을 걸러주는 역할을 하는 기구는?

① Ice Pick   ② Ice Tongs
③ Strainer   ④ Squeezer

14 필스너 글라스(Pilsner Glass)에 대한 설명으로 옳은 것은?

① 브랜디를 마실 때 사용한다.
② 맥주를 따르면 기포가 올라와 거품이 유지된다.
③ 와인의 향을 즐기는 데 가장 적합하다.
④ 옆면이 둥글게 되어 있어 발레리나를 연상하게 한다.

15 차의 분류가 옳게 연결된 것은?

① 발효차 - 얼그레이
② 불발효차 - 보이차
③ 반발효차 - 녹차
④ 후발효차 - 자스민

> ! ① 불발효차 : 녹차
> ② 반발효차 : 자스민
> ③ 발효차 : 얼그레이
> ④ 후발효차 : 보이차

16 감미 와인(Sweet Wine)을 만드는 방법이 아닌 것은?

① 귀부 포도(Noble Rot Grape)를 사용하는 방법
② 발효 도중 알코올을 강화하는 방법
③ 발효 시 설탕을 첨가하는 방법
④ 햇빛에 말린 포도를 사용하는 방법

> ! 발효 시 설탕을 첨가하게 되면 효모가 이용할 당이 증가하여 최종 와인의 알코올 함량이 높아진다.

17 다음 중 과실음료가 아닌 것은?

① 토마토주스
② 천연과즙주스
③ 희석과즙음료
④ 과립과즙음료

> ! 토마토주스는 과채음료이다.

18 피냐콜라다(Piña Colada) 칵테일의 재료가 아닌 것은?

① Orange Juice   ② Pineapple Juice
③ Piña Colada Mix   ④ Rum

> ! • 피냐콜라다(Piña Colada)
> 대표적인 트로피컬 칵테일로 럼, 피냐콜라다 믹스(코코넛 크림 함유), 파인애플 주스를 얼음과 함께 블렌더로 갈아서 만든다.

19 전통주의 약주나 탁주 제조에 사용되는 발효제가 아닌 것은?

① 누룩   ② 입국
③ 조효소제   ④ 유산균

> ! • 유산균
> 발효 식품인 요구르트나 김치 등에 포함되어 있는 발효의 결과물이다.

20 칵테일 조주 시 술이나 부재료, 주스의 용량을 재는 기구로 스테인리스제가 많이 쓰이며, 30ml와 45ml의 컵이 등을 맞대고 있는 기구는 무엇인가?

① 스트레이너   ② 믹싱글라스
③ 지거   ④ 스퀴저

21 바텐더가 지켜야 할 사항 중 잘못된 것은?

① 항상 고객의 입장에서 근무하며 고객을 공평하게 대할 것
② 업장에 손님이 없을 시에도 서비스 자세를 바르게 유지할 것
③ 고객의 취향에 맞추어 서비스할 것
④ 고객끼리 대화를 할 경우 적극적으로 대화에 참여할 것

22 셰이커(Shaker)를 이용하여 만든 칵테일을 짝지은 것으로 옳은 것은?

ⓐ Pink Lady	ⓑ Olympic
ⓒ Gochang	ⓓ Sea Breeze
ⓔ Bacardi	ⓕ Kir

① ⓐ, ⓑ, ⓔ   ② ⓐ, ⓒ, ⓔ
③ ⓐ, ⓑ, ⓓ   ④ ⓑ, ⓔ, ⓕ

23 Gin에 대한 설명으로 틀린 것은?

① 저장과 숙성을 하지 않는다.
② 생명의 물이라는 뜻이다.
③ 무색 투명하고 산뜻한 맛이다.
④ 알코올 함량은 40~50% 정도이다.

❗ 어원이 '생명의 물'인 것은 보드카, 위스키, 브랜디 등이다.

24 칵테일의 기본 5대 요소와 거리가 가장 먼 것은?

① 장식(Decoration)
② 방법(Method)
③ 잔(Glass)
④ 향(Flavor)

❗ 칵테일의 5대 요소는 색, 향, 맛, 장식, 잔이다.

25 다음 중 호크 와인(Hock Wine)이란?

① 독일 라인산 화이트 와인
② 프랑스 부르고뉴산 화이트 와인
③ 스페인 리오하산 레드 와인
④ 이탈리아 피에몬테산 레드 와인

26 바에서 일반적으로 물에 들어있는 기물은?

① 지거, 셰이커
② 바스푼, 셰이커
③ 지거, 바스푼
④ 셰이커, 스트레이너

❗ 대개 업장(Bar)에서는 바 스푼만 물에 담가 놓지만, 실기 시험장에서는 지거와 바 스푼 모두 물에 들어있다.

27 Flute형 샴페인 글라스를 사용하는 칵테일은?

① 진도   ② 고창
③ 진 피즈   ④ 그래스호퍼

❗ ① 진도: 칵테일 글라스
③ 진 피즈: 하이볼 글라스
④ 그래스호퍼: 소서형 샴페인 글라스

28 조주용 기물 중 푸어러(Pourer)의 설명으로 옳은 것은?

① 쓰고 남은 청량음료를 밀폐시키는 병 마개
② 칵테일을 마시기 쉽게 하기 위한 빨대
③ 술병 입구에 끼워 쏟아지는 양을 일정하게 만드는 기구
④ 물을 담아 놓고 사용하는 손잡이가 달린 물병

29 혼성주(Compounded Liquor)에 대한 설명 중 틀린 것은?

① 칵테일의 재료나 식후주로 사용된다.
② 발효주에 초근목피의 추출물을 혼합하여 만든다.
③ 색채, 향기, 감미, 알코올의 조화가 잘 된 술이다.
④ 고대 그리스 시대에 약용으로 사용되었다.

! 일반적으로 증류주에 침출하여 만든다.

30 세계 3대 홍차에 해당하지 않는 것은?

① 아삼(Assam)
② 우바(Uva)
③ 기문(Keemun)
④ 다즐링(Darjeeling)

! 세계 3대 홍차: 다즐링, 우바, 기문

31 업장에서 표준 레시피(Standard Recipe)를 준수해야 하는 이유로 가장 거리가 먼 것은?

① 다양한 맛을 낼 수 있다.
② 객관성을 유지할 수 있다.
③ 원가 책정의 기초로 삼을 수 있다.
④ 동일한 조주 방법으로 숙련할 수 있다.

32 와인을 증류한 술은?

① 진
② 럼
③ 위스키
④ 브랜디

33 초록빛을 띠며 한때 제조와 판매 금지령이 내려졌던 리큐르는 무엇인가?

① 깔루아(Kahlua)
② 압생트(Absinthe)
③ 드람부이(Drambuie)
④ 캄파리(Campari)

! • 압생트(Absinthe)
주원료인 향쑥에 포함된 투존(Thujone)이라는 성분이 정신 착란을 일으켜 환각을 보게 되며, 과음하면 시신경이 파괴될 수 있다는 연구 결과로 인하여 한동안 판매가 금지되었다.

34 다음 중 럼(Rum) 베이스 칵테일이 아닌 것은?

① Daiquiri
② Cuba Libre
③ Mai Tai
④ Stinger

! 스팅어(Stinger)는 브랜디 베이스의 칵테일이다.

35 달걀, 설탕 등의 부재료가 사용되는 칵테일을 혼합할 때 사용하는 기구는?

① Shaker　　② Mixing Glass
③ Strainer　　④ Muddler

36 주장 종사원(Waiter, Waitress)의 직무에 해당하는 것은?

① 업장 내부의 청결을 유지한다.
② 고객으로부터 주문을 받고 봉사한다.
③ 보급품과 기물, 주류 등을 정리한다.
④ 조주에 필요한 얼음을 준비한다.

37 음료를 서빙할 때 일반적으로 사용하는 비품이 아닌 것은?

① Bar Spoon　　② Coaster
③ Serving Tray　　④ Napkin

! 바스푼(Bar Spoon)은 조주할 때 사용하는 기구이다.

38 우리나라의 증류식 소주에 해당하지 않는 것은?

① 안동소주　　② 제주 한주
③ 경기 문배주　　④ 금산 삼송주

! • 삼송주
멥쌀, 인삼, 쑥 등으로 만든 발효주이다.

39 다음 중 상면발효 맥주가 아닌 것은?

① 에일맥주(Ale Beer)
② 포터맥주(Porter Beer)
③ 스타우트맥주(Stout Beer)
④ 필스너맥주(Pilsner Beer)

! 필스너(Pilsner)는 라거(Lager)와 함께 대표적인 하면발효 맥주이다.

40 와인의 빈티지(Vintage)가 의미하는 것은?

① 포도주의 판매 유효 연도
② 포도의 수확 연도
③ 포도 품종
④ 포도주의 도수

41 다음 중 커피 리큐르가 아닌 것은?

① Kümmel　　② Tia Maria
③ Kahlua　　④ Kamora

! • 쿰멜(Kümmel)
캐러웨이 씨(Caraway Seed), 커민(Cumin) 등을 원료로 하는 독일의 리큐르이며, 소화 불량에 도움이 된다.

42 다음 중 보드카(Vodka)의 브랜드로 알맞은 것은?

① Bacardi　　② Stolichinaya
③ Blanton's　　④ Beefeater

! ① 럼, ③ 버번 위스키, ④ 진

43 다음 중 롱 드링크(Long Drink)에 해당하는 칵테일은?

① 드라이 마티니(Dry Martini)
② 진 피즈(Gin Fizz)
③ 맨해튼(Manhattan)
④ 스팅어(Stinger)

! 롱 드링크의 용량은 180ml 이상이며, 스템이 없는 글라스에 제공된다.

44 다음 중 와인을 생산하는 지역과 그 지역의 포도 품종이 바르게 연결된 것은?

① 샴페인-세미용
② 부르고뉴 화이트 와인-소비뇽 블랑
③ 보르도 레드 와인-피노누아
④ 샤토뇌프 뒤 파프-그르나슈

> ❗
> ① 샴페인: 샤르도네, 피노누아, 피노 뫼니에
> ② 부르고뉴 화이트: 샤르도네
> ③ 보르도 레드: 카베르네 소비뇽

45 옥수수를 51% 이상 원료로 하여 연속식 증류기를 사용하여 알코올 함량 40% 이상으로 병입되는 위스키는?

① Scotch Whisky
② Bourbon Whiskey
③ Irish Whiskey
④ Canadian Whisky

46 다음에서 설명되는 약용주는?

> 충남 서북부 해안 지방의 전통 민속주로 고려 개국 공신 복지겸이 백약이 무효인 병을 앓고 있을 때, 백일기도 끝에 터득한 비법에 따라 찹쌀, 아미산의 진달래, 안샘물로 빚은 술을 마시고 병을 고쳤다는 신비의 전설과 함께 전해 내려온다.

① 두견주   ② 송순주
③ 문배주   ④ 백세주

> ❗
> 진달래꽃을 '두견화'라고 한다.

47 재고 조사 시 잘못된 것은?

① 하우스 와인 750ml를 12잔으로 계산
② 셰리 와인 750ml를 12잔으로 계산
③ 브랜디 750ml를 15잔으로 계산
④ 위스키 750ml를 15잔으로 계산

> ❗
> 와인 한 병(750ml)은 보통 레드 5잔, 화이트 6잔으로 계산한다. 반면, 셰리 와인의 적정 제공량은 60ml, 브랜디와 위스키는 30ml이다.

48 바의 한 달 전체 순수 매출액이 1,000만원이고 종사원에게 지불된 급여가 300만원일 경우, 이 바의 인건비율은?

① 10%   ② 20%
③ 30%   ④ 40%

> ❗
> 인건비 비율 = 인건비/순매출액×100

49 해피 아워(Happy Hour)란?

① 행복한 시간
② 고객이 붐비는 시간대에 비싸게 판매하는 것
③ 고객이 붐비지 않는 시간대에 저렴한 가격으로 음료나 스낵을 제공하는 것
④ 단골 고객 대상 사은 행사

50 단식 증류기의 일반적인 특징이 아닌 것은?

① 원료 고유의 향을 잘 얻을 수 있다.
② 고급 증류주의 제조에 이용한다.
③ 적은 양을 빠른 시간에 증류하여 시간이 단축된다.
④ 증류 시 알코올 함량을 80% 이하로 증류한다.

> ❗
> • 단식 증류기(Pot Still)
> 연속식 증류기(Patent Still)에 비해 시간과 비용이 많이 들지만 맛이 좋아 고급 위스키나 브랜디 제조에 사용된다.

51 다음 중 음료의 성분을 잘못 짝지은 것은?

① Kahlua-Chocolate
② Drambuie-Honey
③ Cynar-Artichoke
④ Curacao-Orange

> ❗ 깔루아의 주재료는 커피이다.

52 Which one does not belong to aperitif?

① Vermouth　　② Campari
③ Dry Sherry　　④ Brandy

> ❗ 브랜디는 대표적인 식후주(Digestif)이다.

53 다음의 질문에 대한 대답으로 가장 올바른 것은?

> "Would you care for dessert?"

① Ok. Vanilla Ice cream, please.
② Ice water, please.
③ Scotch on the rocks.
④ I love to cook.

> ❗ 디저트 좀 드시겠어요?

54 "1월 1일에는 이미 예약이 다 되어있습니다." 의 표현은?

① We look forward to seeing you on January 1st.
② We are fully booked on January 1st.
③ We are available on January 1st.
④ I will check availability on January 1st.

55 다음 밑줄 친 곳에 들어갈 단어로 알맞은 것은?

> Which one do you like better Whisky
> _____ Brandy?

① as　　　　② but
③ and　　　④ or

> ❗ 위스키와 브랜디 중 어느 것을 더 좋아하십니까?

56 다음 중 (　　　) 안에 알맞은 것은?

> (　　　) is a spirits made by distilling wines or fermented mash of fruit.

① Liqueur　　② Bitter
③ Brandy　　④ Champagne

> ❗ • 브랜디(Brandy)
> 와인이나 발효된 으깬 과일을 증류하여 만든 스피릿이다.

57 다음 (　　) 안에 알맞은 것은?

> The bartender should be ( ) with the English names of all stores of liquors and mixed drinks.

① familiar　　② warm
③ use　　　　④ accustom

> ❗ 바텐더는 주류 및 혼합 음료를 다루는 상점들의 영어 이름들에 익숙해야만 한다.
> * be familiar with: ~에 정통한, ~와 친숙한

58 "How would you like your steak?"의 대답으로 가장 적합한 것은?

① Yes, I like it.

② I like my steak.

③ Medium rare, please.

④ Filet mignon, please.

! 스테이크의 굽기는 어떻게 해 드릴까요?
 * 필레미뇽(Filet mignon): 두껍게 자른 안심 스테이크용 소고기

59 Where is the region not to produce wine in France?

① Bordeaux   ② Bourgogne

③ Alsace   ④ Mosel

! 모젤(Mosel)은 독일의 와인 생산지역이다.

60 다음은 어떤 용어에 대한 설명인가?

> A small space or room in some restaurants where food items or food related equipment are kept.

① Pantry

② Cloakroom

③ Reception Desk

④ Hospitality Room

! 일부 식당에서 식품이나 식품 관련 장비를 보관하는 작은 공간이나 방인 팬트리(Pantry)에 대한 설명이다.

정답

01	02	03	04	05	06	07	08	09	10
④	②	③	②	①	④	②	③	③	④
11	12	13	14	15	16	17	18	19	20
④	②	③	②	①	③	①	①	④	③
21	22	23	24	25	26	27	28	29	30
④	①	②	②	①	③	②	③	②	①
31	32	33	34	35	36	37	38	39	40
①	④	②	④	①	②	①	④	④	②
41	42	43	44	45	46	47	48	49	50
①	②	②	④	②	①	①	③	③	③
51	52	53	54	55	56	57	58	59	60
①	④	①	②	④	③	①	③	④	①

2017년 조주기능사 CBT 복원문제 2

자격 종목	코드	출제 문항 수	시험 시간	수험 번호	성명
조주기능사		60문항	60분		

01 다음 중 양조주에 해당하는 것은?

① 청주
② 럼주
③ 소주
④ 리큐르

02 다음 중 용량이 가장 작은 글라스는?

① Old Fashioned Glass
② Highball Glass
③ Cocktail Glass
④ Shot Glass

> ! Shot Glass < Cocktail Glass < Old Fashioned Glass < Highball Glass

03 우리나라 민속주에 대한 설명으로 틀린 것은?

① 탁주류, 약주류, 소주류 등 다양한 민속주가 생산된다.
② 쌀 등 곡물을 주원료로 사용하는 민속주가 많다.
③ 삼국시대부터 증류주가 제조되었다.
④ 발효제로는 누룩을 사용하여 제조한다.

> ! 증류주는 고려 후기에 원나라로부터 전파되었다.

04 커피(Coffee)의 제조 방법 중 틀린 것은?

① 드립식(Drip Filter)
② 퍼콜레이터식(Percolator)
③ 에스프레소식(Espresso)
④ 디캔터식(Decanter)

> ! • 커피 분쇄 굵기별 적정 추출 방식
> ① 고운입자: 터키식
> ② 조금 가는 입자: 사이폰, 에스프레소식
> ③ 굵은 입자: 드립식, 퍼콜레이터식

05 브랜디에 대한 설명으로 가장 거리가 먼 것은?

① 포도 또는 과실을 발효, 증류한 술이다.
② 코냑에 처음으로 별표의 기호를 도입한 것은 1865년 헤네시(Hennessy)사에 의해서이다.
③ 브랜디는 저장 기간을 부호로 표시하며, 그 부호가 나타내는 저장 기간은 법적으로 정해져 있다.
④ 브랜디는 와인을 2~3회 단식 증류기로 증류하여 얻는다.

> ! 상표에 표기된 부호는 저장(숙성) 기간을 의미하지만, 법적 규제가 없기 때문에 브랜드(회사)별로 기준이 다르다.

06 바(Bar)의 종류에 의한 분류에 해당하지 않는 것은?

① Jazz Bar   ② Back Bar
③ Western Bar   ④ Wine Bar

> ! • 백 바(Back Bar)
> 바텐더의 뒤편에 위치하여 술이나 글라스 등을 저장하고 진열하는 공간이다.

07 칵테일 도량 용어로 1Finger에 가장 가까운 양은?

① 30ml 정도의 양
② 1병(Bottle) 정도의 양
③ 1대시(Dash) 정도의 양
④ 1컵(Cup) 정도의 양

> ! 1 Finger = 1 Shot = 1 Pony = 1oz = 약 30ml

08 보르도(Bordeaux) 지역에서 재배되는 레드 와인용 포도 품종이 아닌 것은?

① 메를로(Merlot)
② 뮈스카델(Muscadelle)
③ 카베르네 소비뇽(Cabernet Sauvignon)
④ 카베르네 프랑(Cabernet Franc)

> ! • 뮈스카델(Muscadelle)
> 화이트 와인용 포도 품종으로 보르도 화이트 와인 생산에 사용한다.

09 글라스(Glass)의 위생적인 취급 방법으로 옳지 못한 것은?

① Glass는 불쾌한 냄새나 기름기가 없고 환기가 잘되는 곳에 보관해야 한다.
② Glass는 비눗물에 닦고 뜨거운 물과 맑은 물에 헹궈 그대로 사용하면 된다.
③ Glass를 차갑게 할 때에는 냄새가 전혀 없는 냉장고에서 보관한다.
④ 얼음으로 칠링 할 때에는 냄새가 없는 얼음인지를 반드시 확인해야 한다.

> ! 글라스를 세척할 때는 중성 세제를 사용하며 린넨으로 닦아 얼룩을 제거하고 글라스의 상태를 확인 한 후 사용한다.

10 화이트 와인용 포도 품종이 아닌 것은?

① 샤르도네   ② 시라
③ 소비뇽 블랑   ④ 피노 블랑

> ! • 시라(Syrah)
> 주로 프랑스 론이나 호주에서 재배되는 레드 와인용 품종이다.

11 증류주에 대한 설명으로 옳은 것은?

① 과실이나 곡류 등을 발효시킨 후 열을 가하여 알코올을 분리해서 만든다.
② 과실의 향로를 혼합하여 향기와 감미를 첨가한 것이다.
③ 주로 맥주, 와인, 양주 등을 말한다.
④ 탄산성 음료는 증류주에 속한다.

12 바텐더가 바(Bar)에서 지켜야 할 예의로 올바른 것은?

① 정중하게 손님을 환대하며 고객의 취향에 따라 음료를 추천한다.
② 자주 오시는 손님과는 오랜 시간 이야기한다.
③ 추가 주문을 하도록 적극적으로 강요한다.
④ 고가의 품목을 적극 추천하여 손님의 입장보다 매출에 많은 신경을 쓴다.

13 다음 중 칵테일을 만드는 기법이 다른 하나는?

① Dry Martini　　② Cuba Libre
③ Negroni　　④ Old Fashioned

❗ 드라이 마티니(Dry Martini)는 스터 기법, 나머지는 빌드 기법으로 만든다.

14 맥주용 보리의 조건이 아닌 것은?

① 껍질이 얇아야 한다.
② 담황색을 띠고 윤기가 있어야 한다.
③ 전분 함유량이 적어야 한다.
④ 수분 함유량이 13% 이하로 잘 건조되어야 한다.

❗ 전분 함유량이 많아야 당화가 잘 이루어지고, 효모가 이를 원료로 하여 발효 활동을 한다.

15 테킬라에 오렌지 주스를 배합한 후 붉은색 시럽을 뿌려서 모양이 마치 일출의 장관을 연출케 하는 환희의 칵테일은?

① Stinger　　② Tequila Sunrise
③ Screwdriver　　④ Pink Lady

16 추운 계절에 몸을 녹이기 위하여 외출이나 등산 후에 따뜻하게 마시는 칵테일로 가장 거리가 먼 것은?

① Irish Coffee
② Gin & Tonic
③ Rum Grog
④ Vin Chaud

❗ ① 아이리쉬 위스키에 커피와 휘핑 크림을 넣은 칵테일
③ 럼, 꿀, 레몬주스에 따뜻한 물을 넣은 칵테일
④ 과일이나 향신료를 넣고 따뜻하게 데운 레드 와인

17 우리나라의 전통주가 아닌 것은?

① 이강주　　② 과하주
③ 죽엽청주　　④ 송순주

❗ • 죽엽청주
중국에서 생산된 알코올 함량 43%의 약재술이다.

18 프랑스 보르도(Bordeaux) 지역의 와인이 아닌 것은?

① 보졸레(Beaujolais), 론(Rhone)
② 메독(Medoc), 그라브(Grave)
③ 포므롤(Pomerol), 소테른(Sauternes)
④ 생떼밀리옹(Saint-Emilion), 바르삭(Barsac)

❗ • 보졸레(Beaujolais)
프랑스 부르고뉴의 와인 산지이다.

19 다음 중 꿀을 원료로 하는 리큐르는?

① Crème de Menthe

② Cointreau

③ Galliano

④ Drambuie

> **!**
> ② 오렌지 껍질을 원료로 한 프랑스산 리큐르
> ③ 아니스, 바닐라 등 40여 종 이상의 허브를 원료로 하는 이탈리아산 리큐르

20 다음 중 이탈리아 와인의 등급 표시로 맞는 것은?

① A.O.C

② D.O

③ D.O.C.G

④ QbA

> **!**
> ① 프랑스, ② 스페인, ④ 독일

21 식품위해요소 중점관리기준이라 불리는 위생 관리 시스템은?

① HACCP

② HACPA

③ HCAAP

④ HAPPC

> **!**
> • HACCP(해썹)
> 안전성을 보증하기 위해 식품의 원재료 생산부터 최종 소비자가 섭취하기 전까지의 모든 단계를 위생적으로 관리하는 시스템을 말한다.

22 주장 관리에서 핵심적인 원가의 3요소는?

① 재료비, 인건비, 주장경비

② 세금, 봉사료, 인건비

③ 인건비, 주세, 재료비

④ 재료비, 세금, 주장경비

23 재고 관리에서 쓰이는 F.I.F.O란 용어의 뜻은?

① 정기 구입

② 선입 선출

③ 임의 불출

④ 후입 선출

> **!**
> • 선입선출
> First In First Out의 약자로 먼저 입고된 제품을 먼저 출고하는 것을 뜻한다. 주류 중에서는 변질되기 쉬운 생맥주의 선입 선출에 신경 써야 한다.

24 다음 중 럼(Rum)을 베이스로 하는 칵테일이 아닌 것은?

① 쿠바 리브레

② 싱가포르 슬링

③ 다이키리

④ 마이타이

> **!**
> • 싱가포르 슬링(Singapore Sling)
> 진 베이스의 칵테일이다.

25 이탈리아 와인에 대한 설명으로 틀린 것은?

① 거의 전 지역에서 와인이 생산된다.

② 유명 산지로는 피에몬테 토스카나, 베네토 등이 있다.

③ 이탈리아 와인 등급 체계는 5등급이다.

④ 네비올로, 산지오베제, 바르베라, 돌체토 포도 품종은 레드 와인용으로 사용된다.

> **!**
> 이탈리아의 와인 등급은 4등급으로 나뉜다. DOCG, DOC, IGT, Vino da Tavola의 4단계로 나뉜다

26 마신 알코올 양(ml)을 계산하는 공식은?

① 알코올 양(ml)×0.8
② 술의 농도(%)×마시는 양(ml)÷100
③ 술의 농도(%) − 마시는 양(ml)
④ 술의 농도(%)÷마시는 양(ml)

27 주장에서 구매 관리 업무와 가장 거리가 먼 것은?

① 납기 관리
② 시장 조사
③ 우량 납품 업체 선정
④ 음료 상품 판매 촉진

! 음료 상품 판매 촉진은 마케팅 및 기획 업무이다.

28 주장에서 글라스를 취급, 관리하는 방법으로 틀린 것은?

① 칵테일 글라스는 스템(Stem)의 아래 쪽을 잡는다.
② 화이트 와인 글라스는 무늬를 조각한 크리스탈 잔을 사용하는 것이 좋다.
③ 브랜디 글라스는 잔의 받침(Foot)과 보울(Bowl) 사이에 손가락을 넣어 감 싸 잡는다.
④ 냉장고에서 차게 해 둔 글라스라도 사용 전 반드시 파손과 청결 상태를 확인 한다.

! 와인의 색상과 숙성도를 잘 파악할 수 있도록 무늬가 없는 투명한 잔을 사용하는 것이 좋다.

29 음료에 대한 설명이 잘못된 것은?

① 콜린스 믹서(Collins Mixer)는 레몬주스와 설탕을 주원료로 만든 착향 탄산 음료이다.
② 토닉워터(Tonic Water)는 키니네(Quinine) 성분을 함유하여 특유의 쓴 맛이 난다.
③ 코코아(Cocoa)는 코코넛(Coconut) 열매를 가공하여 가루로 만든 것이다.
④ 콜라(Coke)는 콜라닌과 카페인을 함 유하고 있다.

! 코코아(Cocoa)는 카카오콩을 분쇄하여 만든다.

30 프로스팅(Frosting) 기법이 사용되지 않는 칵테일은?

① Margarita
② Kiss of Fire
③ Harvey Wallbanger
④ Salty Dog

! • 프로스팅(Frosting) 기법
글라스의 가장자리에 소금이나 설탕을 묻히는 방법으로 스노우 스타일(Snow Style) 혹은 리밍(Rimming)이라고도 하며, 마가리타(Margarita)와 솔티독(Salty Dog)은 소금, 키스 오브 파이어(Kiss of Fire)는 설탕을 사용한다.

31 뉴욕(New York) 칵테일을 담아 제공하는 글라스로 가장 적합한 것은?

① Champagne Glass
② Cocktail Glass
③ Highball Glass
④ Old Fashioned Glass

! • 뉴욕(New York)
버번 위스키 $1\frac{1}{2}$oz, 라임주스 $\frac{1}{2}$oz, 설탕 1tsp, 그레나딘 시럽 $\frac{1}{2}$tsp를 셰이킹하여 칵테일 글라스에 제공하며, 장식은 레몬 필로 한다.

Part V 기출문제 해설

32 양조주의 설명으로 맞지 않는 것은?

① 주로 과일이나 곡물을 발효하여 만든 술이다.
② 단발효주, 복발효주로 분류할 수 있다.
③ 알코올 함량은 보통 25% 이상이다.
④ 발효 과정에서 당분이 효모에 의해 물, 에틸알코올, 이산화탄소가 발생한다.

! 양조주의 알코올 함량은 20% 이하이다.

33 다음 중 레드 와인용 포도 품종이 아닌 것은?

① 리슬링(Riesling)
② 메를로(Merlot)
③ 피노 누아(Pinot Noir)
④ 카베르네 소비뇽(Cabernet Sauvignon)

! • 리슬링(Riesling)
독일과 프랑스 알자스 지방에서 화이트 와인을 만드는 데 사용되는 주요 품종이다.

34 다음 중 전통주를 사용하는 칵테일인 풋사랑(Puppy Love)의 조주 기법은?

① 휘젓기(Stir)   ② 직접넣기(Build)
③ 흔들기(Shake)   ④ 띄우기(Float)

! • 풋사랑(Puppy Love)
안동소주 1oz, 트리플섹 ½oz, 애플퍼커 1oz, 라임주스 ½oz 를 셰이커에 넣고 흔들어서 만든다. 장식은 사과 슬라이스이다.

35 다음 중 증류주가 아닌 것은?

① Benedictine   ② Rum
③ Grappa   ④ Tequila

! 베네딕틴(Benedictine)은 27종의 약초를 사용하여 만든 프랑스의 혼성주이며, 그라파(Grappa)는 와인을 만들고 남은 포도의 부산물을 증류하여 만든 증류주이다.

36 진저에일(Ginger Ale)의 설명 중 틀린 것은?

① 맥주에 혼합하여 마시기도 한다.
② 생강향이 함유된 청량음료이다.
③ 진저에일의 에일은 알코올을 뜻한다.
④ 진저에일은 알코올이 함유된 혼성주이다.

! • 진저에일(Ginger Ale)
생강향에 탄산을 주입한 청량음료이며, 생강과 다른 재료들을 양조하여 자연적으로 발생한 탄산을 함유한 진저비어와 구분된다.

37 다음 중 오렌지 향이 가미된 혼성주가 아닌 것은?

① Triple Sec
② Bailey's
③ Grand Marnier
④ Cointreau

! • 베일리스(Bailey's)
아이리쉬 위스키에 크림과 초콜릿이 함유된 혼성주이다.

38 칵테일 조주 시 사용되는 표준 계량이 틀린 것은?

① 1티스푼(Tea Spoon)=$\frac{1}{6}$oz
② 1지거(Jigger)=$1\frac{1}{2}$oz
③ 1파인트(Pint)=10oz
④ 1포니(Pony)=1oz

> !
> • 1파인트(Pint)
> 16온스(480ml)이다.

39 리큐르 중 DOM 이라는 글자가 표기되어 있는 것은?

① Sloe Gin   ② Kahlua
③ Kümmel   ④ Benedictine

> !
> • D.O.M
> 베네딕틴에 쓰여진 D.O.M은 "Deo Optimo Maximo"의 약자로 "To God, most good, most great(가장 위대하고 선한 신에게)"라는 뜻을 의미한다.

40 스카치 위스키의 법적 분류 5가지에 해당하지 않는 것은?

① 싱글 몰트 스카치 위스키
② 블렌디드 스카치 위스키
③ 블렌디드 그레인 스카치 위스키
④ 라이 위스키

> !
> • 라이 위스키(Rye Whiskey)는 51% 이상의 호밀을 원료로 한 증류주이다.
> • 스카치 위스키의 **법적 분류**
> ① 싱글 몰트 위스키, 싱글 그레인 위스키
> ② 블렌디드 몰트 위스키, 블렌디드 그레인 위스키
> ③ 블렌디드 스카치 위스키

41 발포성 와인의 서비스 방법으로 틀린 것은?

① 병을 45° 기울인 후 세게 흔들어 거품이 충분히 나도록 한 후 코르크 마개의 철사를 푼다.
② 와인 쿨러에 물과 얼음을 넣고 발포성 와인병을 넣어 차갑게 한 후 서브한다.
③ 서브 후 서비스 냅킨으로 병목을 닦아 와인이 테이블 위로 떨어지는 것을 방지한다.
④ 거품이 너무 나지 않게 잔의 내측 벽을 타고 따르면서 잔을 채운다.

> !
> 발포성 와인을 서비스할 때는 병을 세워 코르크 마개의 호일을 벗겨내고, 엄지 손가락으로 코르크를 누르면서 철사를 푼 뒤 펑 소리가 나지 않도록 조심히 오픈한다.

42 차(Tea)에 대한 설명으로 가장 거리가 먼 것은?

① 녹차는 찻잎을 찌거나 덖어서 만든다.
② 녹차는 끓는 물로 신속히 우려낸다.
③ 홍차는 레몬과 잘 어울린다.
④ 홍차에 우유를 넣을 때에는 뜨겁게 하여 넣는다.

> !
> 녹차를 우릴 때 적정 온도는 80~85℃이며, 홍차 등의 발효차는 95~100℃가 이상적이다.

43 맥주의 재료인 홉(Hop)에 관한 설명으로 옳지 않은 것은?

① 자웅이주 식물로 수꽃인 솔방울 모양의 열매를 사용한다.
② 맥주의 쓴맛과 향에 영향을 준다.
③ 단백질을 침전시켜 맥주를 맑고 투명하게 한다.
④ 거품에 지속성과 항균성을 부여한다.

> !
> 양조용 홉(Hop)은 수정되지 않은 암꽃을 사용한다.

44 주장 종사원이 해야 할 일과 가장 거리가 먼 것은?

① 고객을 공평하게 대해야 한다.
② 주장을 깨끗하게 유지해야 한다.
③ 술에 관해서는 단순한 지식만 있으면 된다.
④ 고객의 취향에 따라 서비스한다.

> **!** 와인이나 위스키 애호가가 많아지고 다양한 고객에게 알맞은 주류를 추천해주기 위해서는 깊은 지식이 필요하다.

45 칵테일을 만드는 방법 중 휘젓기(Stir) 기법에서 사용하는 도구와 거리가 먼 것은?

① Mixing Glass   ② Bar Spoon
③ Strainer   ④ Shaker

46 주장의 시설에 대한 설명으로 잘못된 것은?

① 주장은 크게 프런트 바(Front Bar), 백 바(Back Bar), 언더 바(Under Bar)로 구분된다.
② 프런트 바(Front Bar)는 바텐더와 고객이 마주 보면서 서브하고 서빙을 받는 공간이다.
③ 백 바(Back Bar)는 칵테일용으로 쓰이는 술을 전시하고 저장을 하는 공간이다.
④ 언더 바(Under Bar)는 바텐더의 허리 아래 공간으로 휴지통이나 빈 병 등을 두는 공간이다.

> **!** • 언더 바(Under Bar)
> 바텐더가 칵테일을 조주하거나 칵테일에 사용되는 얼음과 장식을 준비하는 공간이다.

47 스페인 와인의 대표적인 토착 품종으로 오랜 숙성을 통해 부드러움이 갖추어져 매혹적인 스타일의 와인이 만들어지는 포도 품종은?

① Gamay
② Pinot Noir
③ Tempranillo
④ Cabernet Sauvignon

> **!** • 템프라니요(Tempranillo)
> 스페인의 리오하(Rioja) 지역에서 와인을 생산하는 주요 포도 품종이다.

48 Store Room에서 사용되는 Bin Card의 용도는?

① 품목별 불출입 재고 기록
② 품목별 상품 특성 및 용도 기록
③ 품목별 원가와 판매가 기록
④ 품목별 생산지와 빈티지 기록

> **!** • 빈 카드(Bin Card)
> 식음료의 입고와 출고에 따라 재고를 기록하는 카드로, 창고 또는 물건이 비치된 장소에 둔다.

49 다음 중 미국을 대표하는 리큐르는?

① 슬로진(Sloe Gin)
② 트리플섹(Triple Sec)
③ 써던컴포트(Southern Comfort)
④ 크렘드카카오(Crème de Cacao)

> **!** • 써던 컴포트(Southern Comfort)
> 아메리칸 위스키에 복숭아와 오렌지 향이 가미된 리큐르이다.

50 와인에서 Terroir의 의미를 가장 잘 설명한 것은?

① 포도 재배에서 영향을 미치는 자연적인 환경 요소
② 영양분이 풍부한 땅
③ 와인을 숙성할 때 영향을 미치는 온도, 습도, 시간
④ 물이 잘 빠지는 토양

!
• 떼루아(Terroir)
토양, 기후, 포도원의 위치 등 포도 재배에 영향을 미치는 요인으로 각각의 와인에 독특한 개성을 부여한다.

51 Which is the correct one as a base of Moscow Mule?

① Gin   ② Vodka
③ Rum   ④ Tequila

!
모스코뮬(Moscow Mule)의 베이스는 보드카이다.

52 다음 중 의미가 다른 하나는 무엇인가?

① Cheers.
② Give up.
③ Here's to us.
④ Bottoms up.

!
'건배'의 다양한 표현들이며, ② Give up.은 '포기하다'라는 뜻이다.

53 If a customer brings a drink without using the hotel's beverage product, what does this mean, the amount received after providing the glass, ice, lemon, etc. required for the service?

① Rental Charge
② VAT(Value Added Tax)
③ Corkage Charge
④ Service Charge

!
고객이 호텔의 음료 상품을 이용하지 않고 음료를 가지고 온 경우, 서비스에 필요한 글라스, 얼음, 레몬 등을 제공하고 받는 금액을 의미하는 것은?
콜키지 차지(Corkage Charge)는 보통 보틀 금액의 일부나 병당 일정 금액을 지불한다.

54 Select the cocktail based on tequila in the following.

① Cosmopolitan   ② Kiss of Fire
③ Apple Martini   ④ Margarita

!
①, ②, ③의 베이스는 모두 보드카이다.

55 다음의 (   ) 안에 들어갈 알맞은 말은?

> You've got the (   ) number.
> (전화를 잘못 거셨습니다.)

① correct   ② wrong
③ missed   ④ busy

56 Which of the following is not Scotch Whisky?

① Maker's Mark   ② Ballantine's
③ Cutty Sark   ④ Chivas Regal

!
메이커스 마크는 버번 위스키(Bourbon Whiskey)이다.

57 다음은 레스토랑에서 종업원과 고객과의 대화이다. ( )에 가장 알맞은 것은?

> G: Waitress, May I have our check, please?
> W: ( )
> G: No, I want it on one bill.

① Do you want separate checks?
② Don't mention it.
③ You are wanted on the phone.
④ Yes, I can.

! G: 웨이트리스, 저희 계산서를 가져다 주시겠어요?
W: 계산서를 따로 만들어 드릴까요?
G: 아뇨, 하나의 계산서로 주세요.

58 Which is the best wine with a beef steak course at dinner?

① Red wine
② Dry Sherry
③ Blush wine
④ White Wine

! 보통 고기류에는 레드 와인이 잘 어울린다.

59 What is an alternative form of "I beg your pardon?"?

① Excuse me?
② Wait for me.
③ I'd like to know.
④ Let me see.

! 다시 한번 말씀해 주시겠어요?

60 Which is the most famous orange flavored cognac liqueur?

① Grand Marnier ② Drambuie
③ Cherry Heering ④ Galliano

! • 그랑마니에
코냑과 오렌지 껍질로 만든 알코올 함량 40%의 프랑스산 리큐르이다.

정답

01	02	03	04	05	06	07	08	09	10
①	④	③	④	③	②	①	②	②	②
11	12	13	14	15	16	17	18	19	20
①	①	①	③	②	②	③	①	④	③
21	22	23	24	25	26	27	28	29	30
①	①	②	②	③	②	④	②	③	③
31	32	33	34	35	36	37	38	39	40
②	③	①	③	①	④	②	③	④	④
41	42	43	44	45	46	47	48	49	50
①	②	①	③	④	④	③	①	③	①
51	52	53	54	55	56	57	58	59	60
②	②	③	④	②	①	①	①	①	①

2018년 조주기능사 CBT 복원문제 1

자격 종목		코드	출제 문항 수	시험 시간	수험 번호	성명
조주기능사			60문항	60분		

01 다음 중 럼(Rum)의 원산지는?

① 러시아
② 카리브해 서인도제도
③ 북미
④ 아프리카

! • 럼(Rum)
사탕수수나 당밀을 원료로 하는 증류주이며 자메이카, 쿠바, 푸에르토리코 등 카리브해 서인도제도가 원산지이다.

02 다음 중 이탈리아 와인인 키안티 클라시코 (Chianti Classico)와 관계가 가장 먼 것은?

① Gallo Nero
② Fiasco
③ Raffia
④ Barolo

! • 키안티 클라시코(Chianti Classico)
이탈리아 토스카나 키안티 지방에서 생산되는 와인의 종류로 전통적인 병 모양은 다음과 같다
→ ① Gallo nero: 검은 수탉이라는 뜻으로 키안티 클라시코의 마크
→ ② Fiasco: 짚으로 싼 호리병 모양의 키안티 와인병
→ ③ Raffia: Fiasco 병을 감싸는 짚
한편, ④는 이탈리아 피에몬테 지역에서 생산되는 와인이다.

03 다음 중 '단맛'이라는 뜻을 가진 의미의 프랑스어는?

① Trocken
② Blanc
③ Cru
④ Doux

! ① 독일어: Dry
② 프랑스어: White
③ 프랑스어: 고급 와인을 생산하는 포도원, 포도밭

04 다음 중 "생명의 물"로 지칭되었던 유래가 없는 술은?

① 위스키
② 브랜디
③ 보드카
④ 진

05 다음 중 소다수에 대한 설명 중 틀린 것은?

① 인공적으로 이산화탄소를 첨가한다.
② 약간의 신맛과 단맛이 나며 청량감이 있다.
③ 식욕을 돋우는 효과가 있다.
④ 수분과 이산화탄소로 이루어졌으며, 칼로리가 없다.

! 소다수는 특별한 맛을 가지지 않는다

06 Floating 방법으로 조주한 칵테일로 알맞은 것은?

① Highball　　② Fizz
③ Pousse Café　④ Flip

> ! 비중의 차이를 이용하여 층을 쌓아 만드는 기법을 Floating, Layering이라 하며, Pousse Café Style이라 한다.

07 다음 중 양조주가 아닌 것은?

① 맥주(Beer)　　② 와인(Wine)
③ 브랜디(Brandy)　④ 풀케(Pulque)

> ! • 풀케(Pulque)
> 용설란(Agave)을 발효한 멕시코의 양조주이다.

08 다음 중 레드 와인용 포도 품종은?

① Syrah
② Chardonnay
③ Pinot Blanc
④ Sauvignon Blanc

09 위스키의 제조 과정을 순서대로 나열한 것으로 가장 적합한 것은?

① 맥아-당화-발효-증류-숙성
② 맥아-당화-증류-저장-후숙
③ 맥아-발효-증류-당화-블렌딩
④ 맥아-증류-저장-숙성-발효

> ! 당화(Mashing)-발효(Fermentation)-증류(Distillation)-숙성(Aging)

10 다음 중 주장의 종류로 가장 거리가 먼 것은?

① Cocktail Bar
② Members Club Bar
③ Pup Bar
④ Snack Car

> ! • 스낵 카(Snack Car)
> 간편하게 먹고 마실 수 있는 식음료를 판매하는 이동식 차량이다.

11 다음 중 디캔터(Decanter)와 가장 관계있는 것은?

① Red Wine　　② White Wine
③ Champagne　④ Sherry Wine

> ! • 디캔터(Decanter)
> 와인의 침전물을 거르거나 숙성이 덜 된 와인에 산소를 접촉시키기 위해 옮겨 담는 유리 용기이다.

12 다음은 어떤 포도 품종에 관하여 설명한 것인가?

> 작은 포도알, 깊은 적갈색, 두꺼운 껍질, 많은 씨앗이 특징이며 씨앗은 타닌 함량을 풍부하게 하고 두꺼운 껍질은 색깔을 진하게 한다. 블랙커런트, 체리, 자두향을 지니고 있으며, 대표적인 생산 지역은 프랑스 보르도 지방이다.

① 메를로(Merlot)
② 피노누아(Pinot Noir)
③ 카베르네 소비뇽(Cabernet Sauvig-non)
④ 샤르도네(Chardonnay)

13 화이트 와인 서비스 과정에서 필요한 기물과 가장 거리가 먼 것은?

① Wine Cooler　② Wine Towel
③ Wine Cradle　④ Wine Opener

!
• 와인 크래들(Wine Cradle)
와인의 병목이 위를 향하도록 기울어진 상태로 고정하기 위하여 제공되는 바구니로 레드 와인을 서브할 때 사용한다.

14 음료의 역사에 대한 설명으로 틀린 것은?

① 기원전 6,000년경 바빌로니아 사람들은 레몬 과즙을 마셨다.
② 스페인 발렌시아 부근의 동굴에서 탄산 가스를 발견한 벽화가 있다.
③ 바빌로니아 사람들은 빵이 물에 젖어 발효된 맥주를 발견해 음료로 즐겼다.
④ 중앙아시아 지역에서는 야생의 포도가 쌓여 자연 발효된 포도주를 음료로 즐겼다.

!
스페인 발렌시아 아라니아 동굴에서 벌꿀을 채취하는 여성들의 모습이 그려진 신석기시대의 벽화가 발견되면서 꿀로 만든 음료가 인류가 마신 가장 오래된 것으로 추정한다.

15 다음 중 코디얼(Cordial)에 해당하는 것은?

① 캄파리(Campari)
② 고든스 진(Gordon's Gin)
③ 올드파(Old Parr)
④ 캐내디언 클럽(Canadian Club)

!
리큐르를 '코디얼'이라고도 한다.
② 증류주(진), ③ 스카치 위스키, ④ 캐내디언 위스키

16 우리나라 전통주 중 증류주에 속하는 것은?

① 경주법주　② 동동주
③ 문배주　④ 백세주

!
• 문배주
평안도 지방에서 전승되어 오는 술로 술의 향기가 문배나무 과실의 향과 비슷하여 붙여진 이름이다. 밀, 좁쌀, 수수을 원료로 하여 증류와 숙성 과정을 거친다.

17 생맥주를 중심으로 각종 식음료를 비교적 저렴하게 판매하는 영국식 선술집은 무엇인가?

① Lounge Bar　② Banquet
③ Pub　④ Rooftop Bar

18 프랑스 수도원에서 130여 가지의 약초로 만든 리큐르로 '리큐르의 여왕'이라 불리는 것은?

① 압생트(Absinthe)
② 베네딕틴(Benedictine)
③ 두보네(Dubonnet)
④ 샤르트뢰즈(Chartreuse)

19 오크통에서 증류주를 숙성할 때 설명으로 틀린 것은?

① 원액의 개성을 결정한다.
② 천사의 몫(Angel's Share) 현상이 나타난다.
③ 색상이 점차 호박색으로 변한다.
④ 증류한 상태 그대로 변화 없이 보관된다.

> ! 증류 원액을 오크통에 숙성시키면 복잡하고 다양한 향과 맛이 생겨나며, 시간의 흐름에 따라 자연스럽게 증발하는 양을 천사의 몫이라 한다.

20 에스프레소의 커피 추출이 너무 빨리 되는 원인이 아닌 것은?

① 너무 굵은 분쇄 입자
② 너무 약한 탬핑 강도
③ 너무 많은 커피 사용
④ 너무 높은 펌프 압력

> ! 너무 많은 양의 커피를 사용하게 되면 에스프레소의 추출 시간이 길어진다.

21 주장에서 기물의 취급 방법으로 틀린 것은?

① 금이 간 접시나 글라스는 규정에 따라 폐기한다.
② 은기물은 전용 세척액에 오래 담가 두어야 한다.
③ 크리스탈 글라스는 가능한 손으로 세척한다.
④ 식기는 같은 종류별로 보관하며 너무 많이 쌓아 두지 않는다.

> ! 은 세척액을 사용할 때는 내용물이 손에 묻지 않도록 주의하며 1분 이내로 담갔다 뺀다. 너무 오래 두면 변색될 수 있다.

22 진(Gin)에 대한 설명으로 틀린 것은?

① 보통 숙성을 하지 않는다.
② 생명의 물이라는 뜻이다.
③ 무색, 투명하고 산뜻한 맛이다.
④ 알코올 함량은 40~50% 정도이다.

> ! '생명의 물'을 어원으로 하는 것은 위스키, 보드카, 브랜디이다.

23 Straight Up이라는 용어는 무엇을 뜻하는가?

① 술이나 재료의 비중을 이용하여 섞이지 않게 마시는 것
② 얼음을 넣지 않은 상태로 마시는 것
③ 얼음만 넣고 그 위에 술을 따른 상태로 마시는 것
④ 글라스 위에 불을 붙여 마시는 것

24 다음 중 청주의 주재료는 무엇인가?

① 옥수수   ② 감자
③ 보리   ④ 쌀

> ! 청주의 주원료는 대부분 쌀(찹쌀)이다.

25 다음 중 와인 매그넘(Magnum) 1병의 용량은?

① 1.5L   ② 750ml
③ 1L   ④ 1.75L

> ! • 매그넘(Magnum)
> 스탠다드 와인(750ml)의 2배 용량을 뜻한다.

26 프라페(Frappe) 스타일의 칵테일을 만들 때 사용하는 얼음은?

① Cubed Ice   ② Cracked Ice
③ Lump of Ice   ④ Crushed Ice

!
글라스에 으깬 얼음(Crushed Ice)을 채우고 칵테일을 따라 제공하는 것을 프라페(Frappe) 스타일이라 한다.

27 단맛과 약간의 쓴맛이 나며, 계란을 사용한 칵테일에 비린내를 없애기 위해 사용하는 대표적인 재료는?

① 넛맥   ② 계피
③ 민트   ④ 정향

!
• 넛맥(Nutmeg)
인도네시아가 원산지인 넛맥은 '육두구'라고도 하며, 생강, 후추, 박하 등이 섞인 향이 나기 때문에 누린내나 비린내를 제거하는 데 효과적이다.

28 다음 중 Highball Glass를 사용하는 칵테일은?

① 마가리타(Margarita)
② 키르 로열(Kir Royal)
③ 씨브리즈(Sea Breeze)
④ 블루 하와이(Blue Hawaii)

!
① 칵테일 글라스, ② 플루트형 샴페인 글라스, ④ 필스너 글라스

29 Ginger Ale에 관한 설명 중 틀린 것은?

① 생강의 향을 함유한 소다수이다.
② 알코올 성분이 포함된 영양음료이다.
③ 식욕 증진이나 소화제로 효과가 있다.
④ Gin이나 Brandy에 섞어 마시기도 한다.

!
우리나라의 진저엘(Ginger Ale)은 생강향, 구연산, 기타 항신료를 섞은 탄산음료이다.

30 칵테일 조주 시 필요한 셰이커(Shaker)의 3대 구성 요소의 명칭이 아닌 것은?

① 스템(Stem)
② 바디(Body)
③ 스트레이너(Strainer)
④ 캡(Cap)

!
• 스탠다드 셰이커(Standard Shaker)
캡(Cap), 스트레이너(Strainer), 바디(Body)의 세 부분으로 구성되어 있다.

31 아쿠아비트(Aquavit)에 대한 설명 중 틀린 것은?

① 감자를 당화시켜 연속 증류기로 증류한다.
② 혼성주로 분류되며 식후주도 적합하다.
③ 아주 차게 해서 스트레이트로 마시기도 한다.
④ 진(Gin)의 제조 방법과 비슷하다.

!
스칸디나비아 반도 일대에서 곡물이나 감자로 생산되는 증류주로, '생명의 물'이라는 어원을 가진다.

Part
V
기출문제 해설

32 다음 중 상면 발효 맥주에 해당하는 것은?

① Lager Beer
② Porter Beer
③ Pilsner Beer
④ Dortmunder Beer

> ! 대표적인 상면 발효 맥주에는 에일(Ale), 스타우트(Stout), 포터(Porter)가 있다.

33 다음 중 네그로니(Negroni)의 재료로 알맞지 않은 것은?

① Gin
② Campari
③ Drambuie
④ Sweet Vermouth

> ! • 네그로니(Negroni)
> 드라이진 $\frac{3}{4}$oz, 스위트 베르무트 $\frac{3}{4}$oz, 캄파리 $\frac{3}{4}$oz를 직접 넣기(Build) 방법으로 만들며 장식은 레몬 필로 한다.

34 다음 중 발포성 와인의 이름이 잘못 연결된 것은?

① 스페인 – 까바(Cava)
② 독일 – 젝트(Sekt)
③ 이탈리아 – 스푸만테(Spumante)
④ 포르투갈 – 도세(Doce)

> ! 포르투갈의 발포성 와인은 '에스푸만테(Espumante)'라 한다. Doce는 포르투갈어로 'Sweet'를 뜻한다.

35 커피의 맛과 향을 결정하는 중요 가공 요소가 아닌 것은?

① Roasting
② Blending
③ Grinding
④ Weathering

> ! • 풍화(Weathering)
> 대표적인 예는 테라로사(Terra Rossa)로, 석회암의 풍화 작용으로 생성된 배수성이 좋은 토양을 뜻하며 자연적 특성이지 가공 요소는 아니다.

36 대한제국 시절 고종이 커피를 마시며 휴식을 취하거나 외교 사절단을 맞이하기 위해 덕수궁 안에 만든 카페 이름은?

① 덕홍전　　　② 함녕전
③ 정관헌　　　④ 석어당

37 위스키에 크림을 넣어 만든 혼성주인 베일리스의 원산지는?

① 아일랜드　　② 잉글랜드
③ 스코틀랜드　④ 뉴질랜드

38 다음 중 보드카와 관련이 없는 것은?

① 비피터(Beefeater)
② 스미노프(Smirnoff)
③ 앱솔루트(Absolute)
④ 단즈카(Danzka)

> ! • 비피터(Beefeater)
> 진(Gin)의 대표적인 브랜드 중 하나이다.

39 다음 중 프랑스의 주요 와인 산지가 아닌 곳은?

① 보르도(Bordeaux)
② 토스카나(Toscana)
③ 루아르(Loire)
④ 론(Rhone)

!
• **토스카나(Toscana)**
이탈리아의 주요 와인 산지이다. 산지오베제(Sangiovese)를 주품종으로 다양한 레드와인을 생산한다.

40 조주 보조원이라 일컬으며 칵테일 재료의 준비와 청결 유지를 위한 청소 담당 및 업무 보조를 하는 사람은?

① 바 헬퍼(Bar Helper)
② 바텐더(Bartender)
③ 헤드 바텐더(Head Bartender)
④ 바 매니저(Bar Manager)

41 다음 중 주세법상 용어에 대한 설명이 틀린 것은?

① 주류: 알코올분 1도 이상의 음료를 말한다.
② 주조연도: 매년 1월 1일부터 9월 30일까지의 기간을 말한다.
③ 밑술: 효모를 배양, 증식한 것으로 당분이 포함되어 있는 물질을 알코올 발효시킬 수 있는 재료를 말한다.
④ 국: 녹말이 포함된 재료에 곰팡이류를 번식시킨 것을 말한다.

!
주조연도는 매년 1월 1일부터 12월 31일까지의 기간을 말한다.

42 애플 마티니(Apple Martini)의 원가 비율을 20%에 맞추어 판매하고자 할 때, 재료비가 1,500원이라면 판매가는 얼마인가?

① 7,500원   ② 8,500원
③ 9,000원   ④ 10,000원

!
원가율(%) = 재료비/판매가×100

43 식재료가 소량이면서 고가인 경우에 검수하는 방법을 옳은 것은?

① 발췌 검수법   ② 전수 검수법
③ 송장 검수법   ④ 서명 검수법

!
수량이 적어서 손쉽게 확인할 수 있는 품목이거나 고가인 경우, 납품된 식재료를 전부 검사하는 방법을 전수 검수라 한다.

44 주류의 도수가 높은 것부터 낮은 순서대로 나열된 것으로 옳은 것은?

① Vermouth > Brandy > Beer > Kahlua
② Wine > Vermouth > Brandy > Beer
③ Fortified Wine > Brandy > Kahlua > Beer
④ Brandy > Sloe Gin > Wine > Beer

!
• 알코올 함량은 증류주, 혼성주, 양조주 순이다.
• Brandy(약 40%) > Sloe Gin(약 30%) > Fortified Wine(약 18%) > Kahlua(16%) > Beer(약 5%)

45 다음 중 브랜디의 등급 표시가 아닌 것은?

① ★★★ ② V.S.O.P

③ X.O ④ Blended

> ! 숙성 기간에 따라 ★★★ < ★★★★★ < V.O < V.S.O < V.S.O.P < X.O < Extra로 표시한다.

46 바람직한 바텐더(Bartender)의 직무가 아닌 것은?

① 바(Bar) 내에 필요한 물품의 재고를 파악한다.

② 일일 판매할 주류가 적당한지 확인한다.

③ 바(Bar)의 환경 및 기물의 청결을 유지한다.

④ 칵테일 조주 시 지거(Jigger)를 사용하지 않는다.

> ! 정확한 계량과 고객에게 신뢰를 주기 위해 지거(Jigger)를 사용해야 한다.

47 맥주의 보관과 유통 과정에서 주의해야 할 사항이 아닌 것은?

① 심한 진동을 가하지 않는다.

② 너무 차게 하지 않는다.

③ 햇볕에 노출시키지 않는다.

④ 장기간 보관 시 맥주와 공기가 접촉되게 한다.

48 식품위생법과 그 시행령, 식품위생 분야 종사자의 건강진단규칙에 중점을 두어 식품 관련업에 종사하는 영업주 및 모든 종업원 또는 종사 예정자가 발급받아야 하는 서류는 무엇인가?

① 위생교육증 ② 보건증

③ 식품위생검사증 ④ 영업신고증

> ! 보건증을 '건강진단결과서'라고도 한다.

49 다음 중 당분 함량이 가장 높은 와인은 무엇인가?

① 카비네트(Kabinett)

② 슈패트레제(Spatlese)

③ 아우스레제(Auslese)

④ 아이스바인(Eiswein)

> ! 아이스바인은 자연적으로 얼어버려 당분이 농축된 포도로 만든 디저트용 와인이다.
> ① 보통 수확기에 딴 포도로 만든 와인
> ② 평균 포도 수확기보다 늦게 따서 당도가 높아진 포도로 양조한 와인
> ③ 잘 익은 포도 송이를 선별하여 만든 와인

50 불량 코르크로 인해 변질된 와인으로 곰팡이 냄새가 나는 것을 뜻하는 용어는 무엇인가?

① 부쇼네(Bouchonne)

② 영 와인(Young Wine)

③ 그린 와인(Green Wine)

④ 올드 와인(Old Wine)

51 Which of the following whiskey comes from a different region?

① Wild Turkey ② Ballantine's
③ Macallan ④ Johnnie Walker

! 와일드 터키(Wild Turkey)는 버번 위스키로 미국에서 생산되며 나머지는 스코틀랜드에서 생산된 스카치 위스키이다.

52 What is Italian brandy made by fermenting and distilling the residue left over from wine?

① Jim Beam ② Aquavit
③ Grappa ④ Vermouth

! 와인을 만들고 남은 찌꺼기를 발효, 증류하여 만든 이탈리안 브랜디는 무엇인가?

53 Which of the following is not Aperitif Cocktail?

① Brandy Alexander
② Vermouth Spritz
③ Dry Martini
④ Campari Soda

! 떫은맛이나 신맛을 가져 식욕을 촉진시킬 수 있는 칵테일이 식전주로 적합하다.

54 Which of the following has different characteristics?

① Crème de Café ② Kahlua
③ Tia Maria ④ Cointreau

! 쿠앵트로(Cointreau)는 오렌지 껍질, 나머지는 커피를 원료로 하는 리큐르이다.

55 주장에서 House Brand의 의미는 무엇인가?

① 지정 주문이 아닐 때 기본으로 사용하는 술의 브랜드
② 주장을 대표로 하는 고가 브랜드
③ 고객에게 가장 인기있는 브랜드
④ 조리용으로 사용하는 브랜드

56 Select one that does not correspond to the type of bar.

① Jazz Bar ② Back Bar
③ Western Bar ④ Wine Bar

! • 백 바(Back Bar)
바텐더의 뒤쪽에 위치한 술의 저장 공간이나 진열대를 뜻한다.

57 Which of the following drinks dose not mature?

① Vodka ② Tequila
③ Whisky ④ Dark Rum

! 무색, 무미, 무취를 특징으로 하는 보드카는 숙성하지 않는다.

58 "그걸로 주세요."라는 표현으로 가장 적합한 것은?

① I'll have this one.
② Give me one more.
③ That's please.
④ I already had one.

59 다음에서 설명하는 Bitters는 무엇인가?

> It is made from a Trinidadian secret recipe.

① Peychaud's Bitter
② Abbott's aged Bitter
③ Orange Bitter
④ Angostura Bitter

! 앙고스투라 비터는 맨해튼이나 올드패션드 등의 칵테일에 향을 가미하는 용도로 쓰이며, 트리니다드토바고에서 생산한다.

60 다음에서 (   ) 안에 알맞은 단어로 짝지어진 것은?

> A: Let's go (   ) a drink after work, will you?
> B: I don't (   ) like a drink today.

① for, feel
② to, have
③ in, know
④ of, feel

! A: 오늘 퇴근하고 한잔하러 갈래?
B: 오늘은 술 마시고 싶은 기분이 아니야.

정답

01	02	03	04	05	06	07	08	09	10
②	④	④	④	②	③	③	①	①	④
11	12	13	14	15	16	17	18	19	20
①	③	③	②	①	③	③	④	④	③
21	22	23	24	25	26	27	28	29	30
②	②	②	④	①	④	①	③	②	①
31	32	33	34	35	36	37	38	39	40
②	②	③	④	④	③	①	①	②	①
41	42	43	44	45	46	47	48	49	50
②	①	②	④	④	④	④	②	④	①
51	52	53	54	55	56	57	58	59	60
①	③	①	④	①	②	①	①	④	①

2019년 조주기능사 CBT 복원문제 1

자격 종목	코드	출제 문항 수	시험 시간	수험 번호	성명
조주기능사		60문항	60분		

01 다음 중 양조주의 설명으로 틀린 것은?

① 알코올 도수가 낮고 맛과 향이 살아 있다.
② 장기 보관이 가능하다.
③ 선입선출(FIFO)에 유의해야 한다.
④ 지역마다 나라마다 다양한 종류가 있다.

> ! • 양조주(Fermented Liquor)
> 알코올 함량이 비교적 낮아 장기 보관이 힘들다.

02 다음 중 음료에 대한 설명으로 틀린 것은?

① 알코올 함량이 0.2%인 것은 비알콜음료에 속한다.
② 알코올음료는 양조주, 증류주, 혼합주로 분류한다.
③ 맥주와 와인은 양조주에 속한다.
④ 커피, 차는 기호음료에 속한다.

> ! • 알코올음료(Alcoholic Beverage)
> 양조주, 증류주, 혼성주로 분류되며 혼합주는 칵테일을 뜻한다.

03 와인 제공 순서에 대한 설명으로 옳지 않은 것은?

① 드라이 와인은 스위트 와인보다 먼저 제공한다.
② 화이트 와인은 레드 와인보다 나중에 제공하는 것이 좋다.
③ 가벼운 와인이 먼저 제공되고, 무거운 와인은 그 후에 제공한다.
④ 최근 생산된 와인을 오래 숙성된 와인보다 우선적으로 제공한다.

> ! 화이트 와인이 레드 와인보다 가볍고 산뜻하기 때문에 먼저 제공하는 것이 좋다.

04 보졸레 누보(Beaujolais Nouveau)에서 누보(Nouveau)를 영어로 바꾼다면 가장 알맞은 단어는?

① Fresh
② New
③ Best
④ Quality

> ! • 보졸레 누보(Beaujolais Nouveau)
> 프랑스 보졸레(Beaujolais) 지방에서 그 해 수확한 가메(Gamay) 품종으로 가장 '처음' 생산한 가을 햇와인을 의미한다.

05 다음 중 단식 증류기에 대한 설명으로 틀린 것은?

① 시설비가 저렴하여 소규모 생산에 적합하다.
② 맛과 향의 손실이 적어 품질이 좋다.
③ 재증류의 번거로움으로 대량 생산이 어렵다.
④ 보드카, 럼 등을 증류할 때 사용한다.

! 보드카, 럼, 그레인 위스키 등은 연속식 증류기를 사용한다.

06 다음 빈칸에 들어갈 적합한 말로 바르게 짝지어진 것은?

> 멕시코의 특산주로 ( )를 발효하여 ( )를 만들어 마시다가 스페인으로부터 증류 기술이 도입되어 증류주를 생산하게 되었다.

① Corn, Beer
② Agave, Pulque
③ Rice, Wine
④ Rye, Whisky

! 용설란(Agave)을 발효하여 만든 풀케(Pulque)를 증류하면 테킬라(Tequila)가 된다.

07 전통주 중 가장 오래된 술로 누룩을 적게 쓰며 일명 앉은뱅이술이라고 불리는 것은?

① 계명주
② 소곡주
③ 과하주
④ 삼해주

! • 한산 소곡주
술의 맛이 좋아 선비가 많이 마시다가 과거를 보러 가지 못하거나, 며느리가 집안일을 하지 못하는 등의 일화로 '앉은뱅이술'이라 불린다.

08 다음 중 코냑(Cognac)에 대한 설명으로 틀린 것은?

① 코냑은 프랑스 보르도 북쪽에 위치한다.
② 구리로 만든 전통적인 증류기를 사용하여 2~3회 증류한다.
③ 브랜디(Brandy)로 분류된다.
④ 모든 증류 작업은 12월 31일까지 마쳐야 한다.

! • 코냑(Cognac)
모든 증류 작업을 3월 31일까지 마쳐야 함을 법적으로 규제하고 있다.

09 다음 중 내열성이 강한 유리잔에 제공되는 칵테일은?

① Grasshopper
② Tequila Sunrise
③ New York
④ Irish Coffee

! • 아이리쉬 커피(Irish Coffee)
뜨거운 커피가 들어가기 때문에 손잡이가 있는 유리잔에 제공한다.

10 샴페인의 발명자는?

① Bordeaux
② Champagne
③ St. Emilion
④ Dom Perignon

! • 샴페인(Champagne)
베네딕트 수도원의 수사였던 동 페리뇽이 병 속에서 발효 중인 와인에서 급격하게 생성되는 기포를 발견하면서 탄생하였다.

11 칵테일의 표준 레시피(Recipe)를 통해 알수 없는 것은?

① 칵테일의 색깔
② 칵테일의 용량
③ 칵테일의 성분
④ 칵테일의 판매량

12 혼성주(Compounded Liquor)의 종류에 대한 설명으로 틀린 것은?

① 아드보카트(Advocaat)는 브랜디에 계란 노른자와 설탕을 혼합하여 만든다.
② 드람부이(Drambuie)는 "사람을 만족시키는 음료"라는 뜻을 가지고 있다.
③ 아르마냑(Armagnac)은 체리향을 혼합하여 만든다.
④ 깔루아(Kahlua)는 증류주에 커피를 혼합하여 만든다.

! 아르마냑(Armagnac)은 브랜디의 일종이다.

13 다음 중 커피의 3대 원종이 아닌 것은?

① 로부스타종 ② 아라비카종
③ 인디카종 ④ 리베리카종

! 인디카는 쌀의 품종이다.

14 다음 중 블렌디드 위스키(Blended Whisky)가 아닌 것은?

① Chivas Regal 18년
② Glenfiddich 15년
③ Royal Salute 21년
④ Dimple 12년

! 글렌피딕(Glenfiddich)은 싱글 몰트 위스키이다.

15 코스터(Coaster)는 무엇을 지칭하는 용어인가?

① 주장용 향신료 세트
② 잔 밑받침
③ 주류 재고 계량기
④ 주류 원가표

! • 코스터(Coaster)
글라스 밑에 깔아 미끄럼을 방지하거나 글라스의 습기로부터 물이 떨어지는 것을 방지한다.

16 글라스 세척 시 알맞은 세제와 그 순서로 짝지어진 것은?

① 산성세제-더운물-찬물
② 중성세제-찬물-더운물
③ 산성세제-찬물-더운물
④ 중성세제-더운물-찬물

! 식기, 과일 등의 세척과 기름을 제거하기 위해서는 중성세제가 알맞으며, 따뜻한 물로 깨끗이 씻고 찬물로 헹구어 글라스의 온도가 너무 높아지지 않게 한다.

17 와인의 빈티지(Vintage)가 의미하는 것은?

① 포도주의 판매 유효 연도
② 포도의 수확 년도
③ 포도의 품종
④ 포도주의 도수

18 포도의 그린 수확(Green Harvest)에 대한 설명으로 옳은 것은?

① 수확량을 제한하기 위한 수확
② 청포도 품종의 수확
③ 완숙한 최고의 포도 수확
④ 해가 뜨지 않은 새벽에 포도 수확

! 포도의 품질을 향상시키기 위해 일부 포도 송이를 솎아내어 수확량을 제한하는 방법이다.

19 이탈리아 와인 용어 중 클라시코(Classico)라 표시된 것은 무엇을 뜻하는가?

① 오크통에서 발효 후 그 통에서 숙성시킨 와인
② 음악가나 화가 등 예술가들이 만든 와인
③ 와인 산지 중 전통적으로 중심이 되었던 일류 지역의 포도로 만든 와인
④ 500년 이상의 역사를 가진 와인에 붙이는 수식어

20 다음 중 단맛이 진하고 짙은 갈색으로 특히 자메이카산이 유명한 럼의 종류는 무엇인가?

① Light Rum   ② Gold Rum
③ Medium Rum   ④ Dark Rum

! 다크럼 또는 헤비럼(Heavy Rum)이라 한다.

21 다음 중 소주에 대한 설명으로 틀린 것은?

① 소아시아의 수메르 지방에서 처음 제조되었다.
② 고려 말 몽고에 의해 전파되었다.
③ 쌀을 원료로 생산되어 값이 저렴했기 때문에 서민의 술로 자리잡았다.
④ 곡물 이외에 당분, 구연산, 아미노산류, 무기염류, 아스파탐, 자일리톨 등의 물질이 첨가된다.

! 조선시대에 소주는 권력가와 부유층만이 즐기던 고급주이자 사치품이었다.

22 콘 위스키(Corn Whisky)의 원료 규정으로 알맞은 것은?

① 51% 이상의 옥수수가 포함된 것
② 옥수수 50%, 호밀 50%가 혼합된 것
③ 80% 이상의 옥수수가 포함된 것
④ 40% 이상의 옥수수가 포함된 것

23 다음 중 나머지 셋과 성격이 다른 것은?

① Cherry Brandy
② Peach Brandy
③ Hennessy Brandy
④ Apricot Brandy

! ①, ②, ④는 브랜디에 과실을 넣은 리큐르이며, ③은 증류주이다.

24 다음 중 술의 제조 과정에서 필수적으로 필요한 요소는?

① 지방
② 단백질
③ 탄수화물(당류)
④ 비타민

> ! 효모는 전분질이나 당질에 있는 당을 원료로 하여 발효 활동을 한다.

25 주장에서 월말에 수행하는 인벤토리(Inventory)는 무엇을 파악하기 위한 것인가?

① 매출 이익
② 순수익
③ 월 경비
④ 재고량

> ! 물품들에 대한 재고 목록을 인벤토리라고 한다.

26 다음이 설명하는 혼성주는 무엇인가?

> * 이탈리아의 국민주로 붉은색이다.
> * 각종 식물의 뿌리, 씨, 향초, 껍질 등 70여 가지의 재료를 사용한다.
> * 쓴맛을 가지고 있어 식전주로 애음되며, 소다수나 오렌지주스와 잘 어울린다.

① 압생트
② 베르무트
③ 캄파리
④ 아페롤

27 칵테일을 조주할 때 가장 많이 사용하는 얼음은?

① Block of Ice
② Lump of Ice
③ Cubed Ice
④ Shaved Ice

28 와인 디캔터(Decanter)의 설명으로 틀린 것은?

① 와인 칵테일을 제공할 때 사용한다.
② 주로 레드 와인을 제공할 때 사용한다.
③ 숙성이 덜 된 와인의 향을 깨우기 위해 사용한다.
④ 와인의 침전물 등 이물질을 제거하기 위해 사용한다.

29 세계 3대 홍차의 분류에 해당하지 않는 것은?

① 기문
② 우롱차
③ 다즐링
④ 우바

> ! 다즐링, 우바, 기문은 세계 3대 홍차이다.

30 다음 중 서비스의 특성이 아닌 것은?

① 장기성
② 무형성
③ 비분리성
④ 소멸성

> ! 서비스는 눈에 보이지 않으며 생산과 소비가 분리되지 않고 동시에 일어나며 제공되지 않은 서비스는 사라진다.

31 칵테일의 만드는 기법으로 적당하지 않은 것은?

① 띄우기(Floating)
② 휘젓기(Stirring)
③ 흔들기(Shaking)
④ 거르기(Filtering)

32 바스푼(Bar Spoon)의 용도가 아닌 것은?

① 칵테일 조주 시 글라스의 내용물을 섞을 때 사용한다.
② 얼음을 잘게 부술 때 사용한다.
③ 플로팅(Floating) 칵테일을 만들 때 사용한다.
④ 올리브나 레몬 등을 병에서 꺼낼 때 사용한다.

> ! 얼음을 부술 때 사용하는 기구는 아이스픽(Ice Pick)이다.

33 셰리 와인(Sherry Wine)의 숙성 방식 중 솔레라(Solera) 시스템에 대한 설명으로 옳은 것은?

① 소량씩 반자동으로 블렌딩하는 방식이다.
② 오랜 기간 숙성된 와인을 통에 채워주는 방식이다.
③ 빈티지 셰리 와인을 만들 때 사용한다.
④ 와인에 주정을 채워 주는 방식이다.

> ! • 솔레라(Solera) 시스템
> 숙성 통을 피라미드 형식으로 쌓아 가장 아랫 부분에서 오래된 와인을 뽑아 병입하고, 가장 윗 부분에 새로운 와인을 다시 추가함으로써 동일한 스타일과 품질을 갖도록 하는 방식이다.

34 커피의 베리에이션(Variation) 메뉴에 해당되는 것은?

① 에스프레소
② 리스트레토
③ 아메리카노
④ 카페라테

> ! 커피 원액에 물 이외에 다른 첨가물이 들어간 경우 베리에이션 커피로 칭한다. ②는 농축된 에스프레소로 빠른 시간에 일반적인 양보다 적게 추출한다.

35 다음 중 프랑스 부르고뉴 지방의 적포도 품종은?

① 카베르네 소비뇽
② 메를로
③ 말벡
④ 피노누아

> ! 부르고뉴(Bourgogne) 지방의 대표적인 적포도 품종은 피노누아(Pinot Noir)이다.

36 고객이 위스키를 'On the rocks'로 주문하였을 때 제공하는 방법을 설명한 것으로 틀린 것은?

① 어떤 산지의 위스키인지 파악한다.
② 고객이 원하는 상표인지 확인한다.
③ 온더락 글라스에 위스키를 넣고 얼음을 채운다.
④ 코스터를 깔고 음료를 제공한다.

> ! 글라스에 얼음을 채운 뒤 위스키를 넣는다.

37 다음 중 프랑스에서 생산된 물이 아닌 것은?

① 에비앙　　② 페리에
③ 비시　　　④ 셀처

> ! • 셀처(Seltzer)
> 독일에서 생산되는 천연 광천수이다.

38 맥주의 계절별 적정 서브 온도는?

① 여름 2~6℃, 겨울 17~19℃
② 여름 4~8℃, 겨울 8~10℃
③ 여름 8~12℃, 겨울 12~16℃
④ 여름 12~16℃, 겨울 20~24℃

39 네그로니(Negroni) 조주 시 필요한 기구는?

① 지거, 바스푼
② 셰이커, 지거
③ 믹싱 글라스, 스트레이너
④ 블렌더, 지거

! 네그로니는 직접넣기(Build) 방법으로 만든다.

40 글라스의 위생적인 취급 방법으로 옳지 못한 것은?

① 불쾌한 냄새나 기름기가 없고 환기가 잘되는 곳에 보관하여야 한다.
② 비눗물에 닦고 뜨거운 물과 맑은 물에 헹궈 그대로 사용한다.
③ 차게 할 때에는 냄새가 전혀 없는 냉장고에 보관한다.
④ 얼음으로 차게 할 때에는 냄새가 없는 얼음인지를 반드시 확인해야 한다.

! 세척 후 바 타올이나 린넨을 사용하여 얼룩을 없애고 깨진 부위가 없는지 확인한다.

41 빈(Bin)이 의미하는 것으로 가장 적합한 것은?

① 프랑스산 적포도주
② 주류를 보관하는 장소
③ 칵테일 조주 시 가장 기본이 되는 재료
④ 글라스를 세척하여 올려 놓는 기구

42 칵테일 글라스는 어느 부분을 잡는 것이 가장 좋은가?

① Rim   ② Face
③ Stem   ④ Bottom

! 스템(Stem) 부분을 잡아서 칵테일의 온도 상승을 방지한다.

43 다음 중 After Drink로 가장 거리가 먼 것은?

① Campari Soda
② Rusty Nail
③ Cream Sherry
④ Brandy Alexander

! 캄파리는 쓴맛이 나는 리큐르로 식전주(Aperitif)로 적합하다.

44 다음 중 코냑(Cognac) 지역의 브랜디가 아닌 것은?

① Remy Martin   ② Hennessy
③ Chabot   ④ Courvoisier

! • 샤보(Chabot)
아르마냑(Armagnac) 지역의 브랜디이다.

45 민속주 중 약주가 아닌 것은?

① 한산 소곡주   ② 경주 교동법주
③ 아산 연엽주   ④ 진도 홍주

! 진도 홍주는 증류주이다.

46 와인을 마시기 전 이상적인 음용 온도에 맞추기 위하여 저장고에서 일찍 꺼내 자연스럽게 천천히 적정 온도에 도달하게 하는 것을 나타내는 용어는?

① 샹브레(Chambrer)
② 샹델(Chandelle)
③ 샤르마(Charmat)
④ 샤르뉘(Charnu)

!
② 프랑스어로 '양초' 혹은 '로맨틱한 레스토랑'
③ 스파클링 와인 양조 시 2차 발효를 스테인레스 스틸 탱크에서 하는 방법
④ 입 안을 가득 채우는 듯한 느낌을 준다는 표현의 와인 용어

47 럼(Rum)에 대한 설명으로 틀린 것은?

① 원산지는 카리브해 연안의 서인도 제도이다.
② 원료는 사탕수수나 당밀이며, 당밀 자체가 당분이기 때문에 별도의 당화 과정이 필요 없다.
③ 대표적인 브랜드로는 스미노프(Smir-noff), 단즈카(Danzka)가 있다.
④ 대표적인 칵테일로는 쿠바리브레(Cuba Libre), 다이키리(Daiquiri)가 있다.

! ③은 보드카의 브랜드이다.

48 보관 및 신선도 관리에 유의해야 할 혼성주는?

① Drambuie   ② Grand Marnier
③ Bailey's   ④ Benedictine

!
• 베일리스(Bailey's)
크림이 함유되었으며 알코올 함량이 17%이므로 변질에 유의해야 한다.

49 다음에서 설명하는 전통주는 무엇인가?

> 평양의 명주로 고려시대에 원나라로부터 유입된 증류주이다. 단맛을 내는 용안육과 감초를 사용하고 향과 색은 지초, 홍국, 계피, 진피, 정향 등의 약재로 우려낸다.

① 감홍로   ② 안동소주
③ 문배주   ④ 진도홍주

!
• 감홍로
'맛이 달고 붉은 빛을 띠는 이슬 같은 술'이라는 뜻을 가지고 있다.

50 바카디(Bacardi) 칵테일을 제공할 때 사용되는 글라스로 옳은 것은?

① Collins Glass
② Champagne Glass
③ Sour Glass
④ Cocktail Glass

!
• 바카디 칵테일(Bacardi Cocktail)
바카디 럼(Bacardi Rum) 1¾oz, 라임주스 ¾oz, 그레나딘 시럽 1tsp를 셰이킹하여 만든다.

51 Which of the following is not distilled liquor?

① Vodka   ② Gin

③ Calvados   ④ Mead

! • 미드(Mead)
벌꿀을 재료로 발효시킨 양조주로, 최초의 알코올 음료로 추정된다.

52 다음 (   ) 안에 적절한 것은?

(   ) is a generic cordial invented in Italy and made from apricot pits and herbs, yielding a pleasant almond flavor.

① Anisette   ② Amaretto

③ Advocaat   ④ Amontillado

! • 아마레토(Amaretto)
이탈리아에서 발명된 코디얼로 살구 씨와 허브로 만들며 기분 좋은 아몬드 향을 낸다.

53 다음의 질문에 가장 적합한 대답은?

Are there any famous bar around here?

① The flair bar across the street is good.

② Let's get something to eat.

③ I brought my lunch.

④ I've already eaten.

! 이 근처에 유명한 바가 있나요?
① 건너편에 있는 플레어 바가 괜찮아요.

54 다음 (   ) 안에 들어갈 알맞은 단어는?

This is our first visit to Korea. Before we (   ) our dinner, we want to (   ) some domestic drinks here.

① having, trying

② serving, be served

③ have, try

④ serve, served

! 이번은 저희의 한국 첫 방문입니다. 저녁 식사 전, 이곳의 국내 주류를 시음해보고 싶습니다.

55 다음 (   ) 안에 적합한 단어는?

A: Do you have anything to read?

B: We have Korean newspapers and magazines.

A: (   ) I have a paper, please?

① What   ② Could

③ How   ④ Does

! A: 읽을 만한 것이 있을까요?
B: 한국어로 된 신문과 잡지가 있습니다.
A: 신문으로 주시겠어요?

56 Which country does Cointreau come from?

① France   ② Italy

③ America   ④ Spain

! • 쿠앵트로(Cointreau)
오렌지 껍질을 원료로 하는 무색의 프랑스산 리큐르이다.

57 다음 ( ) 안에 들어갈 알맞은 말은?

> ( ) is a liqueur made from natural coconut extract and rum produced in Barbados in the Caribbean.

① Sambuca

② Maraschino

③ Southern Comfort

④ Malibu

> ! · 말리부(Malibu)
> 카리브해 바베이도스에서 생산되는 천연 코코넛 추출물과 럼으로 만든 리큐르이다.

58 "All tables are booked tonight."과 의미가 같은 것은?

① All books are on the table.

② There are a lot of tables here.

③ All tables are very dirty tonight.

④ There aren't any available tables tonight.

> ! 오늘 밤 모든 테이블의 예약은 다 찼습니다.

59 Please select the wine−based cocktail in the following.

① Mai Tai

② Salty Dog

③ Cuba Libre

④ Sangria

> ! · 샹그리아(Sangria)
> 레드 와인이나 화이트 와인에 과일, 과즙, 주스, 소다수 등을 섞어 마시는 칵테일의 일종으로 스페인에서 유래되었다.

60 "How often do you drink?"의 대답으로 적합하지 않은 것은?

① Everyday.

② After work.

③ Once a week.

④ About three times a month.

| 정답 |
01	02	03	04	05	06	07	08	09	10
②	②	②	②	④	②	②	④	④	④
11	12	13	14	15	16	17	18	19	20
④	③	③	②	②	④	②	①	③	④
21	22	23	24	25	26	27	28	29	30
③	③	③	③	④	③	③	①	②	①
31	32	33	34	35	36	37	38	39	40
④	②	①	④	④	③	④	②	①	②
41	42	43	44	45	46	47	48	49	50
②	③	①	③	④	①	③	③	①	④
51	52	53	54	55	56	57	58	59	60
④	②	①	③	②	①	④	④	④	②

2019년 조주기능사 CBT 복원문제 2

자격 종목	코드	출제 문항 수	시험 시간	수험 번호	성명
조주기능사		60문항	60분		

01 진(Gin)이 가장 처음으로 만들어진 나라는?

① 덴마크 ② 프랑스
③ 네덜란드 ④ 영국

! • 진(Gin)
네덜란드의 실비우스(Sylvius) 박사에 의해 약용의 목적으로 만들어진 것이 시초이다.

02 단식 증류기의 일반적인 특징이 아닌 것은?

① 원료 고유의 향을 얻을 수 있다.
② 고급 증류주의 제조에 이용된다.
③ 적은 양을 빠른 시간에 증류하기 때문에 시간이 적게 걸린다.
④ 증류 후 얻는 알코올 함량은 80% 이하이다.

! • 단식 증류기(Pot Still)
시설비가 저렴한 반면, 증류를 할 때마다 본체를 열고 가열부에 술덧(발효된 술)을 넣어야 하므로 대량 생산이 어려워 시간이 오래 걸린다.

03 다음 중 사과를 발효시켜 만든 음료는?

① Cidre ② Tonic Water
③ Ginger Ale ④ Collins Mixer

! 사과즙을 발효시켜 만든 양조주를 '시드르(Cidre)'라고 한다.

04 다음 중 와인의 특징과 품질을 결정하는 요소가 아닌 것은?

① Terroir ② Water
③ Grape ④ Skill

! 와인을 양조할 때는 물이 전혀 들어가지 않는다.

05 다음 중 커피의 양이 가장 많은 것은?

① Espresso ② Ristretto
③ Lungo ④ Doppio

! 도피오(60ml) > 룽고(35~40ml) > 에스프레소(25~30ml) > 리스트레토(15~20ml)

06 다음 중 포트 와인(Port Wine)을 가장 잘 설명한 것은?

① 붉은 포도주를 총칭한다.
② 발효 과정에 브랜디를 첨가하여 도수를 높인 포르투갈의 와인이다.
③ 식사 전에 마시는 백포도주이다.
④ 도수는 높으나 당도는 낮다.

! 포르투갈의 강화 와인으로, 세계 3대 주정 강화 와인에는 포트, 셰리, 마데이라가 있다.

07 다음 중 계란이 들어가는 칵테일은?

① Millionaire
② Black Russian
③ Daiquiri
④ Brandy Alexander

❗ 밀리어네어 이외에 계란이 들어가는 칵테일은 핑크 레이디 (Pink Lady), 브랜디 에그녹(Brandy Eggnog) 등이 있다.

08 다음 중 혼성주의 제법이 아닌 것은?

① 증류법　　　② 침출법
③ 에센스법　　④ 압착법

❗ ① 재료를 주정에 넣어 함께 증류하는 방법
② 재료를 주정에 넣어 우려내는 방법
③ 향료나 색소를 주정에 넣는 방법

09 이탈리아 와인의 등급 표시로 맞는 것은?

① AOC
② DOCG
③ QbA
④ Vins de Pays

❗ ①, ④는 프랑스, ③은 독일의 품질 등급 표시이다.

10 브랜디와 코냑에 대한 설명으로 옳은 것은?

① 브랜디와 코냑은 생산 지역에 따라 분류된다.
② 브랜디와 코냑은 알코올 함량에 차이가 있다.
③ 브랜디와 코냑은 원료의 성질에 차이가 있다.
④ 브랜디와 코냑은 생산 연도에 차이가 있다.

❗ 코냑(Cognac) 지방에서 만든 브랜디만을 코냑(Cognac)이라 한다.

11 탄산음료에 함유된 이산화탄소에 대한 설명으로 틀린 것은?

① 청량감과 시원한 느낌을 준다.
② 단맛과 부드러운 맛을 준다.
③ 과도하게 섭취할 경우 속 쓰림이나 소화 불량을 유발할 수 있다.
④ 미생물의 발육을 억제한다.

12 마시면 불로장생한다 하여 장수주로 유명하며, 주로 찹쌀, 구기자, 산수유, 오미자 등으로 만들어진 전통주는?

① 두견주　　② 백세주
③ 문배주　　④ 이강주

13 다음 중 Dry Martini를 만들 때 사용하는 칵테일 기구로 적합하지 않은 것은?

① Mixing Glass
② Strainer
③ Shaker
④ Bar Spoon

❗ 드라이 마티니(Dry Martini)는 휘젓기(Stir) 기법으로 만들며, 이 기법의 대표적인 칵테일로는 Manhattan, Rob Roy, Gibson이 있다.

14 생맥주의 취급 기본 원칙으로 옳지 않은 것은?

① 청결 유지
② 적정 온도 준수
③ 후입 선출
④ 적정 압력 유지

❗ • 생맥주(Draft Beer)
장기 보관이 불가능하므로, 선입선출(FIFO)을 준수해야 한다.

15 리큐르는 우리나라 주세법상 어디에 속하는가?

① 양조주
② 증류주
③ 혼성주
④ 기타 주류

16 스카치 위스키(Scotch Whisky)가 아닌 것은?

① Chivas Regal
② Glenfiddich
③ Bushimills
④ Cutty Sark

> **!** • 부쉬밀(Bushimills)
> 대표적인 아이리쉬 위스키이다.

17 다음 중 알코올 함량이 가장 높은 전통주는?

① 두견주   ② 감홍로
③ 소곡주   ④ 부의주

> **!** • 감홍로
> 증류주이며, 나머지는 청주(양조주)에 속한다.

18 식품위생법에 따라 영업자 및 그 종업원이 영업에 종사하기 전에 미리 받아야 하는 서류는 무엇인가?

① 영업신고서
② 근무계획서
③ 건강진단결과서
④ 위생교육 수료증

> **!** 건강진단결과서를 '보건증' 이라고도 하며 식품 관련 직종의 사람들은 반드시 발급받아야 한다.

19 브랜디의 제조 공정에서 브랜디를 오크통에 넣어 숙성하기 전, 무엇을 먼저 채워 오크통에 남아있는 이물질을 제거하는가?

① White Wine
② Gin
③ Beer
④ Whisky

> **!** 브랜디의 맛과 향에 영향을 미치지 않도록 같은 성질을 가진 와인을 채워 세척한 뒤 숙성을 시작한다.

20 주장에서 표준 레시피(Standard Recipe)를 설정하고 이를 따르는 목적이 아닌 것은?

① 원가 계산을 위한 기초 제공
② 표준 조주법 이용으로 노무비 절감에 기여
③ 품질과 맛의 일관성 유지
④ 특정인에 대한 의존도 강화

21 주장 관리에서 핵심적인 원가의 3요소는?

① 주장경비, 재료비, 인건비
② 세금, 봉사료, 인건비
③ 주세, 재료비, 인건비
④ 주장경비, 재료비, 세금

22 커피 로스팅의 정도에 따라 약한 순서에서 강한 순서대로 나열한 것으로 옳은 것은?

① American Roasting→German Roasting→French Roasting→Italian Roasting
② German Roasting→Italian Roasting →American Roasting→French Roasting
③ Italian Roasting→German Roasting →American Roasting→French Roasting
④ French Roasting→American Roasting →Italian Roasting→German Roasting

23 로제 와인(Rose Wine)에 대한 설명으로 틀린 것은?

① 보통 붉은 포도로 만든다.
② 제조 시 포도 껍질을 함께 발효시킨다.
③ 오래 숙성시키지 않고 마시는 것이 좋다.
④ 일반적으로 상온(17~18℃)에서 마시는 것이 좋다.

> ! • 로제 와인(Rose Wine)
> 차가운 온도(6~8℃)에서 마시는 것이 좋다.

24 Dry Wine에 당분이 거의 남아있지 않은 상태가 되는 주된 이유는?

① 발효 중에 생성되는 호박산, 젖산 등의 산 성분 때문
② 페노릭 성분의 함량이 많기 때문
③ 설탕을 넣는 가당 공정을 거치지 않기 때문
④ 포도 속의 천연 포도당을 거의 완전히 발효시키기 때문

> ! 효모가 포도 속의 당을 거의 완전히 소모하면 단맛이 없는 와인이 만들어진다.

25 다음 중 1지거(Jigger)에 대한 설명으로 틀린 것은?

① 45ml이다.
② 1.5oz이다.
③ 1갤론(Gallon)이다.
④ 칵테일 조주 시 사용되는 단위이다.

> ! 1Jigger는 보통 지거(Jigger)의 큰 부분으로 계량할 수 있으며, 1갤론은 128oz이다.

26 다음 중 조선의 3대 명주가 아닌 것은?

① 이강주   ② 경주법주
③ 감홍로   ④ 죽력고

27 다음 중 알코올을 함유한 커피는?

① 카페 로열(Café Royal)
② 비엔나 커피(Vienna Coffee)
③ 데미타스 커피(Demitasse Coffee)
④ 카페 꼰 레체(Café con Leche)

! 나폴레옹이 좋아했던 카페 로열(Café Royal)은 커피 위에 스푼을 걸쳐 그 위에 각설탕을 놓고 브랜디를 부은 뒤 불을 붙여 마시는 칵테일이다.

28 다음 중 화이트 와인용 포도 품종은?

① Sangiovese ② Nebbiolo
③ Barbera ④ Riesling

! • 리슬링(Riesling)
독일 알자스를 대표하는 화이트 와인용 품종이다.

29 다음 중 단발효법으로 만들어진 것은?

① 맥주 ② 청주
③ 와인 ④ 막걸리

! 원료가 과실이면 단발효법, 곡물이면 복발효법으로 양조한다.

30 각 나라별 발포성 와인(Sparkling Wine)의 명칭이 잘못 연결된 것은?

① 프랑스-Cremant
② 스페인-Vin Mousseux
③ 독일-Sekt
④ 이탈리아-Spumante

! 스페인을 대표하는 발포성 와인을 까바(Cava)라 한다.

31 다음 중 얼음에 대한 설명으로 올바르지 않은 것은?

① 칵테일과 얼음은 밀접한 관계가 있다.
② 칵테일에 가장 많이 사용되는 얼음은 각얼음(Cubed Ice)이다.
③ 재사용할 수 있고, 속에 공기가 들어있는 것이 좋다.
④ 투명하고 단단한 얼음이어야 한다.

! 얼음은 재사용할 수 없으며 공기가 없이 단단하고 투명한 것이 좋다.

32 주세법상 알코올 농도의 정의는?

① 섭씨 4℃에서 원용량 100분 중에 포함되어 있는 알코올분의 용량
② 섭씨 15℃에서 원용량 100분 중에 포함되어 있는 알코올분의 용량
③ 섭씨 4℃에서 원용량 100분 중에 포함되어 있는 알코올분의 질량
④ 섭씨 20℃에서 원용량 100분 중에 포함되어 있는 알코올분의 용량

33 와인의 테이스팅(Tasting) 방법으로 옳은 것은?

① 와인잔을 흔든 뒤 아로마나 부케의 향을 맡는다.
② 와인에 얼음을 넣어 냉각시킨 후 마신다.
③ 와인을 오픈한 후 공기와 접촉되는 시간을 최소화하여 바로 따른 후 마신다.
④ 검은 종이를 테이블에 깔아 투명도 및 색을 확인한다.

34 주장 관리에서 Inventory의 의미는?

① 구매 관리　② 재고 관리
③ 검수 관리　④ 판매 관리

35 다음 음료의 보존기간이 긴 것부터 순서대로 나열한 것은?

① 토닉워터-병맥주-우유
② 라임주스-우유-토닉워터
③ 병맥주-라임주스-토닉워터
④ 우유-토닉워터-병맥주

36 주스류의 보관 방법으로 가장 적절한 것은?

① 캔 주스는 냉동실에 보관한다.
② 한 번 오픈한 주스는 상온에 보관한다.
③ 열기가 많고 햇볕이 드는 곳에 보관한다.
④ 캔 주스는 오픈한 후 유리 용기에 담아 냉장 보관한다.

37 버번 위스키(Bourbon Whiskey)의 원료에 대한 법적 규제로 옳은 것은?

① 옥수수 10% 이상
② 옥수수 20% 이상
③ 옥수수 51% 이상
④ 옥수수 80% 이상

38 와인의 보관 방법으로 가장 알맞은 것은?

① 가급적 통풍이 잘되고 습한 곳에 보관하여 숙성을 돕는다.
② 병을 똑바로 세워 침전물이 바닥으로 모이도록 보관한다.
③ 따뜻하고 건조한 장소에 눕혀서 보관한다.
④ 통풍이 잘 되는 장소에 보관 적정 온도로 맞추어 눕혀서 보관한다.

39 소주의 특성으로 틀린 것은?

① 초기에는 약용으로 음용하였다.
② 희석식 소주가 일반적이다.
③ 자작나무 숯으로 여과하여 맑고 투명하다.
④ 저장과 숙성 과정을 거치면 고급화된다.

❗ 자작나무 숯으로 여과하는 증류주는 보드카(Vodka)이다.

40 다음 중 Stem이 있는 글라스는 무엇인가?

① Collins Glass
② Pilsner Glass
③ Old Fashioned Glass
④ Snifter Glass

❗ • 스니프터(Snifter)
'브랜디 글라스' 라고도 하며, 짧은 스템을 가지고 있다.

41 'Short Drink' 칵테일로 분류되지 않는 것은?

① Dry Martini ② Piña Colada
③ Daiquiri ④ Honeymoon

> ! • 피냐콜라다(Piña Colada)
> 대표적인 트로피컬 칵테일로 필스너 글라스에 제공된다.

42 탄산음료나 샴페인을 사용하고 남은 일부를 보관할 때 사용하는 기물은?

① 스토퍼 ② 코스터
③ 푸어러 ④ 코르크

43 당분을 분해하여 알코올과 탄산가스를 만드는 작용을 하는 것은 무엇인가?

① Water ② Hop
③ Yeast ④ Enzyme

> ! 효모가 발효 과정을 통해 알코올과 탄산가스를 배출한다.

44 셰이킹 기법을 사용해야 하는 재료로 가장 거리가 먼 것은?

① 혼성주와 생크림
② 증류주와 달걀
③ 증류주와 탄산수
④ 혼성주와 주스

> ! 탄산수를 셰이킹하면 셰이커의 압력이 높아져 음료가 새어 나온다.

45 Bar에 대해 설명한 것으로 올바르지 않은 것은?

① 조리 가능한 시설을 갖추어 음료와 식사를 제공하는 장소
② 고객과 바텐더 사이에 놓인 널판
③ 주문과 서브가 이루어지는 장소
④ 주류를 중심으로 음료 판매를 목적으로 하는 장소

> ! 조리 시설을 갖추는 것이 필수는 아니다.

46 칵테일에 사용하는 레몬 장식 중 반으로 길게 자른 후 다시 길게 4등분하여 자른 모양을 일컫는 말은?

① 슬라이스(Slice) ② 휠(Wheel)
③ 웨지(Wedge) ④ 필(Peel)

> ! ① 반으로 자른 후 반달 모양으로 자른 것
> ② 반으로 자르지 않고 원형으로 자른 것
> ④ 껍질만 도려낸 것

47 포도나무의 뿌리를 먹고 사는 작은 곤충으로 해결책에 관한 정보를 얻기 전까지 포도밭의 60% 이상에 피해를 주며 와인의 역사를 흔들었던 것은?

① Grape Berry Moths
② Grape Mealybugs
③ Leafhoppers
④ Phylloxera

> **!** • 필록세라(Phylloxera)
> 뿌리혹벌레과에 속하는 곤충으로 덩굴의 영양분과 물 흐름을 차단하여 포도나무를 죽게하여 유럽의 와인 산업에 치명적인 결과를 가져다 주었다.

48 Onion으로 장식하는 칵테일은?

① Margarita
② Martini
③ Gibson
④ Rob Roy

49 혼성주(Compounded Liquor)의 종류에 대한 설명으로 틀린 것은?

① 예거마이스터(Jägermeister)는 엘더플라워를 주원료로 하는 프랑스 리큐르이다.
② 드람부이(Drambuie)는 사람을 만족시키는 음료라는 뜻을 가지고 있다.
③ 깔루아(Kahlua)는 증류주에 커피를 혼합하여 만든 술이다.
④ 아드보카트(Advocaat)는 브랜디에 달걀 노른자와 설탕을 혼합하여 만든다.

> **!** ①은 생 제르망(St. Germain)에 관한 설명이며, 예거마이스터(Jägermeister)는 56가지의 허브를 원료로 하는 독일 리큐르이다.

50 몰트 위스키의 제조 순서를 올바르게 나열한 것은?

a. 보리	b. 침맥	c. 건조
d. 분쇄	e. 당화	f. 발효
g. 증류	h. 숙성	i. 병입

① a-b-c-d-e-f-g-h-i
② a-c-b-d-e-f-g-h-i
③ a-b-c-d-e-f-g-i-h
④ a-d-b-c-d-f-g-i-h

51 다음 (   ) 안에 적합한 것은?

> Are you interested in (   )?

① make cocktail
② made cocktail
③ making cocktail
④ a making cocktail

52 "당신은 무엇을 찾고 있습니까?"의 올바른 표현은?

① What do you look for?
② What are you looking for?
③ What is looking for you?
④ What are you look for?

53 Which one in the spirit made from molasses?

① Rum   ② Vodka

③ Tequila   ④ Gin

! 다음 중 당밀로 만든 스피릿은 무엇인가?

54 다음 (　　) 안에 가장 알맞은 것은?

> Our hotel's bar has a (　　) from 6 to 9pm in every Monday.

① business time

② expensive price

③ bargain sale

④ happy hour

! 우리 호텔의 바는 매주 월요일 오후 6시부터 9시까지 해피아워를 제공한다. (해피아워란 고객이 붐비지 않는 시간대를 이용하여 저렴한 가격에 상품을 판매하는 것을 뜻한다.)

55 This is produced in Germany with an alcohol content of 44% and is effective for digestion.

① Midori

② Peach Tree

③ Underberg

④ Malibu

! • 언더버그(Underberg)
독일에서 알코올 함량 44%로 생산되는 허브 리큐르이며, 소화에 효과적이다.

56 Choose the most appropriate response to the statement.

> A: How can I get to the bar?
> B: I haven't been there in years!
> A: Well, why don't you show me on a map?
> B: _____

① I'm sorry to hear that.

② No, I think I can find it.

③ You should have gone there.

④ I guess I could.

! A: 이 Bar에 어떻게 가나요?
B: 글쎄요. 몇 년 동안 거기에 가본 적이 없어요.
A: 음, 지도로 보여주시면 어떨까요?
B: 아마 될 것 같아요.

57 '한 잔 더 주세요.'에 가장 정확한 영어 표현은?

① I'd like other drink.

② I'd like to have another drink.

③ I want one more wine.

④ I'd like to have the other drink.

58 Which of the following has a different meaning?

① It's my treat this time.

② I'll pick up the tab.

③ Let's go dutch.

④ It's on me.

! ③ 각자 계산하자. 나머지는 "이번에는 내가 살게."라는 뜻이다.

59 호텔에서 홍보, 판매 촉진 등 특별한 접대 목적 혹은 불편한 서비스에 대한 보상으로 상품의 일부를 무료로 제공한다는 뜻을 가진 용어는?

① Out of Order
② F/O Cashier
③ Complaint
④ Complimentary

60 What is the name of this cocktail?

This cocktail is served by stirring 30ml of vodka and 90ml of orange juice in a chilled highball glass with a few ice cubes.

① Blue Hawaii　② Bloody Mary
③ Screwdriver　④ Manhattan

! • 스크류 드라이버(Screwdriver)
보드카 30ml와 오렌지 주스 90ml를 차가운 하이볼 글라스에 몇 개의 얼음을 넣은 뒤 휘저어서 제공한다.

정답

01	02	03	04	05	06	07	08	09	10
③	③	①	②	④	②	①	④	②	①
11	12	13	14	15	16	17	18	19	20
②	②	③	③	③	③	②	③	①	④
21	22	23	24	25	26	27	28	29	30
①	①	④	④	③	②	①	④	③	②
31	32	33	34	35	36	37	38	39	40
③	②	①	②	①	④	③	④	③	④
41	42	43	44	45	46	47	48	49	50
②	①	③	③	①	③	④	③	①	①
51	52	53	54	55	56	57	58	59	60
③	②	①	④	③	④	②	③	④	③

2020년 조주기능사 CBT 복원문제 1

자격 종목	코드	출제 문항 수	시험 시간	수험 번호	성명
조주기능사		60문항	60분		

01 80proof는 알코올 함량(%)이 얼마인가?

① 10% ② 20%

③ 40% ④ 80%

> ! • 프루프(Proof)
> 우리나라 도수 표기법인 %의 2배이다. 따라서 80proof
> = 40%

02 글라스의 가장자리에 소금이나 설탕을 묻힐 때 빠르고 간편하게 사용할 수 있는 기구는?

① Glass Rimmer ② Decanter

③ Pourer ④ Coaster

03 다음 중 생맥주의 취급 요령으로 틀린 것은?

① 미살균 상태이므로 신선도에 주의해야 한다.

② 2주 정도 숙성기간을 거치면 더욱 부드러워진다.

③ 생맥주 통의 압력은 12~14파운드가 이상적이다.

④ 온도는 약 2~3℃로 유지해야 한다.

> ! • 생맥주(Draft Beer)
> 장기 보관시 변질 가능성이 있어 선입선출(FIFO)에 유의해야 한다.

04 다음 중 스카치 위스키가 아닌 것은?

① Jack Daniel's

② Johnnie Walker

③ Glenfiddich

④ J&B

> ! • 잭다니엘(Jack Daniel's)
> 아메리칸 위스키, 그 중에서도 테네시 주에서 생산하는 테네시 위스키(Tennesse Whiskey)이며 사탕단풍나무 숯으로 채운 여과기를 사용하는 것이 특징이다.

05 다음 중 식전주(Aperitif)로 가장 적합한 것은?

① Kahlua ② Dry Sherry

③ Drambuie ④ St. Germain

> ! • 드라이 셰리(Dry Sherry)
> 도수를 높인 스페인의 강화 와인(Fortified Wine)으로 식전주로 적합하다.

06 칵테일 글라스의 부위 명칭으로 올바르지 않은 것은?

① Rim

② Face

③ Body

④ Bottom

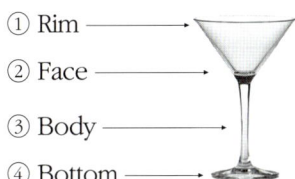

> ! ③은 Stem이며, ②를 Face 또는 Body라 한다.

07 맥주의 원료인 홉(Hop)에 대한 설명으로 틀린 것은?

① 맥주 특유의 향기와 상쾌한 쓴맛을 낸다.
② 신경을 진정시켜 숙면을 촉진하게 한다.
③ 맥주의 거품을 일으키는 효과가 있다.
④ 보존성이 약해 잡균의 침입에 약하다.

> **!** • 홉(Hop)
> 보존성이 강해 신선도를 향상시킨다.

08 다음 중 보드카 베이스의 칵테일이 아닌 것은?

① Kiss of Fire   ② Moscow Mule
③ Singapore Sling   ④ Screwdriver

> **!** • 싱가포르 슬링(Singapore Sling)
> 진(Gin) 베이스 칵테일이다.

09 다음 중 그 종류가 다른 하나는?

① Vienna Coffee
② Cappuccino Coffee
③ Espresso Coffee
④ Irish Coffee

> **!** • 아이리쉬 커피(Irish Coffee)
> 아이리쉬 위스키와 휘핑크림을 넣은 뜨거운 칵테일이다.

10 다음 중 원료가 다른 술은?

① 트리플 섹   ② 마라스키노
③ 쿠앵트로   ④ 블루큐라소

> **!** 마라스키노(Maraschino)는 체리 리큐르이며, 트리플섹(Triple Sec), 쿠앵트로(Cointreau), 큐라소(Curacao)는 그랑마니에(Grand Marnier)와 함께 대표적인 오렌지 껍질을 원료로 하는 리큐르이다.

11 탄산수에 키니네, 라임, 레몬 등의 농축액과 당분을 넣어 만든 강장 음료는?

① 진저 비어(Ginger Beer)
② 진저 에일(Ginger Ale)
③ 콜린스 믹스(Collins Mix)
④ 토닉 워터(Tonic Water)

12 다음 중 테킬라(Tequila)에 대한 설명으로 틀린 것은?

① 알코올 함량은 보통 38~40%이다.
② 멕시코 전 지역에서 생산된다.
③ Reposado는 1년 미만 숙성시킨 것이다.
④ Añejo는 1년 이상 숙성시킨 것이다.

> **!** • 테킬라(Tequila)
> 블루 아가베(Blue Agave)를 증류하여 만든 술로 테킬라 지방에서 생산된 것만을 말한다.

13 포도 품종의 분류가 다른 하나는 무엇인가?

① 샤르도네(Chardonnay)
② 피노누아(Pinot Noir)
③ 템프라니요(Tempranillo)
④ 메를로(Merlot)

! 샤르도네(Chardonnay)는 화이트 와인용 포도 품종이며, 나머지는 레드 와인용 품종이다.

14 다음 중 쓴맛을 내는 Bitter류에 속하지 않는 것은?

① Campari   ② Drambuie
③ Angostura   ④ Amer Picon

! • Drambuie(드람부이)
스카치 위스키에 꿀, 허브 및 향신료로 만들어진 달콤한 리큐르로 '사람을 만족시키는 음료'라는 뜻을 가진다.

15 얼음과 관련된 기구에 대한 설명이 잘못된 것은?

① 얼음을 거르는 기구는 Strainer이다.
② 얼음을 부술 때 사용하는 기구는 Ice Pick이다.
③ 얼음을 담는 통은 Ice Tongs이다.
④ 얼음을 퍼 담을 때 쓰는 기구는 Ice Scoop이다.

! 얼음을 담는 용기는 아이스 페일(Ice Pail) 또는 아이스 버킷(Ice Bucket)이라 하며, 아이스 텅(Ice Tongs)은 얼음 집게이다.

16 다음 중 체리로 장식하지 않는 칵테일은?

① 맨해튼
② 올드패션드
③ 피냐콜라다
④ 진 피즈

! ① 맨해튼: 체리, ② 올드패션드: 오렌지&체리, ③ 피냐콜라다: 파인애플&체리, ④ 진 피즈의 가니쉬는 레몬 슬라이스이다.

17 영국의 왕 조지 6세의 캐나다 방문을 기념하여 만든 술은?

① 크라운 로얄
② 씨그램
③ 블랙 벨벳
④ 제임슨

! • 크라운 로얄(Crown Royal)
1939년 조지 6세 영국 국왕의 캐나다 왕실 여행을 기념하기 위해 만든 캐나다 위스키로, 왕관 모양의 병이 특징이다.

18 다음 중 호주의 와인 산지가 아닌 곳은?

① 바로사 밸리   ② 맥라렌 베일
③ 나파 밸리   ④ 야라 밸리

! • 나파 밸리(Napa Valley)
미국의 와인 산지이다.

19 전통주 중 합주(合酒)에 대한 설명으로 맞는 것은?

① 청주와 탁주를 합한 술이다.
② '흑주'라고도 한다.
③ 소주의 일종이다.
④ 혼성주의 일종이다.

! • 합주
청주와 탁주를 합한 술로 흰 빛깔 덕분에 '백주'라고도 한다. 산미가 적으며 단맛과 알코올감이 강하다.

20 당밀에 석류의 과즙을 가한 시럽은?

① Raspberry Syrup
② Grenadine Syrup
③ Maple Syrup
④ Cranberry Syrup

21 다음에서 설명하는 와인 산지는 어디인가?

> 대서양에 근접한 지역으로 세계 와인 산지 중에서 가장 큰 영향력을 가지고 있다. 주요 포도 품종은 카베르네 소비뇽, 메를로, 카베르네 프랑, 세미용, 소비뇽 블랑으로 두 가지 품종 이상을 블렌딩한다. 지롱드강, 도르도뉴강, 가론강이 중요한 역할을 한다.

① 보르도(Bordeaux)
② 샹파뉴(Champagne)
③ 부르고뉴(Bourgogne)
④ 론(Rhone)

22 바텐더의 역할과 거리가 먼 것은?

① 영업 준비에 대해 점검하고, 재고 상황을 확인한다.
② 각종 장비 및 비품들의 작동 상태 및 위생 상태를 점검한다.
③ 고객과의 대화 시 정치, 종교, 스포츠의 특정 구단에 대해서는 주관적으로 대한다.
④ 음료에 대한 지식을 충분히 숙지해야 한다.

! 고객과의 대화 시 정치, 종교, 스포츠에 대한 주제는 가급적 피하도록 한다.

23 스트레이트 콘 위스키(Straight Corn Whiskey)의 원료 함량으로 알맞은 것은?

① 40% 이상의 옥수수
② 51% 이상의 옥수수
③ 51% 이상의 옥수수와 29% 이상의 보리
④ 80% 이상의 옥수수

! 버번 위스키(Bourbon Whiskey)는 51% 이상의 옥수수, 콘 위스키(Corn Whiskey)는 80% 이상의 옥수수를 원료로 사용해야 한다.

24 맥주와 그 생산지가 바르게 연결된 것은?

① 미국-아사히
② 일본-밀러
③ 영국-하이네켄
④ 멕시코-코로나

! 미국-밀러, 일본-아사히, 네덜란드-하이네켄을 생산한다.

25 맥주 제조에 필요한 중요한 원료가 아닌 것은?

① 맥아(Malt)
② 홉(Hop)
③ 물
④ 포도당

! 맥주의 4대 원료는 맥아, 홉, 물, 효모이다.

26 레드 와인의 서비스로 틀린 것은?

① 적정한 온도로 보관하여 서비스한다.
② 잔이 가득 차도록 조심해서 서서히 따른다.
③ 와인 병이 와인 잔에 닿지 않도록 따른다.
④ 와인이 흐르지 않도록 따른 뒤 냅킨이나 타올로 병 입구를 닦는다.

27 커피의 품종 중 주로 인스턴트 커피의 재료로 사용되는 것은?

① 아라비카
② 로부스타
③ 리베리카
④ 코피루왁

! • 로부스타 품종
아라비카에 비해 쓴맛이 강하고 향이 약하기 때문에 향이 그다지 중요하지 않은 인스턴트 커피에 사용된다.

28 다음 중 베이스가 다른 하나는?

① Apple Martini
② Bloody Mary
③ Cuba Libre
④ Cosmopolitan

! 쿠바 리브레(Cuba Libre)는 럼(Rum) 베이스의 칵테일이며, 나머지는 보드카(Vodka)를 베이스로 한다.

29 주로 일품요리를 제공하며, 메뉴가 따로 없이 그 날의 특별음식을 셰프가 알아서 만들어 내는 곳은?

① 델리카트슨(Delicatessen)
② 다이닝(Dining)
③ 카페테리아(Cafeteria)
④ 오마카세(Omakase)

! ① 치즈나 샤퀴테리 등 흔하지 않은 수입 식료품을 판매하는 곳
② 손님을 환영하거나 대접하면서 공식적인 식사를 하는 곳
③ 고객이 주문한 음식을 직접 카운터에서 테이블로 가져가는 레스토랑

30 테이블의 분위기를 돋보이게 하거나 고객의 편의를 위해 중앙에 놓는 집기들의 배열을 일컫는 용어는?

① Center Piece
② Service Wagon
③ Show Plate
④ B&B Plate

! 식탁의 중앙에 위치한 꽃이나 촛대 등의 장식물, 혹은 소금, 후추 등을 말한다.

31 식품위해요소 중점관리기준이라 불리는 위생 관리 시스템은?

① HACCP
② HACPA
③ HCAAP
④ HAPPC

! • HACCP(해썹)
안전성을 보증하기 위해 식품의 원재료 생산부터 최종 소비자가 섭취하기 전까지의 모든 단계를 위생적으로 관리하는 시스템을 말한다.

32 다음 중 음료의 분류로 틀린 것은?

① 음료는 알코올성 음료와 비알코올성 음료로 분류된다.
② 알코올성 음료는 양조주, 증류주, 혼성주로 분류된다.
③ 커피, 와인, 위스키는 세계 3대 기호음료이다.
④ 비알코올성 음료는 청량음료, 영양음료, 기호음료로 분류된다.

❗ 기호음료에는 커피, 차가 해당된다.

33 다음 중 서비스의 특성으로 옳지 않은 것은?

① 인적 자원에 대한 의존도가 높다.
② 무형이기 때문에 구체적으로 보이는 형태로 제시할 수 없다.
③ 생산과 소비가 동시에 일어나는 비분리적 특징을 가진다.
④ 판매되지 않은 서비스는 보존된다.

❗ 판매되지 않은 서비스는 소멸된다.

34 샴페인의 당분 표시 중 그 함량이 가장 적은 것은?

① 브뤼(Brut)
② 엑스트라 드라이(Extra Dry)
③ 섹(Sec)
④ 두(Doux)

❗ ① 브뤼(Brut): L당 0~12g
② 엑스트라 드라이(Extra Dry): L당 12~17g
③ 섹(Sec): L당 17~32g
④ 두(Doux): L당 50g 이상

35 New York 칵테일의 글라스와 장식으로 알맞은 것은?

① 칵테일 글라스, 레몬 필
② 칵테일 글라스, 레몬 슬라이스
③ 필스너 글라스, 레몬 필
④ 필스너 글라스, 레몬 슬라이스

❗ • 뉴욕(New York)
버번 위스키 1$\frac{1}{2}$oz, 라임주스 $\frac{1}{2}$oz, 설탕 1tsp, 그레나딘 시럽 $\frac{1}{2}$tsp를 넣고 셰이킹 한 뒤, 칵테일 글라스에 따르고 레몬 필로 장식한다.

36 Pousse Café 칵테일을 만들 때 가장 나중에 따라야 할 재료는 무엇인가?

① Grenadine Syrup
② Crème de Menthe(Green)
③ Crème de Menthe(White)
④ Brandy

❗ 푸스카페(Pousse Café)는 그레나딘 시럽(Grenadine Syrup)–Crème de Menthe Green (크렘 드 민트 그린)–브랜디(Brandy)를 섞이지 않게 차례로 따라 만든다.

37 커피를 다량으로 섭취하는 사람이 많이 보충해 주어야 하는 영양소는?

① 비타민 A   ② 칼슘
③ 비타민 D   ④ 마그네슘

❗ 커피에 함유된 카페인은 칼슘의 흡수를 방해한다.

38 Classic Bar에 대한 설명으로 가장 거리가 먼 것은?

① 조용하고 편안한 분위기이며, 서비스를 중점으로 한다.
② 다양한 연령층이 방문하기 때문에 바텐더들은 정중한 언행을 갖추어야 한다.
③ 플레어 기술이 돋보이는 곳이다.
④ 칵테일 조주 시 정확한 용량과 기법으로 제공한다.

> **!** 병이나 기구 등으로 플레어 기술을 사용하여 화려한 볼거리를 제공하는 곳은 플레어 바(Flair Bar)이다.

39 다음 중 발포성 와인에 해당하지 않는 것은?

① Champagne
② Cremant
③ Spumante
④ Vin doux naturel

> **!** • 뱅 두 나투렐(Vin doux naturel)
> 프랑스의 주정 강화 스위트 와인이다.

40 전통주에 대한 설명으로 옳지 않은 것은?

① 한산 소곡주는 찹쌀로 빚어 100일 동안 익혀 마시는 술로, 일명 '앉은뱅이 술'이라고도 한다.
② 이강주는 배와 생강을 넣어 만든 술이다.
③ 두견주는 진달래꽃을 넣어 만든 가향주이다.
④ 과하주는 막걸리에 8가지 한약재를 넣어 만든 술이다.

> **!** ④는 '모주'에 관한 설명이며, 과하주는 '여름을 나는 술'이라는 뜻으로 청주에 소주를 섞는 혼양주의 일종이다. 부드럽고 향기로우며 단맛을 지닌다.

41 구매 관리 업무와 가장 거리가 먼 것은?

① 음료 상품 판매 촉진 기획
② 시장 조사
③ 우량 납품업체 선정
④ 납기 관리

42 다음 중 주장 종사원의 기본 자세가 아닌 것은?

① 고객에게 각인시키기 위해 향이 강한 향수나 화려한 악세서리를 착용한다.
② 고객에게 부드러운 인상을 줄 수 있는 자연스러운 메이크업을 한다.
③ 유니폼 착용은 규정에 따르며, 청결하게 관리한다.
④ 손톱은 짧게 깎고, 매니큐어는 바르지 않는다.

43 세계 최초로 물을 상품화한 기업이자 광천수를 이용하여 먹는 샘물로 출시된 브랜드는 무엇인가?

① 셀처   ② 비시
③ 에비앙   ④ 페리에

44 단식 증류기(Pot Still)를 사용하여 증류한 것은?

① Grain Whisky
② Dark Rum
③ Gin
④ Armagnac

45 얼음에 대한 설명으로 틀린 것은?

① Block of Ice: 공장에서 찍어낸 사각형의 큰 덩어리 얼음이다.
② Cracked Ice: 대빙(大氷)을 적당한 크기로 쪼갠 얼음이다.
③ Cubed Ice: 정육면체 형태의 각얼음이다.
④ Crushed Ice: Cracked Ice를 아이스 픽으로 쪼갠 특정한 형태가 없는 덩어리 얼음이다.

! • 크러쉬드 아이스(Crushed Ice)
각얼음을 분쇄한 콩알 모양의 얼음으로 모히또나 프라페 스타일의 칵테일을 만들 때 사용한다.

46 다음 중 양조용 보리의 특징이 아닌 것은?

① 껍질은 얇은 것이 좋다.
② 단백질은 적은 것이 좋다.
③ 알맹이의 크기는 다양하게 선별하는 것이 좋다.
④ 수분 함유량은 13% 이하로 건조된 것이 좋다.

! 양조용 보리의 크기는 균일한 것이 좋다.

47 다음 중 다른 글라스에 제공해야 하는 것은?

① 불바디에(Boulevardier)
② 네그로니(Negroni)
③ 다이키리(Daiquiri)
④ 러스티네일(Rusty Nail)

! 다이키리(Daiquiri)는 칵테일 글라스에, 나머지는 올드패션드 글라스에 제공한다.

48 칵테일의 이름과 베이스의 연결이 바르지 못한 것은?

① 풋사랑(Puppy Love) - 안동소주 35도
② 진도(Jindo) - 감홍로 40도
③ 고창(Gochang) - 선운산 복분자주
④ 금산(Geumsan) - 금산인삼주 43도

! 진도(Jindo) 칵테일의 베이스는 진도홍주이다.

49 와인 용어에서 '프리 런 주스(Free Run Juice)'는 무엇을 의미하는가?

① 글라스에 따랐을 때 흘러내리는 와인의 눈물
② 숙성 중인 오크통에서 공기 중으로 증발하는 와인
③ 찌꺼기가 가라앉은 와인 탱크 상층부의 맑은 와인
④ 포도를 압착하기 전, 포도의 자체적 무게로 인해 자연스럽게 흘러나오는 포도즙

50 1Quart는 몇 Ounce인가?

① 4oz
② 8oz
③ 16oz
④ 32oz

! 1Cup = 8oz, 1Pint = 16oz, 1Quart = 32oz

51 Which one is the cocktail containing Bourbon Whiskey, Lemon, and Sugar?

① Whisper of Kiss
② Whiskey Sour
③ Western Rose
④ Washington

52 다음 중 뜻이 다른 하나는?

① It's on me.
② Let's go Dutch.
③ Let's split the bill.
④ Let's pay separately.

❗ ①은 내가 살게, 나머지는 각자 계산하자는 뜻이다.

53 다음 문장에서 ( )에 들어갈 단어로 적합한 것은?

> Please accept our apologies for the ( ).

① inconvenience ② favor
③ benefit ④ kindness

❗ 불편을 끼쳐 드린 점에 대해 사과드립니다.

54 다음 ( )에 들어갈 단어로 가장 적합한 것은?

> Guest: What kind of aperitif wine do you have?
> Bartender: We have ( ), sir.

① ice wine ② red wine
③ dry sherry ④ port wine

55 "주말은 이미 예약이 다 되어 있습니다."의 표현으로 알맞은 것은?

① We look forward to seeing you this weekend.
② We are already booked for the weekend.
③ I have an appointment over the weekend.
④ This weekend is not fully booked yet.

56 What does 'Black Coffee' mean?

① Rich in coffee
② Strong coffee
③ Clear coffee
④ Coffee without cream or milk

57 다음 중 'Change'가 나머지 셋과 다른 의미로 쓰인 것은?

① Do you have change for a dollar?
② Keep the change.
③ I need some change for the bus.
④ Let's try a new restaurant for a change.

❗ ① 1달러짜리 잔돈이 있니?
② 잔돈은 가지세요.
③ 나는 버스를 타기 위해 잔돈이 필요해.
④ 변화를 위해 새로운 레스토랑에 도전해 보자.

58 'I feel like throwing up.'의 의미는 무엇인가?

① 토할 것 같다.
② 너무 좋다.
③ 던지고 싶다.
④ 더 마시고 싶다.

59 What is the correct way to make an Apricot cocktail?

① Build   ② Shake

③ Float   ④ Stir

> **!**
> • 애프리콧(Apricot) 칵테일
> 애프리콧 브랜디 $1\frac{1}{2}$oz, 드라이 진 1tsp, 레몬주스 $\frac{1}{2}$oz, 오렌지주스 $\frac{1}{2}$를 셰이킹한 뒤 칵테일 글라스에 따른다.

60 선입선출(FIFO)의 의미로 맞는 것은?

① First In, First On

② First In, First Off

③ First In, First Out

④ First Inside, First Off

정답

01	02	03	04	05	06	07	08	09	10
③	①	②	①	②	③	④	③	④	②
11	12	13	14	15	16	17	18	19	20
④	②	①	②	③	④	①	③	①	②
21	22	23	24	25	26	27	28	29	30
①	③	④	④	④	②	②	③	④	①
31	32	33	34	35	36	37	38	39	40
①	③	④	①	①	④	②	③	④	④
41	42	43	44	45	46	47	48	49	50
①	①	③	②	④	③	③	②	④	④
51	52	53	54	55	56	57	58	59	60
②	①	①	③	②	④	④	①	②	③

2020년 조주기능사 CBT 복원문제 2

자격 종목	코드	출제 문항 수	시험 시간	수험 번호	성명
조주기능사		60문항	60분		

01 위스키의 종류 중 증류 방법에 의한 분류는?

① Malt Whisky　② Blended Whisky

③ Patent Whisky　④ Grain Whisky

! 크게 연속식 증류기(Patent Still)와 단식 증류기(Pot Still)로 나뉜다.

02 혼성주(Compounded Liquor)에 대한 설명 중 틀린 것은?

① 칵테일의 재료나 식후주로 사용된다.

② 발효주에 초근목피의 침출물을 혼합하여 만든다.

③ 색, 향, 맛, 알코올의 조화가 잘 된 술이다.

④ 고대 그리스에 약용으로 사용되었다.

! • 혼성주(Compounded Liquor)
양조주에 증류주를 섞거나, 증류주에 초근목피의 침출물을 혼합하여 만든다.

03 다음의 시럽 중 제품의 성격이 다른 것은?

① Simple Syrup　② Sugar Syrup

③ Maple Syrup　④ Plain Syrup

! 메이플 시럽(Maple Syrup)은 설탕단풍나무의 수액을 끓인 뒤 졸여서 만든 시럽이다. ①, ②, ④는 같은 의미이다.

04 가니쉬에 대한 설명으로 맞는 것은?

① 칵테일의 혼합 비율을 뜻한다.

② 칵테일에 장식하는 각종 과일과 채소를 뜻한다.

③ 칵테일을 블렌딩하여 만드는 과정을 뜻한다.

④ 칵테일과 함께 제공되는 잔받침을 뜻한다.

05 다음 중 위스키의 재료가 아닌 것은?

① 보리　② 옥수수

③ 호밀　④ 감자

! 감자는 보드카의 주원료이다.

06 에스프레소의 추출법에 대한 설명으로 틀린 것은?

① 90~95℃의 물로 20~30초 정도 추출한다.

② 분쇄된 커피를 고르게 다지는 것을 탬핑이라고 한다.

③ 고농도의 향미 성분을 추출하기 위해 분쇄도를 굵게 하는 것이 좋다.

④ 추출수의 압력은 9기압 정도가 적당하다.

! 에스프레소 머신을 위한 원두는 보통 0.3mm 이하로 가늘게 분쇄한다.

07 혼합물을 구성하는 각 물질의 비등점 차이를 이용해 만든 술을 무엇이라 하는가?

① 양조주   ② 증류주
③ 혼성주   ④ 혼합주

❗ 물과 알코올의 끓는점이 서로 다르다는 점을 이용하여 증류주를 생산한다.

08 디캔팅(Decanting)에 대한 설명으로 적절하지 않은 것은?

① 보통 레드 와인에 사용되는 방법이다.
② 숙성이 덜 된 거친 와인을 공기에 접촉시켜 맛과 향을 부드럽게 하는 방법이다.
③ 오랜 숙성을 거친 와인의 침전물을 걸러 따르는 방법이다.
④ 시간이 많이 걸리기 때문에 바쁜 시간대에는 피하여 작업해야 한다.

❗ 디캔팅에는 많은 시간이 소요되지 않으며, 와인의 향과 맛을 개선하는 동시에 고객에게 보는 재미를 제공할 수 있다.

09 블러디메리(Bloody Mary)에 대한 설명으로 거리가 먼 것은?

① 셰이킹(Shaking) 기법으로 잘 흔들어 제공한다.
② 토마토 주스가 피의 색을 연상시키는 데서 이름이 유래되었다.
③ 해장 칵테일로 적합하다.
④ 하이볼 글라스에 제공된다.

❗ 블러디메리(Bloody Mary)는 직접 넣기(Build) 방식으로 만든다.

10 다음 중 우유가 들어가는 칵테일은?

① Grasshopper   ② Side Car
③ Sea Breeze   ④ Healing

❗ • 그래스호퍼(Grasshopper)
Crème de Menthe Green 1oz, Crème de Cacao White 1oz, Milk 1oz를 셰이킹하여 칵테일 글라스에 따른다.

11 식품위생법상 건강진단검사 결과 영업에 종사하지 못하는 질병이 아닌 것은?

① 피부병 또는 화농성 질환
② 장티푸스
③ A형 간염
④ 비감염성 결핵

❗ 식품위생법 시행규칙 제50조에 의거, 결핵(비감염성 경우는 제외), 콜레라, 장티푸스, 파라티푸스, 세균성이질, 장출혈성대장균감염증, A형간염, 피부병 또는 화농성 질환, 후천성면역결핍증(성매개감염병에 관한 건강진단을 받아야 하는 영업에 종사하는 사람의 경우) 진단을 받은 사람은 영업에 종사할 수 없다.

12 프랑스 보르도의 와인 산지가 아닌 것은?

① 메독   ② 헤레스
③ 마고   ④ 그라브

❗ • 헤레스(Jerez)
스페인의 와인 산지로, 셰리와인을 생산한다.

13 다음 중 테킬라(Tequila)의 상표가 아닌 것은?

① Jose Cuervo   ② Don Julio
③ Tanqueray   ④ Patron

❗ • 탱커레이(Tanqueray)
진(Gin)의 브랜드이다.

14 다음 중 브랜디에 대한 설명으로 가장 거리가 먼 것은?

① 포도 등 과실을 발효하여 증류한 술이다.
② 코냑과 아르마냑이 유명하다.
③ 향미가 좋아 식전주로 애음된다.
④ 1865년 헤네시(Hennessy)사에 의해 브랜디에 처음으로 별표의 기호로 숙성 기간을 표기하기 시작했다.

! 브랜디(Brandy)는 달콤한 풍미로 인해 식후주로 적합하다

15 여러가지 주류와 부재료, 과즙 등을 적당량 혼합하여 칵테일을 조주하는 방법으로 가장 바람직한 것은?

① 강한 단맛이 생기도록 한다.
② 식욕과 감각을 자극하는 샤프함을 지니도록 한다.
③ 향기가 강하게 한다.
④ 색, 향, 맛을 조화롭게 한다.

16 다음 계량 단위 중 옳은 것은?

① 1oz=28.35ml
② 1dash=6tsp
③ 1jigger=60ml
④ 1shot=100ml

! 1dash = ⅙oz
1oz = 1shot = 1pony = 약 30ml
1jigger = 1½oz

17 셰리 와인(Sherry Wine) 등 주정 강화 와인(Fortified Wine)을 서브할 때 한 잔(1 Glass) 용량으로 가장 적합한 것은?

① 30ml   ② 60ml
③ 100ml   ④ 150ml

! 주정 강화 와인의 적정 제공량은 약 60ml이며, 일반 와인의 적정 제공량은 약 150ml이다.

18 다음 중 와인의 등급 제도가 없는 나라는?

① 프랑스
② 스페인
③ 이탈리아
④ 남아프리카공화국

! 프랑스-A.O.C, 스페인-D.O, 이탈리아-D.O.C.G

19 전통주에 대한 설명으로 잘못된 것은?

① 탁주, 약주, 소주의 순으로 개발되었다.
② 증류주가 전래된 시기는 고려시대이다.
③ 청주는 쌀의 향을 얻기 위해 주로 현미를 원료로 한다.
④ 탁주는 쌀, 밀 등의 곡식을 원료로 한다.

! 청주의 원료는 백미 또는 찹쌀이다.

20 중요무형문화재로 지정된 전통주가 아닌 것은?

① 경주교동법주
② 진도 홍주
③ 면천두견주
④ 김포 문배주

! • 국가무형문화재 전통주
   문배주, 경주교동법주, 면천두견주

21 주장 관리 및 기물 취급 요령으로 적절하지 않은 것은?

① Bar의 작업대에는 물기가 고여 있지 않도록 청결하게 유지한다.
② 과일이나 주스를 보관하는 냉장고의 온도는 약 5℃로 유지한다.
③ 글라스는 Rim 부분에 립스틱 자국이나 금이 간 곳이 없는지 확인한다.
④ 맥주는 선입선출보다는 가장 차가운 상품을 먼저 제공한다.

22 칵테일 조주 기법에 대한 설명으로 틀린 것은?

① 계란, 우유, 크림 등을 칵테일 재료로 사용하는 경우에는 흔들기(Shaking) 기법이 알맞다.
② 원재료의 맛과 향을 최대한 유지하면서 가볍게 섞어 줄 경우에는 휘젓기(Stirring) 기법이 알맞다.
③ 플로팅(Floating) 기법으로 조주할 때에는 도수가 높은 재료부터 순서대로 조심히 따른다.
④ 블렌딩(Blending) 기법으로 조주할 때에는 보통 재료와 얼음을 함께 넣는다.

! • 플로팅(Floating) 기법
   도수가 낮고 당도가 높은 재료부터 순서대로 따른다.

23 다음 중 베이스가 다른 칵테일은?

① Cosmopolitan   ② Rusty Nail
③ New York   ④ Old Fashioned

! 코스모폴리탄(Cosmopolitan)은 보드카 베이스의 칵테일이다.

24 프랑스에서 생산되는 칼바도스(Calvados)는 음료의 분류에서 어디에 해당하는가?

① Beer   ② Wine
③ Brandy   ④ Whisky

! • 칼바도스(Calvados)
   사과를 원료로 하는 증류주이며, 애플 브랜디(Apple Brandy)에 해당한다.

25 상면발효 맥주에 해당하지 않는 것은?

① Ale   ② Stout
③ Poter   ④ Lager

! • 상면발효 맥주
   맥아 농도가 높으며 색과 알코올 함량이 높은 맥주로 에일, 스타우트, 포터가 대표적이다.

26 고객이 위스키를 주문하면서 동시에 얼음과 함께 콜라나 물을 원할 경우 제공되는 기물은?

① Cocktail Glass
② Cocktail Decanter
③ Mixing Glass
④ Wine Decanter

! • 칵테일 디캔터(Cocktail Decanter)
   고객이 독한 술을 마실 때 입가심을 할 수 있는 음료인 체이서(Chaser)를 담을 때 사용하는 기물이다.

27 바텐더가 Bar에서 글라스를 사용할 때 가장 먼저 확인해야 하는 것은?

① Glass의 온도
② Glass의 브랜드
③ Glass의 가장자리 파손 여부
④ Glass의 재고

! 글라스는 사용하기 전 흠집이 있는지 항상 확인해야 한다.

28 전통주 중 '술을 담근 다음 날 닭이 우는 새벽녘에 벌써 다 익어 마실 수 있는 술'이라 하여 붙여진 이름이며 고구려 시대부터 즐겨 마시던 속성주는 무엇인가?

① 계명주   ② 소곡주
③ 과하주   ④ 두견주

! • 계명주
한국에 남아있는 유일한 고구려 술로, 술을 빨리 익히기 위하여 엿기름을 사용하는 것이 특징이다.

29 다음 중 스카치 위스키(Scotch Whisky)에 해당하지 않는 것은?

① Jim Beam
② Royal Salute
③ Johnnie Walker
④ Famous Grouse

! • 짐빔(Jim Beam)
미국의 대표적인 버번 위스키 브랜드이다.

30 다음에서 설명하는 와인 생산지는 어디인가?

> 보르도의 동쪽, 도르도뉴 강의 우안에 위치하며, '쇠찌꺼기'라고 불리는 산화철 성분이 섞인 토양이 와인의 개성과 특징을 만들어낸다. 주품종인 메를로는 와인에 짙고 깊은 색상을 부여한다. 가장 비싼 와인으로 손꼽히는 페트뤼스(Petrus)의 생산지이다.

① 메독(Médoc)
② 그라브(Graves)
③ 포므롤(Pomerol)
④ 소테른(Sauternes)

31 B-52를 조주할 때 가장 먼저 넣어야 하는 재료는 무엇인가?

① Whisky   ② Kahlua
③ Bailey's   ④ Grand Marnier

! • B-52
Kahlua $\frac{1}{3}$ part, Bailey's $\frac{1}{3}$ part, Grand Marnier $\frac{1}{3}$ part 순으로 넣는다.

32 잭다니엘(Jack Daniel's)와 버번 위스키(Bourbon Whiskey)의 차이점은 무엇인가?

① 원료에 옥수수의 사용 여부
② 단풍나무 숯을 이용한 여과 과정의 여부
③ 미국에서 생산되는지의 여부
④ 내부를 불로 까맣게 그을린 오크통에서 숙성시키는지의 여부

! • 잭다니엘(Jack Daniel's)
미국의 테네시주(Tennessee)에서 생산되는 위스키로 단풍나무 숯에 여과하는 작업이 추가되는 것이 버번 위스키와 가장 큰 차이점이다.

Part V 기출문제 해설

33 베네딕틴(Benedictine)의 병에 적힌 D.O.M 의 의미는 무엇인가?

① 완전한 사랑
② 순록의 머리
③ 프리미엄 허브의 사용
④ 최선 최대의 신에게

! 베네딕틴에 쓰여진 D.O.M은 "Deo Optimo Maximo"의 약자로 "To God, most good, most great(가장 위대하고 선한 신에게)"라는 뜻을 의미한다.

34 다음 중 리큐르가 아닌 것은?

① Apricot Brandy
② Cherry Brandy
③ Crème de Menthe
④ Armagnac Brandy

! ①, ②는 브랜디에 과실의 향과 맛을 입힌 리큐르이며, ④는 브랜디에 속하는 아르마냑(Armagnac)이다.

35 패니어(Pannier)란 무엇인가?

① 와인을 눕혀 고정할 수 있게 하는 바구니
② 데코레이션용 과일 껍질
③ 레몬, 오렌지 등 과일을 얇게 써는 방식
④ 비중이 가벼운 성분을 띄우는 조주 방식

36 나머지 셋과 칵테일을 만드는 기법이 다른 것은?

① Martini   ② Stinger
③ Daiquiri   ④ Jindo

! 마티니(Martini)는 휘젓기(Stirring) 기법, 나머지는 흔들기(Shaking) 기법으로 조주한다.

37 클라렛(Claret)은 무엇인가?

① 미국에서 리큐르를 뜻할 때 사용하는 명칭
② 영국에서 보르도 레드 와인을 뜻할 때 사용하는 명칭
③ 영국에서 독일의 화이트 와인을 뜻할 때 사용하는 명칭
④ 진하고 강한 독일의 라거 맥주를 뜻할 때 사용하는 명칭

! ① Cordial, ③ Hock Wine, ④ Bock Beer

38 크리스마스 칵테일로 유명하며, 브랜디나 럼에 설탕, 달걀, 우유를 셰이킹하여 넛맥이나 계피를 뿌려 제공하는 칵테일은?

① Million Dollar
② Eggnog
③ Grasshopper
④ Sangria

39 생맥주의 저장 및 취급의 3대 원칙이 아닌 것은?

① 적정 온도   ② 적정 압력
③ 선입 선출   ④ 장기 저장

40 원가를 변동비와 고정비로 구분할 때 변동비에 해당하는 것은?

① 임차료   ② 재산세
③ 보험료   ④ 직접재료비

! 변동비는 매출의 증감에 따라 변동하는 비용이다. 재료비, 소모품비, 운송비, 전기료 등이 해당된다.

41 다음 중 혼성주의 제조 방법이 아닌 것은?

① 증류법   ② 침출법
③ 하면발효법   ④ 여과법

! 하면발효법은 맥주의 제조 방법이다.

42 다음 중 생수의 브랜드와 생산지가 바르게 연결된 것은?

① 페리에-독일
② 비시-오스트리아
③ 셀처-이탈리아
④ 에비앙-프랑스

! ① 프랑스: 에비앙, 페리에, 비시
② 독일: 셀처

43 포도 품종의 그린 수확(Green Harvest)에 대한 설명으로 옳은 것은?

① 불필요한 포도 제거
② 청포도 품종 수확
③ 완숙한 최고의 포도 수확
④ 포도원의 잡초 제거

! 그린 하비스트(Green Harvest)란 포도의 품질을 향상시키기 위해 일부 포도 송이를 솎아내어 수확량을 제한하는 방법이다.

44 고객이 샴페인을 주문했을 때 서브 방법으로 알맞지 않은 것은?

① 두 번에 나눠서 글라스에 따른다.
② 코르크를 딸 때는 '펑'하는 소리가 나야 한다.
③ 8~10℃의 온도에서 따른다.
④ 글라스에 최대 절반까지만 따른다.

! 코르크를 제거할 때는 살짝 돌려서 큰 소리가 나지 않게 한다.

45 다음의 내용과 가장 관련 있는 것은?

- 만싸니야(Manzanilla)
- 올로로소(Oloroso)
- 피노(Fino)
- 아몬티야도(Amontillado)

① 이탈리아산 적포도주
② 스페인산 백포도주
③ 프랑스산 적포도주
④ 독일산 백포도주

! 스페인의 셰리 와인(Sherry Wine)의 종류를 나열한 것이다.

46 맥주의 제조 과정 중 발효가 끝난 후 효모의 찌꺼기가 가라앉도록 침전 작용 및 숙성할 때의 온도로 가장 적합한 것은?

① -1~3℃ ② 8~10℃
③ 12~14℃ ④ 16~20℃

! 맥주의 안정화를 위한 온도는 0~2°가 적당하다.

47 롱 드링크 칵테일이나 비알코올성 펀치 칵테일을 만들 때 사용하는 것으로 레몬과 설탕이 주원료인 청량음료는?

① Soda Water ② Ginger Ale
③ Tonic Water ④ Collins Mix

! • 콜린스 믹스(Collins Mix)
소다수에 레몬, 설탕을 혼합한 청량음료이다.

48 주장 관리 원칙과 가장 거리가 먼 것은?

① 청결 유지 및 비품 관리
② 분위기 연출
③ 매출의 극대화
④ 영업에 필요한 재료 준비

49 차나무의 분포 지역으로 가장 알맞은 것은?

① 남위 20° ~ 북위 40° 사이의 지역
② 남위 23° ~ 북위 43° 사이의 지역
③ 남위 26° ~ 북위 46° 사이의 지역
④ 남위 25° ~ 북위 50° 사이의 지역

! 차나무의 원산지는 중국이며 한국, 일본, 중국, 인도 등 열대, 아열대, 온대 지방에서 서식한다.

50 증류주를 사용하지 않는 칵테일은?

① Manhattan ② Rusty Nail
③ June Bug ④ Margarita

! ① 위스키, ② 위스키, ④ 테킬라를 베이스로 하는 칵테일이다. ③ 준벅(June Bug)은 멜론 리큐어를 사용하는 리큐어 베이스의 칵테일이다.

51 Which of the following is a compounded liquor?

① Maker's Mark ② Cognac
③ Cointreau ④ Cocktail

52 Also known as a wine master, what is the term used to refer to a person who manages and recommends wine, or a person who does such work?

① Chef ② Sommelier
③ Barista ④ Mixologist

! 와인 마스터라고도 불리며, 와인을 관리하고 추천하는 사람, 또는 그러한 일을 하는 사람을 지칭하는 용어는 무엇인가?

53 Which of the following is not a grape variety mainly grown in Chile?

① Malbec

② Zinfandel

③ Merlot

④ Cabernet Sauvignon

! 칠레에서 주로 재배되는 포도 품종이 아닌 것은?
진판델은 미국 캘리포니아에서 가장 많이 재배되는 적포도 품종이다.

54 Which one is the best harmony with gin?

① Tonic Water   ② Ginger Ale

③ Coke   ④ Sprite

! 진과 토닉워터를 섞어 진토닉을 만들며, 좋은 궁합을 보여준다.

55 다음 (   )에 들어갈 말로 적합한 것은?

Dry wine is usually served (   ).

① in the meat course

② in the fish course

③ before a meal

④ after dinner

! 드라이 와인은 대체로 식전에 서브된다.

56 다음 중 의미가 다른 하나는?

① Would you like to help me clean up so I can prepare dessert?

② What would you like for dessert?

③ What dessert do you like?

④ Would you like to prepare a dessert menu?

! ① 디저트를 준비할 수 있도록 치우는 것을 도와주시겠습니까?
② 디저트는 무엇을 드시겠습니까?
③ 어떤 디저트를 좋아하나요?
④ 디저트 메뉴를 준비해드릴까요?

57 다음 (   ) 안에 들어갈 단어로 적합한 것은?

(   ) is a cocktail made by mixing vodka and coffee liqueur, lightly stirring, and serving it in an old fashioned glass.

① Dry Martini   ② June Bug

③ Black Russian   ④ Negroni

! • 블랙러시안(Black Russian)
보드카와 커피 리큐르를 넣고 가볍게 저어서 올드 패션드 글라스에 제공하는 칵테일이다.

58 Which one is not made from malt?

① Balvenie   ② Havana Club

③ Glenfiddich   ④ The Glenlivet

! 하바나 클럽(Havana Club)은 럼 브랜드 중 하나이며, 나머지는 싱글몰트위스키이다.

59 다음 (   ) 안에 들어갈 단어로 가장 적합한 것은?

> A: Hello. May I speak to Mr. An? This is Park calling.
> B: Mr. An is not at his desk. May I take a (   )?
> A: No. It's all right. I'll call again later. Thank you.

① card　　　② message
③ money　　④ picture

! A: 안녕하세요. Mr.안과 통화할 수 있을까요? 저는 박입니다.
　B: Mr.안은 지금 자리에 없습니다. 메시지를 남기시겠습니까?
　A: 아니요. 괜찮습니다. 나중에 다시 걸게요. 감사합니다.

60 What equipment do you need to prepare a cocktail using the stirring technique?

① Shaker　　　② Blender
③ Muddler　　④ Mixing Glass

! 휘젓기 기법으로 칵테일을 조주할 때 필요한 기물은 무엇인가?

정답

01	02	03	04	05	06	07	08	09	10
③	②	③	②	④	③	②	④	①	①
11	12	13	14	15	16	17	18	19	20
④	②	③	③	④	①	②	④	③	②
21	22	23	24	25	26	27	28	29	30
④	③	①	③	④	②	③	①	①	③
31	32	33	34	35	36	37	38	39	40
②	②	④	④	①	①	②	②	④	④
41	42	43	44	45	46	47	48	49	50
③	④	①	④	②	①	④	③	②	③
51	52	53	54	55	56	57	58	59	60
③	②	②	①	③	①	③	②	②	④

2021년 조주기능사 CBT 복원문제 1

자격 종목	코드	출제 문항 수	시험 시간	수험 번호	성명
조주기능사		60문항	60분		

01 와인의 적정 온도 유지의 원칙으로 옳지 않은 것은?

① 보관 장소는 햇빛이 들지 않고 서늘하며, 습기가 없는 곳이 좋다.
② 연중 급격한 변화가 없는 곳이어야 한다.
③ 와인에 전해지는 충격이나 진동이 없는 곳이 좋다.
④ 코르크가 젖어 있도록 병을 눕혀서 보관해야 한다.

> ! 와인을 너무 건조한 곳에 보관하면 코르크 마개가 수축하여 와인이 변질될 수 있다.

02 음료를 서빙할 때에 일반적으로 사용하는 비품이 아닌 것은?

① Bar Spoon   ② Coaster
③ Serving Tray   ④ Napkin

> ! 바스푼(Bar Spoon)은 칵테일을 조주할 때 사용하는 기구이다.

03 칵테일 제조에 사용되는 얼음(Ice) 종류의 설명이 틀린 것은?

① 쉐이브드 아이스(Shaved Ice): 곱게 빻은 가루 얼음
② 크랙드 아이스(Cracked Ice): 큰 얼음을 아이스 픽(Ice Pick)으로 깨어서 만든 각얼음
③ 큐브드 아이스(Cubed Ice): 정육면체의 조각 얼음 또는 육각형 얼음
④ 럼프 아이스(Lump Ice): 각얼음을 분쇄하여 만든 작은 콩알 얼음

> ! ④는 크러쉬드 아이스(Crushed Ice)에 대한 설명이다.

04 독일의 리슬링(Riesling) 와인에 대한 설명으로 틀린 것은?

① 독일의 대표적 화이트 와인이다.
② 살구향, 사과향 등의 과실과 꽃향이 특징이다.
③ 대부분 드라이하다.
④ 비교적 알코올 함량이 낮은 편이다.

> ! 리슬링으로는 드라이, 중간 정도의 당도, 스위트 와인 모두 양조 가능하다.

05 커피 로스팅의 정도에 따라 약한 순서에서 강한 순서대로 나열한 것으로 옳은 것은?

① American Roasting→German Roasting→French Roasting→Italian Roasting

② German Roasting→Italian Roasting →American Roasting→French Roasting

③ Italian Roasting→German Roasting →American Roasting→French Roasting

④ French Roasting→American Roasting →Italian Roasting→German Roasting

06 다음 중 셰리 와인(Sherry Wine)을 숙성하기에 가장 적합한 곳은?

① 솔레라(Solera) ② 보데가(Bodega)
③ 까바(Cava) ④ 플로르(Flor)

❗ 스페인에서 와인을 저장하고 숙성하는 지하 공간을 보데가 (Bodega)라 한다.

07 다음 중 소믈리에(Sommelier)의 역할로 틀린 것은?

① 손님의 취향, 음식과의 조화, 예산 등에 따라 와인을 추천한다.

② 주문한 와인은 먼저 여성에게 와인병의 상표를 보여주며 주문한 와인임을 확인시켜 준다.

③ 시음 후 여성부터 와인잔을 채워주고 마지막에 그 날의 호스트에게 따른다.

④ 코르크 마개를 제거하고 불쾌한 냄새가 나지 않는지 와인의 상태와 함께 확인한다.

❗ 주문한 와인은 호스트에게 우선적으로 확인시킨다.

08 식품 위생 관리의 장점에 해당하지 않는 것은?

① 주기적인 위생 관리를 통하여 식중독 사고를 예방할 수 있다.

② 품질 개선 및 신뢰도 향상에 기여한다.

③ 식품 관련 법적 규제로부터 자유로워질 수 있으며, 이로 인한 피해를 예방할 수 있다.

④ 사전 점검으로 인한 부패, 변질 등 식품 폐기 및 손실은 감안해야 한다.

❗ 주기적인 식품 위생 점검으로 품질을 개선하여 손실을 최소화할 수 있다.

09 다음 중 코스모폴리탄(Cosmopolitan)의 재료가 아닌 것은?

① 보드카(Vodka)
② 라임주스(Lime Juice)
③ 오렌지주스(Orange Juice)
④ 트리플섹(Triple Sec)

❗ • 코스모폴리탄(Cosmopolitan)
보드카 1oz, 트리플섹 $\frac{1}{2}$oz, 라임주스 $\frac{1}{2}$oz, 크랜베리주스 $\frac{1}{2}$oz를 셰이킹하여 칵테일 글라스에 따른 후 레폰 필로 장식한다.

10 다음 중 알코올 함량이 가장 높은 것은 무엇인가?

① 탁주 ② 청주
③ 와인 ④ 테킬라

❗ 테킬라(Tequila)는 증류주, 나머지는 양조주이다.

11 다음에서 설명하는 칵테일의 조주 기법은 무엇인가?

> 칵테일에 사용되는 허브나 과일의 맛과 향이 더욱 강해지도록 으깨는 방법으로 모히또(Mojito)나 까이삐리냐(Caipirinha) 등을 만들 때 사용하는 조주 기법이다.

① 머들링
② 셰이킹
③ 블렌딩
④ 플로팅

12 먼저 구매한 물건을 앞쪽에 진열하여 먼저 사용하는 방법은?

① 선입선출법
② 후입후출법
③ 선입후출법
④ 후입선출법

❗ • 선입선출법
FIFO로 표현하며 First In First Out의 약자이다.

13 열대 과일이나 주스 등을 이용하여 달콤하고 시원한 맛, 화려한 장식을 특징으로 하는 칵테일의 스타일은?

① 리키(Rickey)
② 줄렙(Julep)
③ 트로피컬(Tropical)
④ 피즈(Fizz)

14 바(Bar)의 업무 효율 향상을 위한 시설물 설치 방법으로 옳지 않은 것은?

① 제빙기는 가능한 바(Bar) 내부에 설치한다.
② 냉각기(Cooling Cabinet)는 주방 밖에 설치한다.
③ 수도시설은 바(Bar) 작업대 근처에 설치한다.
④ 분쇄 얼음(Crushed Ice)은 통에 담아 바(Bar) 작업대 옆에 보관한다.

❗ • 분쇄 얼음(Crushed Ice)
금방 녹을 수 있으므로 필요할 때마다 빙삭기를 이용하거나, 통에 담아 냉동실에 보관한다. 프라페 스타일이나 모히또 등의 칵테일에 이용한다.

15 바(Bar)에서 사용하는 House Brand의 의미는?

① 유명한 술의 상표
② 고객이 따로 지정하지 않는 경우 사용하는 술의 상표
③ 고가에 해당하는 술의 상표
④ 조리용으로 사용하는 술의 상표

16 다음 중 양조주의 설명으로 잘못된 것은?

① 맥주와 막걸리는 대표적인 단발효주이다.
② 복발효주는 곡물을 낭화하여 효모로 발효시킨 술이다.
③ 단발효주의 원료 형태는 당분이다.
④ 당화와 발효가 동시에 진행되는 것을 병행복발효주라 한다.

❗ 단발효주의 원료는 과실, 복발효주의 원료는 곡물이다.

17 다음 중 증류주에 해당하지 않는 것은?

① 아쿠아비트 ② 위스키
③ 칼바도스   ④ 슬로 진

> **!** • 슬로 진(Sloe Gin)
> 진에 야생 자두의 일종인 슬로베리와 설탕을 넣어 숙성시킨 리큐르이다.

18 다음에서 설명하는 칵테일 도구는 무엇인가?

> 글라스의 받침으로 사용되는 바 용품이다. 글라스에서 흐르는 물기를 흡수하거나 글라스가 바닥에 부딪혀 깨지지 않도록 안전성을 유지하는 기능이 있다.

① 코스터
② 푸어러
③ 스트레이너
④ 칵테일 픽

19 칵테일의 이름과 베이스가 바르게 연결되지 않은 것은?

① 고창-선운산 복분자주
② 금산-진도홍주
③ 허니문-애플 브랜디
④ 마이타이-럼

> **!** 금산(Geumsan)의 베이스는 금산인삼주 43도이다.

20 영업장의 위생 관리에 대한 설명으로 잘못된 것은?

① 행주는 사용 후 소독한 뒤 바로 사용한다.
② 칼은 사용 후 세척하여 자외선 살균기에 보관한다.
③ 도마는 교차 오염을 방지하기 위해 색을 구분하여 사용한다.
④ 조리대 옆에는 소독 세제와 비누를 비치한다.

> **!** 행주는 5분 이상 열탕 소독하거나 염소로 소독한 뒤 완전 건조하여 사용한다.

21 보졸레 누보(Beaujolais Nouveau)에 대한 설명으로 옳지 않은 것은?

① 포도 열매를 분리하지 않고 송이째 밀폐된 탱크에 넣는다.
② 오랜 숙성 기간 없이 출하한다.
③ 가메(Gamay) 품종을 기계로 수확하여 양조한다.
④ 11월 셋째 주 목요일에 전 세계에서 동시에 출하한다.

> **!** 가메(Gamay) 품종을 손으로 수확한다.

22 다음 중 이탈리아 와인의 등급 표시로 맞는 것은?

① A.O.C
② D.O.C.G
③ D.O
④ QbA

> **!** ① 프랑스: AOC
> ② 스페인: DO
> ③ 독일: QbA

23 브랜디 글라스의 설명으로 틀린 것은?

① 코냑을 마실 때 사용하는 튤립형의 글라스이다.
② 향을 잘 느낄 수 있도록 만들어졌다.
③ 스템이 길고 윗부분이 넓다.
④ 스니프터(Snifter)라고도 한다.

> ❗ 브랜디 글라스는 브랜디에 체온이 전달되어 향을 더 잘 느낄 수 있도록 스템(Stem)이 짧다.

24 아티초크와 민트, 로즈마리 향을 넣어 쓴맛을 내는 이탈리아의 리큐르는?

① Cynar　　② Absinthe
③ Dubonnet　④ Chartreuse

> ❗ ② 압생트(Absinthe): 향쑥이 들어간 프랑스산 리큐르
> ③ 듀보네(Dubonnet): 키니네가 들어간 프랑스의 아페리티프
> ④ 샤르트뢰즈(Chartreuse): 130여가지의 허브가 들어간 프랑스의 리큐르

25 곡류를 발효, 증류시킨 후 주니퍼 베리, 안젤리카, 코리앤더 등을 첨가하여 다시 한 번 증류한 것은?

① Rum　　② Gin
③ Vodka　④ Tequila

26 다음 중 레몬 껍질로 장식을 하는 칵테일은?

① 블루 하와이안　② 애플 마티니
③ 준벅　　　　　④ 네그로니

> ❗ ① 블루 하와이안: 파인애플과 체리
> ② 애플 마티니: 사과 슬라이스
> ③ 준벅: 파인애플과 체리

27 조주용 기물 중 푸어러(Pourer)의 설명으로 옳은 것은?

① 쓰고 남은 청량음료를 밀폐시키는 병마개
② 칵테일을 마시기 쉽게 하기 위한 빨대
③ 술병 입구에 끼워 쏟아지는 양을 일정하게 만드는 기구
④ 물을 담아 놓고 사용하는 손잡이가 달린 물병

28 우유의 살균 방법에 대한 설명으로 가장 거리가 먼 것은?

① 저온 살균법: 50℃에서 30분 살균
② 고온 단시간 살균법: 72℃에서 15초 살균
③ 초고온 살균법: 135~150℃에서 0.5~5초 살균
④ 멸균법: 150℃에서 2.5~3초 동안 가열 처리

> ❗ • 우유 살균 방법
> ① 저온유지(LTLT): 62~65℃에서 30분(저온살균법)
> ② 고온유지(HTLT): 75℃ 이상에서 15분 이상
> ③ 고온단시간(HTST): 72~75℃에서 15초 이상
> ④ 초고온(멸균,UHT): 130~150℃에서 0.5~5초

29 용설란 수액을 발효, 증류시켜 만든 술은 무엇인가?

① 럼　　　② 진
③ 보드카　④ 테킬라

30 다음에서 설명하는 글라스는 무엇인가?

> 바스푼(Bar Spoon)을 이용하여 빠른 시간 내에 칵테일의 온도를 냉각시키는 휘젓기(Stir) 기법에 필요한 기구이다. 유리 재질과 스테인레스 재질로 된 것이 있다.

① 리큐르 글라스   ② 셰리 글라스
③ 하이볼 글라스   ④ 믹싱 글라스

31 다음 중 주원료가 다른 하나는 무엇인가?

① Budweiser   ② Heineken
③ Edelweiss   ④ Asahi

! 에델바이스(Edelweiss)는 밀맥주이다.

32 와인 테이스팅 표현으로 가장 부적합한 것은?

① Musty: 곰팡이가 낀 과일이나 나무 냄새
② Raisiny: 건포도나 과숙한 포도 냄새
③ Citrusy: 자몽이나 레몬 등 감귤류 과일의 냄새
④ Lively: 성냥을 태웠을 때 나는 이산화황 가스 냄새

! 라이블리(Lively)는 신선함과 동의어이다.

33 보르도(Bordeaux) 와인 생산 지역을 지롱드 강과 가론 강을 중심으로 나눌 경우 좌안(Left Bank)에 해당되지 않는 지역은?

① 메독(Medoc)
② 그라브(Graves)
③ 소테른(Sauternes)
④ 포므롤(Pomerol)

! 포므롤(Pomerol)은 우안(Right Bank)에 위치한다.

34 스카치 위스키(Scotch Whisky)의 유명 상표와 거리가 먼 것은?

① Ballantine's   ② Cutty Sark
③ Old Parr   ④ Crown Royal

! 크라운로얄(Crown Royal)은 캐내디언 위스키이다.

35 포도즙을 짜내고 남은 찌꺼기에 약초 등을 배합하여 증류하여 만든 이탈리아 술은 무엇인가?

① 삼부카   ② 베르무트
③ 그라파   ④ 캄파리

36 다음에서 설명하는 전통주는?

> 고려 때에 등장한 술로 병자호란이던 어느 해 이완 장군이 병사들의 사기를 돋우기 위해 약용과 가향의 성분을 고루 갖춘 이 술을 마시게 하였다. 한여름에 피는 연잎을 술에 넣는 가향주이다.

① 연엽주   ② 이강주
③ 문배주   ④ 모주

37 차와 코코아에 대한 설명으로 틀린 것은?

① 차는 홍차, 녹차, 청차 등으로 분류된다.
② 차의 등급은 잎의 크기나 위치 등에 좌우된다.
③ 코코아는 카카오 기름을 제거하고 만든다.
④ 코코아는 사이폰(Syphon)을 사용하여 만든다.

! 사이폰은 가는 관을 통하여 커피를 추출하는 방식이다.

38 허니문 칵테일에 필요한 재료는?

① 애플 브랜디　　② 드라이 진
③ 보드카　　　　④ 럼

!
• 허니문(Honeymoon)
애플브랜디 $\frac{3}{8}$oz, 베네딕틴 $\frac{3}{8}$oz, 트리플섹 $\frac{1}{4}$oz, 레몬주스 $\frac{1}{2}$oz를 넣고 흔들어 칵테일 글라스에 따른다.

39 다음 중 주류에 대한 설명으로 잘못된 것은?

① 발효주보다 부드러운 알코올 성분과 순도를 위해 증류한다.
② 증류는 알코올과 물의 비등점의 차이를 이용하는 것이다.
③ 증류주는 발효주를 증류 장치를 이용하여 알코올 도수를 높여 만든다.
④ 곡물과 국을 사용하여 술을 제조하는 전통주는 주로 병행복발효주이다.

!
발효주(양조주)보다 더 높은 순도의 알코올을 얻기 위해 증류한다.

40 식전주(Aperitif)로 알맞은 것은?

① 예거마이스터　　② 캄파리
③ 생제르망　　　　④ 베일리스

41 다음 중 소주에 대한 설명으로 틀린 것은?

① 소아시아의 수메르 지방에서 처음 제조되었다.
② 고려 말 몽고에 의해 전파되었다.
③ 쌀을 원료로 생산되어 값이 저렴했기 때문에 서민의 술로 자리 잡았다.
④ 곡물 이외에 당분, 구연산, 아미노산류, 무기염류, 아스파탐, 자일리톨 등의 물질이 첨가된다.

!
조선시대에 소주는 권력가와 부유층만이 즐기던 고급주이자 사치품이었다.

42 아라비카 커피의 원산지이며 아프리카 최대의 커피 생산국인 나라는?

① 소말리아　　　② 에티오피아
③ 케냐　　　　　④ 탄자니아

43 다음 중 가장 용량이 큰 계량 단위는?

① 1tsp　　　　② 1pint
③ 1dash　　　④ 1split

!
① $\frac{1}{8}$oz, ② 16oz, ③ 5〜6drop, ④ 6oz

44 칵테일의 스타일에 따른 분류로 옳지 않은 것은?

① 하이볼: 증류주에 탄산음료를 섞어 하이볼 글라스에 제공하는 칵테일이다.
② 프라페: '잘 냉각된'이라는 뜻으로 분쇄 얼음을 넣어 차게 만든 칵테일이다.
③ 크러스타: 레몬이나 오렌지 껍질을 나선형으로 길게 깎아 글라스에 넣어 제공하는 칵테일이다.
④ 스쿼시: 천연 과즙을 주스와 함께 넣어 만든 칵테일이다.

!
스쿼시(Squash)는 과즙에 소다수를 넣은 스타일이며, ④에서 설명하는 것은 에이드(Ade)이다.

45 추운 계절에 몸을 녹이기 위하여 외출이나 등산 후에 따뜻하게 마시는 칵테일로 가장 거리가 먼 것은?

① Irish Coffee　　② Side Car
③ Rum Grog　　　④ Vin Chaud

!
① 아이리쉬 위스키에 커피와 휘핑 크림을 넣은 칵테일
③ 럼, 꿀, 레몬주스에 따뜻한 물을 넣은 칵테일
④ 과일이나 향신료를 넣고 따뜻하게 데운 레드 와인

46 다음 중 하이볼 글라스에 제공하는 칵테일은?

① Margarita   ② Kir Royal
③ Sea Breeze   ④ Blue Hawaii

> **!** ① 칵테일 글라스, ② 플루트형 샴페인 글라스, ④ 필스너 글라스

47 화가 난 고객을 대처하는 방법으로 올바르지 않은 것은?

① 최대한 전문적인 단어와 용어를 사용하여 설명한다.
② 객관성을 유지하며 원인을 규명한다.
③ 긍정적인 태도로 제공이 불가능한 것보다 가능한 것을 제시한다.
④ 불만 상황에 대해 경청한 후 정중하게 사과한다.

48 다음이 설명하는 용어는 무엇인가?

> 특정 장소에 저장되어 있는 적정 재고량을 뜻한다. 신속한 서비스를 위해 일정 수량의 식자재를 저장고에서 인출하여 영업장의 진열대 등에 보관하며 사용하는 재고이다.

① 인벤토리(Inventory)
② 파 스톡(Par Stock)
③ 컴플리멘터리(Complimentary)
④ 클레임(Claim)

49 글라스 세척 시 알맞은 세제와 그 순서로 짝지어진 것은?

① 산성세제 - 더운물 - 찬물
② 중성세제 - 찬물 - 더운물
③ 산성세제 - 찬물 - 더운물
④ 중성세제 - 더운물 - 찬물

> **!** 식기, 과일 등의 세척과 기름을 제거하기 위해서는 중성세제가 알맞으며, 따뜻한 물로 깨끗이 씻고 찬물로 헹구어 글라스의 온도가 너무 높아지지 않게 한다.

50 바텐더가 영업 개시 전 준비해야 할 사항이 아닌 것은?

① 과일과 허브의 상태가 신선한지 확인한다.
② 부재료는 충분한지 확인한다.
③ 칵테일 냅킨과 코스터를 준비한다.
④ 화이트 와인과 주스는 실온에 꺼내 놓는다.

> **!** 화이트 와인과 주스는 냉장 보관하여 필요할 때마다 꺼내 쓴다.

51 다음에서 설명하는 리큐르는 무엇인가?

> The elixir of "perfect love" is a sweet and aromatic liqueur with notes of violet, spices and fruits. This purple-colored liqueur had great appeal for women in the 19th century.

① Benedictine
② Tia Maria
③ Parfait Amour
④ Angostura Bitter

> **!** "완벽한 사랑"의 비약은 제비꽃, 향신료, 과일 향이 가미된 달콤하고 향기로운 리큐어이다. 보라색을 내는 이 리큐르는 19세기 여성들에게 큰 매력을 주었다.

52 Which one is the cocktail containing "Bourbon Whiskey, Lemon and Sugar"?

① Whiskey Sour
② Whiskey Squash
③ Whiskey Daisy
④ Whiskey Cooler

! 버번 위스키, 레몬, 설탕이 함유된 칵테일은 무엇인가?

53 Which of the following is not fermented liquor?

① Aquavit   ② Wine
③ Sake   ④ Pulque

! 아쿠아비트(Aquavit)는 스칸디나비아 지방에서 생산되는 증류주이다. ④ 풀케(Pulque)는 아가베(Agave)의 수액을 발효시켜 만든 양조주이다.

54 다음 대화에 들어갈 문장으로 어울리는 것은?

> W: We're sorry, but the dish you ordered is not on our menu.
> G: Can you make it special for me?
> W: _____
>   (A few minutes later…)
>   We will prepare a customized dish for you.

① I'm sorry, spaghetti is not on the menu.
② What would you like to drink?
③ What is Bulgogi?
④ Just a moment, please. I'll ask.

! W: 죄송합니다만 손님이 주문하신 요리는 저희 메뉴에 없습니다.
G: 특별히 만들어 주실 수는 없습니까?
W: 잠시만 기다려주십시오. 물어보겠습니다. (몇분 후) 당신이 주문하신 맞춤 요리를 만들어드리겠습니다.

55 다음 (   ) 안에 들어갈 단어로 가장 적합한 것은?

> (   ) goes well with dessert.

① Red Wine   ② Vermouth
③ Ice Wine   ④ Dry Sherry

56 다음 중 의미가 다른 하나는?

① When does the restaurant open?
② Is this all right for you, Sir?
③ Would you like to come this way?
④ I'll show you to your table.

! ②, ③, ④는 고객에게 자리를 안내하고 있는 상황이다.

57 다음 (   ) 안에 들어갈 단어로 가장 적합한 것은?

> Light Rum, Lime Juice and Coke are the main ingredients of (   ).

① June Bug   ② Cuba Libre
③ Bacardi   ④ Rusty Nail

! • 쿠바 리브레(Cuba Libre)
하이볼 글라스에 얼음과 라이트럼 $\frac{1}{2}$oz, 라임주스 $\frac{1}{2}$oz, 콜라를 채우고 레몬 웨지로 장식하는 칵테일이다.

58 This is used for color, taste, and aroma of cocktail. What is this syrup made from pomegranate?

① Maple Syrup
② Grenadine Syrup
③ Strawberry Syrup
④ Sugar Syrup

! 칵테일의 색, 맛, 향을 위해 사용됩니다. 석류로 만든 이 시럽은 무엇입니까?

59 What is the meaning of the following explanation?

> "When making a cocktail, this is the main ingredient into which other things are added."

① Base   ② Garnish
③ Glass   ④ Juice

> **!**
> • 기주(Base)
> 칵테일을 만들 때 다른 것들이 첨가되는 주재료이다.

60 What is the difference between Cognac and Brandy?

① Company
② Aging
③ Ingredients
④ Region

> **!**
> 포도를 증류한 브랜디(Brandy) 중 코냑 지역에서 생산된 것만을 코냑(Cognac)이라 한다.

정답

01	02	03	04	05	06	07	08	09	10
①	①	④	③	①	②	②	④	③	④
11	12	13	14	15	16	17	18	19	20
①	①	③	④	②	①	④	①	②	①
21	22	23	24	25	26	27	28	29	30
③	②	③	①	②	④	③	①	④	④
31	32	33	34	35	36	37	38	39	40
③	④	④	④	③	①	④	①	①	②
41	42	43	44	45	46	47	48	49	50
③	②	②	④	②	③	①	②	④	④
51	52	53	54	55	56	57	58	59	60
③	①	①	④	③	①	②	②	①	④

자격 종목	코드	출제 문항 수	시험 시간	수험 번호	성명
조주기능사		60문항	60분		

01 이탈리아 와인에 대한 설명으로 옳은 것은?

① 거의 전 지역에서 와인이 생산된다.
② 대표 품종으로는 말벡이 있다.
③ 와인 등급 체계는 5등급이다.
④ 유명 와인 산지로는 샹파뉴, 토스카나, 베네토 등이 있다.

! ② 말벡은 아르헨티나의 대표 품종이다.
③ 와인 등급 체계는 4등급이다.
④ 샹파뉴는 프랑스의 와인 산지이다.

02 럼에 대한 설명으로 틀린 것은?

① 럼의 원료는 사탕수수와 당밀이다.
② 서인도제도를 통치하는 유럽의 식민 정책 중 삼각무역에 사용되었다.
③ 사탕을 첨가하여 만든 리큐르이다.
④ 맛과 향에 따라 라이트 럼, 미디엄 럼, 헤비 럼으로 분류된다.

! 럼은 증류주이다.

03 영국에서 개발한 무색 투명한 음료로 진 (Gin)과 잘 어울리며 뒷맛에 쌉쌀한 맛이 남는 탄산음료는?

① 소다수   ② 콜린스 믹스
③ 진저엘   ④ 토닉워터

04 국가 지정 중요무형문화재로 지정된 전통주가 아닌 것은?

① 면천두견주   ② 과하주
③ 서울 문배주   ④ 경주 교동법주

! 중요무형문화재로 지정된 대표적인 전통주는 면천두견주, 문배주, 교동법주 등이며, 시도무형문화재로 지정된 전통주는 한산소곡주, 김천과하주, 진도홍주, 계명주 등이다.

05 구매 부서의 기능이 아닌 것은?

① 판매   ② 불출
③ 저장   ④ 검수

06 셰이킹(Shaking) 기법에 대한 설명으로 틀린 것은?

① 달걀, 우유, 당분이 많은 리큐르 등을 혼합하기 위해 사용하는 조주 방법이다.
② 셰이커에 얼음을 충분히 넣어 빠른 시간 안에 잘 섞이고 차갑게 한다.
③ 셰이커는 몸통(Body)과 스트레이너 두 부분으로 구성되어 있다.
④ 탄산음료는 셰이커에 함께 넣지 않는다.

! • 셰이커(Shaker)
캡, 스트레이너, 바디로 구성된다.

07 위스키의 원료에 따른 설명으로 틀린 것은?

① 몰트 위스키: 보리 90%로 만든 위스키
② 그레인 위스키: 곡식100%로 만든 위스키
③ 버번 위스키: 옥수수 51% 이상으로 만든 위스키
④ 라이 위스키: 호밀 51% 이상으로 만든 위스키

> **!** • **몰트 위스키(Malt Whisky)**
> 보리(맥아) 100%로 만든 위스키이다.

08 다음 중 탄산수의 효능이 아닌 것은?

① 다이어트　　② 소화불량
③ 피부미용　　④ 치아건강

> **!** 탄산수는 산성이기 때문에 장기적으로 노출되면 치아가 약해질 수 있으며, 위가 약한 사람들은 피하는 것이 좋다.

09 영업장의 음료 인벤토리(Inventory)에 대한 설명으로 잘못된 것은?

① 인벤토리 시트는 정확하게 기록한다.
② 인벤토리 기간의 음료 입고 전표, 메뉴 판매 리스트 등의 서류를 준비한다.
③ 이전 인벤토리 시트의 재고 현황을 기입한다.
④ 입고 수량과 판매 수량은 제외하고 기입한다.

> **!** 입고 수량과 판매 수량을 가감하여 기록한다.

10 와인의 제공 순서를 바르게 나열한 것은?

> 가. 와인을 따른 후 병목을 서비스 냅킨으로 닦아 술 방울이 테이블에 떨어지지 않도록 한다.
> 나. 코르크를 손으로 잡고 살며시 돌리면서 천천히 소리가 나지 않게 빼낸다.
> 다. 와인을 주문한 고객에게 와인의 상표를 확인시킨다.
> 라. 코르크의 냄새를 맡아 이상 유무를 확인한 후 손님이 확인할 수 있도록 접시 위에 올려 둔다.

① 다-나-라-가
② 라-나-가-다
③ 나-라-다-가
④ 나-다-라-가

11 단식 증류기(Pot Still)를 이용하여 증류한 것은?

① Aquavit
② Vodka
③ Blended Whisky
④ Dark Rum

> **!** • **단식 증류기(Pot Still)**
> 코냑, 다크 럼, 몰트 위스키를 생산하는 데 사용하며, 시설비가 저렴하고 맛과 향이 좋으나 시간이 오래 걸려 대량 생산이 어렵다.

12 다음 중 보드카를 베이스로 하는 칵테일이 아닌 것은?

① Apple Martini　　② Cosmopolitan
③ New York　　④ Moscow Mule

> **!** 뉴욕(New York)의 베이스는 버번 위스키이다.

13 Pilsner Glass에 대한 설명으로 옳은 것은?

① 브랜디를 마실 때 사용한다.
② 맥주를 따르면 기포가 올라와 거품이 유지된다.
③ 와인의 향을 즐기는데 가장 적합하다.
④ 둥근 옆면은 발레리나를 연상시키는 모양이다.

14 음료가 저장고에 적정 재고 수준 이상으로 과도할 경우 나타나는 현상이 아닌 것은?

① 필요 이상의 유지 관리비가 요구된다.
② 기회 이익이 상실된다.
③ 판매 기회가 상실된다.
④ 과다한 자본이 재고에 묶이게 된다.

15 독일 와인에 대한 설명으로 틀린 것은?

① 1935년 와인 등급 제도를 제정하여 오늘날까지 시행되고 있다.
② 와인의 등급은 포도 품종의 성숙 정도와 당분 함유량에 따라 결정된다.
③ 리슬링(Riesling) 품종의 백포도주가 유명하다.
④ 유명 산지로는 라인(Rheine)과 모젤(Mosel)이 있다.

! 독일의 와인 등급 제도는 1971년 제정되었다.

16 위스키의 제조 과정을 순서대로 나열한 것으로 적합한 것은?

① 맥아-발효-증류-당화-블렌딩
② 맥아-발효-숙성-저장-증류
③ 맥아-당화-증류-저장-후숙
④ 맥아-당화-발효-증류-숙성

17 에스프레소 추출 시 너무 진한 크레마가 추출되었을 때 그 원인이 아닌 것은?

① 물의 온도가 95℃보다 높은 경우
② 펌프 압력이 기준 압력보다 낮은 경우
③ 포터 필터의 구멍이 너무 큰 경우
④ 물 공급이 제대로 안 되는 경우

! 포터 필터의 구멍이 크면 물의 통과 시간이 빨라져 커피의 고형 성분이 제대로 추출되지 않는 과소 추출이 발생한다.

18 Wood Muddler의 일반적인 용도는?

① 허브나 과일 등을 으깰 때 사용한다.
② 음료를 서빙할 때 사용한다.
③ 브랜디를 띄울 때 사용한다.
④ 칵테일에 불을 붙일 때 사용한다.

19 스카치 위스키에 허브와 꿀을 넣어 만든 혼성주는 무엇인가?

① Cherry Heering ② Cointreau
③ Galliano ④ Drambuie

! • 드람부이(Drambuie)
스카치 위스키를 베이스로 꿀과 허브류를 첨가하여 만든 스코틀랜드산 리큐르이다. '만족스러운 음료'라는 뜻을 가지고 있다.

20 다음 중 프랑스의 발포성 와인을 뜻하는 것은?

① Vin Mousseux ② Sekt
③ Cava ④ Spumante

! ② 독일, ③ 스페인, ④ 이탈리아

21 다음 중 바르게 연결된 것은?

① Absinthe: 프랑스 노르망디산 사과 브랜디
② Campari: 주정에 향쑥을 넣어 만든 프랑스산 리큐르
③ Calvados: 이탈리아 밀라노에서 생산된 와인
④ Chartreuse: 승원(수도원)의 이름을 가진 허브 리큐르

! ① Absinthe: 주정에 향쑥을 넣어 만든 프랑스산 리큐르
② Campari: 여러가지 허브를 넣어 쓴맛을 내는 이탈리아의 붉은색 리큐르
③ Calvados: 노르망디 지방의 프랑스산 사과 브랜디

22 프론트바(Front Bar)에 대한 설명으로 옳은 것은?

① 술과 잔을 전시하는 기능을 한다.
② 주문과 서브가 이루어지는 고객들의 이용 장소이다.
③ 술을 저장하는 창고이다.
④ 일반적으로 폭 80cm, 높이 150cm가 표준이다.

! ①은 백바(Back Bar)에 관한 설명이며, 프론트바(Front Bar)의 표준 사양은 폭 40cm, 높이 120cm이다.

23 우리나라 민속주에 대한 설명으로 틀린 것은?

① 탁주류, 약주류, 소주류, 등 다양한 민속주가 생산된다.
② 쌀 등 곡물을 주원료로 사용하는 민속주가 많다.
③ 삼국시대부터 증류주가 제조되었다.
④ 발효제로는 누룩을 사용하여 제조하고 있다.

! 고려시대 원나라로부터 증류 기술이 도입되었다.

24 와인의 용량 중 1.5L 사이즈를 무엇이라 부르는가?

① Half ② Magnum
③ Jeroboam ④ Balthazar

! 매그넘(Magnum)은 일반 와인의 2배 용량인 1.5L이다. ③ 제로보암(Jeroboam)은 4.5L, ④ 발타자르(Balthazar)는 12L이다.

25 다음 중 그레나딘 시럽이 필요한 칵테일은?

① 마가리타(Margarita)
② 진 피즈(Gin Fizz)
③ 불바디에(Boulevardier)
④ 테킬라 선라이즈(Tequila Sunrise)

! • 테킬라 선라이즈(Tequila Sunrise)
필스너 글라스에 테킬라 $\frac{1}{2}$oz와 오렌지주스를 따른 뒤 그레나딘 시럽 $\frac{1}{2}$oz를 띄워 일출의 색깔을 표현한다.

26 프라페(Frappe) 스타일의 칵테일을 만들 때 사용하는 얼음은?

① Cubed Ice ② Cracked Ice
③ Lump of Ice ④ Crushed Ice

27 와인의 품질을 결정하는 요소로 가장 거리가 먼 것은?

① 부케(Bouquet)
② 환경요소(Terroir)
③ 양조 기술
④ 포도 품종

! • 부케(Bouquet)
와인이 숙성된 이후 생성되는 복합적인 향을 뜻한다.

28 Long Drink에 대한 설명으로 틀린 것은?

① 탐 콜린스, 진 피즈, 준벅 등이 해당한다.
② 보통 한 종류 이상의 술에 청량음료를 섞는다.
③ 보통 텀블러 글라스나 하이볼 글라스 등에 제공한다.
④ 무알콜 음료의 총칭이다.

29 부르고뉴 지역의 주요 포도 품종은?

① 가메와 메를로
② 샤르도네와 피노누아
③ 리슬링과 산지오베제
④ 진판델과 카베르네 소비뇽

30 맥주의 원료 중 홉(Hop)의 역할이 아닌 것은?

① 맥주 특유의 상큼하고 쓴맛을 낸다.
② 잡균을 제거하여 보존성을 증가시킨다.
③ 알코올의 농도를 증가시킨다.
④ 맥아즙의 단백질을 제거한다.

! 효모(Yeast)가 발효 활동을 하면서 알코올의 농도를 증가시킨다.

31 소금을 칵테일 글라스의 가장자리에 찍어서 만드는 칵테일은?

① Singapore Sling　② Side Car
③ Margarita　④ Snowball

! 리밍(Rimming), 프로스팅(Frosting), 스노우 스타일(Snow Style)이라고도 하며 소금 리밍은 마가리타, 솔티독, 설탕 리밍은 키스 오브 파이어가 대표적이다.

32 제조 방법상 발효 방법이 다른 차(Tea)는 무엇인가?

① 한국의 작설차
② 인도의 다즐링
③ 중국의 기문
④ 스리랑카의 우바

! 다즐링, 기문, 우바는 세계 3대 홍차로 발효차에 해당되며 작설차는 녹차의 한 종류로 발효하지 않는 불발효차이다.

33 바람직한 바텐더(Bartender)의 직무가 아닌 것은?

① 칵테일 조주 시 지거를 사용하지 않는다.
② 바(Bar)의 환경 및 기물의 청결을 유지하고 관리한다.
③ 영업시간에 판매할 주류가 적당한지 확인한다.
④ 바(Bar) 내부의 온도와 조도를 확인한다.

! 바텐더는 칵테일의 맛을 일관성 있게 유지하고, 고객에게 신뢰를 주기 위하여 계량시에는 항상 지거를 사용해야 한다.

34 영업장에서 고객이 입장 할 때 좌석 안내 요령으로 부적절한 것은?

① 예약 손님일 경우 예약 테이블로 안내한다.
② 테이블이 없을 경우 웨이딩룸에서 대기하도록 정중하게 말씀드린다.
③ 젊은 남녀 고객은 벽 쪽의 조용한 테이블로 안내한다.
④ 남녀를 불문하고 혼자 방문한 고객은 어둡고 한적한 테이블로 안내한다.

! 1인 고객은 전망이 좋거나 볼거리가 많은 자리로 안내한다.

35 민트 잎을 넣고 머들러로 으깬 뒤 증류주, 설탕 혹은 슈가 시럽, 크러쉬드 아이스를 넣어 만드는 칵테일은 무엇인가?

① 데이지(Daisy) ② 토디(Toddy)
③ 에그녹(Eggnog) ④ 줄렙(Julep)

36 주문을 받는 요령으로 잘못된 것은?

① 볼펜과 주문지를 준비하고 있어야 한다.
② 일반적으로 호스트, 남성, 여성 순으로 주문을 받는다.
③ 주문이 끝나면 "감사합니다."라고 말한 다음 나온다.
④ 주문은 주문지에 잘 알아볼 수 있도록 기록하고 고객에게 재확인한다.

! 일반적으로 여성, 남성, 호스트의 순으로 주문을 받는다.

37 다음 중 당도가 가장 낮은 와인의 표기는?

① Brut ② Sec
③ Demi Sec ④ Doux

! 당도가 낮은 순으로 ①, ②, ③, ④이다.

38 주로 Blender를 사용하여 만드는 칵테일은?

① Piña Colada ② Rusty Nail
③ Black Russian ④ Stinger

! 피냐콜라다(Piña Colada)는 블렌더를 사용하여 슬러쉬 형태로 제공하는 칵테일이다.

39 효과적인 주장의 상품 관리 방법으로 잘못된 것은?

① 주문 시에는 서면 구매 청구서를 사용하며, 잘 보관한다.
② 검수 시에는 송장과 구매 청구서를 대조하고 확인한다.
③ 영속적인 재고 조사 시스템을 둔다.
④ 간이 창고에는 한 달분의 재료를 저장한다.

! 재료의 유통기한이나 보관 방법에 따라 적합한 양을 저장해야 한다.

40 여러 종류의 술을 비중이 무거운 것부터 차례로 섞이지 않도록 띄워서 만드는 칵테일은?

① Long Island Iced Tea
② Pousse Café
③ Malibu Punch
④ Jindo

! • 플로팅 기법의 대표적인 칵테일
Pousse Café, Rainbow, B-52, Angel's Kiss 등

41 안동소주에 대한 설명으로 틀린 것은?

① 소주를 내릴 때 소주 고리를 사용한다.
② 곡식을 물에 불려 고두밥을 만들고 누룩을 섞어 발효시킨다.
③ 경상북도 무형문화재로 지정되어 있다.
④ 희석식 소주로써 알코올 함량은 20%이다.

! 안동소주는 증류식 소주이다.

42 증류주에 대한 설명으로 틀린 것은?

① Rum의 주원료는 서인도제도에서 생산되는 감자이다.
② Vodka는 무색, 무미, 무취이며 러시아인들이 즐겨 마신다.
③ Tequila는 멕시코 원주민들이 마시던 풀케를 증류한 것이다.
④ Gin은 곡물을 증류한 주정에 주니퍼베리(두송자)를 첨가한 것이다.

> ! 럼(Rum)의 주원료는 당밀과 사탕수수이다.

43 칵테일 재료를 관리하는 방법으로 틀린 것은?

① 과일은 신선하고 모양이 좋은 것을 선택하고 냉장고에 보관한다.
② 계란은 껍질이 매끄럽고, 흔들었을 때 소리가 나는 것을 선택한다.
③ 탄산음료는 구매 시 병마개가 녹슬지 않았는지 확인한다.
④ 와인은 병을 눕혀 코르크 마개가 항상 젖은 상태로 보관해야 한다.

> ! 계란은 껍질이 거칠고 흔들었을 때 소리가 나지 않아야 신선하다.

44 Corkage Charge의 의미는?

① 고객이 다른 곳에서 구매한 주류를 바(Bar)에 가져와서 마실 때 부과되는 요금
② 고객이 술을 보관할 때 지불하는 보관 요금
③ 고객이 Bottle로 주문할 경우 따라 나오는 소프트 드링크의 요금
④ 고객 유치를 위한 판촉 비용

45 Gin Fizz를 제공할 때 사용하는 글라스는?

① Cocktail Glass
② Champagne Glass
③ Highball Glass
④ Pilsner Glass

46 주세법상 알코올분의 도수는 섭씨 몇 도에서 원용량 100분 중에 포함되어 있는 알코올분의 용량으로 하는가?

① 4℃   ② 10℃
③ 15℃   ④ 20℃

47 다음 중 디캔팅(Decanting) 작업이 필요하지 않은 와인은?

① 침전물이 많은 와인
② 오래 숙성된 레드 와인
③ 달콤한 화이트 와인
④ 숙성이 덜 된 거친 와인

> ! • 디캔팅(Decanting)
> 장기 숙성된 와인의 침전물을 걸러주거나, 숙성이 덜 된 거친 와인에 공기를 접촉시켜 향을 풍부하게 하기 위한 작업이다.

48 다음에서 설명하는 민속주는?

> 호남 지역의 명주로, 부드럽게 취하고 뒤끝이 깨끗하다. 쌀로 빚은 30도의 소주에 배, 생강, 울금 등 한약재를 넣어 숙성시킨 약주이다.

① 이강주   ② 춘향주
③ 복분자주   ④ 계명주

49 칵테일의 조주 기법이 바르게 연결된 것은?

> ⓐ 마티니, ⓑ 시브리즈, ⓒ B-52,
> ⓓ 마이타이

① ⓐ 직접넣기, ⓑ 휘젓기, ⓒ 띄우기,
  ⓓ 블렌딩
② ⓐ 휘젓기, ⓑ 직접넣기, ⓒ 띄우기,
  ⓓ 흔들기
③ ⓐ 휘젓기, ⓑ 직접넣기, ⓒ 띄우기,
  ⓓ 블렌딩
④ ⓐ 흔들기, ⓑ 휘젓기, ⓒ 직접넣기,
  ⓓ 흔들기

50 피노 셰리(Fino Sherry) 와인을 일정 기간 숙성시킨 것으로 숙성 과정에서 호박색으로 변하는 Medium Sweet한 스타일의 셰리 와인은?

① Manzanilla   ② Oloroso
③ Amontillado   ④ Pedro Ximénez

> ❗ ① 만싸니야(Manzanilla): 피노와 같은 타입이나 지역이 한정되어 있다.
> ② 올로로소(Oloroso): 피노보다 높은 알코올 함량을 가지며, 묵직한 견과류의 풍미가 특징인 단맛이 없는 셰리 와인
> ④ 페드로 히메네즈(Pedro Ximénez): 포도를 햇볕에 건조, 농축하여 양조한 달콤한 셰리 와인

51 Which of the following correctly refers to the glass and decoration used in serving a dry martini?

① Cocktail Glass-Green Olive
② Cocktail Glass-Cherry
③ Sherry Glass-Green Olive
④ Sherry Glass-Cherry

> ❗ 드라이 마티니를 제공하는 글라스 및 장식으로 바르게 연결된 것은?

52 Which of the following is not an ingredient for making beer?

① Malt   ② Hop
③ Corn   ④ Yeast

> ❗ 맥주를 만들기 위한 재료는 맥아, 홉, 효모이다.

53 B가 할 말로 가장 알맞은 것은?

> A: What do you do for a living?
> B: _____

① I'm doing my best.
② I work at a bank.
③ Yes. Thank you.
④ I'm writing a letter to my mother.

> ❗ A: 당신의 직업은 무엇입니까?
> ① 나는 최선을 다하고 있습니다.
> ② 나는 은행에서 일합니다.
> ③ 네. 감사합니다.
> ④ 나는 엄마에게 편지를 쓰고 있어요.

54 다음의 설명과 관련이 깊은 것은?

> It is the smell of wine derived from grapes. The wine can give off any combination of scents, including broader categories of floral, spicy, fruity, oaky, acidic, and many other types of smells.

① Cork   ② Taste
③ Tanin   ④ Aroma

> ❗ • 아로마(Aroma)
> 포도에서 파생된 와인의 향기이다. 와인은 꽃향기, 스파이시향, 과일향, 오크 향, 신 향 등 더 넓은 범주의 향을 포함하여 다양한 향의 조합을 낸다.

55 "얼음물을 좀 더 가져다 드릴까요?"의 적합한 표현은?

① Shall you have some more ice water?
② Shall I get you some more ice water?
③ Will you get me some more ice water?
④ Shall I have some more ice water?

56 Select the place in which the French wine is not produced.

① Bordeaux   ② Bourgogne
③ Alsace   ④ Soave

! 소아베(Soave)는 이탈리아의 와인 산지이다.

57 다음에서 설명하는 것은 무엇인가?

> This is used to present the check, return the change or the credit card, and remind the customer to leave the tip.

① Bill Trays   ② Corkscrews
③ Serving Trays   ④ Order Sheet

! 이것은 영수증과 함께 잔돈이나 신용카드를 돌려준 후 고객이 팁을 놓을 수 있도록 하는데 사용된다.

58 다음의 문장에서 밑줄 친 'postponed'와 가장 가까운 뜻은?

> The meeting was postponed until tomorrow morning.

① canceled   ② finished
③ put off   ④ taken off

! 회의는 내일 아침으로 연기되었다.

59 What is not a piece of equipment used in a bar?

① Champagne Cooler
② Decanter
③ Soup Spoon
④ Squeezer

60 What glass should we prepare when serving whisky on the rocks?

① Shot Glass
② Old Fashioned Glass
③ Highball Glass
④ Snifter Glass

! 위스키를 온더락스로 제공할 때 준비해야 하는 글라스는?

정답

01	02	03	04	05	06	07	08	09	10
①	③	④	②	①	③	①	④	④	①
11	12	13	14	15	16	17	18	19	20
④	③	②	③	①	④	③	①	④	①
21	22	23	24	25	26	27	28	29	30
④	②	③	②	④	④	①	④	②	③
31	32	33	34	35	36	37	38	39	40
③	①	①	④	④	②	①	①	④	②
41	42	43	44	45	46	47	48	49	50
④	①	②	①	③	③	③	①	③	③
51	52	53	54	55	56	57	58	59	60
①	③	②	②	②	④	①	③	③	②

자격 종목	코드	출제 문항 수	시험 시간	수험 번호	성명
조주기능사		60문항	60분		

01 다음 중 Liqueur Glass의 다른 명칭은?

① Shot Glass
② Cordial Glass
③ Sour Glass
④ On the Rocks Glass

02 비알코올성 음료의 분류로 알맞지 않은 것은?

① 청량음료　　② 영양음료
③ 기호음료　　④ 탄산음료

❗ • 비알코올성 음료
청량음료, 영양음료, 기호음료로 분류한다.

03 곡류를 원료로 하여 양조주를 만들 때 당화 과정에서 필요한 것은?

① 알코올　　② 효모
③ 효소　　④ 이산화탄소

❗ 효소로 당화하고 효모로 발효하여 양조주를 얻는다.

04 식품 위생 관리의 필요성과 거리가 가장 먼 것은?

① 식중독 사고 등 식품으로 인한 위생상의 위해를 방지한다.
② 식품 영양의 질적 향상을 도모한다.
③ 평균 수명을 높이는 데 가장 크게 기여한다.
④ 국민 건강을 보호하고 증진에 이바지한다.

❗ 평균 수명 증가는 의학 기술의 발달, 식생활 개선, 지식의 보편화 등에서 보다 크게 영향을 받는다.

05 와인에 대한 설명으로 잘못된 것은?

① 부케(Bouquet)는 신선한 와인에서 많이 느낄 수 있다.
② 아로마(Aroma)는 사용된 포도의 품종, 제조 방법, 생산 지역 등에 영향을 받는다.
③ 레드 와인은 숙성이 진행될수록 적갈색, 갈색으로 변화한다.
④ 화이트 와인은 숙성이 진행될수록 노란색, 호박색으로 변화 한다.

❗ • 부케(Bouquet)
와인이 숙성하면서 생겨나는 향이다.

06 얼음이나 허브 등을 걸러주는 데 사용하며, 스프링이 달려있거나 망으로 된 형태의 기물은 무엇인가?

① 스쿱   ② 블렌더
③ 머들러   ④ 스트레이너

07 다른 재료가 전혀 들어가지 않는 커피는 무엇인가?

① Ristretto   ② Americano
③ Macchiato   ④ Flat White

> **!** • 리스트레토(Ristretto)
> 에스프레소를 단시간에 적은 양으로 추출한 커피이다.

08 다음(   ) 안에 들어갈 온도로 알맞은 것은?

> 주세법상 알코올분의 도수는 (   )에서 0.7947의 비중을 가진 것을 뜻한다.

① 10℃   ② 15℃
③ 18℃   ④ 20℃

09 칵테일 기구에 대한 설명으로 올바르지 않은 것은?

① 아이스 페일: 얼음을 퍼 담을 때 사용
② 블렌더: 프로즌 드링크를 만들 때 사용
③ 바스푼: 음료를 섞거나 올리브 등을 병에서 꺼낼 때 사용
④ 스탠다드 셰이커: 캡, 스트레이너, 바디로 구성

> **!** 얼음을 퍼 담을 때 사용하는 기구는 아이스 스쿱(Ice Scoop)이며, 아이스 페일(Ice Pail)은 얼음통을 뜻한다.

10 충청남도 무형문화재로 지정되어 있으며, 누룩을 적게 사용하고 맛이 좋아 '앉은뱅이술'이라 불리는 것은?

① 소곡주   ② 두견주
③ 삼해주   ④ 이강주

> **!** • 한산 소곡주
> 술의 맛이 좋아 선비가 많이 마시다가 과거를 보러 가지 못하거나, 며느리가 집안일을 하지 못하는 등의 일화로 '앉은뱅이술'이라 불린다.

11 브랜디의 제조공정에서 증류한 브랜디를 열탕 소독한 White oak Barrel에 담기 전에 무엇을 채워 유해한 색소나 이물질을 제거하는가?

① Beer   ② Gin
③ Red Wine   ④ White Wine

> **!** 브랜디의 최종 색상에 영향을 미치지 않으면서 오크통의 이물질을 제거하기 위하여 화이트 와인을 사용한다.

12 다음 중 조주 기법이 다른 하나는 무엇인가?

① Manhattan   ② Martini
③ Whiskey Sour   ④ Rob Roy

> **!** ①, ②, ④는 휘젓기(Stir) 기법, ③은 혼합기법(Shake + Build)으로 만든다.

13 다음 중 아이리쉬 위스키는 무엇인가?

① Yamazaki   ② The Glenlivet
③ John Jameson   ④ Imperial

> **!** ① 야마자키(Yamazaki): 일본
> ② 더 글렌리벳(The Glenlivet): 스코틀랜드
> ④ 임페리얼(Imperial): 스코틀랜드

14 Draft Beer란 무엇인가?

① 효모가 살균되어 저장이 가능한 맥주
② 효모가 살균되지 않아 장기 저장이 불가능한 맥주
③ 구운 보리를 사용하여 만든 흑맥주
④ 캔맥주

15 다음 중 알코올성 커피는?

① 카페 로열(Cafe Royale)
② 비엔나 커피(Vienna Coffee)
③ 데미타세(Demitasse)
④ 카페오레(Café au Lait)

> ! 알코올이 포함된 대표적인 커피는 카페 로열(브랜디)과 아이리쉬 커피(위스키)이다.

16 다음 중 조주 시 셰이커가 필요한 칵테일은?

① B-52
② Brandy Alexander
③ Old Fashioned
④ Tequila Sunrise

> ! ①은 띄우기(Float), ③, ④는 직접넣기(Build) 기법으로 조주하기 때문에 셰이커가 필요하지 않다.

17 브랜디의 표기법 중 등급이 가장 높은 것은?

① V.O   ② V.S.O.P
③ X.O   ④ EXTRA

> ! 등급이 낮은 순서대로 ①, ②, ③, ④이다.

18 음료의 역사에 대한 설명으로 틀린 것은?

① 기원전 6,000년경 바빌로니아 사람들은 레몬 과즙을 마셨다.
② 스페인 발렌시아 부근의 동굴에서 탄산 가스를 발견한 벽화가 있다.
③ 바빌로니아 사람들은 빵이 물에 젖어 발효된 맥주를 발견해 음료로 즐겼다.
④ 중앙아시아 지역에서는 야생의 포도가 쌓여 자연 발효된 포도주를 음료로 즐겼다.

> ! 스페인 발렌시아 아라니아 동굴에서 벌꿀을 채취하는 여성들의 모습이 그려진 신석기시대의 벽화가 발견되면서 꿀로 만든 음료가 인류가 마신 가장 오래된 것으로 추정한다.

19 다음 중 싱글몰트위스키는 무엇인가?

① Bell's   ② Macallan
③ Johnnie Walker ④ Jim Beam

> ! ①, ③은 블렌디드 위스키, ④는 버번 위스키이다.

20 와인을 분류하는 방법의 연결로 틀린 것은?

① 스파클링 와인 - 알코올의 유무
② 드라이 와인 - 당분의 정도
③ 아페리티프 와인 - 식사 순서
④ 로제 와인 - 색깔

> ! 스파클링(발포성) 와인은 탄산가스 유무에 따라 분류한다.

21 디카페인 커피(Decaffeinated Coffee)에 대한 설명으로 가장 알맞은 것은?

① 제조 비용이 저렴한 커피이다.
② 카페인이 제거된 커피이다.
③ 카페인의 함량이 높은 커피이다.
④ 카페인의 함량을 조절할 수 있는 커피이다.

22 개인이나 소규모 양조장에서 자체 개발한 제조법에 따라 만든 수제 맥주를 뜻하는 것은?

① Bock Beer   ② Draft Beer
③ Craft Beer   ④ Wheat Beer

23 다음 중 분류가 다른 하나는?

① Beluga
② Smirnoff
③ Bombay Sapphire
④ Grey Goose

❗ 봄베이 사파이어(Bombay Sapphire)는 진(Gin)의 브랜드이며, 나머지는 보드카(Vodka)의 브랜드이다.

24 차의 잎을 10~65% 정도 발효한 것으로 재스민, 우롱차, 청차 등을 무엇이라 하는가?

① 비발효차   ② 발효차
③ 반발효차   ④ 후발효차

❗ 차의 잎을 반 정도만 발효하여 반발효차라 한다.

25 기획메뉴에 대한 설명으로 옳지 않은 것은?

① 고객 창출을 위한 한시적 메뉴이다.
② 업장에서 시간이 가장 오래 걸리는 메뉴이다.
③ 각 업장에 적합한 컨셉으로 개발해야 한다.
④ 먼저 기존 메뉴들을 분석해야 한다.

26 바텐더의 근무 수칙으로 올바르지 않은 것은?

① 고객끼리 대화를 할 경우 적극적으로 대화에 참여한다.
② 고객의 취향에 맞추어 서비스한다.
③ 업장에 손님이 없을 시에도 서비스 자세를 바르게 유지한다.
④ 고객의 입장에서 근무하며, 고객을 공평히 대한다.

27 "Measure Cup"에 대한 설명으로 틀린 것은?

① 각종 액체의 용량을 측정한다.
② 보통 작은 부분은 1oz이다.
③ 보통 큰 부분은 1.5oz이다.
④ 병마개를 감쌀 때에도 사용할 수 있다.

❗ 지거(Jigger)를 'Measure Cup'이라고도 한다.

28 구매한 주류에 대한 저장관리의 원칙에 해당하지 않는 것은?

① 적정 온도 유지의 원칙
② 고가 위주의 저장 원칙
③ 품목별 분류 저장 원칙
④ 선입 선출의 원칙

29 화이트 와인의 적정 보관 온도로 가장 적합한 것은?

① 14~18℃   ② 12~16℃
③ 8~10℃   ④ 4~6℃

❗ 화이트 와인은 8~10℃, 레드 와인은 14~18℃에 보관하는 것이 이상적이다.

30 음료류의 식품 유형에 대한 설명으로 틀린 것은?

① 무향탄산음료: 먹는 물에 식품 또는 식품첨가물(착향료 제외) 등을 가한 후 탄산가스를 주입한 것을 말한다.

② 착향탄산음료: 탄산음료에 식품첨가물(착향료)을 주입한 것을 말한다.

③ 과실음료: 농축과실즙(또는 과실분), 과실주스 등을 원료로 하여 가공한 것(과실즙 10% 이상)을 말한다.

④ 유산균음료: 유가공품 또는 식물성 원료를 효모로 발효시켜 가공(살균 포함)한 것을 말한다.

> ! 식품공전에 의거 유산균 음료는 효모가 아닌 유산균으로 발효한다.

31 샴페인의 발명자는?

① Bordeaux   ② Champagne
③ St. Emilion   ④ Dom Perignon

32 포도 품종에 대한 설명으로 틀린 것은?

① Syrah: 호주의 대표 품종으로, 호주에서는 Shiraz라 한다.

② Gamay: 과일향이 풍부한 레드 와인을 만들 때 사용한다.

③ Merlot: 보르도, 캘리포니아, 칠레 등에서 재배되며, 부드러운 맛이 난다.

④ Pinot Noir: 보졸레에서 보졸레 누보를 만들 때 사용한다.

> ! ④는 가메(Gamay)에 대한 설명이다.

33 칵테일에 대한 설명으로 틀린 것은?

① 마시기 쉽도록 아주 달게 만드는 것이 좋다.

② 식욕을 증진시키는 윤활유 역할을 하기도 한다.

③ 조주 시 재료를 넣는 순서에 유의해야 한다.

④ 허브나 과일로 장식하는 것을 가니쉬라고 한다.

> ! 상황에 따라 다양한 당도의 칵테일을 조주할 수 있다.

34 오드비(Eau-de-vie)와 관련 있는 것은?

① Gin   ② Brandy
③ Tequila   ④ Soju

> ! • 오드비(Eau-de-vie)의 어원
> '생명의 물'이며 과실을 원료로 증류한 술이다.

35 위스키(Whisky)를 만드는 과정이 옳게 배열된 것은?

① Mashing-Fermentation-Distillation-Aging

② Fermentation-Mashing-Distillation-Aging

③ Aging-Fermentation-Distillation-Mashing

④ Distillation-Fermentation-Mashing-Aging

> ! 위스키 제조 과정: 당화 - 발효 - 증류 - 숙성

36 민속주 도량형 "되"에 대한 설명으로 틀린 것은?

① 곡식이나 액체, 가루 등의 분량을 재는 것이다.
② 보통 나무나 쇠로 만들며, 정육면체 또는 직육면체 모양이다.
③ "1되"의 절반을 "1홉"이라 한다.
④ 1되는 약 1.8L이다.

> ❗ 1되 = 10홉 = 1.8L

37 샴페인을 만드는 포도 품종이 아닌 것은?

① 세미용(Semillon)
② 샤르도네(Chardonnay)
③ 피노누아(Pinot Noir)
④ 피노 뫼니에(Pinot Meunier)

> ❗ 샤르도네(Chardonnay), 피노누아(Pinot Noir), 피노 뫼니에(Pinot Meunier)는 샴페인을 생산하는 3대 주요 품종이다.

38 다음 중 완성 후 Nutmeg을 뿌려 제공하는 칵테일은?

① Tom Collins   ② Eggnog
③ Paradise   ④ Blue Hawaii

> ❗ • 에그녹(Eggnog)
> 계란이 들어가는 칵테일이며, 계란의 비린내를 제거하기 위해 넛맥 파우더를 뿌린 뒤 제공한다.

39 화이트 와인을 차게 마시는 이유는?

① 유산은 온도가 낮으면 단맛이 강해지기 때문
② 사과산은 온도가 낮으면 더욱 Fruity하기 때문
③ Tannin의 맛은 온도가 낮을수록 더욱 부드럽기 때문
④ 폴리페놀은 온도가 낮을수록 인체에 더욱 유익해지기 때문

40 셰이커를 사용한 후 보관하는 방법으로 가장 적당한 것은?

① 사용 후 물에 담가 놓는다.
② 사용할 때마다 세척하여 바로 사용한다.
③ 세척 후 캡과 스트레이너를 닫아서 보관한다.
④ 사용 후 세척하여 물이 빠지도록 몸통과 스트레이너를 분리하여 엎어 놓는다.

41 이탈리아 리큐르로 살구씨를 주정과 함께 증류하여 시럽을 첨가해서 만들어 아몬드 향이 나는 것은?

① Cherry Brandy   ② Tia Maria
③ Curacao   ④ Amaretto

> ❗ 아마레또(Amaretto)에 관한 설명이며, 대표적인 브랜드로는 디사론노(Disaronno)가 있다.

42 음료에 대한 설명으로 잘못된 것은?

① 브랜디는 옥수수, 감자 등 전분질을 원료로 한다.
② 진은 주정에 주니퍼, 코리앤더 등의 식물을 침출 후 증류한 술이다.
③ 백주는 수수, 조, 쌀 등의 곡물을 발효, 증류한 술이다.
④ 소주는 주정을 희석하여 감미료를 첨가한 술이다.

! • 브랜디(Brandy)
  과실을 원료로 발효, 증류한 술이다.

43 다음 중 위스키의 어원으로 알맞은 것은?

① Usque Baugh   ② Aqua Vitae
③ Eau-de-vie   ④ Rumbullion

44 칵테일의 장식과 그 용도가 적합하지 않은 것은?

① 체리: 감미 타입의 칵테일
② 올리브: 쌉쌀한 맛의 칵테일
③ 오렌지: 오렌지 주스를 사용한 롱드링크
④ 샐러리: 달콤한 칵테일

! 샐러리는 토마토주스가 들어간 칵테일에 잘 어울린다.

45 프랑스 와인의 원산지 통제 명칭으로 가장 엄격한 기준은?

① D.O.C   ② A.O.C
③ V.D.Q.S   ④ Q.M.P

! ① 이탈리아 와인의 4단계 등급 체계에서 D.O.C.G 다음 등급
③ 프랑스 와인의 4단계 등급 체계에서 A.O.C 다음 등급
④ 독일의 와인 등급

46 80 proof를 알코올 도수(%)로 표시하면?

① 10%   ② 20%
③ 40%   ④ 80%

! 프루프(Proof)를 2로 나누면 알코올 함량(%)이다.

47 Ginger Ale에 대한 설명으로 틀린 것은?

① 생강의 향을 함유한 소다수이다.
② 알코올 성분이 포함된 영양음료이다.
③ 소화제로 효과가 있다.
④ 진이나 브랜디와 섞어 마시기도 한다.

! 진저에일(Ginger Ale)은 알코올 성분이 없는 청량음료이다.
진저비어(Ginger Beer)와 혼동하지 않도록 주의한다.

48 다음의 내용과 관련 있는 것은 무엇인가?

> • 귀부병(Noble Rot)
> • 보트리티스 시네리아(Botrytis cinerea)
> • 소테른(Sauternes)
> • 토카이(Tokaji)

① 스위트 와인   ② 발포성 와인
③ 드라이 와인   ④ 주정강화 와인

! 귀부(귀하게 부패한)와인에 대한 설명으로, 보트리티스 시네리아라는 귀부병에 걸린 포도로 만든 스위트 와인을 뜻한다. 대표적인 귀부 와인으로는 프랑스의 소테른, 헝가리의 토카이가 있다.

49 우유에 대한 설명으로 잘못된 것은?

① 영양음료에 해당한다.
② 우유의 지방, 유당 및 단백질은 열과 에너지의 공급원이 된다.
③ 발효유는 젖산균을 이용하여 우유를 발효시켜 만든 제품이다.
④ 우유의 70% 이상은 유제품 가공으로 이용된다.

! 우유의 70% 이상이 음용 목적으로 시장에서 판매된다.

50 카베르네 소비뇽(Cabernet Sauvignon)에 대한 설명으로 올바른 것은?

① 타닌 성분이 적어 맛이 부드럽다.
② 과일향이 많고 섬세하여 다른 품종과 혼합용으로 사용한다.
③ 껍질이 두껍고 색이 깊고 진하다.
④ 프랑스 포므롤(Pomerol) 지역의 주품종이다.

! ①, ②, ④는 메를로(Merlot)에 관한 설명이다.

51 Which of the following is not a fermented liquor?

① Beer   ② Mead
③ Pulque   ④ Aquavit

! ② 미드(Mead)는 꿀을 발효한 봉밀주이다.
③ 풀케(Pulque)는 용설란을 발효한 양조주이다.
④ 아쿠아비트(Aquavit)는 감자를 증류한 민속주이다.

52 What is the famous Scottish liqueur, dark brown in color, made by adding honey and herbs to whisky?

① Drambuie   ② Sloe Gin
③ Bailey's   ④ Malibu

! 스코틀랜드산의 유명한 혼성주로 위스키에 꿀, 허브를 첨가하여 만든 암갈색을 띠고 있는 것은 무엇인가?

53 Which of the following is a different distillation method?

① Cognac   ② Malt Whisky
③ Vodka   ④ Dark Rum

! 보드카는 연속식 증류기, 나머지는 단식 증류기를 이용하여 증류한다.

54 Which of the following is a sweet melon flavored cocktail?

① June Bug   ② Whiskey Sour
③ Cosmopolitan   ④ Singapore Sling

! 다음 중 달콤한 멜론 향의 칵테일은 무엇인가?
준벅(June Bug)은 멜론 리큐르, 코코넛럼, 바나나 리큐르, 파인애플 주스, 스위트 앤 사워믹스가 들어간 새콤달콤한 칵테일이다.

55 What is the meaning of a walk-in guest?

① A guest with no reservations.
② Guest on charged instead of reservation guest.
③ By walk in guest.
④ Guest that checks in through the front guest.

! 워크인 손님은 예약 없이 방문한 손님을 뜻한다.

56 호텔에서 체크인이나 체크아웃을 할 때 고객이 할 수 있는 말로 적합하지 않은 것은?

① I have reservation for tonight.
② I'd like to check out today.
③ Can you hold my luggage until 4 pm?
④ Would you fill out this registration form?

! ① 나는 오늘 밤 예약을 했습니다.
② 나는 오늘 체크아웃 하기를 원합니다.
③ 나의 짐을 오후 4시까지 보관해 주실 수 있나요?
④ 이 신청서를 작성해 주시겠습니까?

57 Which one is made with vodka, lime juice, triple sec and cranberry juice?

① Kamikaze   ② Godmother

③ Seabreeze   ④ Cosmopolitan

58 다음은 어떤 용어에 대한 설명인가?

A small space or room in some restaurants where food items or food related equipment are kept.

① Pantry

② Cloakroom

③ Reception Desk

④ Hospitality Room

! 일부 식당에서 식품이나 식품 관련 장비를 보관하는 작은 공간이나 방

59 다음 밑줄 친 곳에 가장 적합한 것은?

A: Good evening, Sir.

B: Could you show me the wine list?

A: Here you are, Sir. This week is the promotion week of _____.

B: OK. I'll try it.

① Stout

② Calvados

③ Glenfiddich

④ Prosecco

! A: 좋은 오후입니다.
B: 와인 리스트를 볼 수 있을까요?
A: 여기 있습니다. 이번 주는 (프로세코)의 홍보 기간입니다.
B: 좋네요, 마셔볼게요.

60 Which is the most famous orange flavored cognac liqueur?

① Grand Marnier   ② Drambuie

③ Cherry Heering   ④ Galliano

! • 그랑마니에(Grand Marnier)
코냑과 오렌지 껍질로 만든 알코올 함량 40%의 프랑스산 리큐르이다.

정답

01	02	03	04	05	06	07	08	09	10
②	④	③	③	①	④	①	②	①	①
11	12	13	14	15	16	17	18	19	20
④	③	③	②	①	②	④	②	②	①
21	22	23	24	25	26	27	28	29	30
②	③	③	③	②	①	④	②	③	④
31	32	33	34	35	36	37	38	39	40
④	④	①	②	①	③	①	②	②	④
41	42	43	44	45	46	47	48	49	50
④	①	①	④	②	③	②	①	④	③
51	52	53	54	55	56	57	58	59	60
④	①	③	①	①	④	④	①	④	①

자격 종목		코드	출제 문항 수	시험 시간	수험 번호	성명
조주기능사			60문항	60분		

01 메뉴를 계획할 때 우선적으로 고려해야 하는 사항으로 올바르지 않은 것은?

① 재료의 원활한 구입과 공급
② 설비 및 수용능력
③ 원가와 수익성의 관계
④ 고객의 경제적, 사회적 위치 파악

02 다음 중 글라스의 구성이 다른 하나는?

① Sour Glass
② Highball Glass
③ Collins Glass
④ Old Fashioned Glass

> ! 사워 글라스(Sour Glass)에만 스템(Stem)이 있다.

03 레몬, 자몽, 오렌지 등의 과즙을 짜는 기구로 유리나 스테인레스 재질로 된 것을 무엇이라 하는가?

① 스트레이너
② 머들러
③ 스퀴저
④ 푸어러

04 다음 중 병행복발효주인 것은?

① 막걸리
② 와인
③ 맥주
④ 소주

> ! 복발효주 중에서 당화와 발효가 동시에 진행되는 것을 병행 복발효주라 한다.

05 카페라테(Caffe Latte)에 초콜릿을 첨가한 음료는 무엇인가?

① Cafe Mocha
② Cappuccino
③ Macchiato
④ Affogato

> ! 초콜릿 향이 나는 예멘의 모카커피에서 영감을 얻어 만들어졌으며, 에스프레소에 우유와 초콜릿을 첨가하여 만든다.

06 다음 중 표준 레시피(Standard Recipe)에 기재되지 않는 항목은?

① 메뉴 이름
② 글라스 종류
③ 주류 및 부재료의 계량 단위
④ 담당 바텐더

07 전통주에 대한 설명으로 잘못된 것은?

① 부의주는 '동동주'의 원조이다.

② 계명주는 오메기떡으로 만든다.

③ 이화주는 숟가락으로 떠 먹을 수 있다.

④ 문배주는 중요무형문화재로 지정되어 있다.

! 오메기떡으로 만든 술은 오메기술이며, 제주의 전통주이다.

08 다음 중 풋사랑 칵테일에 사용되는 재료가 아닌 것은?

① 안동소주　② 애플퍼커

③ 트리플 섹　④ 사과주스

! • 풋사랑(Puppy Love)
안동소주 1oz, 애플퍼커 1oz, 트리플섹 ½oz, 라임주스 ½oz를 셰이킹하여 칵테일 글라스에 따른 뒤 사과 슬라이스로 장식한다.

09 이탈리아 I.G.T 등급은 프랑스의 어느 등급에 해당되는가?

① V.D.Q.S　② Vin de Pays

③ Vin de Table　④ A.O.C

! ① 이탈리아의 와인 등급: DOCG–DOC–IGT–VDT 순
② 프랑스의 와인 등급: AOC–VQDS–VdP–VdT 순

10 각국을 대표하는 맥주를 바르게 연결한 것은?

① 미국 - 밀러, 버드와이저

② 독일 - 하이네켄, 레벤브로이

③ 영국 - 칼스버그, 기네스

④ 체코 - 필스너, 벡스

! ① 네덜란드: 하이네켄
② 독일: 레벤브로이, 벡스
③ 체코: 필스너 우르켈
④ 덴마크: 칼스버그
⑤ 아일랜드: 기네스

11 다음 중 과즙을 이용하여 만든 양조주가 아닌 것은?

① Toddy　② Cider

③ Perry　④ Mead

! ① 토디(Toddy): 야자수 즙액을 발효한 동남아 지역의 술
② 시드르(Cider): 사과즙을 발효한 술
③ 페리(Perry): 배즙을 발효한 술
④ 미드(Mead): 벌꿀과 물에 이스트를 넣고 발효한 술

12 다음 주류 중 알코올 도수가 가장 낮은 것은?

① 진(Gin)

② 위스키(Whisky)

③ 브랜디(Brandy)

④ 슬로진(Sloe Gin)

! • 슬로진(Sloe Gin)
진에 야생 자두의 일종인 슬로베리(Sloeberry)와 설탕을 넣어 만든 혼성주이다.

13 Champagne의 서브 방법으로 옳은 것은?

① 병을 미리 흔들어서 거품이 많이 나도록 한다.
② 0~4℃ 정도의 냉장 온도로 서브한다.
③ 쿨러에 얼음과 함께 담아서 운반한다.
④ 가능한 코르크를 열 때 소리가 크게 나도록 한다.

! 샴페인(Champagne)의 적정 서브 온도는 4~10℃이며 병을 조심히 옮긴 후 쉬이- 하는 소리가 나도록 코르크 마개를 살살 열어 거품이 넘치지 않게 한다.

14 칵테일 용어 중 트위스트(Twist)란?

① 칵테일 내용물이 춤을 추듯 움직임
② 과육을 제거하고 껍질만 짜서 넣음
③ 주류 용량을 잴 때 사용하는 기물
④ 칵테일의 2온스 단위

! • 트위스트(Twist)
과일의 껍질만 비틀어서 칵테일에 장식하는 방법이다.

15 다음 중 우리나라의 전통주가 아닌 것은?

① 소흥주   ② 소곡주
③ 문배주   ④ 경주법주

! • 소흥주(Shao Xing Rice Wine)
중국의 샤오싱 지역의 대표적인 황주이다.

16 다음 중 오렌지 향을 가진 리큐르가 아닌 것은?

① 그랑 마니에르(Grand Marnier)
② 트리플 섹(Triple Sec)
③ 쿠앵트로(Cointreau)
④ 미도리(Midori)

! • 미도리(Midori)
녹색을 띠는 일본의 멜론 리큐르이다.

17 다음 증류주 중에서 곡류의 전분을 원료로 하지 않는 것은?

① 진(Gin)   ② 럼(Rum)
③ 보드카(Vodka)   ④ 위스키(Whisky)

! 럼(Rum)은 당밀이나 사탕수수로 만들며 원료가 당분으로 이루어져 있으므로 당화 과정을 거칠 필요가 없다.

18 와인의 숙성 시 사용되는 오크통에 관한 설명으로 가장 거리가 먼 것은?

① 오크 캐스크(Cask)가 작은 것일수록 와인에 뚜렷한 영향을 준다.
② 보르도 타입 오크통의 표준 용량은 225리터이다.
③ 캐스크가 오래될수록 와인에 영향을 많이 주게 된다.
④ 캐스크에 숙성시킬 경우에 정기적으로 랙킹(Racking)을 한다.

! 캐스크는 보통 재사용하는데, 새 것일수록 와인의 풍미에 영향을 많이 준다.

19 다음 중 식음료 취급 사항에 대해 바르지 못한 설명은 무엇인가?

① 식음료를 만들기 전에는 손을 청결하게 한다.
② 뜨거운 음료와 음식은 최대한 뜨겁게 해야 한다.
③ 차가운 음료는 4℃ 정도로 보관한다.
④ 작업 공간에는 깨끗한 행주나 물수건을 준비해 둔다.

! 음료와 음식은 알맞은 조리, 서브 온도가 있다.

20 다음 중 피노누아(Pinot Noir)에 대한 설명으로 잘못된 것은?

① 프랑스 부르고뉴의 대표 품종이다.
② 스파이시한 향이 짙은 남성적 성격을 가진다.
③ 껍질이 얇고 색이 연하며 타닌 함량이 높지 않다.
④ 라즈베리, 딸기, 체리, 민트, 장미 등의 향을 낸다.

> ! 높은 타닌 함량, 진한 색깔, 남성적 성격을 가진 포도 품종은 시라(Syrah)이며, 프랑스 론 지방과 호주에서 많이 재배된다.

21 다음 내용과 가장 관련이 있는 것은?

> Cremant, Sekt, Cava, Spumante

① 스파클링 와인(Sparkling Wine)
② 스틸 와인(Still Wine)
③ 스위트 와인(Sweet Wine)
④ 드라이 와인(Dry Wine)

22 위스키의 제조 과정 중 (   ) 안에 들어갈 내용으로 알맞은 것은?

> 당화-발효-증류-(   )

① 혼합　　　　② 병입
③ 여과　　　　④ 숙성

> ! 영어로는 Mashing–Fermentation–Distillation–Aging 순이다.

23 쓴맛이 강한 술로 초기에는 소화 촉진제, 강장제, 해열제 같은 약제로 이용되었으나 현재는 칵테일의 풍미를 위해 소량씩 첨가하는 것은?

① Spirits　　　② Herb
③ Bitters　　　④ Cordial

> ! • 비터(Bitters)
> 식물 추출물, 나무 껍질 등을 원료로 하는 쓴맛이 강한 술로 칵테일에 소량 첨가하여 복잡성과 풍미를 높인다.

24 커피의 로스팅(Roasting)에 대한 설명으로 잘못된 것은?

① 강하고 오래 볶으면 쓴맛이 강한 커피가 된다.
② 가볍게 살짝 볶으면 신맛이 강한 커피가 된다.
③ 생두에 열을 가하면 부피가 증가했다가 감소한다.
④ 생두를 볶으면 무게가 증가한다.

> ! 생두를 볶으면 수분이 증발하면서 무게가 15~20% 감소한다.

25 다음 (   ) 안에 가장 적합한 것은 무엇인가?

> 런던 드라이 진은 맥아와 옥수수를 원료로 하여 당화, 발효한 뒤 연속식 증류기로 증류하여 주정을 얻는다. 그 후 (   ), 안젤리카, 코리앤더, 시나몬 등 향료 식물을 넣고 다시 증류를 한다.

① 주니퍼 베리　　② 아니스
③ 로즈마리　　　④ 애플민트

> ! • 진(Gin)의 대표 재료
> 주니퍼 베리(두송자), 코리앤더, 안젤리카이다.

26 핀 샹파뉴(Fine Champagne)에 대한 설명으로 바른 것은?

① 과실이 첨가되어 향긋한 과실 향이 느껴진다.
② 숙성이 느리지만 맛이 우수한 쁘띠드 샹파뉴 원액으로만 만든다.
③ 강렬한 맛과 향을 가진 남성적인 브랜디이다.
④ 그랑 샹파뉴 원액과 쁘띠드 샹파뉴 원액을 블렌딩하여 만든다.

! • 핀 샹파뉴(Fine Champagne)
코냑 지방의 중심부인 그랑 샹파뉴와 쁘띠드 샹파뉴에서 생산된 원액만 블렌딩한 고급 코냑이다. 그랑 샹파뉴의 포도 증류 원액이 50% 이상 함유되어야 한다.

27 다음 혼성주에 공통으로 들어가는 재료는 무엇인가?

Tia Maria, Kamora, Kahlua

① 커피　　　　② 라즈베리
③ 오렌지　　　④ 허브

28 다음 중 조주 기법이 다른 하나는?

① Boulevardier　② Manhattan
③ Healing　　　④ Gochang

! 힐링(Healing)은 흔들기(Shaking) 기법으로 조주하며, 나머지는 휘젓기(Stirring) 기법을 사용한다.

29 위생적인 업장 관리로 바르지 못한 것은?

① 선입선출이 용이하도록 정리해 놓는다.
② 교차 오염을 예방하기 위해 식품은 분리 보관한다.
③ 자외선 살균기에 컵을 넣을 때는 뒤집어서 물기가 잘 빠지도록 넣는다.
④ 냉장, 냉동고는 주 1회 이상 청소한다.

! 자외선 살균기에 컵을 넣을 때는 컵의 안쪽이 자외선 램프를 향하게 두어야 한다.

30 식음료 메뉴를 개발할 때 고려해야 할 요소로 적합하지 않은 것은?

① 음료 제공 서비스 수준을 고려하여 꾸준하게 개발해야 한다.
② 시장 경쟁사의 변화를 파악하여 그대로 반영한다.
③ 낮은 단가의 식자재나 재고 소진 등도 생각해야 한다.
④ 고객의 소비 패턴에 적합한 메뉴를 개발해야 한다.

31 다음 중 슬러쉬 형태로 제공하지 않는 칵테일은?

① Moscow Mule　② Mai-Tai
③ Blue Hawaiian　④ Piña Colada

! 모스코뮬(Moscow Mule)은 진저엘이 들어가는 칵테일이므로 슬러쉬 형태로 제공할 수 없다. ②, ③, ④는 블렌딩(Blending) 기법으로 조주한다.

Part
V
기출문제 해설

32 다음 중 우유가 들어가는 칵테일은 무엇인가?

① B-52
② Tequila Sunrise
③ Grasshopper
④ Long Island Iced Tea

> ! • 그래스호퍼(Grasshopper)
> Crème de Menthe Green 1oz, Crème de Cacao White 1oz, 우유 1oz를 흔들어 소서형 샴페인 글라스에 따른다. 민트 초콜릿 맛이 나는 칵테일이다.

33 칵테일에 사용되는 재료의 적정 보관 기간으로 알맞지 않은 것은?

① 레몬, 라임 등의 착즙 주스: 냉장 보관 3주
② 심플 시럽: 냉장 보관 1개월
③ 베르무트: 냉장 보관 2개월
④ 크림 베이스 리큐르: 냉장 보관 1년

> ! • 생과일 착즙 주스
> 착즙 후 냉장 보관하며 2~4일 내에 소비하는 것이 이상적이다.

34 '녹색 요정'이라는 별명을 가지고 있으며, 한 때 제조와 판매 금지령이 내려졌었던 리큐르는 무엇인가?

① 샤르트뢰즈(Chartreuse)
② 압생트(Absinthe)
③ 드람부이(Drambuie)
④ 캄파리(Campari)

> ! • 압생트(Absinthe)
> 주원료인 향쑥에 포함된 투존(Thujone)이라는 성분이 정신 착란을 일으켜 환각을 보게 되며, 과음하면 시신경이 파괴될 수 있다는 연구 결과로 인하여 한동안 판매가 금지되었다.

35 와인을 양조하기 위한 포도의 좋은 생육 조건이 아닌 것은?

① 풍부한 일조시간
② 비교적 온화한 날씨
③ 비교적 적은 강우량
④ 물을 잘 머금는 토양

> ! 포도가 자라는 토양은 배수가 잘 되어야 한다.

36 생맥주의 저장 및 취급의 3대 원칙이 아닌 것은?

① 적정 온도 　　② 적정 압력
③ 선입 선출 　　④ 장기 저장

> ! 생맥주를 장기 보관할 경우 변질될 가능성이 있으므로 선입 선출에 유의해야 한다.

37 프랜차이즈업과 독립경영을 비교할 때 프랜차이즈업의 특징에 해당하는 것은?

① 수익성이 높다.
② 사업에 대한 위험도가 높다.
③ 자금 운영의 어려움이 있다.
④ 대량 구매로 원가절감에 도움이 된다.

38 다음 중 종자를 원료로 하는 리큐르가 아닌 것은?

① 미도리(Midori)
② 크렘 드 카카오(Crème de Cacao)
③ 아마레또(Amaretto)
④ 티아마리아(Tia Maria)

> ! 미도리는 멜론을 주원료로 하는 과실계 리큐르이며, ② 카카오, ③ 살구씨, ④ 커피를 원료로 하는 종자계 리큐르이다.

39 다음 중 Straight Glass에 해당하지 않는 것은?

① Single Glass ② Whisky Glass
③ Cocktail Glass ④ Shot Glass

40 알코올 도수에 관한 설명으로 옳은 것은?

① 용량 퍼센트는 25℃에서 용량 100 중에 함유하는 순수 에틸알코올의 비율을 말한다.
② 미국의 알코올 농도 표시법은 중량 퍼센트이다.
③ 25도짜리 소주는 소주 1L 중에 알코올이 25ml 함유되어 있다는 의미이다.
④ 프루프(Proof)는 주정 도수를 2배로 계산한 값과 같다.

!
① 용량 퍼센트는 15℃를 기준으로 한다.
② 미국의 알코올 농도 표시법은 프루프이다.
③ 25도의 소주는 소주 100ml 중에 알코올이 25ml 함유되어 있다는 의미이다.

41 브랜디의 숙성 기간에 따른 표기와 그 약자의 연결이 틀린 것은?

① V-very ② P-pale
③ S-supreme ④ X-Extra

!
V-very, S-superior, O-old, P-pale, X-extra

42 B-52 칵테일을 조주할 때 가장 먼저 붓는 순서로 바른 것은?

① Bailey's-Grand Marnier-Kahlua
② Kahlua-Bailey's-Grand Marnier
③ Kahlua-Grand Marnier-Bailey's
④ Bailey's-Kahlua-Grand Marnier

43 다음 중 기호음료가 아닌 것은?

① 코코아 ② 차(Tea)
③ 커피 ④ 주스

!
주스는 영양음료에 속한다.

44 다음에서 설명하는 물을 뜻하는 것은?

우리나라 고유의 술은 곡물과 누룩도 좋아야 하지만 특히 물이 좋아야 한다. 따라서 예부터 만물이 잠든 자정에 모든 오물이 다 가라앉는 맑고 깨끗한 물을 길러 술을 담갔다고 한다.

① 정화수 ② 제수
③ 광천수 ④ 암반수

!
• 정화수(井華水)
이른 새벽에 길은 맑고 정결한 물로 '정안수'라고도 한다. 화학적인 맑음 보다는 신앙적인 맑음과 정갈함을 상징한다.

45 판매 시점에 매출을 등록, 집계하여 경영자에게 필요한 영업 및 경영 정보를 제공하는 시스템은?

① SMS ② MRP
③ CRM ④ POS

!
• POS(Point Of Sales)
금전 등록기와 컴퓨터의 단말기의 기능을 결합하여 매출 분석에 필요한 각종 정보와 자료를 수집하는 시스템이다.

46 실제 원가가 표준 원가를 초과하게 되는 원인이 아닌 것은?

① 재료의 과도한 변질 발생
② 도난 발생
③ 계획 대비 소량 생산
④ 잔여분의 식자재 활용 미숙

47 다음 중 와인이 들어가는 칵테일이 아닌 것은?

① Side Car ② Mimosa
③ Spritzer ④ Kir

> ❗
> ① 사이드카(Side Car)는 브랜디 베이스의 칵테일이다.
> ② 미모사(Mimosa): 와인+오렌지주스
> ③ 스프리처(Spritzer): 와인+소다수
> ④ 키르(Kir): 와인+크렘 드 카시스

48 다음 중 세균이 침투하기에 가장 용이한 기물로 위생 관리에 유의해야 하는 것은?

① Lemon Squeezer
② Jigger
③ Ice Scoop
④ Kitchen Board

> ❗
> • 도마(Kitchen Board)
> 식재료를 손질하는 과정 중에 칼집이 많이 생기기 때문에 주기적으로 살균을 해야한다. 또한 식재료 외에 글라스 등 다른 물품을 올려두지 않는다.

49 다음에서 설명하는 글라스는 무엇인가?

> 17세기 중반에 디자인된 샴페인 글라스로 쿠페(Coupe)라고도 한다. 마리 앙뚜아네트의 가슴 모양을 본떠 만들었다고 한다.

① Hurricane Glass ② Flute Glass
③ Soucer Glass ④ Sour Glass

50 상면발효 맥주 중 벨기에에서 전통적인 발효법을 이용해 만드는 맥주로, 발효시키기 전에 뜨거운 맥즙을 공기 중에 직접 노출시켜 자연에 존재하는 야생효모와 미생물이 자연스럽게 맥즙에 섞여 발효하게 만든 맥주는?

① 스타우트(Stout)
② 도르트문트(Dortmund)
③ 에일(Ale)
④ 람빅(Lambic)

51 What does vintage mean?

① It's the name of the wine.
② It's a grape harvest year.
③ It's a variety of grapes.
④ It's a brand of the wine.

> ❗
> 빈티지란 포도의 수확년도를 뜻한다.

52 What is the meaning of the following explanation?

> When making a cocktail, this is the main ingredient into which other things are added.

① base ② glass
③ straw ④ decoration

> ❗
> 칵테일의 주재료를 기주(Base)라 한다.

53 "This milk has gone bad."의 의미는?

① 이 우유는 상했다.
② 이 우유는 맛이 없다.
③ 이 우유는 건강에 나쁘다.
④ 이 우유는 다 썼다.

54 아래의 대화에서 (　) 안에 적합한 것은?

> A: He (A) a lot too, didn't he?
> B: He sure (B). He always was going
> out for a drink after work.

① A: drink, B: do
② A: drank, B: did
③ A: drink, B: was
④ A: drank, B: was

! A: 그 사람도 술을 많이 마셨죠, 그렇죠?
B: 정말 그랬죠. 그는 퇴근 후에 항상 술을 마시러 가요.

55 (　) 안에 가장 적합한 것은?

> A bottle of Burgundy would go very
> well (　) your steak, Sir.

① for
② to
③ from
④ with

! 버건디 와인 한 병이면 스테이크와 아주 잘 어울릴 것 같아요.
go well with: ~와 잘 어울리다.

56 Which is not the name of sherry?

① Fino
② Oloroso
③ Tio pepe
④ Tawny port

! ①, ②는 셰리 와인의 종류, ③은 셰리 와인의 유명 브랜드, ④
는 포트 와인의 종류이다.

57 다음 (　) 안에 들어갈 알맞은 단어는?

> Being a (　) requires far more
> than memorizing a few recipes and
> learning to use some basic tools.

① Shaker
③ Jigger
③ Bartender
④ Corkscrew

! 바텐더가 되려면 몇 가지 레시피를 암기하고 몇 가지 기본 도
구를 사용하는 방법을 배우는 것보다 훨씬 더 많은 것이 필요
하다.

58 (　) 안에 알맞은 것은?

> (　) is called the queen of liqueur.
> This is one of the French traditional
> liqueur and is made from several years
> aging after distilling of various herbs
> added to spirit.

① Chartreuse
② Benedictine
③ Cointreau
④ Peach Tree

! • 샤르트뢰즈(Chartreuse)
리큐어의 여왕이라 불린다. 프랑스 전통 리큐르 중 하나로
주정에 다양한 허브를 첨가해 증류한 뒤 수년간 숙성시켜
만든 술이다.

Part
V
기출문제 해설

59 What juice is not used in the Virgin Fruit Punch Cocktail?

① Lemon Juice ② Cranberry Juice

③ Lime Juice ④ Grapefruit Juice

> **!** • 버진 프루트 펀치(Virgin Fruit Punch)
> 오렌지주스 1oz, 파인애플주스 1oz, 크랜베리주스 1oz, 자몽주스 1oz, 레몬주스 $\frac{1}{2}$oz, 그레나딘 시럽 $\frac{1}{2}$oz을 블렌딩 기법으로 조주하여 필스너 글라스에 따른 뒤 파인애플과 체리로 장식한다.

60 "I need very strong pants."에서 'strong'과 바꿔 쓸 수 있는 단어는?

① tough ② rough

③ heavy ④ new

> **!** 나는 매우 튼튼한 바지가 필요해.

정답

01	02	03	04	05	06	07	08	09	10
④	①	③	①	①	④	②	④	②	①
11	12	13	14	15	16	17	18	19	20
④	④	③	②	①	④	②	③	②	②
21	22	23	24	25	26	27	28	29	30
①	④	③	④	①	④	①	③	③	②
31	32	33	34	35	36	37	38	39	40
①	③	①	②	④	④	④	①	③	④
41	42	43	44	45	46	47	48	49	50
③	②	④	①	④	③	①	④	③	④
51	52	53	54	55	56	57	58	59	60
②	①	①	②	①	④	③	①	③	①

2023년 조주기능사 CBT 복원문제 1

자격 종목	코드	출제 문항 수	시험 시간	수험 번호	성명
조주기능사		60문항	60분		

01 맥주에 대한 설명으로 옳은 것은?

① Stout: 하면 발효시켜 밀의 함량이 많고 홉(Hop)은 조금만 첨가한 맥주이다.

② Root Beer: 엿기름으로 발효한 달콤한 맥주이다.

③ Lambic: 자연 효모와 젖산류를 첨가하여 자연 발효시킨 맥주이다.

④ Malt Beer: 샤르샤 나무 뿌리로 만든 생맥주이다.

> **!**
> ① Stout: 로스팅한 보리로 상면 발효시켜 만든 맥주
> ② Root Beer: 샤르샤 나무의 뿌리로 만든 미국식 탄산음료
> ④ Malt Beer: 엿기름으로 발효한 달콤한 맥주

02 고려 때에 등장한 술로 병자호란이던 어느 해 이완 장군이 병사들의 사기를 돋우기 위해 약용과 가향의 성분을 고루 갖춘 이 술을 마시게 한 것에서 유래된 것으로 알려졌으며, 차보다 얼큰하고 짙게 우러난 호박색이 부드럽고 연 냄새가 은은한 전통주로 감칠맛이 일품인 것은?

① 문배주　　② 이강주

③ 송순주　　④ 연엽주

> **!**
> 연엽주는 한여름에 피는 연잎을 술에 넣는 가향주이다. ① 문배주: 문배나무 과실의 향, ② 이강주: 배와 생강이 부재료, ③ 송순주: 소나무의 새순이 부재료

03 그랑 상파뉴 지역의 와인 증류 원액을 50% 이상 함유한 코냑을 일컫는 말은?

① 상파뉴 블랑　　② 쁘띠뜨 상파뉴

③ 핀 상파뉴　　④ 상파뉴 아르덴

> **!**
> • **핀 샹파뉴(Fine Champagne)**
> 코냑 지방의 중심부인 그랑 상파뉴와 쁘띠드 상파뉴에서 생산된 원액만 블렌딩한 고급 코냑이다. 그랑 샹파뉴의 포도 증류 원액이 50% 이상 함유되어야 한다.

04 테킬라의 구분이 아닌 것은?

① 블랑코　　② 그라파

③ 레포사도　　④ 아녜호

> **!**
> • **테킬라(Tequila)**
> 숙성 기간에 따라 블랑코, 레포사도, 아녜호로 구분되며 그라파(Grappa)는 와인을 만들고 남은 찌꺼기를 증류하여 만든 브랜디의 일종이다.

05 다음 민속주 중 증류식 소주가 아닌 것은?

① 문배주　　② 삼해주

③ 옥로주　　④ 안동소주

> **!**
> • **삼해주**
> 발효주로, 조선시대 때 삼해주를 빚는데 소비되는 쌀의 양이 너무 많아 금주령을 내렸다는 기록이 있다.

06 음료의 살균에 이용되지 않는 방법은?

① 저온 장시간 살균법(LTLT)
② 자외선 살균법
③ 고온 단시간 살균법(HTST)
④ 초고온 살균법(UHT)

! • **자외선 살균**
   화장실이나 식품 공장의 기구, 원료, 포장 재료 등의 살균에 이용하는 방법이다.

07 1dash는 몇 ml인가?

① 0.9ml   ② 5ml
③ 7ml   ④ 10ml

! • **1대쉬(Dash)**
   약 5~6방울이며, $\frac{1}{32}$oz, 0.94ml이다.

08 칵테일의 기법 중 Stirring을 필요로 하는 경우와 가장 관계가 먼 것은?

① 섞는 술의 비중의 차이가 큰 경우
② Shaking 하면 칵테일이 탁하게 만들어질 것 같은 경우
③ Shaking 하는 것보다 독특한 맛을 얻고자 할 경우
④ Cocktail의 맛과 향이 손실될 우려가 있을 경우

! 섞는 술의 비중의 차이가 큰 경우에는 흔들기(Shaking) 기법이나 플로팅(Floating) 기법을 사용한다.

09 Cognac의 등급 표시가 아닌 것은?

① V.S.O.P   ② Napoleon
③ Blended   ④ Vieux

! • **코냑의 숙성 기간 표기**
   보통 V.S, V.O.S.P, X.O, EXTRA로 숙성 기간을 표기하며, Vieux는 V.S.O.P와 동일한 의미이다.

10 다음 중 독일 와인 라벨 용어는?

① 로사토   ② 트로켄
③ 로쏘   ④ 비노

! ① 로사토(Rosato): 이탈리아어, 로제
   ② 트로켄(Trocken): 독일어, 드라이
   ③ 로쏘(Rosso): 이탈리아어, 붉은
   ④ 비노(Vino): 이탈리아어, 스페인어, 와인

11 다음 중 선입선출(FIFO)의 용어의 풀이로 알맞은 것은?

① First In, First On
② First In, First Off
③ First In, First Out
④ First Inside, First Off

12 다음 맥주 중 밀로 만든 것은?

① 아사히(Asahi)
② 기네스(Guinness)
③ 하이네켄(Heineken)
④ 호가든(Hoegaarden)

! • **호가든(Hoegaarden)**
   밀을 발효하여 오렌지 껍질과 고수를 넣어 만든 맥주이다.

13 화이트 와인을 양조하는 품종이 아닌 것은?

① 세미용(Semillon)
② 소비뇽 블랑(Sauvignon Blanc)
③ 진판델(Zinfandel)
④ 모스카토(Moscato)

❗ ① 다른 품종과 블렌딩하여 단맛이 없는 드라이한 화이트 와인을 만들거나 귀부 현상으로 인한 달콤한 스위트 와인을 만든다.
② 피망이나 아스파라거스 같은 식물의 향이나 잔디밭의 향이 나며, 대표적인 화이트 와인용 품종이다.
④ 열대 과일의 아로마가 풍부하고 순하고 달콤하며, 다양한 스타일의 와인을 만든다.

15 커피 로스팅의 정도에 따라 약한 순서에서 강한 순서대로 나열한 것으로 옳은 것은?

① Italian Roasting→German Roasting→American Roasting→French Roasting
② German Roasting→Italian Roasting→American Roasting→French Roasting
③ American Roasting→German Roasting→French Roasting→Italian Roasting
④ French Roasting→American Roasting→Italian Roasting→German Roasting

16 다음 중 완성 후 Nutmeg을 뿌려 제공하는 칵테일은?

① Tom Collins
② Brandy Alexander
③ Paradise
④ Blue Hawaii

14 데고르주망(Degorgement)이란 무엇인가?

① 수확한 포도를 착즙하는 과정
② 블렌딩한 와인의 원액에 효모와 당을 첨가하여 병에 담고 마개를 씌우는 과정
③ 리들링에 의해 병목에 모인 찌꺼기를 영하 20℃에 잠깐 담가 얼린 후 마개를 빼서 제거하는 과정
④ 와인의 원액에 당분을 첨가하는 과정

❗ 모두 샴페인(Champagne)을 제조하는 과정에 대한 설명이다. ② 트리아쥬(Triage), ④ 도사쥬(Dosage)

17 싱가포르 슬링(Singapore Sling) 칵테일을 조주할 때 필요하지 않은 재료는?

① Ginger Ale
② Cherry Brandy
③ Lemon Juice
④ Soda Water

❗ • 싱가포르 슬링(Singapore Sling)
진, 레몬주스, 설탕을 셰이킹하여 필스너 글라스에 따른 뒤 소다로 채우고 체리 브랜디 ½oz를 붓는다. 장식은 오렌지와 체리이다.

18 다음 중 가니쉬가 없는 칵테일은 무엇인가?

① 준벅(June Bug)

② 그래스 호퍼(Grasshopper)

③ 마가리타(Margarita)

④ 맨하탄(Manhattan)

> **!** ① 파인애플 & 체리, ③ 소금 리밍, ④ 체리

19 매년 11월 셋째주 목요일에 전세계에 동시 출시되는 보졸레 누보는 어떤 품종을 이용하여 만든 와인인가?

① 가메(Gamay)

② 산지오베제(Sangiovese)

③ 쉬라즈(Shiraz)

④ 카베르네 소비뇽(Cabernet Sauvignon)

20 카페라테(Cafe Latte)를 만드는 데 필요한 재료로 알맞은 것은?

① 에스프레소, 우유

② 에스프레소, 우유, 시나몬 파우더

③ 에스프레소, 우유, 초콜릿 시럽

④ 에스프레소, 우유, 카라멜 시럽

> **!** ② 카푸치노, ③ 카페모카, ④ 카라멜 마끼야토

21 탄산수에 설탕과 라임 또는 레몬즙을 짜서 만든 음료로 상큼한 신맛이 특징인 청량음료는 무엇인가?

① Soda Water　　② Tonic Water

③ Collins Mix　　④ Sprite

22 다음 중 얼음을 거를 때 사용하는 기구의 이름은 무엇인가?

① 코르크 스크류　　② 스퀴저

③ 스터 로드　　④ 스트레이너

23 냉장 보관이 필요하지 않은 주류는 무엇인가?

① 브랜디　　② 맥주

③ 와인　　④ 막걸리

> **!** 브랜디 등 증류주는 도수가 높아 미생물이 살 수 없으며, 너무 낮은 온도에서 보관하면 풍성한 향을 느낄 수 없다.

24 와인을 숙성 기간별로 분류할 때 알맞지 않은 것은?

① Young Wine　　② Aged Wine

③ Great Wine　　④ Still Wine

> **!** ④ 스틸 와인(Still Wine)은 탄산가스가 없는 일반 와인을 뜻한다.
> • 숙성 기간에 따른 와인 분류
> ① Young Wine: 5년 이하 저장 와인
> ② Aged Wine: 5~15년 저장 와인
> ③ Great Wine: 15년 이상 저장 와인

25 냉장고 위생 관리를 위해 해야 할 일이 아닌 것은?

① 정기적으로 내부 온도를 확인한다.
② 식품들이 흐트러지지 않도록 종이 박스에 담아 보관한다.
③ 1주일에 1회 이상 내부를 청소한다.
④ 보관 식품의 양은 냉장고 용량의 70%를 넘지 않도록 한다.

! 냉장고에 종이 박스를 함께 보관하면 습도에 의해 박스가 오염되거나 식품에 냄새가 배일 수 있다.

26 다음의 설명에 해당하는 바의 유형으로 가장 적합한 것은?

- 국내에서는 위스키 바라고 부른다. 맥주보다는 위스키나 코냑과 같은 하드 리커(Hard Liquor) 판매를 위주로 하기 때문이다.
- 칵테일도 마티니, 맨해튼, 올드 패션드 등 전통적인 레시피에 좀 더 무게를 두고 있다.
- 우리나라에서는 피아노 한 대를 라이브 음악으로 연주하는 형태를 선호한다.

① 재즈 바   ② 클래식 바
③ 시가 바   ④ 비어 바

27 우리나라 주세법에 대한 설명으로 옳지 않은 것은?

① 알코올분 1도 이상의 음료를 주류라고 규정한다.
② 「약사법」에 따른 의약품으로서 알코올분 8도 미만의 음료는 주류에서 제외된다.
③ 주세법은 주세를 공정하게 과세하여 재정 수입의 원활한 조달에 이바지함을 목적으로 한다.
④ 주류에는 용해하여 음용할 수 있는 가루 상태인 것도 포함된다.

! 「약사법」에 따른 의약품으로서 알코올분 6도 미만의 음료는 주류에서 제외된다.

28 다음 중 용량이 가장 작은 글라스는?

① 셰리 글라스   ② 칵테일 글라스
③ 하이볼 글라스   ④ 필스너 글라스

! 셰리 와인(Sherry Wine) 1잔의 적정 제공량은 60ml이다.

29 알코올 섭취 후 홍조가 발생하는 이유는?

① 체내에 락타아제가 적기 때문
② 체내에 프로테아제가 적기 때문
③ 체내에 포도당-6-인산탈수소효소가 적기 때문
④ 체내에 알데히드 탈수소효소가 적기 때문

! • 알데히드 탈수소효소
아세트알데히드(알코올 물질)를 분해하는 데 도움이 되는 체내 효소이다.

30 바에서 일반적으로 물에 들어있는 기물은?

① 지거, 셰이커

② 바스푼, 셰이커

③ 지거, 바스푼

④ 셰이커, 스트레이너

! 대개 업장(Bar)에서는 바스푼만 물에 담가 놓지만, 실기 시험
장에서는 지거와 바스푼 모두 물에 들어있다.

31 다음의 시럽 중 제품의 성격이 다른 것은?

① Simple Syrup   ② Sugar Syrup

③ Maple Syrup   ④ Plain Syrup

! 메이플 시럽(Maple Syrup)은 설탕단풍나무의 수액을 끓인
뒤 졸여서 만든 시럽이다. ①, ②, ④는 같은 의미이다.

32 칵테일 글라스 가장자리에 소금이나 레몬을
묻히는데 유용한 기구는?

① 코스터   ② 리머

③ 커팅보드   ④ 푸어러

33 맥주용 보리의 조건이 아닌 것은?

① 껍질이 얇아야 한다.

② 담황색을 띠고 윤기가 있어야 한다.

③ 전분 함유량이 적어야 한다.

④ 수분 함유량이 13% 이하로 잘 건조되
어야 한다.

! 전분 함유량이 많아야 당화가 잘 이루어지고, 효모가 이를 원
료로 하여 발효 활동을 한다.

34 커피에 대한 설명으로 바르지 않은 것은?

① 커피 생산량의 약 30%를 차지하는 국
가는 브라질이다.

② 비엔나 커피에 사용하는 휘핑크림은
설탕을 넣어 단맛을 내는 것이 좋다.

③ 에스프레소의 독특한 맛과 향을 품은
크레마(Crema)는 두꺼울수록 좋다.

③ 에스프레소는 취향에 따라 설탕이나
레몬 껍질을 곁들여 먹기도 한다.

35 주장 원가의 3요소는 무엇인가?

① 주장 경비, 인건비, 재료비

② 주장 경비, 재료비, 감가상각비

③ 인건비, 재료비, 임차료

④ 인건비, 감가상각비, 보험료

36 독일의 와인 등급 중 가장 높은 등급은 무엇
인가?

① 란트바인(Landwein)

② 타펠바인(Tafelwein)

③ 크발리테츠바인(Qualitaetswein)

④ 프레디카츠바인(Praedikatswein)

! 높은 등급 순서로 ④, ③, ②, ①이다.

37 시설 기준을 갖추고 소규모로 주류를 제조하여 판매하고자 하는 경우, 주류 제조 면허를 받아야 하는 기관은?

① 국세청
② 관할세무서
③ 주류협회
④ 지방청

! 주류 제조 면허를 관할세무서에서 발급받고, 지방식약청에서 식품제조가공업 영업 등록을 해야한다.

38 코르크 마개의 특징이 아닌 것은?

① 병 외부의 산소를 차단 해준다.
② 오래 보관해도 거의 손상되지 않는다.
③ 신축성이 좋아 병목에 쉽게 삽입된다.
④ 포도원 관리와 와인 제조를 담당하던 '동 페리뇽' 수도사가 발명했다는 설이 가장 유력하다.

! 코르크 조직 사이로 미세한 양의 산소가 오랜 시간 조금씩 유입되기 때문에 와인을 천천히 숙성시킬 수 있다.

39 보드카를 베이스로 하는 칵테일은 무엇인가?

① 블랙 러시안(Black Russian)
② 러스티 네일(Rusty Nail)
③ 불바디에(Boulevardier)
④ 올드 패션드(Old Fashioned)

! • 블랙 러시안(Black Russian)
올드패션드 글라스에 보드카 1oz와 깔루아 $\frac{1}{2}$oz를 직접 넣어 만들며, ②, ③, ④는 위스키 베이스의 칵테일이다.

40 와인을 제조할 때 이산화황을 사용하는 이유가 아닌 것은?

① 효모를 분리하기 위해
② 갈변을 방지하기 위해
③ 항산화제의 역할을 하기 위해
④ 부패균의 생성을 방지하기 위해

41 '해풍, 바다에서 불어오는 바람'이라는 의미를 가진 칵테일은?

① 바카디
② 네그로니
③ 시브리즈
④ 준벅

42 소주가 전해진 시기는?

① 삼국시대
② 통일신라
③ 고려시대
④ 조선시대

! 고려시대에 몽골을 통해 증류 기술이 전파되었다.

43 버진 프루츠 펀치의 가니쉬는 무엇인가?

① 오렌지 & 체리
② 레몬 & 체리
③ 오렌지 & 레몬
④ 파인애플 & 체리

44 판매 시점에 매출을 등록, 집계하여 경영자에게 필요한 영업 및 경영 정보를 제공하는 시스템은?

① POS   ② MRP
③ CRM   ④ SMS

> **!**
> • POS(Point Of Sales)
> 금전 등록기와 컴퓨터의 단말기의 기능을 결합하여 매출 분석에 필요한 각종 정보와 자료를 수집하는 시스템이다.

45 전통주를 베이스로 하는 칵테일 중 조주 기법이 다른 것은?

① 금산(Geumsan)   ② 고창(Gochang)
③ 진도(Jindo)   ④ 힐링(Healing)

> **!**
> 고창(Gochang)은 휘젓기(Stirring) 기법, 나머지는 흔들기(Shaking) 기법으로 조주한다.

46 시럽이나 비터(Bitters) 등 칵테일에 소량 사용하는 재료의 양을 나타내는 단위로, 한 번 뿌려주는 양을 말하는 것은?

① Toddy   ② Double
③ Dry   ④ Dash

> **!**
> 1dash는 5~6 drop이다.

47 다음 중 위스키에 대한 설명으로 틀린 것은?

① 어원은 'Uisce Beatha'로 '생명의 물'이라는 뜻이다.
② 등급은 V.O, V.S.O, X.O 등으로 나누어진다.
③ Crown Royal, Canadian Club은 캐내디언 위스키이다.
④ 증류 방법으로는 Pot Still과 Patent Still이 있다.

> **!**
> ②는 브랜디에 대한 설명이다.

48 다음의 재료로 사이드카(Side Car)를 만들 때, 이 칵테일의 알코올 도수를 계산하면?

> - 40%의 브랜디 1oz
> - 40%의 쿠앵트로 $\frac{1}{2}$oz
> - 레몬주스 $\frac{1}{2}$oz
> - 얼음의 녹는 양 10ml

① 18%   ② 34.25%
③ 15.13%   ④ 25.71%

> **!**
> • 알코올 도수 계산식
> {(재료1의 양×알코올도수)+(재료2의 양×알코올도수)}÷ 전체 재료의 양
> 따라서, {(40×30)+(40×15)+(0×15)+(0×10)}÷70

49 다음 중 해피아워(Happy Hour)의 의미는?

① 영업 중 가장 행복한 시간
② 영업 중 특정 시간에 할인된 가격으로 제공하는 것
③ 단골 고객에게 선물을 주는 시간
④ 영업 중 만석인 시간

50 다음 중 술과 체이서(Chaser)로 잘 어울리지 않는 것은?

① 위스키-광천수　② 진-토닉워터
③ 보드카-시드르　④ 럼-콜라

> ! 체이서(Chaser)는 증류주 등 알코올 함량이 높은 도수의 술을 마실 때 입가심으로 함께 할 수 있는 음료를 말한다. 시드르(Cidre)는 사과 발효주이다.

51 Which of the following is not suitable as a dessert wine?

① Vermouth　　② Cream Sherry
③ Sauternes　　④ Ice Wine

> ! 디저트 와인으로는 달콤한 맛을 가진 것이 어울린다.

52 '식사는 맛있게 하셨나요?'를 바르게 표현한 문장은?

① Have you eaten?
② Did you enjoy your meal?
③ Would you like to pay?
④ Can I take the dishes away?

> ! ① 식사 하셨나요?
> ③ 계산 하시겠어요?
> ④ 접시를 정리해도 될까요?

53 'I feel like throwing up.'의 의미는?

① 토할 것 같다.
② 기분이 너무 좋다.
③ 공을 던지고 싶다.
④ 술을 더 마시고 싶다.

54 Which one is the cocktail containing beer and tomato?

① Red Boy　　② Red Eye
③ Bloddy Mary　④ Tom Collins

> ! • 레드 아이(Red Eye)
> 맥주에 토마토주스를 섞은 칵테일로, 해장술로 유명하다.

55 다음 문장에서 밑줄 친 단어의 의미로 가장 적합한 것은?

> This is a nice a la carte menu item.

① 메뉴를 모두 따로 주문할 수 있다.
② 많은 것이 포함되어 있다.
③ 무료 음료가 포함되어 있다.
④ 그 날의 스페셜 메뉴

> ! • 알라카르트(A la carte)
> 코스 요리에 포함된 메뉴 중 원하는 것만을 골라서 주문이 가능하다는 뜻의 프랑스 용어이다.

56 "얼음물을 좀 더 가져다 드릴까요?"의 적합한 표현은?

① Shall you have some more ice water?
② Shall I get you some more ice water?
③ Will you get me some more ice water?
④ Shall I have some more ice water?

57 다음 (   ) 안에 적당한 말은?

> I'd like a table (   ) three, please.

① against   ② to
③ for   ④ from

! 3인용 테이블을 하나 원합니다.

58 다음 (   ) 안에 적당한 말은?

> Let me see the wine list. You have both domestic and (   ), don't you?

① imported   ② international
③ export   ④ external

! 와인 리스트를 한 번 볼게요. 당신은 국내산과 수입산 모두를 가지고 있지요?

59 What is the main role of a wine steward?

① Wine purchase
② Wine sales
③ Wine management
④ Wine inspection

! • Wine Steward
레스토랑의 와인 판매 담당 웨이터이다.

60 다음이 설명하는 것은?

> It is usually made of stainless steel and has two triangular cups attached. It is a tool to measure the volume of alcohol, juice, etc. when making cocktails.

① Bar Spoon   ② Muddler
③ Shaker   ④ Jigger

! 일반적으로 스테인레스 재질로 되어있으며, 삼각형 모양의 컵 두 개가 붙어있다. 칵테일 조주 시 술, 주스 등의 용량을 재는 도구이다.

정답

01	02	03	04	05	06	07	08	09	10
③	④	③	②	②	②	①	①	③	②
11	12	13	14	15	16	17	18	19	20
③	④	③	③	③	②	①	②	①	①
21	22	23	24	25	26	27	28	29	30
③	④	①	④	②	②	②	①	④	③
31	32	33	34	35	36	37	38	39	40
③	②	③	③	①	④	②	①	①	①
41	42	43	44	45	46	47	48	49	50
③	③	④	①	②	④	②	④	②	③
51	52	53	54	55	56	57	58	59	60
①	②	①	②	①	②	③	①	②	④

자격 종목		코드	출제 문항 수	시험 시간	수험 번호	성명
조주기능사			60문항	60분		

01 와인 양조를 위한 포도에 대한 설명 중 틀린 것은?

① 비옥한 토양에서 자란 포도는 복합미가 뛰어난 와인이 된다.

② 포도나무의 수령이 최소 50년 이상 된 것에서 수확한 포도로 만든 와인을 Vieilles Vignes라 한다.

③ 기원전 6세기경 포카이아인이 마르세유에 포도나무를 들여오면서 프랑스 와인의 역사가 시작되었다.

④ 포도나무의 개화에서 수확까지의 기간은 약 100일이다.

> ! • 포도나무
> 비옥한 토양보다 척박한 토양에서 영양분과 수분을 찾아 더욱 깊게 뿌리를 내려 토양 속의 다양한 성분을 포도에 전달한다.

02 오렌지 껍질을 원료로 하는 리큐르가 아닌 것은?

① 그랑 마니에르 ② 쿠앵트로
③ 블루 큐라소 ④ 예거마이스터

> ! 오렌지 껍질을 원료로 하는 대표적인 리큐르는 큐라소, 트리플섹, 쿠앵트로, 그랑 마니에르이다.

03 에스프레소에 우유 거품을 올린 것으로 다양한 모양으로 디자인이 가능하여 인기를 끌고 있는 커피는?

① 카푸치노 ② 카페라테
③ 콘파냐 ④ 카페모카

> ! ① 카푸치노: 에스프레소+우유 거품+시나몬 가루
> ② 카페라떼: 에스프레소+우유
> ③ 콘파냐: 에스프레소+휘핑크림
> ④ 카페모카: 에스프레소+초콜릿+우유

04 다음 중 색에 따른 와인의 분류가 아닌 것은?

① 레드 와인 ② 화이트 와인
③ 로제 와인 ④ 블루 와인

05 다음 중 와인이 들어가는 칵테일이 아닌 것은?

① Side Car ② Mimosa
③ Spritzer ④ Kir

> ! 사이드카(Side Car)는 브랜디 베이스의 칵테일이다.
> ② 미모사(Mimosa): 와인+오렌지주스
> ③ 스프리처(Spritzer): 와인+소다수
> ④ 키르(Kir): 와인+크렘 드 카시스

Part V 기출문제 해설

06 커피의 3대 원종이 아닌 것은?

① 아라비카 ② 리베리카
③ 게이샤 ④ 로부스타

07 테이블의 분위기를 돋보이게 하거나 고객의 편의를 위해 중앙에 놓는 집기들의 배열을 무엇이라 하는가?

① Service Wagon
② Show Plate
③ B & B Plate
④ Center Piece

> ! • 센터 피스(Center Piece)
> 테이블 세팅의 중앙에 놓는 장식품, 꽃, 촛대, 소금과 후추 등을 뜻한다.

08 파인애플 주스가 필요하지 않은 칵테일은 무엇인가?

① 파라다이스 ② 마이타이
③ 피냐콜라다 ④ 블루하와이

> ! • 파라다이스(Paradise)
> 진, 애프리코트 브랜디, 오렌지주스를 셰이킹하여 만드는 칵테일이다.

09 바텐더가 Bar에서 글라스를 사용할 때 가장 먼저 확인해야 하는 것은?

① Glass의 온도
② Glass의 브랜드
③ Glass의 가장자리 파손 여부
④ Glass의 재고

> ! 글라스는 사용하기 전 흠집이 있는지 항상 확인해야 한다.

10 위스키의 원료에 따른 설명으로 틀린 것은?

① 몰트 위스키: 보리 90%로 만든 위스키
② 그레인 위스키: 곡식 100%로 만든 위스키
③ 버번 위스키: 옥수수 51% 이상으로 만든 위스키
④ 라이 위스키: 호밀 51% 이상으로 만든 위스키

> ! • 몰트 위스키(Malt Whisky)
> 보리(맥아) 100%로 만든 위스키이다.

11 칵테일 글라스를 세척할 때 잡아야 하는 부위는?

① Foot ② Bowl
③ Rim ④ Stem

> ! 스템(Stem) 부분을 기준으로 아래쪽(Foot)과 위쪽(Bowl, Rim)을 닦는다.

12 다음 중 얼음을 원하는 크기나 모양으로 부술 때 사용하는 도구의 이름은 무엇인가?

① Cocktail Pick ② Ice Pick
③ Bar Spoon ④ Squeezer

13 탄산음료 중 뒷맛이 쌉쌀한 맛이 남는 음료는?

① 콜린스 믹스 ② 토닉 워터
③ 진저엘 ④ 콜라

> ! 토닉워터의 키니네(Quinine) 성분은 특유의 쓴맛을 내며, 콜린스 믹스(Collins Mix)는 레몬과 설탕이 함유된 청량음료로 새콤한 맛이 강하다.

14 쌀, 보리, 조, 수수, 콩 등 5가지 곡식을 물에 불린 후 시루에 쪄 고두밥을 만들고, 누룩을 섞고 발효시켜 전술을 빚는 것은?

① 백세주   ② 과하주
③ 안동소주   ④ 연엽주

> **!** 5가지 곡식을 원료로 한 전통주는 안동소주이다.

15 리밍(Rimming)과 같은 의미로 사용되는 것은?

① 레이어링   ② 블렌딩
③ 에이징   ④ 프로스팅

> **!** 칵테일 글라스의 림(Rim) 부분에 소금이나 설탕을 묻히는 것으로 '프로스팅' 혹은 '스노우 스타일'이라고도 한다.

16 식후주로 알맞은 칵테일은 무엇인가?

① 비앤비   ② 캄파리 소다
③ 불바르디에   ④ 드라이 마티니

> **!** • 비앤비(B&B)
> 브랜디(Brandy)에 베네딕틴(Benedictine)을 혼합한 칵테일로 식후주로 적합하다.

17 글뤼바인(Glühwein)이란 무엇인가?

① 도수를 높인 포르투갈의 주정 강화 와인이다.
② 독일의 양조장에서 한정판으로 출시하는 와인이다.
③ 따뜻하게 데워서 마시는 와인이다.
④ 신맛이 나는 스페인산 와인이다.

> **!** • 글뤼바인(Glühwein)
> '뱅쇼(Vin Chaud)'라고도 하며, 와인에 다양한 향신료와 당분을 넣고 가열하여 따뜻하게 마신다. 크리스마스 시즌에 많이 소비된다.

18 단위가 작은 것부터 큰 것 순으로 나열한 것은?

① Jigger-Pony-Pint-Gallon
② Pony-Jigger-Pint-Gallon
③ Pony-Jigger-Gallon-Pint
④ Jigger-Pony-Gallon-Pint

> **!** 1 Pony(1oz) < 1 Jigger(1.5oz) < 1 Pint(16oz) < 1 Gallon(128oz)

19 다음 중 진(Gin)의 특성이 아닌 것은?

① 소나무의 향이 난다.
② 네덜란드의 실비우스 박사에 의해 제조되었다.
③ 주정에 주니퍼 베리, 안젤리카, 코리앤더 등의 향을 입혀 생산한다.
④ 칵테일보다는 온더락으로 많이 소비한다.

> **!** 진은 칵테일의 기주(Base)로 가장 많이 사용되는 증류주 중 하나이다.

20 효율적인 매장 배치가 중요한 이유와 가장 거리가 먼 것은?

① 종업원의 작업 속도와 능률이 향상된다.
② 종업원의 생산성이 증가한다.
③ 종업원의 사고 위험이 감소한다.
④ 종업원의 휴게 공간이 넓어진다.

21 다음 중 곡물을 원료로 하지 않는 증류주는?

① 아쿠아비트   ② 보드카
③ 그라파   ④ 위스키

> **!** • 그라파(Grappa)
> 와인을 만들고 남은 찌꺼기인 포도 껍질, 남은 즙, 씨앗 등을 증류하여 만든 브랜디이다.

22 다음에서 설명하는 전통주는 무엇인가?

> '여름을 나는 술'이라는 뜻으로 청주에 소주를 섞는 혼양주의 일종이다. 부드럽고 향기로우며 단맛을 지닌다.

① 과하주   ② 계명주
③ 진도홍주   ④ 호산춘

23 레드 와인의 제조 순서로 옳은 것은?

① 수확-발효-압착-파쇄-숙성
② 수확-발효-파쇄-압착-숙성
③ 수확-파쇄-발효-숙성-압착
④ 수확-파쇄-발효-압착-숙성

24 드립 커피의 특징으로 옳지 않은 것은?

① 사용되는 도구들은 에스프레소 머신에 비해 저렴하다.
② 추출하는 데 시간이 오래 걸린다.
③ 추출 후 청소 방법이 복잡하다.
④ 추출자와 필터의 종류에 따라 맛이 달라진다.

> ❗ 핸드 드립법을 이용한 커피의 추출은 청소법이 간단하며 종이 필터를 보충하는 것 이외에는 별다른 유지 보수가 필요하지 않다.

25 주정에 바닐라와 허브, 당분을 넣어 만든 노란색의 이탈리아산 리큐르는?

① 아메르 피콘   ② 리카르
③ 갈리아노   ④ 압생트

26 우유의 분류에서 유해한 성분은 살균하고 무해한 성분은 그대로 유지한 우유를 무엇이라고 하는가?

① 살균우유   ② 멸균우유
③ 발효우유   ④ 생우유

27 혼성주의 제조법이 아닌 것은?

① 침출법   ② 침류법
③ 에센스법   ④ 여과법

> ❗ ① 주정에 원료를 담그는 방식으로 '인퓨전(Infusion)' 혹은 '콜드 방식'이라고도 한다.
> ③ 주정에 천연 또는 합성 향료의 에센스를 혼합하는 방식
> ④ 주정의 증기를 향료에 통과시켜 다시 액화하는 방식

28 프랑스의 와인 통제 명칭 A.O.C에서 규제하고 있는 사항이 아닌 것은?

① 생산 와인의 도수
② 포도의 원산지
③ 포도의 품종
④ 농가의 경제력

> ❗ A.O.C에 따라 적용되는 기준은 포도 품종, 생산지, 최소 알코올 함량, 포도 재배량 등이다.

29 약초나 허브를 원료로 하는 리큐르가 아닌 것은?

① Benedictine
② Chartreuse
③ Crème de Cassis
④ Jägermeister

> ❗ • 크렘 드 카시스(Crème de Cassis)
> 까막까치밥 열매를 원료로 하는 과실계 리큐르이다.

30 구매한 주류에 대한 저장관리의 원칙에 해당하지 않는 것은?

① 적정 온도 유지의 원칙
② 고가 위주의 저장 원칙
③ 품목별 분류 저장 원칙
④ 선입 선출의 원칙

31 맥주에 홉(Hop)을 사용하는 이유가 아닌 것은?

① 맥주의 맛에 일관성을 부여하기 위해
② 맥즙에 함유된 박테리아를 멸균하기 위해
③ 맥주에 더 깊은 풍미를 부여하기 위해
④ 맥주의 끝맛에 기분 좋은 쓴맛을 부여하기 위해

! 다양한 종류의 홉(Hop)을 이용하여 맥주에 개성을 불어 넣는다.

32 스페인의 와인 산지가 아닌 것은?

① Rioja   ② Jerez
③ Toscana   ④ Jumilla

! • 토스카나(Toscana)
키안티 클라시코를 생산하는 이탈리아 중부에 위치한 와인 산지이다. 주요 품종은 산지오베제(Sangiovese)이다.

33 도수 25%의 술 350ml를 마셨을 때 알코올 섭취량은 얼마인가?

① 7g   ② 17g
③ 70g   ④ 170g

! • 알코올 양
술의 양(ml) × 알코올 도수(%) × 0.8(에탄올의 밀도)
따라서 350 × 0.25 × 0.8 = 70g

34 칵테일에 사용되는 Garnish에 대한 설명으로 가장 적절한 것은?

① 과일만 사용이 가능하다.
② 꽃은 화려하고 향기가 많이 나는 것이 좋다.
③ 꽃가루가 많은 꽃은 더욱 운치가 있어서 잘 어울린다.
④ 과일이나 허브향이 나는 잎이나 줄기가 적합하다.

35 바(Bar)의 조직 체계가 갖추어진 곳에서 헤드 바텐더의 직무로 보기가 가장 어려운 것은?

① 식자재의 발주 및 판매 가격 책정
② 칵테일의 부재료 준비
③ 종사원들의 근무 시간표 조정
④ 종사원들의 교육 담당

! 칵테일의 부재료는 영업시간 전 바텐더들이 준비한다.

36 효모를 배양, 증식한 것으로 당분이 포함된 물질을 알코올 발효시킬 수 있는 재료를 무엇이라 하는가?

① 밑술   ② 덧술   ③ 청주   ④ 누룩

! 「주세법」 제2조에 따른 밑술의 정의이다.

37 주장 서비스의 부정 요소와 가장 거리가 먼 것은?

① 개인 소장용 음료 판매
② 칵테일 계량의 속임
③ 요금 정산의 정확성
④ 서비스 음료의 남용

38 구세계 와인(Old World Wine)에 비해 신세계 와인(New World Wine)이 갖는 특징이 아닌 것은?

① 법 규정이 까다롭다.
② 와인 레이블이 쉽다.
③ 비교적 숙성 기간이 짧다.
④ 창의적이다.

> **!** 구세계 와인(프랑스, 이탈리아 등)에 비해 신세계 와인(미국, 호주 등)의 법 체계 및 규정이 더욱 자유롭다.

39 와인 보관 시 눕혀서 보관하는 이유와 거리가 먼 것은?

① 와인 보관을 편하게 하고 고객이 상표를 쉽게 볼 수 있도록 하기 위해
② 코르크의 틈으로 향이 배출되는 것을 방지하기 위해
③ 와인이 공기와 접촉하여 산화되는 것을 방지하기 위해
④ 와인의 신선도를 보다 오래 유지하기 위해

40 주기적으로 남은 재료를 파악함으로써 구매 수준에 영향을 미치는 것은?

① FIFO   ② POS
③ Inventory   ④ Complimentary

> **!** ① 선입선출
> ② 매출 관리 시스템
> ④ 불평이나 홍보를 위한 상품 무료 제공

41 인건비, 재료비, 경비 등을 고려하여 목표 원가를 30%로 설정했을 때, 원가가 3,000원인 칵테일의 판매가는 얼마가 적당한가?

① 6,000원   ② 8,000원
③ 10,000원   ④ 12,000원

> **!** 판매가 = 원가 / 목표원가율

42 식품위생법상 건강진단검사 결과 영업에 종사하지 못하는 질병이 아닌 것은?

① 피부병 또는 화농성 질환
② 장티푸스
③ A형 간염
④ 비감염성 결핵

> **!** 식품위생법 시행규칙 제50조에 의거, 결핵(비감염성 경우는 제외), 콜레라, 장티푸스, 파라티푸스, 세균성이질, 장출혈성대장균감염증, A형간염, 피부병 또는 화농성 질환, 후천성면역결핍증(성매개감염병에 관한 건강진단을 받아야 하는 영업에 종사하는 사람의 경우) 진단을 받은 사람은 영업에 종사할 수 없다.

43 Dom Perignon과 가장 관계가 밀접한 것은?

① Champagne   ② Menu
③ Bordeaux   ④ Beer

> **!** • 동 페리뇽(Dom Perignon)
> 프랑스의 수도승으로 오늘날 샴페인을 제조법의 기반을 마련한 사람이며, 그의 이름을 딴 샴페인이 유명하다.

44 다음 중 혼성주의 특징을 설명한 것으로 틀린 것은?

① 베네딕틴은 프랑스에서 가장 오래된 혼성주이다.
② 아마레토는 약초, 향초가 가미된 프랑스의 대표적인 혼성주이다.
③ 깔루아는 멕시코산 커피를 원료로 하는 혼성주이다.
④ 캄파리는 이탈리아의 국민주로 쓴맛이 나는 붉은색의 혼성주이다.

> **!** • 아마레토(Amaretto)
> 살구의 씨를 원료로 하여 아몬드 향을 내는 이탈리아의 혼성주이다.

45 전통주 중 알코올 도수가 가장 높은 술은?

① 소곡주   ② 모주
③ 두견주   ④ 금산인삼주

> **!** • 금산인삼주
> 인삼과 쌀을 발효하여 증류한 증류주이다.

46 칵테일의 분류 중 단맛이 없고 신맛이나 쓴맛으로 식욕을 자극시키는 칵테일은?

① Table Cocktail
② Aperitif Cocktail
③ Tropical Cocktail
④ Shooter Cocktail

47 코냑(Cognac)에 대한 설명으로 틀린 것은?

① 대표적인 브랜드는 레미마틴(Remy Martin)과 헤네시(Hennessy)가 있다.
② 구리로 된 전통 단식증류기를 사용한다.
③ 프랑스 보르도 북쪽에 위치한 브랜디의 생산 지역이다.
④ 1920년부터 숙성 기간에 따른 표기를 법으로 규제하고 있다.

> **!** 증류 기간, 포도 품종, 증류 횟수, 생산 지역 등은 1936년부터 법률로 규정하고 있으나 숙성 기간에 따른 표기는 브랜드별로 상이하다.

48 우리나라의 커피 역사에 대한 설명으로 틀린 것은?

① 창경궁 내에 최초의 로마네스크풍 건물을 지어 커피를 즐겼다.
② 서양식 호텔인 손탁호텔에 최초의 커피하우스가 등장했다.
③ '양탕국' 혹은 '가배차'라고 불리었다.
④ 아관파천으로 러시아 공사관에 피신했던 고종 황제가 처음 커피를 접하고 마시게 되었다.

> **!** 덕수궁에 우리나라 최초의 로마네스크풍 건물(정관헌)을 지어 커피를 즐겼다.

49 칵테일 레시피를 작성할 때 반드시 기재하여야 하는 사항이 아닌 것은?

① 칵테일 이름
② 담당 바텐더
③ 재료의 계량 단위
④ 글라스의 종류

> **!** 이외에 조주 방법, 가니쉬, 변형 칵테일 등이 기재된다.

50 아쿠아비트(Aquavit)에 대한 설명으로 바르지 않은 것은?

① 무색 투명한 증류주이다.
② 북유럽 스칸디나비아 지방의 특산주이다.
③ 감자를 익혀서 으깬 다음 당화, 발효시킨다.
④ 박하, 오렌지 껍질, 회향초 등 여러 허브가 첨가된다.

> **!** • 아쿠아비트(Aquavit)
> 보통 투명하거나 노란빛을 띠지만 숙성 정도에 따라 갈색에 이르는 것까지 다양한 색깔을 가진다.

51 When using it as a garnish for a cocktail, what is it that removes the seeds from the fruit and puts a red pepper inside it?

① Lemon   ② Onion

③ Olive   ④ Cherry

> ! 칵테일의 장식으로 사용할 때 열매안의 씨를 제거하고 그 안에 빨간 피망을 넣는 것은 올리브이다.

52 What instrument is used to measure the volume of a beverage?

① Jigger   ② Mixing Glass

③ Pourer   ④ Cocktail Pick

> ! 음료의 용량을 측정할 때 사용하는 기물은 지거(Jigger)이다.

53 What cocktail is garnished only with cherries?

① Blue Hawaiian

② Virgin Fruit Punch

③ June Bug

④ Manhattan

> ! ①, ②, ③의 가니쉬는 파인애플과 체리이다.

54 "5월 5일에는 예약이 모두 찼습니다."를 영어로 바르게 표현한 것은?

① We are available on May 5th.

② We look forward to seeing you on May 5th.

③ We are fully booked on May 5th.

④ I will check availability on May 5th.

> ! ① 5월 5일에 가능합니다.
> ② 5월 5일에 뵙기를 기대합니다.
> ④ 5월 5일에 예약 가능 여부를 확인하겠습니다.

55 다음 중 (   ) 안에 알맞은 것은?

How long have you been ( ) Korea?

① at   ② in

③ on   ④ to

> ! 한국에 오신 지 얼마나 되셨습니까?

56 여럿이 술을 마실 때 "마시던 걸로 한잔씩 더 주세요."라고 하고 싶을 때 가장 적절한 영어 표현은?

① We'd like to have another round, please.

② Please give us same drink.

③ We want the other round of drinks.

④ Let us have them again.

> ! ② 우리 모두 같은 음료로 주세요.
> ③ 다른 음료 한 잔씩 주세요.
> ④ 우리 한 잔 더 하자!

57 Ingredients you don't need to make Tequila Sunrise:

① Tequila
② Grenadine Syrup
③ Lemon Juice
④ Orange Juice

> ! • 테킬라 선라이즈(Tequila Sunrise)
> 필스너 글라스를 테킬라 ½oz와 오렌지주스로 채운 뒤 가볍게 젓고, 그레나딘 시럽 ½oz를 따라서 만든다.

58 Choose a brand of Tennessee whiskey from the following:

① Jack Daniel's
② Maker's Mark
③ Jim Beam
④ Wild Turkey

> ! • 잭다니엘(Jack Daniel's)의 제조법
> 버번 위스키와 비슷하나 사탕단풍나무 숯으로 채운 여과기에 통과시켜 숙성한다는 점에서 차이가 있다.

59 Which of the following is the correct meaning of craft beer?

① Beer with high alcohol content
② Beer made in small breweries using their own methods
③ High-quality beer that won awards in competitions
④ Beer without alcohol

> ! • 크래프트 맥주(Craft Beer)
> 소규모 양조장에서 그들만의 방식으로 제조한 맥주이다.

60 Which of the following alcohol is colorless, odorless, and tasteless?

① Rum
② Tequila
③ Gin
④ Vodka

> ! 무색, 무취, 무미의 특징을 가진 술은 보드카이다.

정답

01	02	03	04	05	06	07	08	09	10
①	④	①	④	①	③	④	①	③	①
11	12	13	14	15	16	17	18	19	20
④	②	②	③	④	①	③	②	④	④
21	22	23	24	25	26	27	28	29	30
③	①	④	③	③	①	②	④	③	②
31	32	33	34	35	36	37	38	39	40
①	③	③	④	②	①	③	①	①	③
41	42	43	44	45	46	47	48	49	50
③	④	①	②	④	②	④	①	②	①
51	52	53	54	55	56	57	58	59	60
③	①	④	③	②	①	③	①	②	④

2024년 조주기능사 CBT 복원문제 1

자격 종목	코드	출제 문항 수	시험 시간	수험 번호	성명
조주기능사		60문항	60분		

01 포도주(Wine)의 용도별 분류가 바르게 된 것은?

① 백포도주(Wite Wine), 적포도주(Red Wine), 녹색포도주(Green Wine)

② 감미 포도주(Sweet Wine), 산미 포도주(Dry Wine)

③ 식전 포도주(Aperitif Wine), 식탁 포도주(Table Wine), 식후 포도주(Dessert Wine)

④ 발포성 포도주(Sparkling Wine), 비발포성 포도주(Still Wine)

> ! ① 색에 따른 분류, ② 맛에 따른 분류, ④ 탄산 가스 유무에 따른 분류

02 차와 코코아에 대한 설명으로 틀린 것은?

① 차는 보통 홍차, 녹차, 청차 등으로 분류된다.

② 차의 등급은 잎의 크기나 위치 등에 크게 좌우된다.

③ 코코아는 카카오 기름을 제거하여 만든다.

④ 코코아는 사이폰(Siphon)을 사용하여 만든다.

> ! • 사이폰(Siphon)
> 물을 끓여 발생한 증기의 압력으로 커피를 추출하는데 사용하는 도구이다.

03 조주 시 사용되는 표준계량의 표시 중에서 틀린 것은?

① 1티스푼(Tea Spoon)=⅛온스

② 1스플리트(Split)=6온스

③ 1파인트(Pint)=10온스

④ 1포니(Pony)=1온스

> ! 1파인트는 16oz로 480ml이다.

04 칵테일 기구인 지거(Jigger)에 대해 잘못 설명한 것은?

① 일명 Measure Cup이라고 한다.

② 지거는 크고 작은 두 개의 삼각형 컵이 양쪽으로 붙어 있다.

③ 작은 쪽 컵은 1oz이다.

④ 큰 쪽의 컵은 대부분 2oz이다.

> ! 보통 지거의 작은 쪽은 1oz, 큰 쪽은 1.5oz로 이루어져 있다.

05 드라이 마티니(Dry Martini) 칵테일에 사용되는 글라스는 무엇인가?

① 칵테일 글라스(Cocktail Glass)

② 콜린스 글라스(Collins Glass)

③ 셰리 글라스(Sherry Glass)

④ 필스너 글라스(Pilsner Glass)

06 다음 와인 생산지역 중 나머지 셋과 기후가 다른 지역은 어디인가?

> a. 지중해 연안 지역
> b. 프랑스 부르고뉴 지역
> c. 캘리포니아 지역
> d. 남아프리카공화국 남서부 지역

① a   ② b   ③ c   ④ d

❗ 프랑스 부르고뉴는 대륙성 기후로 덥고 건조한 여름과 추운 겨울을 지낸다. 반면 나머지 지역은 지중해성 기후를 보인다.

07 와인 제조과정 중 말로락틱 발효(Malolactic Fermentation)이 의미하는 것은?

① 알코올 발효   ② 1차 발효
③ 젖산 발효   ④ 나무통 발효

❗ • 말로락틱 발효(Malolactic Fermentation)
젖산 발효라고도 하며 알코올 발효가 끝난 와인에 존재하는 사과산 성분이 부드러운 맛을 내는 젖산으로 전환되는 과정을 뜻한다.

08 다음 중 하면발효 맥주가 아닌 것은?

① Poter Beer   ② Lager Beer
③ Pilsner Beer   ④ Munchen Beer

❗ • 포터비어(Poter Beer)
비교적 상온에 가까운 고온에서 발효시키며 쓴맛이 강하고 깊은 맛이 특징인 상면발효 맥주이다.

09 다음 중 샴페인을 생산하기 위한 포도 품종이 아닌 것은?

① 피노 누아(Pinot Noir)
② 피노 뮈니에(Pinot Meunier)
③ 샤르도네(Chardonnay)
④ 소비뇽블랑(Sauvignon Blanc)

❗ • 샴페인 생산의 대표 품종
피노 누아, 피노 뮈니에, 샤르도네

10 다음 중 스코틀랜드 싱글몰트위스키의 생산지가 아닌 것은?

① 아일레이(Islay)
② 스페이사이드(Speyside)
③ 하이랜드(Highland)
④ 오큰토션(Auchentoshan)

❗ • 스코틀랜드의 위스키 5대 산지
스페이사이드, 하이랜드, 로우랜드, 아일레이, 캠벨타운
오큰토션은 싱글몰트위스키의 브랜드 중 하나이다.

11 맥아(Malt)를 주원료로 건조 시 피트(Peat)를 사용하여 만드는 위스키는?

① Canadian Whisky
② Scotch Whisky
③ Bourbon Whiskey
④ Irish Whiskey

❗ 스카치위스키에서는 피트를 사용하여 맥아를 건조하여 독특한 훈연의 향을 느낄 수 있다.

Part V 기출문제 해설

12 위스키의 제조 과정을 순서대로 나열한 것으로 가장 적합한 것은?

① 맥아-당화-발효-증류-숙성
② 맥아-당화-증류-저장-후숙
③ 맥아-발효-증류-당화-블렌딩
④ 맥아-증류-저장-숙성-발효

> ! 보리를 물에 담가 침맥-건조-분쇄-당화-발효-증류-숙성-병입의 과정을 거쳐 위스키를 제조한다.

13 오드 비(Eau-de-Vie)와 관련 있는 것은?

① Gin
② Grappa
③ Brandy
④ Pisco

> ! • 오드 비(Eau-de-Vie)
> 프랑스어로 생명의 물이라는 뜻으로, 증류를 거친 뒤 숙성하기 전 브랜디의 원액을 말한다.

14 스페인의 와인 표기법에서 숙성 기간이 짧은 순에서 긴 순으로 바르게 나열된 것은?

① 호벤-크리안자-레제르바-그랑 레제르바
② 호벤-크리안자-그랑 레제르바-레제르바
③ 크리안자-호벤-레제르바-그랑 레제르바
④ 크리안자-호벤-그랑 레제르바-레제르바

15 코냑(Cognac)의 유명 브랜드 헤네시(Hennessy) 사에서 브랜디 등급을 처음으로 사용한 때는?

① 1765년
② 1865년
③ 1875년
④ 1895년

> ! ★★★, ★★★★★, V.S.O.P, X.O 등 브랜디 등급 표시법은 헤네시(Hennessy) 사에서 1865년 처음으로 사용하였다. 다만 법적인 효과는 없으며 임의로 사용한다.

16 프랑스에서 가장 오래된 혼성주 중 하나로 호박색을 띠며 '최선, 최대의 신에게'라는 뜻을 가지고 있는 것은?

① 압생트(Absinthe)
② 아쿠아비트(Aquavit)
③ 드람부이(Drambuie)
④ 베네딕틴(Benedictine)

> ! • D.O.M
> 베네딕틴(Benedictine) 병에 표기된 D.O.M은 Deo Optimo Maximo의 약자로 "최선, 최대의 신에게 바치는 술"이라는 뜻이다. 허니문, 힐링 칵테일에 사용된다.

17 슬로 진(Sloe Gin)에 대한 설명으로 옳은 것은?

① 올드 탐 진(Old Tom Gin)과 함께 진(Gin)의 종류 중 하나이다.
② 진(Gin)에 메이플 시럽을 넣고 천천히 숙성한 것이다.
③ 진(Gin)에 야생자두(Sloe Berry)의 성분을 넣은 리큐어이다.
④ 양이 비교적 많아 천천히 분위기 있게 마시는 칵테일이다.

18 제스터(Zester)에 대한 설명으로 옳은 것은?

① 레몬이나 라임 등의 껍질을 갈거나 얇게 저미는 기구
② 향을 보존하기 위해 밀폐하는 용기
③ 얼음과 재료를 넣고 바 스푼으로 혼합할 때 사용하는 용기
④ 글라스의 가장자리에 소금, 설탕을 묻힐 때 사용하는 기구

❗ ③은 믹싱 글라스(Mixing Glass), ④는 글라스 리머(Glass Rimmer)에 대한 설명이다.

19 위스키 1oz, 소다수 4oz로 위스키 하이볼 칵테일(Whisky Highball Cocktail)을 만들 때 알코올 도수는? (단, 얼음의 녹는 양은 계산하지 않는다.)

① 6% ② 8%
③ 10% ④ 12%

❗
• 칵테일의 알코올 도수 계산법
A, B, C : 사용한 음료의 양(ml), V : 음료의 총량
a, b, c : 음료의 알코올 함유량(%)

$$\frac{(A×a)+(B×b)+(C×c)}{V}$$

따라서, $\frac{(30×40)+(120×0)}{30+120}=8$

20 칵테일의 조주 기법 중 글라스에서 직접 만들어 손님에게 바로 제공하는 칵테일은?

① Black Russian
② Singapore Sling
③ Honeymoon
④ Margarita

❗
• 블랙러시안(Black Russian)
빌드(Build) 기법으로 조주하므로 올드패션드(Old-fashioned) 글라스에 얼음과 재료를 넣고 저어 손님에게 제공한다.

21 칵테일 용어 중 트위스트(Twist)란 무엇인가?

① 무알코올 재료로만 만든 것
② 과육을 제거한 레몬이나 라임의 껍질의 향을 짜서 칵테일 글라스에 넣는 것
③ 글라스에 가루 얼음을 담고 그 위에 술을 붓는 것
④ 알코올 음료에 과일, 과일즙, 소다수 등을 넣어 희석시켜 만든 것

22 주장의 영업 허가가 되는 근거 법률은?

① 외식업법 ② 주세법
③ 음식업법 ④ 식품위생법

23 바(Bar)의 종류에 의한 분류로 알맞지 않은 것은?

① Cigar Bar ② Classic Bar
③ Front Bar ④ Jazz Bar

❗
• 프론트바(Front Bar)
바텐더와 고객 사이에 가로 놓여있는 카운터를 뜻한다.

24 다음 중 소믈리에(Sommelier)의 역할로 바르지 않은 것은?

① 주문한 와인은 여성에게 먼저 보여주며 주문한 와인이 맞는지 라벨을 확인시킨다.
② 와인의 코르크 마개를 열고 마개에서 부정적인 냄새가 나지는 않는지 코르크가 부서지지는 않았는지 확인한다.
③ 와인을 먼저 시음하고 여성부터 차례로 와인을 따르며 가장 마지막에 호스트에게 와인을 제공한다.
④ 제공한 와인이 손님의 취향과 맞는지 음식과의 조화는 괜찮은지 물어본다.

> ❗ 주문한 와인은 라벨을 보여주며 호스트(Host)에게 먼저 확인시킨다.

25 다음 중 바 웨이터(Bar Waiter)의 역할이 아닌 것은?

① 주문에 의하여 신속하고 정확하게 제공한다.
② 칵테일을 추천하고 조주한다.
③ 영업시간 전 테이블과 바를 재정비한다.
④ 예약 사항을 확인하고 손님을 안내한다.

> ❗ 칵테일 조주는 바텐더(Bartender)의 업무이다.

26 다음 중 가장 높은 온도로 제공해야 하는 음료는 무엇인가?

① 화이트 와인   ② 레드 와인
③ 맥주   ④ 브랜디

27 다음 중 카페 모카를 만드는 데 필요한 재료로 옳은 것은?

① 에스프레소 30ml, 스팀밀크 120ml
② 에스프레소 30ml, 스팀밀크 120ml, 계피가루
③ 에스프레소 30ml, 스팀밀크 120ml, 카라멜 시럽
④ 에스프레소 30ml, 스팀밀크 120ml, 초콜릿 시럽

28 제품을 생산하기까지 소비된 직접재료비, 직접노무비, 직접경비를 합산한 원가를 무엇이라 하는가?

① 직접원가   ② 판매원가
③ 총원가   ④ 제조원가

29 맨하탄 칵테일(Manhattan Cocktail)의 원가비율을 20%에 맞추어 판매하고자 할 때, 재료비가 1,500원이라면 판매가는 얼마인가?

① 6,000원   ② 7,000원
③ 7,500원   ④ 9,000원

> ❗ • 판매가
> 재료비 1,500원이 20%를 차지하므로, 20:100=1500:X로 계산하여 판매가는 7,500원이 된다.

30 다음 중 생산지가 다른 와인 하나는 무엇인가?

① Chianti Classico
② Chablis
③ Barolo
④ Barbaresco

> ❗ 샤블리(Chablis)는 프랑스 부르고뉴의 와인이며 나머지는 모두 이탈리아의 와인이다.

31 구매관리와 관련된 원칙에 대한 설명으로 옳은 것은?

① 원가 절감을 위하여 한번에 대량으로 구매한다.
② 나중에 반입된 상품을 먼저 소비한다.
③ 저장고의 크기, 재무 상태, 소비량을 고려하여 구매한다.
④ 공급업자와의 유대관계를 위해 검수는 생략한다.

32 식품 등의 표시기준에 의거 알코올의 1g당 열량은?

① 4kcal　　　② 5kcal
③ 7kcal　　　④ 9kcal

33 Bar 영업 중 항상 물에 담겨 있어야 하는 기물로 바르게 짝지어진 것은?

① Bar Spoon과 Jigger
② Bar Spoon과 Shaker
③ Jigger와 Opener
④ Shaker와 Cocktail Pick

34 다음 중 버번 위스키(Bourbon Whiskey)의 설명으로 올바르지 않은 것은?

① 미국에서 생산된 위스키이다.
② 숙성시 사용되는 오크통 내부는 불로 태워야 한다.
③ 증류시 알코올 도수가 80%를 넘지 않아야 한다.
④ 보리, 호밀, 옥수수 등을 원료로 하며 보리가 51% 이상 함유되어야 한다.

! 최소 51% 이상의 옥수수를 원료로 사용하여야 한다.

35 다음 중 중요무형문화재로 지정받은 민속주는 무엇인가?

① 서울 문배주　　　② 전주 이강주
③ 한산 소곡주　　　④ 계룡 백일주

! 서울 문배주를 제외한 나머지는 '지방무형문화재'이다.

36 다음 중 병행복발효주에 해당하는 것은?

① 와인　② 사과주　③ 맥주　④ 청주

! 단발효주는 과실에 포함된 과당이나 포도당 등을 원료로 한다. 한편 복발효주는 곡식 등에 포함된 전분을 원료로 한다. 이때 전분의 당화가 이루어진 뒤 발효를 하는 것을 단행복발효주(맥주 등), 전분의 당화와 발효를 동시에 진행하는 것을 병행복발효주(청주 등)라 한다.

37 다음 중 푸스카페(Pousse Café)의 조주 기법으로 알맞은 것은?

① 직접넣기(Build)
② 흔들기(Shake)
③ 쌓기(Float)
④ 휘젓기(Stir)

! • 푸스카페(Pousse Café)
　재료의 비중의 차이를 이용하여 그레나딘 시럽, 크렘 드 민트 그린, 브랜디를 층을 쌓아 플로팅(Floating) 기법으로 만든다.

38 다음 중 프랑스 와인의 원산지 통제법으로 가장 엄격한 기준은?

① A. O. C　　　② D. O. C. G
③ VdT　　　　④ Q. M. P

! D. O. C. G는 이탈리아의 원산지 통제법 (와인의 등급 기준), VdT는 프랑스의 테이블 와인 등급, Q. M. P는 독일의 원산지 통제법이다.

39 다음 중 글라스(Glass)의 위생적인 취급 방법으로 옳지 못한 것은?

① 얼음으로 냉각시킬 때는 냄새가 없는 얼음인지 확인한다.
② 냉장고에서 냉각시킬 때는 다른 불쾌한 냄새가 나지 않는지 확인한다.
③ 실온에서 보관할 때는 주변에 기름기가 없는지 환기가 잘되는지 확인한다.
④ 글라스는 비눗물에 닦고 뜨거운 물에 헹궈 그대로 사용한다.

> ! 글라스는 세제로 닦고 더운물과 찬물의 순서로 헹군 뒤 린넨으로 닦으면서 이물질이나 파손된 곳이 없는지 확인한다.

40 주장 경영에서 프라임 코스트(Prime Cost)가 의미하는 것은?

① 식자재에서 발생하는 손실
② 식음료 원가와 인건비
③ 고객 한명이 지불하는 평균 금액
④ 레시피를 기준으로 계산한 메뉴의 실제 원가

> ! 프라임 코스트는 원가 품목 중 비중이 높은 2~3가지 비용을 뜻하며 재료비, 인건비, 임차료 등이 된다. ①은 로스율 혹은 손실율, ③은 객단가, ④는 표준원가에 관한 설명이다.

41 다음 중 리큐르 글라스(Liqueur Glass)와 같은 의미는?

① Shot Glass   ② Cordial Glass
③ Brandy Snifter   ④ Straight Glass

> ! • 리큐르(Liqueur)
> 리큐어, 혼성주, 코디얼이라고 한다.

42 민트 프라페(Mint Frappe) 칵테일을 만들기 위해 필요한 얼음의 종류는?

① Cracked Ice   ② Ice Ball
③ Cubed Ice   ④ Crushed Ice

> ! 프라페(Frappe) 스타일의 칵테일은 글라스에 Crushed Ice(크러시드 아이스)를 채워서 제공한다.

43 다음 중 1.5L의 와인 용량을 의미하는 용어는?

① Standard   ② Magnum
③ Jeroboam   ④ Balthazar

> ! 스탠다드(Standard)는 일반 와인 용량인 750ml, 매그넘(Magnum)은 2배 용량인 1.5L, 제로보암은 4.5L, 발타자르는 12L를 의미한다.

44 다음 중 주장(Bar)에서 기물을 취급하는 방법으로 옳지 않은 것은?

① 은기물은 은기물 전용 세척액에 오래 담가둔다.
② 크리스탈 글라스는 가능한 손으로 세척한다.
③ 식기는 종류별로 지정된 곳에 보관하며 손자국이 나지 않도록 취급한다.
④ 금이 간 접시나 글라스는 규정에 따라 폐기한다.

> ! 은기물 전용 세척액은 산 성분이 포함되어 있으므로 오래 담가두지 않으며 사용 후 흐르는 물에 여러 번 헹궈야 한다.

45 민속주 중 모주(母酒)에 관한 설명으로 옳지 않은 것은?

① 전주의 대표적인 증류주이다.
② 막걸리에 감초, 대추 등을 넣고 끓인 술이다.
③ 도수는 약 1%로 해장술로 유명하다.
④ 왕비의 어머니가 만들었다하여 대비모 주라고도 한다.

! 모주는 탁주를 기반으로 하며 알코올 함유량은 1% 내외이다.

46 유기농법 등으로 재배한 포도를 자연 효모가 발효하게 하고 양조 과정에서 첨가물이나 살 충제 등을 거의 또는 전혀 사용하지 않으며 사람의 손길을 최소화하여 생산한 와인은?

① Conventional Wine
② Vintage Wine
③ Natural Wine
④ Sherry Wine

! 내추럴 와인(Natural Wine)에 관한 설명이며, 내추럴 와인이 아닌 것을 컨벤셔널 와인(Conventional Wine)이라 한다.

47 다음 중 음료에 함유된 성분이 잘못 연결된 것은?

① Malibu Rum-Cacao
② Kahlua-Coffee
③ Tonic Water-Quinine
④ Collins Mixer-Lemon Juice

! 말리부 럼(Malibu Rum)의 대표적인 원료는 럼(Rum)과 코코 넛(Coconut)이다.

48 다음 중 제빙기(Ice Maker)에 대한 설명으로 적절하지 않은 것은?

① 내부와 외부를 깨끗이 관리하며 부품 은 매월 1회 이상 살균·소독한다.
② 내부로 벌레나 이물질이 들어가지 않 도록 항상 문을 닫아둔다.
③ 아이스 스쿱(Ice Scoop)은 제빙기 내 부에 보관한다.
④ 살균·소독제를 사용할 때는 제빙기 내 부의 얼음을 모두 제거하고 청소한 뒤 완전히 건조시킨다.

! • 아이스 스쿱(Ice Scoop, 얼음주걱)
제빙기 외부에서 별도 용기에 보관하여야 하며 매일 1회 이 상 세척해야 한다.

49 서비스에 불만족한 고객을 대처하기 위해 가 장 먼저 취해야 할 자세는 무엇인가?

① 객관성을 유지하며 원인을 규명한다.
② 긍정적인 태도로 제공이 불가능한 것 보다 가능한 것을 제시한다.
③ 고객의 불만에 대해 귀 기울여 경청 한다.
④ 상품을 무료로 제공하거나 할인을 해 주는 등 해결책을 제시한다.

! 해결 방안을 모색하기 전에 고객의 불만을 듣고 이해와 공감 을 표현하는 것이 중요하다.

50 다음이 설명하는 것은 무엇인가?

식물의 잎, 뿌리, 씨 등을 사용하며 풍미 와 향이 있다.
진통, 진정 등의 치료뿐만 아니라 살충 에도 효과가 있다.
음식이나 음료에 맛을 내기 위해 조미료 로 사용하거나 장식을 위해 사용한다.

① Tonic Water   ② Spirits
③ Bitters   ④ Herb

51 What is the meaning of a Walk-in Guest?

① Frequent Guests.
② Guests who visited without reservation.
③ Guests who wailed instead of taking a car.
④ Guests who visitied for business work.

! • 워크인 게스트(Walk-in Guest)
예약 없이 방문한 고객을 뜻한다.

52 다음 괄호 안에 가장 적합한 것은?

> A: Good evening, sir.
> B: Could you please show me the wine list?
> A: Sure, Here you are. This week, (　　) is on promotion period.
> B: Sounds good. I'll try it.

① Beaujolais Nouveau
② Calvados
③ Galliano
④ Stout

! 와인 리스트를 원하는 고객에게 프로모션 기간 중인 보졸레 누보(Beaujolais Nouveau)를 안내하는 상황이다. ②는 애플 브랜디, ③은 리큐르, ④는 맥주이다.

53 What document is most appropriate for preparing of daily products?

① Par Stock　　② Inventory
③ Invoice　　④ Check

! 일일 영업을 위한 상품의 준비에 가장 알맞은 문서는 파 스톡 (Par Stock, 적정 재고량)이다.

54 Which of the following would not be recommended as an aperitif?

① Aperol　　② Dry Vermouth
③ Port Wine　　④ Campari

! 식전주로 추천하기에 알맞지 않은 것은 도수와 당분 함량이 높은 포트와인(Port Wine)이다.

55 다음 괄호 안에 가장 알맞은 단어는?

> I would like to drink vodka and tonic, and the vodka brand please be (　　).

① Bombay Sappahire
② Stolichnaya
③ Tanqueray No.10
④ Beefeater

! 보드카 토닉에 알맞은 보드카 브랜드는 스톨리치나야 (Stolichnaya)이며 나머지는 모두 진(Gin) 브랜드이다.

56 Which of the following is correct about Glühwein?

① Cold wine with ice to drink in summer in German.
② Warm wine to drink in winter in German.
③ German wine with sour flavor.
④ German wine characterized by sweetness.

! • 글뤼바인(Glühwein)
향신료와 레드 와인을 따뜻하게 데운 음료로 주로 성탄절 기간에 마신다.

57 다음 밑줄 친 내용의 뜻으로 적합한 것은?

> You must make a reservation in advance.

① 당장   ② 미리
③ 나중에   ④ 천천히

! 당신은 미리 예약을 해야합니다.

58 Which is the best answer for the blank?

> A dry Martini served with a/an (   ).

① Olive
② Pearl Onion
③ Red Cherry
④ Lime Wedge

! 드라이 마티니(Dry Martini)의 가니쉬는 올리브이다.

59 Please select the cocktail-based wine from the following.

① Hot Toddy   ② Mai-tai
③ Midori sour   ④ Sangria

! • 샹그리아(Sangria)
와인에 여러 과일을 넣고 차게해서 마시는 스페인의 대표 칵테일이다.

60 Which of the following is the main ingredient in Rum?

① Sugar Cane and Molasses
② Rye and Barley
③ Rice and Corn
④ Honey and Agave

! 럼(Rum)의 주원료는 사탕수수와 당밀이다.

Part
V
기출문제 해설

정답

01	02	03	04	05	06	07	08	09	10
③	④	③	④	①	②	③	①	④	④
11	12	13	14	15	16	17	18	19	20
②	①	③	①	②	④	③	①	②	①
21	22	23	24	25	26	27	28	29	30
②	④	③	①	②	④	④	①	③	②
31	32	33	34	35	36	37	38	39	40
③	③	①	④	①	④	③	①	④	②
41	42	43	44	45	46	47	48	49	50
②	④	②	①	①	③	①	③	③	④
51	52	53	54	55	56	57	58	59	60
②	①	①	③	②	②	②	①	④	①

01 다음 중 알코올 도수가 가장 낮은 주류는?

① Cider ② Angostura Bitters
③ Vermouth ④ Jose Cuervo

> **!** • 사이다(Cider, 시드르)
> 사과로 만든 발효주로 알코올 도수는 4~8%이다.

02 다음 중 원료가 다른 하나는 무엇인가?

① Cointreau ② Curacao
③ Triple Sec ④ Drambuie

> **!** • 코인트루(Cointreau), 큐라소(Curacao), 트리플섹(Triple Sec)은 오렌지를 주원료로 하는 리큐르이며, 드람부이(Drambuie)는 스카치 위스키에 꿀, 허브 등을 넣어 만든다.

03 다음 중 이탈리아의 와인 산지가 아닌 것은 무엇인가?

① 피에몬테 ② 모젤
③ 토스카나 ④ 시칠리아

> **!** • 모젤(Mosel)은 독일의 주요 와인 산지이다.

04 리큐르 베네딕틴(Bénédictine)은 어느 국가에서 유래했으며, 주재료는 무엇인가?

① 프랑스: 허브, 스파이스, 꿀과 여러 식물 추출물의 복합 조합
② 이탈리아: 바닐라와 아몬드 중심의 조합
③ 미국: 코코넛과 카카오 중심의 조합
④ 멕시코: 라임과 고수 중심의 조합

05 칵테일 제조 시 리큐르의 역할로 가장 적절한 것은?

① 칵테일의 알코올 도수를 높이는 역할
② 칵테일에 단맛과 풍미를 더하고, 향을 강화하는 역할
③ 칵테일의 색을 투명하게 만드는 역할
④ 칵테일을 희석시키는 역할

> **!** • 리큐르는 칵테일에 단맛과 풍미를 더하고, 향을 강화하는 동시에 다양한 색상을 부여한다.

06 다음 중 맥주 제조 과정에서 효모(Yeast)에 대한 설명으로 가장 옳은 것은?

① 효모는 알코올을 생성하며 하면발효 효모와 상면발효 효모로 분류할 수 있다.
② 효모는 맥주에 쓴맛을 부여하는 원료이다.
③ 효모는 맥주를 숙성시키는 역할을 한다.
④ 맥주 양조에서는 효모를 사용하지 않고 효소만 사용한다.

> ! • 효모는 당을 발효시켜 알코올을 생성하며 맥주의 거품을 형성한다. 맥주에 쓴맛을 부여하는 것은 Hop(홉)이다.

07 전통주 제조 시 누룩에 대한 설명으로 가장 적절한 것은 무엇인가?

① 알코올을 증류하는 과정에서 사용된다.
② 막걸리의 탄산을 발생시키는 미생물이다.
③ 전통주를 숙성시키는 오크통의 일종이다.
④ 곡물의 전분을 당으로 분해하는 효소를 제공한다.

> ! • 누룩
> 발효제로서 전분을 분해해 당을 만들고 효모가 이를 알코올과 이산화탄소로 전환하도록 돕는다.

08 다음 중 칵테일 제조 시 플로팅(Floating) 기법에 대한 설명으로 가장 올바른 것은?

① 음료의 향을 유지하기 위해 빠르게 섞는 기법이다.
② 서로 다른 밀도의 액체를 층으로 분리해 시각적 효과를 주는 것이다.
③ 허브와 과일 등을 으깨어 향을 극대화하는 기법이다.
④ 칵테일을 뜨겁게 제공하기 위해 데우는 기술이다.

09 다음 중 와인의 바디(Body)에 대한 설명으로 가장 적절한 것은 무엇인가?

① 와인 병의 크기와 무게를 표현하는 용어이다.
② 와인을 보관하는 저장고의 규모를 의미한다.
③ 입안에서 느껴지는 와인의 무게감이나 농도감이다.
④ 와인의 발효에 사용되는 효모의 종류를 지칭한다.

> ! • 바디(Body)
> 와인을 머금었을 때 입안에서 느껴지는 무게감이나 농도감으로 알코올 도수, 산도, 타닌 등의 요소에 의해 영향을 받는다.

10 다음 중 식중독을 유발할 수 있는 세균으로 가장 널리 알려져 있는 미생물은 무엇인가?

① 젖산균   ② 효모균
③ 살모넬라균   ④ 누룩균

> ! • 살모넬라균(Salmonella)
> 오염된 음식이나 물을 섭취하여 감염되는 식중독 원인균으로 장티푸스 등 심각한 질환을 유발할 수 있다.

11 「식품위생법」상 식품접객업에 해당하지 않는 업종은 무엇인가?

① 일반음식점영업   ② 유흥주점영업
③ 단란주점영업   ④ 식품제조가공업

! • 식품제조가공업은 식품을 대량으로 제조하거나 가공하여 유통하는 업종이며, 식품접객업은 음식이나 주류 등을 조리하고 판매하는 업종을 뜻한다.

12 「식품위생법」상 주요 의무사항이 아닌 것은?

① 관할 지자체에 영업신고를 하여야 하며, 무신고 시 영업정지 처분을 받는다.
② 종사자는 연 2회 건강진단을 받고 건강진단결과서(보건증)를 제출하여야 한다.
③ 신규영업자와 기존영업자는 연 1회 이상 위생교육을 수료하여야 한다.
④ 영업 중에는 손 씻기를 생활화하고 작업 도구 등을 청결하게 관리하여야 한다.

! • 건강진단결과서
감염병 예방을 목적으로 식품, 위생분야 종사자가 건강 상태를 증명하기 위해 발급받는 서류로 유효기간은 1년이다.

13 알코올 도수가 높은 술은 다음 중 어느 조건에서 보관하는 것이 가장 적절한가?

① 직사광선 아래
② 고온다습 한 곳
③ 건조하고 서늘한 곳
④ 냉동고

14 다음 중 프랑스 보르도(Bordeaux) 지역에서 재배되는 대표적인 레드 와인용 포도 품종으로 가장 적절한 것은 무엇인가?

① 샤르도네(Chardonnay)
② 소비뇽 블랑(Sauvignon Blanc)
③ 메를로(Merlot)
④ 피노누아(Pinot Noir)

! • 보르도(Bordeaux) 지역 와인
보르도 지역의 레드 와인용 주요 포도 품종은 카베르네 소비뇽(Cabernet Sauvignon), 메를로(Merlot), 카베르네 프랑(Cabernet Franc)이다. 피노누아(Pinot Noir)는 부르고뉴(Bourgogne) 지역의 대표 품종이다.

15 다음 중 불바디에(Boulevardier) 칵테일을 구성하는 주재료 세 가지를 올바르게 나열한 것은?

① 진, 스위트 베르무트, 캄파리
② 진, 드라이 베르무트, 캄파리
③ 버번위스키, 스위트 베르무트, 캄파리
④ 버번위스키, 드라이 베르무트, 캄파리

! • 불바디에(Boulevardier)
버번위스키 1oz, 스위트 베르무트 1oz, 캄파리 1oz를 휘젓기 기법으로 만든 뒤 올드패션드 글라스에 따르고 오렌지 껍질로 장식한다.

16 위스키 제조에서 '천사의 몫(Angels' Share)'이라는 용어의 의미로 가장 올바른 것은?

① 숙성 중 자연 증발로 인해 손실되는 위스키의 양
② 숙성 후 블렌딩 과정에서 버려지는 위스키의 비율
③ 위스키 병입 시 인위적으로 제거되는 불순물의 양
④ 병 숙성 중 알코올 농도가 상승하는 현상

❗ • 천사의 몫(Angels' Share)
위스키 원액을 오크통에서 장기간 숙성하는 과정에서 자연적으로 증발하는 알코올을 천사들이 마시는 것이라 일컫는 표현이다.

17 브랜디(Brandy)의 숙성 과정에서 'Rancio'란 무엇을 의미하는가?

① 과도한 산화로 인한 변질
② 장기 숙성에서만 나타나는 복합적인 견과류, 스파이스 향
③ 휘발성 알코올 손실
④ 효모 잔류물 제기

❗ • 랑시오(Rancio)
오랜 숙성으로 인해 원액의 지방산이 산화되면서 발생하는 복합적인 향미 및 질감 변화를 의미하며, 40년 이상 숙성된 코냑(Cognac)에서 가장 강하게 나타난다.

18 바(Bar)에서 'Mise en Place'라는 용어가 의미하는 것은 무엇인가?

① 식재료와 도구를 영업 전 미리 준비하는 과정
② 고객 주문을 받는 절차
③ 칵테일 장식 기술
④ 서비스 동선 점검

❗ • 미 장 플라스(Mise en Place)
영업에 필요한 재료의 손질과 조리에 필요한 집기, 도구 등을 준비하는 것을 의미하며, 레스토랑 홀에서는 커틀러리 등을 놓고 테이블을 세팅하는 것을 뜻한다.

19 '칵테일(Cocktail)'이라는 용어가 최초로 기록에 등장한 것으로 알려진 시기는 언제이며, 그 의미는 무엇이었는가?

① 1600년대 후반 증류된 곡주의 의미로 기록되었다.
② 1800년대 초 미국에서 처음 사용되었으며 '증류주에 설탕, 물, 비터스를 혼합한 음료'로 정의되었다.
③ 1900년대 초 영국에서 등장하여 '모든 혼합 음료'를 의미했다.
④ 18세기 프랑스에서 처음 사용되었으며 와인 베이스 음료를 가리켰다.

❗ 1806년 미국의 신문 "The Balance and Columbian Repository"에서 칵테일을 "A stimulating liquor, composed of spirits of any kind, sugar, water and bitters."로 정의하였다.

20 다음 중 마가리타(Margarita) 칵테일을 만들 때 사용하는 베이스 스피릿으로 가장 적절한 것은 무엇인가?

① 진(Gin) ② 테킬라(Tequila)
③ 보드카(Vodka) ④ 럼(Rum)

> **!**
> • 마가리타(Margarita)
> 테킬라 1½oz, 코인트루 혹은 트리플섹 ½oz, 라임주스 ½oz를 셰이킹하여 소금을 두른 칵테일 글라스에 따른다.

21 슬로 진 피즈(Sloe Gin Fizz)의 주요 특징은 무엇인가?

① 탄산수로 마무리하는 상쾌한 칵테일
② 크림을 사용한 디저트 칵테일
③ 블렌더를 사용하는 트로피컬 칵테일
④ 층을 쌓아 만드는 칵테일

> **!**
> • 레몬이나 라임 등 산도가 있는 주스에 설탕, 탄산수를 넣어 만든 칵테일의 종류로 탄산수의 거품에서 나는 소리(Fizz)에서 유래했다.

22 다음 중 세계 주류 시장에서 뉴 월드 와인(New World Wine)으로 분류되지 않는 국가는?

① 호주 ② 칠레
③ 프랑스 ④ 미국

> **!**
> • Old World Wine(구대륙 와인)
> 전통적으로 와인을 생산해 온 지역에서 만들어지는 와인을 뜻하며 프랑스, 이탈리아, 스페인, 포르투갈 등이 대표적이다.

23 다음 중 생맥주 취급 요령에 대한 설명으로 가장 거리가 먼 것은 무엇인가?

① 생맥주 캐그는 통풍이 잘 되고 직사광선이 없으며 건조한 장소에서 보관한다.
② 생맥주 캐그의 압력은 12~14파운드가 적당하다.
③ 선입선출(FIFO) 원칙에 따른다.
④ 서브 온도는 5~7℃를 유지한다.

> **!**
> • 생맥주의 이상적인 서브(제공) 온도는 3~4℃이다.

24 다음 설명이 의미하는 것으로 올바른 것은?

> 포도 재배자 또는 와인 생산자로부터 포도나 와인을 매입하여 자신의 와이너리에서 블렌딩, 숙성, 병입 등의 과정을 거쳐 자신의 브랜드로 와인을 유통시키는 자로, 와인 시장에서 중개를 수행하는 브로커 역할을 한다.

① Negociant ② Wine Master
③ Wine Steward ④ Caviste

> **!**
> • 카비스트(Caviste)
> 와인 저장고나 와인샵에서 와인을 관리하는 사람으로 와인 셀러의 역할을 담당하는 직책을 뜻한다.

25 다음 중 칵테일 롱아일랜드 아이스티(Long Island Iced Tea)를 조주할 때 필요한 주류를 모두 고르시오.

a. Rum b. Gin c. Vodka d. Tequila

① a, b
② a, b, c
③ b, c, d
④ a, b, c, d

> **!**
> • **롱아일랜드 아이스티(Long Island Iced Tea)**
> 콜린스 글라스에 진, 보드카, 럼, 테킬라, 트리플섹을 각 ½oz, 스위트앤사워믹스 1½oz를 넣고 저은 뒤 콜라를 따르고 레몬으로 장식한다.

26 우리나라 전통주 중 증류주에 속하는 것은 무엇인가?

① 소곡주
② 죽력고
③ 두견주
④ 솔송주

> **!**
> • **죽력고**
> 조선 3대 명주 중 하나로, 대나무에서 나오는 진액으로 만드는 전통 증류식 소주이다.

27 다음 칵테일 중 조주 기법이 다른 하나는 무엇인가?

① 진도
② 힐링
③ 금산
④ 고창

> **!**
> • 고창은 휘젓기(Stir) 기법, 나머지는 흔들기(Shaking) 기법으로 만든다.

28 다음 중 포트 와인(Port Wine)에 대한 설명으로 적절하지 않은 것은 무엇인가?

① 주로 포르투갈에서 생산된다.
② 발효 도중 브랜디를 첨가하여 만든다.
③ 얼음에 희석하여 마시는 방법이 전통적이다.
④ 식후주 또는 디저트 와인으로 분류된다.

> **!**
> • **포트 와인(Port Wine)**
> 포르투갈 북부에서 생산되는 주정강화와인으로, 발효 단계에서 브랜디를 첨가하여 발효를 중단시켜 도수와 당도가 높은 것이 특징이다.

29 바텐더의 기본 직업윤리로서 가장 핵심적인 요소는 무엇인가?

① 숙련된 조주 기술
② 고객의 음주량을 늘리는 영업 능력
③ 음주문화의 품격을 높이고 책임 있는 서비스 제공
④ 칵테일 판매 실적 향상

30 칵테일이 지나치게 달 때 가장 기본적인 해결책은?

① 단맛 재료를 줄이거나 신맛 재료를 늘린다.
② 도수가 높은 술을 추가한다.
③ 향이 강한 재료를 더한다.
④ 얼음을 줄인다.

31 스카치 위스키 중 몰트 위스키(Malt Whisky)와 그레인 위스키(Grain Whisky)의 차이를 가장 바르게 설명한 것은?

① 몰트 위스키는 맥아 보리를, 그레인 위스키는 다양한 곡물을 사용한다.
② 몰트 위스키는 연속식 증류기를, 그레인 위스키는 단식 증류기를 사용한다.
③ 그레인 위스키는 숙성하지 않고 바로 병입된다.
④ 원료와 증류 방식은 동일하며, 생산 국가는 다르다.

32 에스프레소 한 잔(30ml 기준)의 추출 시간으로 가장 적절한 것은?

① 5~8초　　　② 10~15초
③ 20~30초　　④ 40~50초

> ❗ • 25~30초가 적당하며, 추출 시간이 너무 짧으면 산미가 강하고 너무 길면 쓴맛과 떫은맛이 강해진다.

33 테킬라를 숙성 기간에 따라 분류할 때 짧은 기간에서 긴 기간으로 바르게 나열한 것은?

① 레포사도 – 아네호 – 블랑코
② 레포사도 – 블랑코 – 아네호
③ 블랑코 – 아네호 – 레포사도
④ 블랑코 – 레포사도 – 아네호

> ❗ • 테킬라의 숙성기간
> 블랑코(Blanco): 숙성하지 않거나 최대 60일 숙성
> 레포사도(Reposado): 오크통에서 2~11개월 숙성
> 아네호(Añejo): 오크통에서 1~3년 숙성

34 녹차와 홍차의 제조 과정상 가장 큰 차이는 무엇인가?

① 발효 유무　　② 건조 방법
③ 잎의 크기　　④ 재배 고도

> ❗ • 녹차는 찻잎을 덖거나 찜 처리를 하여 발효를 막아 생산하는 데 반해 홍차는 찻잎을 완전히 발효한 후 건조시켜 향과 색을 진하게 한다.

35 칵테일 레시피에 '1 Dash Angostura Bitters'라고 되어 있다면, 대략 몇 ml에 해당하는가?

① 0.1~0.3ml　　② 0.5~1ml
③ 2~3ml　　　④ 5ml 이상

> ❗ • 대시(Dash)
> 1 대시는 칵테일 조주 시 사용되는 소량 첨가 단위로, 약 0.9~1ml에 해당한다.

36 다음 중 브랜디(Brandy) 또는 코냑(Cognac)을 서빙할 때 사용하는 글라스는?

① 플루트 글라스　　② 스니프터 글라스
③ 사워 글라스　　　④ 콜린스 글라스

> ❗ • 스니프터(Snifter) 글라스는 브랜디 글라스라고도 하며, 바닥이 넓고 입구가 좁아 손의 열기로 브랜디의 온도를 자연스럽게 높여 향을 증폭시킨다. 플루트(Flute) 글라스는 샴페인 글라스라고도 하며, 길고 입구가 좁은 형태로 샴페인의 기포와 향을 오래 보존하는 것이 특징이다.

37 현대 주류 시장에서 논알코올 칵테일, 맥주, 와인 등이 주목받는 주요 이유는 무엇인가?

① 수세 절약
② 건강, 웰니스, 주류 문화의 변화
③ 원가 절감
④ 법적 규제 완화

38 메뉴 가격을 결정할 때 가장 우선적으로 고려해야 할 요소는 무엇인가?

① 경쟁업체의 메뉴 디자인
② 고객의 인지도와 기호
③ 재료비와 인건비 등 원가 구조
④ 계절별 음료 트렌드

! • 원가, 경쟁사 가격, 고객 지불 의사, 브랜드 가치, 시장 상황 등을 종합적으로 고려해야 하며, 그 중 기본은 상품을 생산하는 데 필요한 원가를 파악하는 것이다.

39 다음에서 설명하는 포도 품종은 무엇인가?

> • 암적갈색 또는 짙은 보라색 포도 품종이다.
> • 바디감이 무겁고 블랙베리, 블루베리의 과일향이 강한 와인이 생산된다.
> • 프랑스 남부 론 지방이 원산지로 호주나 미국, 남아프리카공화국이 유명 생산지이다.

① 시라   ② 카베르네 소비뇽
③ 메를로   ④ 말벡

40 전통주 제조에서 탁주와 청주의 차이점에 대한 설명으로 가장 적절한 것은 무엇인가?

① 탁주는 발효 중 걸러내지 않은 상태이고, 청주는 발효 후 맑게 걸러낸 술이다.
② 탁주는 증류주이며, 청주는 발효주이다.
③ 청주는 막걸리의 방언으로 탁주와 같은 술이다.
④ 탁주는 주로 현미를 원료로 하고, 청주는 쌀로 만든다.

! • 탁주는 쌀, 누룩, 물을 발효시킨 것을 걸러내지 않거나 거칠게 걸러내 뿌연 색을 띠며 달콤하고 구수함이 강하다. 청주는 탁주나 원주(原酒)를 맑게 거른 술로 깔끔함과 산뜻함이 특징이다.

41 휘젓기(Stir) 기법으로 칵테일을 조주할 때 가장 적절한 재료 조합은 무엇인가?

① 과즙이 들어간 칵테일
② 탄산음료가 포함된 칵테일
③ 투명한 증류주와 리큐르
④ 달걀 흰자가 포함된 칵테일

! • 과즙이나 달걀 흰자가 포함된 칵테일은 재료가 잘 섞이도록 흔들기(Shaking) 기법을 사용하는 것이 바람직하고, 탄산음료가 포함된 칵테일은 너무 많이 저어 기포가 날아가지 않도록 직접넣기(Build) 기법을 사용하는 것이 이상적이다.

42 주류 분류상 럼(Rum)이 속하는 카테고리와 주요 원료는 무엇인가?

① 양조주, 보리
② 증류주, 포도
③ 혼성주, 감자
④ 증류주, 사탕수수나 당밀

Part
V
기출문제 해설

43 위스키 브랜드와 원산지의 연결로 올바른 것은?

① 제임슨(Jameson): 미국
② 글렌피딕(Glenfiddich): 스코틀랜드
③ 와일드 터키(Wild Turkey): 캐나다
④ 시바스 리갈(Chivas Regal): 일본

! • 제임슨은 아일랜드, 와일드터키는 미국, 시바스리갈은 스코틀랜드의 위스키이다.

44 양조주 제조 과정에서 발효 온도가 품질에 미치는 영향에 대해 가장 올바른 설명은 무엇인가?

① 발효 온도가 높을수록 미생물 활동이 억제되어 발효가 늦어진다.
② 너무 낮은 온도에서는 발효가 원활히 진행되지 않아 맛이 떨어진다.
③ 발효 온도는 양조주 맛에 영향을 주지 않는다.
④ 발효 온도가 높으면 알코올 도수가 무조건 높아진다.

! • 발효 온도는 20~25℃가 이상적이며, 10℃ 이하에서는 효모의 활동이 둔화되고 40℃ 이상에서는 효모가 사멸하여 발효가 진행되지 않는다.

45 다음 중 와인의 종류와 서빙 온도가 바르게 연결되지 않은 것을 고르시오.

① 아이스와인: 상온(20℃ 이상)
② 스파클링 와인: 6~9℃
③ 드라이 화이트 와인: 7~10℃
④ 풀바디 레드 와인: 16~18℃

! • 아이스와인의 적정 서브 온도는 6~8℃이다.

46 아마레또(Amaretto) 리큐르의 주재료와 그 특유의 맛을 가장 잘 설명한 것은 무엇인가?

① 레몬 껍질과 향신료가 주재료이며 상큼하고 시트러스한 맛을 낸다.
② 아몬드 또는 살구씨를 원료로 하며 달콤하고 고소한 맛과 향이 특징이다.
③ 바닐라와 카카오를 주재료로 하여 풍부한 초콜릿 맛을 제공한다.
④ 민트와 허브로 만들어 상쾌하고 쌉쌀한 맛이 난다.

47 고객에게 음료를 제공할 때 글라스의 밑받침으로 사용하는 종이나 가죽 등으로 된 작은 매트를 무엇이라고 하는가?

① 스터러   ② 머들러
③ 디캔터   ④ 코스터

48 바(Bar)의 메뉴를 구성할 때 시그니처 칵테일(Signature Cocktail)을 포함시키는 주요 목적은?

① 재고 소진
② 인건비 절감
③ 브랜드 정체성과 차별화 강화
④ 원가율 통일화

49 고객이 맥캘란(Macallan) 싱글몰트위스키를 '더블, 온더록(Double, On the Rocks)'으로 주문했을 때 서브해야 할 용량과 필요한 글라스는 무엇인가?

① 60ml, 올드 패션드 글라스 (Old Fashioned Glass)

② 90ml, 올드 패션드 글라스 (Old Fashioned Glass)

③ 60ml, 쿠페 글라스 (Coupe Glass)

④ 90ml, 쿠페 글라스 (Coupe Glass)

! • 위스키 한 잔의 기본 제공량은 1oz(약 30ml)이므로, 더블은 60ml이다. 올드 패션드 글라스를 온더록 글라스라고도 한다.

50 바에서 사용하는 얼음(Ice)의 위생관리 기준으로 가장 적절한 것은?

① 생수 대신 수도수를 바로 얼려 사용

② 손으로 직접 접촉하지 않고 전용 집게 사용

③ 한번 녹은 얼음은 다시 얼려 재사용

④ 냉동고 내 음식물과 함께 보관

51 Which of the following is the most important ingredient in determining the scent of gin, the spice that smells like pine?

① Vanilla Bean　② Juniper Berry

③ Cinnamon Stick　④ Coriander Seed

! • 다음 중 진(Gin)의 향을 결정짓는 가장 중요한 재료로, 솔향이 나는 향신료는 무엇인가?

52 What is one of the classic cocktails that uses whisky, and whose basic ingredients are sugar, bitters, whisky, and orange garnish?

① Old Fashioned　② Whiskey Sour

③ Manhattan　④ Highball

! • 위스키를 사용하는 클래식 칵테일 중 하나로, 설탕, 비터스, 위스키, 오렌지 가니쉬를 기본 재료로 하는 칵테일은?

53 Which spirit is made primarily from potatoes?

① Aquavit　② Mead

③ Brandy　④ Arrack

! • 감자를 주원료로 하는 증류주는 아쿠아비트(Aquavit)이며, 아락(Arrack)은 코코넛 꽃이나 사탕수수의 수액을 사용하여 인도, 스리랑카, 동남아시아에서 생산하는 증류주이다.

54 When making a Tequila Sunrise cocktail, which ingredient would you use to represent a red sunrise?

① Orange curacao

② Cranberry Juice

③ Cherry Brandy

④ Grenadine Syrup

! • 테킬라 선라이즈 칵테일을 만들 때 붉은 일출을 표현하기 위해 사용하는 재료는 무엇인가? 석류로 만든 그레나딘 시럽이다.

55 How many bottles of wine should be opened when 6 customers each order a glass of house red wine?

① 1   ② 2   ③ 3   ④ 4

!
• 고객 6명이 하우스 레드 와인을 한 잔씩 주문했을 때 오픈해야 할 와인은 몇 병인가? 레드 와인 한 잔의 적정 제공량은 150ml이므로 900ml가 필요하다. 와인 한 병은 750ml이므로 2병을 오픈하여야 한다.

56 In the production of Scotch whisky, what is the primary role of the peat during the malting process, and how does it influence the final flavor profile of the spirit?

① Peat acts as a fermentation agent that increases alcohol content and produces fruity notes.
② Peat is burned to dry the malted barley, imparting a smoky and earthy flavor to the whisky.
③ Peat neutralizes unwanted bacteria during distillation, resulting in a cleaner spirit.
④ Peat is used to filter the whisky, giving it a clearer appearance.

!
• 스카치 위스키 생산 중 몰팅 과정에서 피트의 주요 역할은 무엇이며, 최종 위스키의 풍미에 어떤 영향을 미치는가? 맥아를 건조하기 위해 피트를 태우는데, 이를 통해 위스키에 스모키하고 흙내음을 더한다.

57 What is the term for a marketing method that involves discounting prices during certain periods of time to increase sales?

① Par Stock   ② Inventory
③ Happy Hour   ④ Lead Time

!
• 매출 향상을 위한 마케팅 방법으로 일정한 시간대에 가격을 할인하여 주는 것을 무엇이라고 하는가?

58 다음 보기 중 의미가 가장 다른 하나는 무엇인가?

① I drink so much these days that I have no desire for alcohol.
② I don't prefer alcoholic beverages.
③ I have an important appointment tomorrow, so I'd like to avoid drinking.
④ I'll keep drinking until the sun comes up.

!
① 나는 요즘 술을 너무 마셔서 술에 대한 욕구가 없어요.
② 나는 알코올 음료를 선호하지 않습니다.
③ 나는 내일 중요한 약속이 있어서 음주를 피하고 싶어요.
④ 해 뜰때까지 쉬지 않고 마실래요.

59 What are the key ingredients that determine the flavor balance of a Daiquiri cocktail?

① Sweet Vermouth and Bitters

② Sugar and Lime Juice

③ Lime Juice and Triple Sec

④ Egg White and Cream

> ! • 다이키리 칵테일의 맛의 균형을 결정짓는 핵심 요소는 무엇인가? 럼 1¾oz, 라임주스 ¾oz, 설탕 1tsp을 셰이커에 넣고 흔든 뒤 칵테일 글라스에 따른다.

60 Which of the following techniques is commonly used when making cocktails containing carbonated beverages?

① Shaking ② Stirring

③ Building ④ Floating

> ! • 다음 보기 중에서 탄산음료를 포함하는 칵테일을 만들 때 일반적으로 사용하는 기법은 무엇인가?

정답

01	02	03	04	05	06	07	08	09	10
①	④	②	①	②	①	④	②	③	③
11	12	13	14	15	16	17	18	19	20
④	②	③	③	③	①	②	①	②	②
21	22	23	24	25	26	27	28	29	30
①	③	④	①	④	②	④	③	③	①
31	32	33	34	35	36	37	38	39	40
①	③	④	①	②	②	②	③	①	①
41	42	43	44	45	46	47	48	49	50
③	④	②	②	①	②	④	③	①	②
51	52	53	54	55	56	57	58	59	60
②	①	①	④	②	②	③	④	②	③

PART VI

실전동형 모의고사

조주기능사 필기시험 실전 동형 모의고사

- 조주기능사 대비 실전 동형 모의고사의 문제들은 한국산업인력공단이 제시한 출제 기준을 바탕으로 난도를 조정하여 엄선하였습니다.
- 시험 현장이라고 가정하고 제한시간에 모의고사를 Test해 보시기 바랍니다.
- 시험 후 채점하여 보시고 부족한 영역은 다시 복습하여 보완하시기 바랍니다.

제1회 실전동형 모의고사

자격 종목		코드	출제 문항 수	시험 시간	수험 번호	성명
조주기능사			60문항	60분		

01 스코틀랜드의 위스키 생산지 중에서 가장 많은 증류소가 위치한 지역은?

① 하이랜드(Highland)
② 스페이사이드(Speyside)
③ 로우랜드(Lowland)
④ 아일레이(Islay)

02 와인의 Tasting 방법으로 가장 옳은 것은?

① 와인을 오픈한 후 공기와 접촉되는 시간을 최소화하여 바로 따른 후 마신다.
② 와인에 얼음을 넣어 냉각시킨 후 마신다.
③ 와인 잔을 흔든 뒤 아로마나 부케의 향을 맡는다.
④ 검은 종이를 테이블에 깔아 투명도 및 색을 확인한다.

03 곡류를 원료로 하는 술의 제조 시 당화 과정에 필요한 것은?

① Ethyl Alcohol   ② CO_2
③ Yeast   ④ Diastase

04 차에 들어있는 성분 중 타닌(Tannin)의 4대 약리작용이 아닌 것은?

① 해독작용   ② 지방분해
③ 이뇨작용   ④ 소염작용

05 다음은 어떤 와인을 제조하는 방법에 대한 설명인가?

> 삼각형 받침대 모양의 틀에 와인을 꽂고 약 4개월 동안 침전물을 병 입구로 모은 후, 냉동으로 병목을 얼려서 코르크 마개를 열면 순간적으로 자체 압력에 의해 응고되었던 침전물이 병 밖으로 빠져나온다. 침전물의 방출로 인한 양적 손실은 도자쥬(Dosage)로 채워진다.

① 레드 와인(Red Wine)
② 로제 와인(Rose Wine)
③ 샴페인(Champagne)
④ 화이트 와인(White Wine)

06 음료에 대한 설명이 잘못된 것은?

① 콜린스 믹서(Collins Mixer)는 레몬주스와 설탕을 주원료로 만든 착향 탄산음료이다.
② 토닉워터(Tonic Water)는 키니네(Quinine) 성분을 함유하여 특유의 쓴맛이 난다.
③ 코코아(Cocoa)는 코코넛(Coconut) 열매를 가공하여 가루로 만든 것이다.
④ 콜라(Coke)는 콜라닌과 카페인을 함유하고 있다.

07 칵테일에 레몬의 껍질을 가늘고 길게 나선형으로 장식하는 것과 관계있는 것은?

① Slice   ② Wedge
③ Horse's Neck   ④ Peel

08 맨해튼(Manhattan), 올드패션드(Old Fashioned) 칵테일의 재료로 쓰이며, 뛰어난 풍미와 향기가 있는 고미제로써 널리 사용되는 것은?

① 클로브(Clove)
② 시나몬(Cinnamon)
③ 앙고스투라 비터(Angostura Bitter)
④ 오렌지 비터(Orange Bitter)

09 스카치 위스키의 법적 정의로서 틀린 것은?

① 위스키의 숙성 기간은 최소 3년 이상이어야 한다.
② 물 외에 색을 내기 위한 어떤 물질도 첨가할 수 없다.
③ 병입 후 알코올 도수가 최소 40도 이상이어야 한다.
④ 증류된 원액을 숙성시켜야 하는 오크통은 700리터가 넘지 않아야 한다.

10 적포도를 착즙해 주스만 발효시켜 만드는 와인은?

① Blanc de Blanc   ② Blush Wine
③ Port Wine   ④ Red Vermouth

11 감미 와인(Sweet Wine)을 만드는 방법이 아닌 것은?

① 귀부 포도(Noble Rot)를 사용하는 방법
② 발효 도중 알코올을 강화하는 방법
③ 발효 시 설탕을 첨가하는 방법
④ 햇빛에 말린 포도를 사용하는 방법

12 사과로 만들어진 양조주는?

① Camus Napoleon
② Cider
③ Kirschwasser
④ Anisette

13 프랑스 와인의 원산지 통제 증명법으로 가장 엄격한 기준은?

① DOC   ② AOC
③ VDQS   ④ QMP

14 칼바도스(Calvados)는 보관 온도상 다음 품목 중 어떤 것과 같이 두어도 괜찮은가?

① 백포도주   ② 샴페인
③ 생맥주   ④ 코냑

15 스카치 750mL 1병의 원가가 100,000원이고 평균 원가율을 20%로 책정했다면 스카치 1잔의 판매가격은?

① 10,000원   ② 15,000원
③ 20,000원   ④ 25,000원

16 혼성주 제조 방법인 침출법에 대한 설명으로 틀린 것은?

① 맛과 향이 알코올에 쉽게 용해되는 원료일 때 사용한다.
② 과실 및 향료를 기주에 담가 맛과 향이 우러나게 하는 방법이다.
③ 원료를 넣고 밀봉한 후 수개월에서 수년간 장기 숙성시킨다.
④ 맛과 향이 추출되면 여과한 후 블렌딩하여 병입한다.

17 레드 와인용 포도 품종이 아닌 것은?

① 리슬링(Riesling)
② 메를로(Merlot)
③ 피노누아(Pinot Noir)
④ 카베르네 소비뇽(Cabernet Sauvignon)

18 밀(Wheat)을 주원료로 하는 맥주는?

① 산미구엘(San Miguel)
② 에델바이스(Edelweiss)
③ 람빅(Lambic)
④ 포스터스(Foster's)

19 다음 중 Bitters에 속하는 것이 아닌 것은?

① Angostura   ② Campari
③ Galliano   ④ Amer Picon

20 다음 중 증류주가 아닌 것은?

① 미드   ② 아락
③ 우조   ④ 아쿠아비트

21 초록빛을 띠며 한때 제조와 판매 금지령이 내려졌었던 리큐르는 무엇인가?

① 깔루아(Kahlua)
② 압생트(Absinthe)
③ 드람부이(Drambuie)
④ 캄파리(Campari)

22 칵테일 도량 용어로 1Finger에 가장 가까운 양은?

① 30ml 정도의 양
② 1병(Bottle) 정도의 양
③ 1대시(Dash) 정도의 양
④ 1컵(Cup) 정도의 양

23 추운 계절에 몸을 녹이기 위하여 외출이나 등산 후에 따뜻하게 마시는 칵테일로 가장 거리가 먼 것은?

① Irish Coffee   ② Jack Rose
③ Rum Grog   ④ Vin Chaud

24 주장 관리에서 핵심적인 원가의 3요소는?

① 재료비, 인건비, 주장경비
② 세금, 봉사료, 인건비
③ 인건비, 주세, 재료비
④ 재료비, 세금, 주장경비

25 다음 중 전통주를 사용하는 칵테일인 풋사랑(Puppy Love)의 조주 기법은?

① 휘젓기(Stir)
② 직접넣기(Build)
③ 흔들기(Shake)
④ 띄우기(Float)

26 발포성 와인의 서비스 방법으로 틀린 것은?

① 병을 45° 기울인 후 세게 흔들어 거품이 충분히 나도록 한 후 코르크 마개의 철사를 푼다.
② 와인 쿨러에 물과 얼음을 넣고 발포성 와인병을 넣어 차갑게 한 후 서브한다.
③ 서브 후 서비스 냅킨으로 병목을 닦아 와인이 테이블 위로 떨어지는 것을 방지한다.
④ 거품이 너무 나지 않게 잔의 내측 벽을 타고 따르면서 잔을 채운다.

27 차(Tea)에 대한 설명으로 가장 거리가 먼 것은?

① 녹차는 찻잎을 찌거나 덖어서 만든다.
② 녹차는 끓는 물로 신속히 우려낸다.
③ 홍차는 레몬과 잘 어울린다.
④ 홍차에 우유를 넣을 때는 뜨겁게 하여 넣는다.

28 주장의 시설에 대한 설명으로 잘못된 것은?

① 주장은 크게 프런트 바(Front Bar), 백 바(Back Bar), 언더 바(Under Bar)로 구분된다.
② 프런트 바(Front Bar)는 바텐더와 고객이 마주 보면서 서브하고 서빙을 받는 공간이다.
③ 백 바(Back Bar)는 칵테일용으로 쓰이는 술을 전시하고 저장을 하는 공간이다.
④ 언더 바(Under Bar)는 바텐더의 허리 아래 공간으로 휴지통이나 빈 병 등을 두는 공간이다.

29 다음 중 미국을 대표하는 리큐르는?

① 슬로진(Sloe Gin)
② 트리플섹(Triple Sec)
③ 써던컴포트(Southern Comfort)
④ 크렘드카카오(Crème de Cacao)

30 다음 중 "생명의 물"로 지칭되었던 유래가 없는 술은?

① 위스키
② 브랜디
③ 보드카
④ 진

31 화이트 와인 서비스 과정에서 필요한 기물과 가장 거리가 먼 것은?

① Wine Cooler
② Wine Towel
③ Wine Cradle
④ Wine Opener

32 프라페(Frappe) 스타일의 칵테일을 만들 때 사용하는 얼음은?

① Cubed Ice
② Cracked Ice
③ Lump of Ice
④ Crushed Ice

33 단맛과 약간의 쓴맛이 나며, 계란을 사용한 칵테일에 비린내를 없애기 위해 사용하는 대표적인 재료는?

① 넛맥
② 계피
③ 민트
④ 정향

34 대한제국 시절 고종이 커피를 마시며 휴식을 취하거나 외교 사절단을 맞이하기 위해 덕수궁 안에 만든 카페 이름은?

① 덕홍전　　　② 함녕전
③ 정관헌　　　④ 석어당

35 다음 중 주세법상 용어에 대한 설명이 틀린 것은?

① 주류: 알코올분 1도 이상의 음료를 말한다.
② 주조연도: 매년 1월 1일부터 9월 30일까지의 기간을 말한다.
③ 밑술: 효모를 배양, 증식한 것으로 당분이 포함되어 있는 물질을 알코올 발효시킬 수 있는 재료를 말한다.
④ 국: 녹말이 포함된 재료에 곰팡이류를 번식시킨 것을 말한다.

36 다음 중 브랜디의 등급 표시가 아닌 것은?

① ★★★　　　② V.S.O.P
③ X.O　　　　④ Blended

37 식품위생법과 그 시행령, 식품위생 분야 종사자의 건강진단규칙에 중점을 두어 식품 관련업에 종사하는 영업주 및 모든 종사원 또는 종사 예정자가 발급받아야 하는 서류는 무엇인가?

① 위생교육증　　② 보건증
③ 식품위생검사증　④ 영업신고증

38 다음 중 당분 함량이 가장 높은 와인은 무엇인가?

① 카비네트(Kabinett)
② 슈패트레제(Spatlese)
③ 아우스레제(Auslese)
④ 아이스바인(Eiswein)

39 혼성주(Compounded Liquor)의 종류에 대한 설명으로 틀린 것은?

① 아드보카트(Advocaat)는 브랜디에 계란 노른자와 설탕을 혼합하여 만든다.
② 드람부이(Drambuie)는 "사람을 만족시키는 음료"라는 뜻을 가지고 있다.
③ 아르마냑(Armagnac)은 체리향을 혼합하여 만든다.
④ 깔루아(Kahlua)는 증류주에 커피를 혼합하여 만든다.

40 다음 중 블렌디드 위스키(Blended Whisky)가 아닌 것은?

① Chivas Regal 18y
② Balvenie 15y
③ Royal Salute 21y
④ Dimple 12y

41 포도의 그린 수확(Green Harvest)에 대한 설명으로 옳은 것은?

① 수확량을 제한하기 위한 수확
② 청포도 품종의 수확
③ 완숙한 최고의 포도 수확
④ 해가 뜨지 않은 새벽에 포도 수확

42 주장에서 월말에 수행하는 인벤토리(Inventory)는 무엇을 파악하기 위한 것인가?

① 매출 이익
② 순수익
③ 월 경비
④ 재고량

43 고객이 위스키를 'On the rocks'로 주문하였을 때 제공하는 방법을 설명한 것으로 틀린 것은?

① 어떤 산지의 위스키인지 파악한다.
② 고객이 원하는 상표인지 확인한다.
③ 온더락 글라스에 위스키를 넣고 얼음을 채운다.
④ 코스터를 깔고 음료를 제공한다.

44 다음 중 프랑스에서 생산된 물이 아닌 것은?

① 에비앙
② 페리에
③ 비시
④ 셀처

45 다음 중 After Drink로 가장 거리가 먼 것은?

① Dry Martini
② Rusty Nail
③ Cream Sherry
④ Brandy Alexander

46 다음 중 코냑(Cognac) 지역의 브랜드가 아닌 것은?

① Remy Martin
② Hennessy
③ Chabot
④ Courvoisier

47 민속주 중 약주가 아닌 것은?

① 한산 소곡주
② 경주 교동법주
③ 아산 연엽주
④ 진도홍주

48 다음 중 커피의 양이 가장 많은 것은?

① Espresso
② Ristretto
③ Lungo
④ Doppio

49 주장에서 표준 레시피(Standard Recipe)를 설정하고 이를 따르는 목적이 아닌 것은?

① 원가 계산을 위한 기초 제공
② 표준 조주법 이용으로 노무비 절감에 기여
③ 품질과 맛의 일관성 유지
④ 특정인에 대한 의존도 강화

50 칵테일에 사용하는 레몬 장식 중 반으로 길게 자른 후 다시 길게 4등분하여 자른 모양을 일컫는 말은?

① 슬라이스(Slice) ② 휠(Wheel)
③ 웨지(Wedge) ④ 필(Peel)

51 Which of the following is the right beverage in the blank?

> B: Here you are. Drink it while it's hot.
> G: Um... Nice. What pretty drink are you mixing there?
> B: Well, it's for the lady in that corner. It is a "   ", and it is made from several liqueurs.
> G: Looks like a rainbow. How do you do that?
> B: Well, Just pour it carefully. Each liquid has a different weight, so they sit on the top of each other without mixing.

① Pousse Café ② Cassis Frappe
③ June Bug ④ Rum Shrub

52 There are basic direction of wine service. Select the one which is not belong to them in the following.

① Filling four-fifth of red wine into the glass.
② Serving the red wine with room temperature.
③ Serving the white wine with condition of 8~12℃.
④ Showing the guest the label of wine before service.

53 If a customer brings a drink without using the hotel's beverage product, what does this mean, the amount received after providing the glass, ice, lemon, etc. required for the service?

① Rental Charge
② VAT(Value Added Tax)
③ Corkage Charge
④ Service Charge

54 What is Italian brandy made by fermenting and distilling the residue left over from wine?

① Jim Beam ② Aquavit
③ Grappa ④ Vermouth

55 Which of the following drinks dose not mature?

① Vodka ② Tequila
③ Whisky ④ Dark Rum

56 다음에서 설명하는 Bitters는 무엇인가?

> It is made from a Trinidadian secret recipe.

① Peychaud's Bitter
② Abbott's aged Bitter
③ Orange Bitter
④ Angostura Bitter

57 Which of the following is not distilled liquor?

① Vodka   ② Gin

③ Calvados   ④ Pulque

58 다음 ( ) 안에 적합한 단어는?

> A: Do you have anything to read?
> B: We have Korean newspapers and magazines.
> A: ( ) I have a paper, please?

① What   ② Could

③ How   ④ Does

59 다음 ( ) 안에 들어갈 알맞은 말은?

> ( ) is a liqueur made with natural coconut extract and rum produced in Barbados in the Caribbean.

① Sambuca

② Maraschino

③ Southern Comfort

④ Malibu

60 What acts to break down sugar to create alcohol and carbon dioxide gas?

① Water   ② Hop

③ Yeast   ④ Enzyme

정답

01	02	03	04	05	06	07	08	09	10
②	③	④	③	③	③	③	③	②	②
11	12	13	14	15	16	17	18	19	20
③	②	②	④	③	①	①	②	③	①
21	22	23	24	25	26	27	28	29	30
②	①	②	①	③	①	②	④	④	④
31	32	33	34	35	36	37	38	39	40
③	④	①	③	②	④	②	④	③	②
41	42	43	44	45	46	47	48	49	50
①	④	③	④	①	③	④	④	④	③
51	52	53	54	55	56	57	58	59	60
①	①	③	③	①	④	④	②	④	③

해설

01 스코틀랜드에는 약 150개의 증류소가 있으며 그 중 스페이사이드 지역에 50개 이상이 위치해 있다.

03 당화 과정에는 효소(Diastase), 발효 과정에는 효모(Yeast)가 필요하며 발효 후에 이산화탄소(CO_2)와 알코올(Ethyl Alcohol)이 생성된다.

04 이뇨 작용은 차에 함유된 카페인 성분 때문이다.

05 샴페인(Champagne)의 표준 제조 과정 중 르뮈아주(Remuage)와 데고르주망(Dégorgement)에 관한 설명이다.

06 코코아는 카카오콩을 분쇄하여 만든다.

07 Horse's Neck이라는 이름은 이 칵테일의 가니쉬인 레몬 껍질을 길게 꼬아서 만들어진 것이 말 목의 곡선을 연상시킨다는 데서 유래되었다.

08 ・비터(Bitters)
식물 추출물, 나무껍질 등을 원료로 하는 쓴맛이 강한 술로 칵테일에 소량 첨가하여 복잡성과 풍미를 높인다.

09 숙성에 따라 달라지는 알코올 함량과 색상을 일정하게 유지하기 위해 물과 캐러멜 색소를 소량 첨가할 수 있다.

10 ・블러시 와인(Blush Wine)
적포도 껍질의 접촉을 최소화하여 색을 조절한 핑크빛의 로제 와인이다.

11 발효 중인 포도 과즙에 설탕을 첨가하면 최종 와인의 알코올 함량이 높아지며, 이러한 방법을 보당(Chaptalization)이라 한다.

12 Apple wine을 프랑스에서는 시드르(Cidre), 영어로는 사이다(Cider)라 한다.

13 • 프랑스 와인 등급 순서
A.O.C(A.O.P) – V.D.Q – V.d.P(IGP) – V.d.T(V.d.F)

14 • 칼바도스(Calvados)
사과로 만든 브랜디로 코냑과 함께 증류주에 속한다.

15 • 판매가격 산정
위스키 한 잔은 보통 30ml씩 제공되므로 한 잔의 원가는 4,000원이다.
원가율(%) = 원가/판매가 × 100

16 침출법(Infusion)으로 제조하는 경우 재료가 알코올에 쉽게 용해되어서는 안된다. 열을 가하지 않기 때문에 '콜드방식(Cold Method)'이라고도 부른다.

17 리슬링은 독일을 대표하는 화이트 와인용 포도 품종이다.

18 에델바이스는 오스트리아의 밀맥주이다.

19 갈리아노는 바닐라와 아니스 등 허브로 만들어졌으나 달콤하며 나머지는 강한 허브향과 뚜렷한 쓴맛을 나타낸다

20 미드(Mead): 벌꿀을 원료로 하는 발효주
② 아락(Arrack): 코코넛 꽃이나 사탕수수의 발효 수액을 원료로 하는 동남아시아의 증류주
③ 우조(Ouzo): 주정에 아니스, 고수, 정향, 계피 등을 넣고 숙성시킨 그리스의 증류주
④ 아쿠아비트(Aquavit): 으깬 감자를 원료로 하여 향신료를 첨가한 스칸디나비아의 증류주

21 • 압생트(Absinthe)
주원료인 향쑥에 포함된 투존(Thujone) 성분이 정신 착란을 일으켜 환각을 보게 되며, 과음하면 시신경이 파괴될 수 있다는 연구 결과로 인하여 한동안 판매가 금지되었다.

22 • 칵테일의 계량 단위
1 Finger = 1 Shot = 1 Pony = 1oz = 약 30ml

23 ① 아이리쉬 위스키에 커피와 휘핑 크림을 넣은 칵테일
③ 럼, 꿀, 레몬주스에 따뜻한 물을 넣은 칵테일
④ 과일이나 향신료를 넣고 따뜻하게 데운 레드 와인

25 • 풋사랑(Puppy Love)
안동소주 1oz, 트리플섹 $\frac{1}{2}$ oz, 애플퍼커1oz, 라임주스 $\frac{1}{3}$ oz를 셰이커에 넣고 흔들어서 만든다. 장식은 사과 슬라이스이다.

26 발포성 와인을 서비스할 때는 병을 세워 코르크 마개의 호일을 벗겨내고, 엄지 손가락으로 코르크를 누르면서 철사를 푼 뒤 펑 소리가 나지 않도록 조심히 오픈한다.

27 녹차를 우릴 때 적정 온도는 80~85℃이며, 홍차 등의 발효차는 95~100℃가 이상적이다.

28 • 언더 바(Under Bar)
바텐더가 칵테일을 조주하거나, 칵테일에 사용되는 얼음과 장식을 준비하는 공간이다.

29 • 써던 컴포트(Southern Comfort)
아메리칸 위스키에 복숭아와 오렌지 향이 가미된 리큐르이다.

31 • 와인 크래들(Wine Cradle)
와인의 병목이 위를 향하도록 기울어진 상태로 고정하기 위하여 제공되는 바구니로 레드 와인을 서브할 때 사용한다.

33 • 넛맥(Nutmeg)
'육두구'라고도 하며 원산지는 인도네시아이다. 생강, 후추, 박하 등이 섞인 향이 나기 때문에 누린내나 비린내를 제거하는 데 효과적이다.

35 주조연도는 매년 1월 1일부터 12월 31일까지의 기간을 말한다.

36 숙성 기간에 따라 ★★★ < ★★★★★ < V.O < V.S.O < V.S.O.P < X.O < Extra로 표기된다.

37 보건증을 '건강진단결과서'라고도 한다.

38 아이스바인은 자연적으로 얼어버려 당분이 농축된 포도로 만든 디저트용 와인이다.
① 보통 수확기에 딴 포도로 만든 와인
② 평균 포도 수확기보다 늦게 따서 당도기 높아진 포도로 양조한 와인
③ 잘 익은 포도 송이를 선별하여 만든 와인

39 아르마냑(Armagnac)은 브랜디의 일종이다.

40 발베니(Balvenie)는 싱글 몰트 위스키이다.

41 • 그린 하비스트(Green Harvest)
포도의 품질을 향상시키기 위해 일부 포도 송이를 솎아내어 수확량을 제한하는 방법이다.

42 물품들에 대한 재고 목록을 인벤토리라고 한다.

43 글라스에 얼음을 채운 뒤 위스키를 넣는다.

44 셀처(Seltzer)는 독일에서 생산되는 천연 광천수이다.

45 드라이 마티니(Dry Martini)는 식전주(Aperitif)로 적합하다.

46 샤보(Chabot)는 아르마냑(Armagnac) 지역의 브랜디이다.

47 진도홍주는 증류주이다.

48 도피오(60ml) > 룽고(35~40ml) > 에스프레소(25~30ml) > 리스트레토(15~20ml)

50 ① 반달모양, ② 원형모양, ④ 과육을 제거한 껍질

51 B: 여기 있습니다. 뜨거울 때 드세요.
G: 음, 좋네요. 지금 만들고 있는 예쁜 음료는 무엇입니까?
B: 이것은 저 코너에 계신 숙녀분을 위한 것입니다. 여러가지 리큐르로 만든 '푸스카페'입니다.
G: 꼭 무지개처럼 보이네요. 어떻게 만드나요?
B: 조심스럽게 따르면 됩니다. 각각의 액체는 무게가 다르기 때문에 섞이지 않고 층층이 쌓입니다.

52 ① 레드 와인은 글라스에 $\frac{5}{6}$ 정도 따른다.
② 레드 와인은 실온 상태에서 서브한다.
③ 화이트 와인은 8~12℃에서 서브한다.
④ 와인을 서비스하기 전에 고객에게 라벨을 확인시킨다.
레드 와인 한 잔의 적정량은 150ml이며, 글라스의 $\frac{1}{3}$ 정도 따르는 것이 좋다.

53 고객이 호텔의 음료 상품을 이용하지 않고 음료를 가지고 온 경우, 서비스에 필요한 글라스, 얼음, 레몬 등을 제공하고 받는 금액을 의미하는 것은?
콜키지 차지(Corkage Charge)는 보통 보틀 금액의 일부나 병당 일정 금액을 지불한다.

54 와인을 만들고 남은 찌꺼기를 발효, 증류하여 만든 이탈리안 브랜디는 무엇인가?

55 무색, 무미, 무취를 특징으로 하는 보드카는 숙성하지 않는다.

56 • 앙고스투라 비터(Angostura Bitter)
맨해튼이나 올드 패션드 등의 칵테일에 향을 가미하는 용도로 쓰이며, 트리니다드토바고에서 생산한다.

57 풀케(Pulque)는 용설란(Agave)를 발효한 양조주이며, 이를 증류하면 테킬라(Tequila)가 된다.

58 A: 읽을 만한 것이 있을까요?
B: 한국어로 된 신문과 잡지가 있습니다.
A: 신문으로 주시겠어요?

59 • 말리부(Malibu)
카리브해 바베이도스에서 생산된 천연 코코넛 추출물과 럼을 베이스로 만든 리큐르이다.

60 당을 분해하여 알코올과 이산화탄소 가스를 생성하는 역할을 하는 것은 무엇인가?

제2회 실전동형 모의고사

자격 종목	코드	출제 문항 수	시험 시간	수험 번호	성명
조주기능사		60문항	60분		

01 다음 중 음료의 분류로 틀린 것은?

① 음료는 알코올성 음료와 비알코올성 음료로 분류된다.
② 알코올성 음료는 양조주, 증류주, 혼성주로 분류된다.
③ 커피, 와인, 위스키는 세계 3대 기호음료이다.
④ 비알코올성 음료는 청량음료, 영양음료, 기호음료로 분류된다.

02 보졸레 누보(Beaujolais Nouveau)에서 '누보(Nouveau)'를 영어로 바꾼다면 가장 알맞은 단어는?

① Fresh ② New
③ Best ④ Quality

03 다음 중 서비스의 특성으로 옳지 않은 것은?

① 인적 자원에 대한 의존도가 높다.
② 무형이기 때문에 구체적으로 보이는 형태로 제시할 수 없다.
③ 생산과 소비가 동시에 일어나는 비분리적 특징을 가진다.
④ 판매되지 않은 서비스는 보존된다.

04 커피의 베리에이션(Variation) 메뉴에 해당되는 것은?

① 에스프레소
② 리스트레토
③ 아메리카노
④ 카페라테

05 다음 중 프랑스 부르고뉴 지방의 적포도 품종은?

① 카베르네 소비뇽
② 메를로
③ 말벡
④ 피노누아

06 맥주의 계절별 적정 서브 온도는?

① 여름 2~6℃, 겨울 17~19℃
② 여름 4~8℃, 겨울 8~10℃
③ 여름 8~12℃, 겨울 12~16℃
④ 여름 12~16℃, 겨울 20~24℃

07 와인을 마시기 전 이상적인 음용 온도에 맞추기 위하여 저장고에서 일찍 꺼내 자연스럽게 천천히 적정 온도에 도달하게 하는 것을 나타내는 용어는?

① 샹브레(Chambrer)
② 샹델(Chandelle)
③ 샤르마(Charmat)
④ 샤르뉘(Charnu)

08 럼(Rum)에 대한 설명으로 틀린 것은?

① 원산지는 카리브해 연안의 서인도 제도이다.
② 원료는 사탕수수나 당밀이며, 당밀 자체가 당분이기 때문에 별도의 당화 과정이 필요 없다.
③ 대표적인 브랜드로는 스미노프(Smirnoff), 단즈카(Danzka)가 있다.
④ 대표적인 칵테일로는 쿠바리브레(Cuba Libre), 다이키리(Daiquiri)가 있다.

09 다음에서 설명하는 전통주는 무엇인가?

평양의 명주로 고려시대에 원나라로부터 유입된 증류주이다. 단맛을 내는 용안육과 감초를 사용하고 향과 색은 지초, 홍국, 계피, 진피, 정향 등의 약재로 우려낸다.

① 감홍로
② 안동소주
③ 문배주
④ 진도홍주

10 다음 중 와인의 특징과 품질을 결정하는 요소가 아닌 것은?

① Terroir
② Water
③ Grape
④ Skill

11 탄산음료에 함유된 이산화탄소에 대한 설명으로 틀린 것은?

① 청량감과 시원한 느낌을 준다.
② 단맛과 부드러운 맛을 준다.
③ 과도하게 섭취할 경우 속 쓰림이나 소화 불량을 유발할 수 있다.
④ 미생물의 발육을 억제한다.

12 커피 로스팅의 정도에 따라 약한 순서에서 강한 순서대로 나열한 것으로 옳은 것은?

① Italian Roasting → German Roasting → American Roasting → French Roasting
② German Roasting → Italian Roasting → American Roasting → French Roasting
③ American Roasting → German Roasting → French Roasting → Italian Roasting
④ French Roasting → American Roasting → Italian Roasting → German Roasting

13 다음 중 조선의 3대 명주가 아닌 것은?

① 이강주　　　② 경주법주
③ 감홍로　　　④ 죽력고

14 다음 중 얼음에 대한 설명으로 올바르지 않은 것은?

① 칵테일과 얼음은 밀접한 관계가 있다.
② 칵테일에 가장 많이 사용되는 얼음은 각얼음(Cubed Ice)이다.
③ 재사용할 수 있으며, 속에 공기가 들어 있는 것이 좋다.
④ 투명하고 단단한 얼음이어야 한다.

15 주세법상 알코올 농도의 정의는?

① 섭씨 4℃에서 원용량 100분 중에 포함 되어있는 알코올분의 용량
② 섭씨 15℃에서 원용량 100분 중에 포함 되어있는 알코올분의 용량
③ 섭씨 4℃에서 원용량 100분 중에 포함 되어있는 알코올분의 질량
④ 섭씨 20℃에서 원용량 100분 중에 포함 되어있는 알코올분의 용량

16 다음 중 Stem이 있는 글라스는 무엇인가?

① Collins Glass
② Pilsner Glass
③ Old Fashioned Glass
④ Snifter Glass

17 셰이킹 기법을 사용해야 하는 재료로 가장 거리가 먼 것은?

① 혼성주와 생크림
② 증류주와 달걀
③ 증류주와 탄산수
④ 혼성주와 주스

18 포도나무의 뿌리를 먹고 사는 작은 곤충으로 해결책에 관한 정보를 얻기 전까지 포도밭의 60% 이상에 피해를 주며 와인의 역사를 흔들었던 것은?

① Grape Berry Moths
② Grape Mealybugs
③ Leafhoppers
④ Phylloxera

19 혼성주(Compounded Liquor)의 종류에 대한 설명으로 틀린 것은?

① 예거마이스터(Jägermeister)는 엘더플라워를 주원료로 하는 프랑스 리큐르이다.
② 드람부이(Drambuie)는 사람을 만족시키는 음료라는 뜻을 가지고 있다.
③ 깔루아(Kahlua)는 증류주에 커피를 혼합하여 만든 술이다.
④ 아드보카트(Advocaat)는 브랜디에 달걀 노른자와 설탕을 혼합하여 만든다.

20 다음 중 생맥주의 취급 요령으로 틀린 것은?

① 미살균 상태이므로 신선도에 주의해야 한다.
② 2주 정도 숙성기간을 거치면 풍미가 살아난다.
③ 생맥주 통의 압력은 12~14파운드가 이상적이다.
④ 온도는 약 2~3℃로 유지해야 한다.

21 다음 중 스카치 위스키가 아닌 것은?

① Jim Beam
② Johnnie Walker
③ Glenfiddich
④ J&B

22 다음 중 보드카 베이스의 칵테일이 아닌 것은?

① Kiss of Fire
② Moscow Mule
③ Singapore Sling
④ Screwdriver

23 다음 중 원료가 다른 술은?

① 트리플 섹
② 마라스키노
③ 코인트루
④ 블루큐라소

24 다음 중 테킬라(Tequila)에 대한 설명으로 틀린 것은?

① 알코올 함량은 보통 38~40%이다.
② 멕시코 전 지역에서 생산된다.
③ Reposado는 1년 미만 숙성시킨 것이다.
④ Añejo는 1년 이상 숙성시킨 것이다.

25 다음 중 체리로 장식하지 않는 칵테일은?

① 맨해튼
② 올드패션드
③ 피냐콜라다
④ 진 피즈

26 영국의 왕 조지 6세의 캐나다 방문을 기념하여 만든 술은?

① 크라운 로얄
② 캐내디언 클럽
③ 블랙 벨벳
④ 제임슨

27 전통주 중 합주(合酒)에 대한 설명으로 맞는 것은?

① 청주와 탁주를 합한 술이다.
② '흑주'라고도 한다.
③ 소주의 일종이다.
④ 혼성주의 일종이다.

28 다음에서 설명하는 와인 산지는 어디인가?

> 대서양에 근접한 지역으로 세계 와인 산지 중에서 가장 큰 영향력을 가지고 있다. 주요 포도 품종은 카베르네 소비뇽, 메를로, 카베르네 프랑, 세미용, 소비뇽 블랑으로 두 가지 품종 이상을 블렌딩한다. 지롱드강, 도르도뉴강, 가론강이 중요한 역할을 한다.

① 보르도(Bordeaux)
② 샹파뉴(Champagne)
③ 부르고뉴(Bourgogne)
④ 론(Rhone)

29 스트레이트 콘 위스키(Straight Corn Whiskey)의 원료 함량으로 알맞은 것은?

① 40% 이상의 옥수수
② 51% 이상의 옥수수
③ 51% 이상의 옥수수와 29% 이상의 보리
④ 80% 이상의 옥수수

30 맥주와 그 생산지가 바르게 연결된 것은?

① 미국-아사히
② 일본-밀러
③ 영국-하이네켄
④ 멕시코-코로나

31 커피의 품종 중 주로 인스턴트 커피의 재료로 사용되는 것은?

① 아라비카
② 로부스타
③ 리베리카
④ 코피루왁

32 다음 중 베이스가 다른 하나는?

① Apple Martini
② Bloody Mary
③ Cuba Libre
④ Cosmopolitan

33 주로 일품요리를 제공하며, 메뉴가 따로 없이 그 날의 특별음식을 셰프가 알아서 만들어 내는 곳은?

① 델리카트슨(Delicatessen)
② 다이닝(Dining)
③ 카페테리아(Cafeteria)
④ 오마카세(Omakase)

34 식품위해요소 중점관리기준이라 불리는 위생 관리 시스템은?

① HACCP
② HACPA
③ HCAAP
④ HAPPC

35 샴페인의 당분 표시 중 그 함량이 가장 적은 것은?

① 브뤼(Brut)
② 엑스트라 드라이(Extra Dry)
③ 섹(Sec)
④ 두(Doux)

36 세계 최초로 물을 상품화한 기업이자 광천수를 이용하여 먹는 샘물로 출시된 브랜드는 무엇인가?

① 셀처   ② 비시
③ 에비앙   ④ 페리에

37 다음 중 모히또(Mojito)에 사용되는 얼음으로 알맞은 것은?

① Cubed Ice   ② Crushed Ice
③ Shaved Ice   ④ Cracked Ice

38 다음 중 다른 글라스에 제공해야 하는 것은?

① 불바디에(Boulevardier)
② 네그로니(Negroni)
③ 다이키리(Daiquiri)
④ 러스티네일(Rusty Nail)

39 전통주 칵테일의 이름과 베이스의 연결이 바르지 못한 것은?

① 풋사랑(Puppy Love) - 안동소주 35도
② 진도(Jindo) - 감홍로 40도
③ 고창(Gochang) - 선운산 복분자주
④ 금산(Geumsan) - 금산인삼주 43도

40 1 Quart는 몇 Ounce인가?

① 4oz   ② 8oz
③ 16oz   ④ 32oz

41 식품위생법상 건강진단검사 결과 영업에 종사하지 못하는 질병이 아닌 것은?

① 피부병 또는 화농성 질환
② 장티푸스
③ A형 간염
④ 비감염성 결핵

42 다음 중 테킬라(Tequila)의 상표가 아닌 것은?

① Jose Cuervo   ② Don Julio
③ Tanqueray   ④ Patron

43 셰리 와인(Sherry Wine) 등 주정 강화 와인(Fortified Wine)을 서브할 때 한 잔(1 Glass) 용량으로 가장 적합한 것은?

① 30ml   ② 60ml
③ 100ml   ④ 150ml

44 전통주 중 '술을 담근 다음 날 닭이 우는 새벽녘에 벌써 다 익어 마실 수 있는 술'이라 하여 붙여진 이름이며 고구려 시대부터 즐겨 마시던 속성주는 무엇인가?

① 계명주   ② 소곡주
③ 과하주   ④ 두견주

45 잭다니엘(Jack Daniel's)과 버번 위스키(Bourbon Whiskey)의 차이점은 무엇인가?

① 원료에 옥수수의 사용 여부
② 단풍나무 숯을 이용한 여과 숙성 과정의 여부
③ 미국에서 생산되는지의 여부
④ 내부를 불로 까맣게 그을린 오크통에서 숙성시키는지의 여부

46 나머지 셋과 칵테일을 만드는 기법이 다른 것은?

① Martini   ② Stinger
③ Daiquiri   ④ Jindo

47 클라렛(Claret)은 무엇인가?

① 미국에서 리큐르를 뜻할 때 사용하는 명칭
② 영국에서 보르도 레드 와인을 뜻할 때 사용하는 명칭
③ 영국에서 독일의 화이트 와인을 뜻할 때 사용하는 명칭
④ 진하고 강한 독일의 라거 맥주를 뜻할 때 사용하는 명칭

48 주정 강화로 제조된 시칠리아산 와인은?

① Champagne   ② Grappa
③ Marsala   ④ Absinthe

49 Whisky 1oz(알코올 도수 40%), Coke 4oz(녹는 얼음의 양은 계산하지 않음)를 재료로 만든 Whisky Coke의 알코올 도수는?

① 6%   ② 8%
③ 10%   ④ 12%

50 와인 병 바닥의 요철 모양으로 오목하게 들어간 부분은?

① 펀트(Punt)
② 발란스(Balance)
③ 포트(Port)
④ 노블 롯(Noble Rot)

51 Please select the wine-based cocktail in the following.

① Mai Tai   ② Salty Dog
③ Cuba Libre   ④ Sangria

52 This is produced in Germany with an alcohol content of 44% and is effective for digestion.

① Midori   ② Peach Tree
③ Underberg   ④ Malibu

53 "First come first served"의 의미는?

① 선착순   ② 선불제
③ 연장자순   ④ 시음회

54 호텔에서 홍보, 판매 촉진 등 특별한 접대 목적 혹은 불편한 서비스에 대한 보상으로 상품의 일부를 무료로 제공한다는 뜻을 가진 용어는?

① Out of Order   ② F/O Cashier
③ Complaint   ④ Complimentary

55 Which of the following is best as an aperitif?

① Kahlua   ② Dry Sherry
③ Drambuie   ④ St. Germain

56 Which of the following does not belong to the Bitters category?

① Campari   ② Drambuie
③ Angostura   ④ Amer Picon

57 Which of the following is not a wine producing region in Australia?

① Barossa Valley   ② McLaren Vale
③ Napa Valley   ④ Yarra Valley

58 When making a Pousse Café cocktail, what is the last ingredient to add?

① Grenadine Syrup
② Crème de Menthe(Green)
③ Crème de Menthe(White)
④ Brandy

59 다음 ( ) 안에 들어갈 단어로 적합한 것은?

> ( ) is a cocktail made by mixing vodka and coffee liqueur, lightly stirring, and serving it in an old fashioned glass.

① Dry Martini   ② June Bug
③ Black Russian   ④ Negroni

60 다음 대화에 들어갈 문장으로 어울리는 것은?

> W: We're sorry, but the dish you ordered is not on our menu.
> G: Can you make it special for me?
> W: _____
> (A few minutes later...)
> We will prepare a customized dish for you.

① I'm sorry, spaghetti is not on the menu.
② What would you like to drink?
③ What is Bulgogi?
④ Just a moment, please. I'll ask.

정답

01	02	03	04	05	06	07	08	09	10
③	②	④	④	④	②	①	③	①	②
11	12	13	14	15	16	17	18	19	20
②	③	②	③	②	④	③	④	①	②
21	22	23	24	25	26	27	28	29	30
①	③	②	②	④	①	①	①	④	④
31	32	33	34	35	36	37	38	39	40
②	③	④	①	①	③	②	③	②	④
41	42	43	44	45	46	47	48	49	50
④	③	②	①	②	①	②	③	②	①
51	52	53	54	55	56	57	58	59	60
④	③	①	④	②	②	③	④	③	④

해설

01 커피, 차는 기호음료에 해당된다.

02 • 보졸레 누보(Beaujolais nouveau)
프랑스 보졸레(Beaujolais) 지방에서 그 해 수확한 가메(Gamey) 품종으로 가장 '처음' 생산한 가을 햇와인을 의미한다.

03 판매되지 않은 서비스는 소멸된다.

04 커피 원액에 물 이외에 다른 첨가물이 들어간 경우 베리에이션 커피로 칭한다. ②는 농축된 에스프레소로 빠른 시간에 일반적인 양보다 적게 추출한다.

05 부르고뉴(Bourgogne) 지방의 대표적인 적포도 품종은 피노누아(Pinot Noir)이다.

07 ② 프랑스어로 '양초' 혹은 '로맨틱한 레스토랑'

③ 스파클링 와인 양조 시 2차 발효를 스테인레스 스틸 탱크에서 하는 방법
④ 입 안을 가득 채우는 듯한 느낌을 준다는 표현의 와인 용어

08 ③은 보드카의 브랜드이다.

09 • 감홍로
'맛이 달고 붉은 빛을 내는 이슬 같은 술'이라는 뜻을 가지고 있다.

10 와인을 양조할 때 물은 전혀 들어가지 않는다.

13 ① 조선의 3대 명주: 이강주, 죽력고, 감홍로
② 국가 지정 무형문화재: 문배주, 면천두견주, 경주교동법주

14 얼음은 재사용할 수 없으며 공기가 없이 단단하고 투명한 것이 좋다.

16 스니프터(Snifter)는 '브랜디 글라스'라고도 하며, 짧은 스템을 가지고 있다.

17 탄산수를 셰이킹하면 셰이커의 압력이 높아져 음료가 새어 나온다.

18 • 필록세라(Phylloxera)
뿌리혹벌레과에 속하는 곤충으로 덩굴의 영양분과 물 흐름을 차단하여 포도나무를 죽게 하여 유럽의 와인 산업에 치명적인 결과를 가져다 주었다.

19 ①은 생 제르망(St. Germain)에 관한 설명이며, 예거마이스터(Jägermeister)는 56가지의 허브를 원료로 하는 독일 리큐르이다.

20 • 생맥주(Draft Beer)
장기 보관시 변질 가능성이 있어 선입선출(FIFO)에 유의해야 한다.

21 • 짐빔(Jim Beam)
대표적인 아메리칸 위스키이다

22 • 싱가포르 슬링(Singapore Sling)
진(Gin) 베이스 칵테일이다.

23 ② 마라스키노(Maraschino)는 체리 리큐르이며, 트리플섹(Triple Sec), 코인트루(Cointreau), 큐라소(Curacao)는 그랑마니에(Grand Marnier)와 함께 대표적인 오렌지 껍질 리큐르이다.

24 테킬라는 블루 아가베(Blue Agave)를 증류하여 만든 술로 테킬라 지방에서 생산된 것만을 말한다.

25 ① 맨해튼: 체리, ② 올드패션드: 오렌지&체리, ③ 피냐콜라다: 파인애플&체리, ④ 진 피즈의 가니쉬는 레몬 슬라이스이다.

26 크라운 로얄(Crown Royal)은 1939년 조지 6세 영국 국왕의 캐나다 왕실 여행을 기념하기 위해 만든 위스키로, 왕관 모양의 병이 특징이다. ②, ③ 캐나디언 위스키, ④ 아이리쉬 위스키이다.

27 합주는 청주와 탁주를 합한 술로 흰 빛깔 덕분에 '백주'라고도 한다. 산미가 적으며 단맛과 알코올감이 강하다.

30 미국 – 밀러, 일본 – 아사히, 네덜란드 – 하이네켄

31 • 로부스타 품종
아라비카에 비해 쓴맛이 강하고 향이 약하기 때문에, 향이 그다지 중요하지 않은 인스턴트 커피에 사용된다.

32 • 쿠바 리브레(Cuba Libre)
럼(Rum) 베이스의 칵테일이며, 나머지는 보드카(Vodka)를 베이스로 한다.

33 ① 치즈나 샤퀴테리 등 흔하지 않은 수입 식료품을 판매하는 곳
② 손님을 환영하거나 대접하면서 공식적인 식사를 하는 곳
③ 고객이 주문한 음식을 직접 카운터에서 테이블로 가져가는 레스토랑

34 • HACCP(해썹)
안전성을 보증하기 위해 식품의 원재료 생산부터 최종 소비자가 섭취하기 전까지의 모든 단계를 위생적으로 관리하는 시스템을 말한다.

35 • 샴페인의 당분 함량 표기
① 브뤼(Brut): L당 0~12g
② 엑스트라 드라이(Extra Dry): L당 12~17g
③ 섹(Sec): L당 17~32g
④ 두(Doux): L당 50g 이상

37 • 크러쉬드 아이스(Crushed Ice)
프라페 스타일의 칵테일에 사용하기도 한다.

38 다이키리(Daiquiri)는 칵테일 글라스에, 나머지는 올드패션드 글라스에 제공한다.

39 진도(Jindo) 칵테일의 베이스는 진도홍주이다.

40 1 Cup = 8oz, 1 Pint = 16oz, 1 Quart = 32oz

41 식품위생법 시행규칙 제50조에 의거, 결핵(비감염성 경우는 제외), 콜레라, 장티푸스, 파라티푸스, 세균성이질, 장출혈성대장균감염증, A형간염, 피부병 또는 화농성 질환, 후천성면역결핍증(성매개감염병에 관한 건강진단을 받아야 하는 영업에 종사하는 사람의 경우) 진단을 받은 사람은 영업에 종사할 수 없다.

42 탱커레이(Tanqueray)는 진(Gin)의 브랜드이다.

43 주정 강화 와인의 적정 제공량은 약 60ml이며, 일반 와인의 적정 제공량은 약 150ml이다.

44 • 계명주
한국에 남아있는 유일한 고구려 술로, 술을 빨리 익히기 위하여 엿기름을 사용하는 것이 특징이다.

45 • 잭다니엘(Jack Daniel's)
미국의 테네시주(Tennessee)에서 생산되는 위스키로, 원액을 사탕단풍나무 숯으로 채운 여과기에 통과시켜 향을 배게 만드는 과정이 버번 위스키와 가장 큰 차이점이다.

46 마티니(Martini)는 휘젓기(Stirring) 기법, 나머지는 흔들기(Shaking) 기법으로 조주한다.

47 ① Cordial, ③ Hock Wine, ④ Bock Beer

48 • 마르살라(Marsala)
시칠리아의 마르살라 주변 지역에서 스페인의 셰리와인과 비슷하게 생산되며, 드라이한 맛부터 스위트한 맛까지 다양하다.

49 • 알코올 도수 계산법
{(재료1의 알코올 도수) × (재료1의 양)} + {(재료2의 알코올 도수) × (재료2의 양)} ÷ 재료의 총량
따라서 {(40 × 30) + (0 × 120)} ÷ 150 = 8

51 • 샹그리아(Sangria)
레드 와인이나 화이트 와인에 과일, 과즙, 주스, 소다수 등을 섞어 마시는 칵테일의 일종으로 스페인에서 유래되었다.

52 • 언더버그(Underberg)
독일에서 알코올 함량 44%로 생산되는 허브 리큐르이며, 소화에 효과적이다.

55 • 드라이 셰리(Dry Sherry)
도수를 높인 스페인의 강화 와인(Fortified Wine)으로 식전주로 적합하다.

56 • 드람부이(Drambuie)
스카치 위스키에 꿀, 허브 및 향신료로 만들어진 달콤한 리큐르로 '사람을 만족시키는 음료'라는 뜻을 가진다.

57 나파 밸리(Napa Valley)는 미국의 와인 산지이다.

58 • 푸스카페(Pousse Café)
그레나딘 시럽(Grenadine Syrup) – 크렘 드 민트 그린(Crème de Menthe Green) – 브랜디(Brandy)를 섞이지 않도록 차례로 따라 만든다.

59 • 블랙 러시안(Black Russian)
올드 패션드 글라스에 보드카와 커피 리큐르를 넣고 가볍게 저어서 제공하는 칵테일이다.

60 W: 죄송합니다만 손님이 주문하신 요리는 저희 메뉴에 없습니다.
G: 특별히 만들어 주실 수는 없습니까?
W: 잠시만 기다려 주십시오. 물어보겠습니다.
(몇분 후)
당신이 주문하신 맞춤 요리를 만들어 드리겠습니다.

제3회 실전동형 모의고사

자격 종목	코드	출제 문항 수	시험 시간	수험 번호	성명
조주기능사		60문항	60분		

01 식품 위생 관리의 장점에 해당하지 않는 것은?

① 주기적인 위생 관리를 통하여 식중독 사고를 예방할 수 있다.
② 품질 개선 및 신뢰도 향상에 기여한다.
③ 식품 관련 법적 규제로부터 자유로워질 수 있으며, 이로 인한 피해를 예방할 수 있다.
④ 사전 점검으로 인한 부패, 변질 등 식품 폐기 및 손실은 감안해야 한다.

02 다음 중 코스모폴리탄(Cosmopolitan)의 재료가 아닌 것은?

① 보드카(Vodka)
② 라임주스(Lime Juice)
③ 오렌지주스(Orange Juice)
④ 트리플섹(Triple Sec)

03 다음 중 알코올 함량이 가장 높은 것은 무엇인가?

① 탁주   ② 풀케
③ 와인   ④ 아락

04 다음에서 설명하는 칵테일의 조주 기법은 무엇인가?

칵테일에 사용되는 허브나 과일의 맛과 향이 더욱 강해지도록 으깨는 방법으로 모히또(Mojito)나 까이삐리냐(Caipirinha) 등을 만들 때 사용하는 조주 기법이다.

① 머들링   ② 셰이킹
③ 블렌딩   ④ 플로팅

05 열대 과일이나 주스 등을 이용하여 달콤하고 시원한 맛, 화려한 장식을 특징으로 하는 칵테일의 스타일은?

① 리키(Rickey)
② 줄렙(Julep)
③ 트로피컬(Tropical)
④ 피즈(Fizz)

06 바(Bar)의 업무 효율 향상을 위한 시설물 설치 방법으로 옳지 않은 것은?

① 제빙기는 가능한 바(Bar) 내부에 설치한다.
② 냉각기(Cooling Cabinet)는 주방 밖에 설치한다.
③ 수도시설은 바(Bar) 작업대 근처에 설치한다.
④ 분쇄 얼음(Crushed Ice)은 통에 담아 바(Bar) 작업대 옆에 보관한다.

07 영업장의 위생 관리에 대한 설명으로 잘못된 것은?

① 행주는 사용 후 소독한 뒤 바로 사용한다.
② 칼은 사용 후 세척하여 자외선 살균기에 보관한다.
③ 도마는 교차 오염을 방지하기 위해 색을 구분하여 사용한다.
④ 조리대 옆에는 소독 세제와 비누를 비치한다.

08 다음 중 레몬 껍질로 장식을 하는 칵테일은?

① 블루 하와이안   ② 애플 마티니
③ 준벅   ④ 네그로니

09 와인 테이스팅 표현으로 가장 부적합한 것은?

① Musty - 곰팡이가 낀 과일이나 나무 냄새
② Raisiny - 건포도나 과숙한 포도 냄새
③ Citrusy - 자몽이나 레몬 등 감귤류 과일의 냄새
④ Lively - 성냥을 태웠을 때 나는 이산화황 가스 냄새

10 다음이 설명하는 용어는 무엇인가?

> 특정 장소에 저장되어 있는 적정 재고량을 뜻한다. 신속한 서비스를 위해 일정 수량의 식자재를 저장고에서 인출하여 영업장의 진열대 등에 보관하며 사용하는 재고이다.

① 인벤토리(Inventory)
② 파 스톡(Par Stock)
③ 컴플리멘터리(Complimentary)
④ 클레임(Claim)

11 이탈리아 와인에 대한 설명으로 옳은 것은?

① 거의 전 지역에서 와인이 생산된다.
② 대표 품종으로는 말벡이 있다.
③ 와인 등급 체계는 5등급이다.
④ 유명 와인 산지로는 샹파뉴, 토스카나, 베네토 등이 있다.

12 국가 지정 중요무형문화재로 지정된 전통주가 아닌 것은?

① 면천두견주   ② 과하주
③ 서울 문배주   ④ 경주 교동법주

13 위스키의 원료에 따른 설명으로 틀린 것은?

① 몰트 위스키: 보리 90%로 만든 위스키
② 그레인 위스키: 곡식100%로 만든 위스키
③ 버번 위스키: 옥수수 51% 이상으로 만든 위스키
④ 라이 위스키: 호밀 51% 이상으로 만든 위스키

14 다음 중 탄산수의 효능이 아닌 것은?

① 다이어트   ② 소화불량
③ 피부미용   ④ 치아건강

15 와인의 용량 중 1.5L 사이즈를 무엇이라 부르는가?

① Half   ② Magnum
③ Jeroboam   ④ Balthazar

16 다음 중 그레나딘 시럽이 필요한 칵테일은?

① 마가리타(Margarita)
② 진 피즈(Gin Fizz)
③ 불바디에(Boulevardier)
④ 테킬라 선라이즈(Tequila Sunrise)

17 와인의 품질을 결정하는 요소로 가장 거리가 먼 것은?

① 부케(Bouquet)
② 환경요소(Terroir)
③ 양조 기술
④ 포도 품종

18 차의 잎을 10~65% 정도 발효한 것으로 재스민, 우롱차, 청차 등을 무엇이라 하는가?

① 비발효차   ② 발효차
③ 반발효차   ④ 후발효차

19 주문을 받는 요령으로 잘못된 것은?

① 볼펜과 주문지를 준비하고 있어야 한다.
② 일반적으로 호스트, 남성, 여성 순으로 주문을 받는다.
③ 주문이 끝나면 "감사합니다."라고 말한 다음 나온다.
④ 주문은 주문지에 잘 알아볼 수 있도록 기록하고 고객에게 재확인한다.

20 브랜디의 표기법 중 등급이 가장 높은 것은?

① V.O   ② V.S.O.P
③ X.O   ④ EXTRA

21 오드비(Eau-de-vie)와 관련 있는 것은?

① Gin   ② Brandy
③ Tequila   ④ Soju

22 민속주 도량형 "되"에 대한 설명으로 틀린 것은?

① 곡식이나 액체, 가루 등의 분량을 재는 것이다.
② 보통 나무나 쇠로 만들며, 정육면체 또는 직육면체 모양이다.
③ "1되"의 절반을 "1홉"이라 한다.
④ 1되는 약 1.8L이다.

23 샴페인을 만드는 포도 품종이 아닌 것은?

① 세미용(Semillon)
② 샤르도네(Chardonnay)
③ 피노누아(Pinot Noir)
④ 피노 뫼니에(Pinot Meunier)

24 다음 중 완성 후 Nutmeg을 뿌려 제공하는 칵테일은?

① Tom Collins
② Eggnog
③ Paradise
④ Blue Hawaii

25 화이트 와인을 차게 마시는 이유는?

① 유산은 온도가 낮으면 단맛이 강해지기 때문
② 사과산은 온도가 낮으면 더욱 Fruity하기 때문
③ Tannin의 맛은 온도가 낮을수록 더욱 부드럽기 때문
④ 폴리페놀은 온도가 낮을수록 인체에 더욱 유익해지기 때문

26 다음의 내용과 관련 있는 것은 무엇인가?

- 귀부병(Noble Rot)
- 보트리티스 시네리아(Botrytis cinerea)
- 소테른(Sauternes)
- 토카이(Tokaji)

① 스위트 와인
② 발포성 와인
③ 드라이 와인
④ 주정강화 와인

27 다음 중 글라스의 구성이 다른 하나는?

① Sour Glass
② Highball Glass
③ Collins Glass
④ Old Fashioned Glass

28 쓴 맛이 강한 술로 초기에는 소화 촉진제, 강장제, 해열제 같은 약제로 이용되었으나 현재는 칵테일의 풍미를 위해 소량씩 첨가하는 것은?

① Spirits
② Herb
③ Bitters
④ Cordial

29 커피의 로스팅(Roasting)에 대한 설명으로 잘못된 것은?

① 강하고 오래 볶으면 쓴맛이 강한 커피가 된다.
② 가볍게 살짝 볶으면 신맛이 강한 커피가 된다.
③ 생두에 열을 가하면 부피가 증가했다가 감소한다.
④ 생두를 볶으면 무게가 증가한다.

30 핀 샹파뉴(Fine Champagne)에 대한 설명으로 바른 것은?

① 과실이 첨가되어 향긋한 과실 향이 느껴진다.
② 숙성이 느리지만 맛이 우수한 쁘띠드 샹파뉴 원액으로 만든다.
③ 강렬한 맛과 향을 가진 남성적인 브랜디이다.
④ 그랑 샹파뉴 원액 50%과 쁘띠드 샹파뉴를 블렌딩한다.

31 다음 중 슬러쉬 형태로 제공하지 않는 칵테일은?

① Whiskey Sour   ② Mai-Tai
③ Blue Hawaiian   ④ Piña Colada

32 조주 작업 공간에 대한 설명으로 옳지 않은 것은?

① 움직임을 최소화하고 필요한 것들을 손이 닿는 거리에 두어 바텐더가 신속하게 작업할 수 있도록 배치한다.
② 다칠 수 있는 동작을 안전하게 실행할 수 있는 공간을 확보한다.
③ 작업 공간 또한 업장의 분위기를 조성한다는 사실을 염두에 둔다.
④ 제빙기는 작업 공간 뒷편의 주방에 설치한다.

33 칵테일에 사용되는 재료의 적정 보관 기간으로 알맞지 않은 것은?

① 레몬, 라임 등의 착즙 주스: 냉장보관 3주
② 심플 시럽: 냉장보관 1개월
③ 베르무트: 냉장보관 2개월
④ 크림 베이스 리큐르: 냉장보관 1년

34 와인을 보관할 때 눕혀서 보관하는 이유와 거리가 먼 것은?

① 와인의 숙성과 코르크가 건조해지는 것을 방지하기 위해
② 와인이 공기와 접촉하여 산화되는 것을 방지하기 위해
③ 와인 보관을 편하게 하고 상표를 손님이 쉽게 볼 수 있도록 하기 위해
④ 코르크의 틈으로 향이 배출되는 것을 방지하기 위해

35 다음 중 지칭하는 대상이 다른 하나는?

① Appetizer   ② Anti Pasti
③ Hors d'oeuvre   ④ Entree

36 알코올 도수에 관한 설명으로 옳은 것은?

① 용량 퍼센트는 25℃에서 용량 100 중에 함유하는 순수 에틸알코올의 비율을 말한다.
② 미국의 알코올 농도 표시법은 중량 퍼센트이다.
③ 25도짜리 소주는 소주 1L 중에 알코올이 25ml 함유되어 있다는 의미이다.
④ 프루프(Proof)는 주정 도수를 2배로 계산한 값과 같다.

37 다음에서 설명하는 물을 뜻하는 것은?

> 우리나라 고유의 술은 곡물과 누룩도 좋아야 하지만 특히 물이 좋아야 한다. 따라서 예부터 만물이 잠든 자정에 모든 오물이 다 가라앉는 맑고 깨끗한 물을 길러 술을 담갔다고 한다.

① 정화수　　　② 제수
③ 광천수　　　④ 암반수

38 다음 중 과즙을 이용하여 만든 양조주가 아닌 것은?

① Wine　　　② Cider
③ Perry　　　④ Mead

39 시설 기준을 갖추고 소규모로 주류를 제조하여 판매하고자 하는 경우, 어느 기관에서 주류제조 면허를 받아야 하는가?

① 국세청　　　② 관할세무서
③ 주류협회　　　④ 지방청

40 다음 중 발포성 와인의 이름이 잘못 연결된 것은?

① 스페인 - 까바(Cava)
② 독일 - 젝트(Sekt)
③ 이탈리아 - 스푸만테(Spumante)
④ 포르투갈 - 도세(Doce)

41 다음 중 양조주가 아닌 것은?

① Aquavit　　　② Cider
③ Porter　　　④ Sake

42 럼(Rum)의 분류 중 틀린 것은?

① Light Rum　　　② Soft Rum
③ Heavy Rum　　　④ Medium Rum

43 위스키(Whisky)를 만드는 과정이 옳게 배열된 것은?

① Mashing - Fermentation - Distillation - Aging
② Fermentation - Mashing - Distillation - Aging
③ Aging - Fermentation - Distillation - Mashing
④ Distillation - Fermentation - Mashing - Aging

44 다음 중 Highball Glass를 사용하는 칵테일은?

① 마가리타(Margarita)
② 키르 로열(Kir Royal)
③ 시브리즈(Sea Breeze)
④ 블루 하와이(Blue Hawaii)

45 다음 중 독일 맥주가 아닌 것은?

① 뢰벤브로이
② 벡스(Beck's)
③ 밀러(Miller)
④ 크롬바커(Krombacher)

46 헤네시의 등급 규격으로 틀린 것은?

① EXTRA: 15~25년
② V. O: 15년
③ X. O: 45년 이상
④ V. S. O. P: 20~30년

47 바텐더의 칵테일용 가니쉬 재료 손질에 관한 설명 중 가장 거리가 먼 것은?

① 레몬 웨지는 미리 손질하여 밀폐용기에 넣어서 준비한다.
② 오렌지 슬라이스는 미리 손질하여 밀폐용기에 넣어서 준비한다.
③ 레몬 껍질은 미리 손질하여 밀폐용기에 넣어서 준비한다.
④ 딸기는 미리 꼭지를 제거한 후 깨끗하게 세척하여 밀폐용기에 넣어서 준비한다.

48 Classic Bar의 특징과 가장 거리가 먼 것은?

① 서비스의 중점을 정중함과 편안함에 둔다.
② 클래식 칵테일과 다양한 위스키를 제공한다.
③ 고객에게 화려한 바텐딩 기술을 선보인다.
④ 칵테일 조주 시 정확한 용량과 방법으로 제공한다.

49 프로스팅(Frosting) 기법이 사용되지 않는 칵테일은?

① Margarita
② Kiss of Fire
③ Harvey Wallbanger
④ Salty Dog

50 칵테일 조주 시 사용되는 표준 계량이 틀린 것은?

① 1티스푼(Tea Spoon) $=\frac{1}{8}$oz
② 1파인트(Pint) $=10$oz
③ 1지거(Jigger) $=1\frac{1}{2}$oz
④ 1포니(Pony) $=1$oz

51 다음에서 설명하는 리큐르는 무엇인가?

The elixir of "perfect love" is a sweet and aromatic liqueur with notes of violet, spices and fruits. This purple-colored liqueur had great appeal for women in the 19th century.

① Benedictine   ② Tia Maria
③ Parfait Amour ④ Angostura Bitter

52 다음 ( ) 안에 들어갈 단어로 가장 적합한 것은?

> Light Rum, Lime Juice and Coke are the main ingredients of (   ).

① June Bug   ② Cuba Libre
③ Bacardi   ④ Rusty Nail

53 What is the difference between Cognac and Brandy?

① Company   ② Aging
③ Ingredients   ④ Region

54 B가 할 말로 가장 알맞은 것은?

> A: What do you do for a living?
> B: _____

① I'm doing my best.
② I work at a bank.
③ Yes. Thank you.
④ I'm writing a letter to my mother.

55 What is an Italian liqueur made by distilling apricot seeds with alcohol and adding syrup to give it an almond flavor?

① Cherry Brandy
② Tia Maria
③ Curacao
④ Amaretto

56 What is the best fit in the following ( )?

> London Dry Gin is made from malt and corn, fermented, and then distilled in a patent still to obtain alcohol. Afterwards, aromatic plants such as (   ), angelica, coriander, and cinnamon are added and distilled again.

① Juniper berry   ② Anise
③ Rosemary   ④ Apple mint

57 다음의 밑줄에 들어갈 알맞은 것은?

> This bar _____ by a bar helper every morning.

① cleans   ② is cleaned
③ is cleaning   ④ be cleaned

58 Which of the following is not related to vodka?

① Beefeater   ② Smirnoff
③ Absolute   ④ Beluga

59 What is the term for wine that has spoiled due to a defective cork and has a moldy smell?

① Bouchonne   ② Young Wine

③ Green Wine   ④ Old Wine

60 Which of the following correctly lists the ingredients needed to make a Gochang cocktail?

① Andong Soju, Apple Pucker, Sprite

② Andong Soju, Apple Pucker, Coke

③ Bokbunjaju, Triple Sec, Sprite

④ Bokbunjaju, Triple Sec, Coke

정답

01	02	03	04	05	06	07	08	09	10
④	③	④	①	③	④	①	④	④	②
11	12	13	14	15	16	17	18	19	20
①	②	①	④	②	④	①	③	②	④
21	22	23	24	25	26	27	28	29	30
②	③	①	②	②	①	①	③	④	④
31	32	33	34	35	36	37	38	39	40
①	④	①	③	④	④	①	④	②	④
41	42	43	44	45	46	47	48	49	50
①	②	①	③	③	①	④	③	③	②
51	52	53	54	55	56	57	58	59	60
③	②	④	②	④	①	②	①	①	③

해설

01 주기적인 식품 위생 점검으로 품질을 개선하여 손실을 최소화할 수 있다.

02 코스모폴리탄의 재료는 보드카, 트리플섹, 라임주스, 크랜베리주스이다.

03 아락(Arrack)은 사탕수수의 발효 수액, 곡물 등을 원료로 동남아시아에서 생산되는 증류주이며 나머지는 양조주이다.

06 • 분쇄 얼음(Crushed Ice)
금방 녹을 수 있으므로 필요할 때마다 빙삭기를 이용하거나, 통에 담아 냉동실에 보관한다.

07 행주는 5분 이상 열탕 소독하거나 염소로 소독한 뒤 건조하여 사용한다.

08 ① 블루 하와이안: 파인애플 & 체리
② 애플 마티니: 사과 슬라이스
③ 준벅: 파인애플 & 체리

09 라이블리(Lively)는 신선함과 동의어이다.

11 ② 말벡은 아르헨티나의 대표 품종이다.
③ 와인 등급 체계는 4등급이다.
④ 샹파뉴는 프랑스의 와인 산지이다

12 중요무형문화재로 지정된 대표적인 전통주는 면천두견주, 문배주, 교동법주 등이며, 시도무형문화재로 지정된 전통주는 한산소곡주, 김천과하주, 진도홍주, 계명주 등이다.

13 몰트 위스키는 보리(맥아) 100%로 만든 위스키이다.

14 • 탄산수(Sparkling Water)
산성이기 때문에 장기적으로 노출되면 치아가 약해질 수 있으며, 위가 약한 사람들은 피하는 것이 좋다.

15 매그넘(Magnum)은 일반 와인의 2배 용량인 1.5L이다. ③ 제로보암(Jeroboam)은 4.5L, ④ 발타자르(Balthazar)는 12L이다.

16 • 테킬라 선라이즈(Tequila Sunrise)
필스너 글라스에 테킬라 $1\frac{1}{2}$oz와 오렌지주스를 따른 뒤 그레나딘 시럽 $\frac{1}{2}$oz를 띄워 일출의 색깔을 표현한다.

17 • 부케(Bouquet)
와인이 숙성된 이후 생성되는 복합적인 향을 뜻한다.

18 차의 잎을 반 정도만 발효하여 반발효차라 한다.

19 일반적으로 여성, 남성, 호스트의 순으로 주문을 받는다

20 숙성 기간에 따라 ★★★<★★★★★<V. O<V. S. O<V. S. O. P<X. O<Extra로 표기된다.

21 오드비의 어원은 '생명의 물'이며 과실을 원료로 증류한 술이다.

22 1되=10홉=1.8L

23 샤르도네, 피노누아, 피노 뫼니에는 샴페인을 생산하는 3대 주요 품종이다.

24 • 에그녹(Eggnog)
계란이 들어가는 칵테일이며, 비린내를 제거하기 위해 제공 전 넛맥을 뿌린다.

26 • 귀부(귀하게 부패한)와인
보트리티스 시네리아라는 귀부병에 걸린 포도로 만든 스위트 와인을 뜻한다. 대표적인 귀부 와인으로는 프랑스의 소테른, 헝가리의 토카이가 있다.

27 사워 글라스(Sour Glass)에만 스템(Stem)이 있다.

28 • 비터(Bitters)

　　식물 추출물, 나무 껍질 등을 원료로 하는 쓴맛이 강한 술로 칵테일에 소량 첨가하여 복잡성과 풍미를 높인다.

29 생두를 볶으면 수분이 증발하면서 무게가 15~20% 감소한다.

30 • 핀 샹파뉴(Fine Champagne)

　　코냑 지방의 중심부인 그랑 샹파뉴와 쁘띠드 샹파뉴에서 생산된 원액만 블렌딩한 고급 코냑이다. 그랑 샹파뉴의 포도 증류 원액이 50% 이상 함유되어야 한다.

31 위스키사워(Whiskey Sour)는 소다수가 들어가는 칵테일이므로 슬러쉬 형태로 제공할 수 없다. ②, ③, ④는 블렌딩(Blending) 기법으로 조주한다.

32 얼음은 업장에서 가장 많이 사용되므로, 작업 공간과 가까운 곳에 설치하는 것이 좋다.

33 생과일 착즙주스는 냉장고에 2~4일 보관하는 것이 이상적이다.

35 ①, ②, ③은 코스 메뉴의 전채 요리이며, ④ 앙트레(Entree)는 미국에서 메인 요리를 뜻한다.

36 ① 용량 퍼센트는 15℃를 기준으로 한다.
　　② 미국의 알코올 농도 표시법은 프루프이다.
　　③ 25도의 소주는 소주 100ml 중에 알코올이 25ml 함유되어 있다는 의미이다.

37 • 정화수(井華水)

　　이른 새벽에 길은 맑고 정결한 물로 '정안수'라고도 한다. 화학적인 맑음 보다는 신앙적인 맑음과 정갈함을 상징한다.

38 ② 시드르(Cider): 사과즙을 발효한 술
　　③ 페리(Perry): 배즙을 발효한 술
　　④ 미드(Mead): 벌꿀과 물에 이스트를 넣고 발효한 술

39 주류 제조 면허는 관할세무서에서 발급받고, 지방식약청에서 식품제조가공업 영업 등록을 해야한다.

40 포르투갈의 발포성 와인은 '에스푸만테(Espumante)'라 한다. Doce는 포르투갈어로 'Sweet'를 뜻한다.

41 ① 아쿠아비트(Aquavit)는 스칸디나비아 반도 일대에서 생산되는 증류주, ② 시드르(Cider)는 사과 발효주, ③ 포터(Porter)는 맥주의 종류, ④ 사케(Sake)는 일본의 양조주이다.

42 럼은 Heavy (Dark) Rum, Medium Rum, Light (White) Rum으로 분류한다.

43 위스키 제조 과정: 당화 - 발효 - 증류 - 숙성

44 ① 칵테일 글라스
　　② 플루트형 샴페인 글라스
　　④ 필스너 글라스

45 밀러는 미국의 대표적인 맥주이다.

46 • 1865년 헤네시(Hennessy) 등급 규정

기호 / 문자	저장 연수
★★★	3~5년
★★★★★	8~10년
V.O	12~15년
V.S.O	15~25년
V.S.O.P	25~30년
X.O	45년 이상
EXTRA	70년 이상

47 딸기는 꼭지를 제거하면 쉽게 무를 수 있기 때문에 사용하기 직전

에 준비하는 것이 좋다.

48 술병이나 도구들을 이용하여 다양한 볼거리를 제공하는 곳은 Flair Bar이다.

49 글라스의 가장자리에 소금이나 설탕을 묻히는 방법으로 스노우 스타일(Snow Style) 혹은 리밍(Rimming)이라고도 하며, 마가리타(Margarita)와 솔티독(Salty Dog)은 소금, 키스 오브 파이어(Kiss of Fire)는 설탕을 사용한다.

50 1파인트는 16온스(480ml)이다.

51 "완벽한 사랑"의 비약은 제비꽃, 향신료, 과일 향이 가미된 달콤하고 향기로운 리큐어이다. 보라색을 내는 이 리큐르는 19세기 여성들에게 큰 매력을 주었다.

52 • 쿠바 리브레(Cuba Libre)

　　하이볼 글라스에 얼음과 라이트럼 $1\frac{1}{2}$oz, 라임주스 $\frac{1}{2}$oz, 콜라를 채우고 레몬 웨지로 장식하는 칵테일이다.

53 포도를 증류한 브랜디(Brandy) 중 코냑 지역에서 생산된 것만을 코냑(Cognac)이라 한다.

54 A: 당신의 직업은 무엇입니까?
　　① 나는 최선을 다하고 있습니다.
　　② 나는 은행에서 일합니다.
　　③ 네, 감사합니다.
　　④ 나는 엄마에게 편지를 쓰고 있어요.

55 이탈리아 리큐르로 살구씨를 주정과 함께 증류하여 시럽을 첨가해서 만들어 아몬드 향이 나는 것은?
　　아마레또(Amaretto)에 관한 설명이며, 대표적인 브랜드로는 디사론노(Disaronno)가 있다.

56 런던 드라이 진은 맥아와 옥수수를 원료로 하여 당화, 발효한 뒤 연속식 증류기로 증류하여 주정을 얻는다. 그 후 (　　), 안젤리카, 코리앤더, 시나몬 등 향료 식물을 넣고 다시 증류를 한다.
　　* 진(Gin)의 대표 재료는 주니퍼 베리(두송자), 코리앤더, 안젤리카이다.

58 비피터(Beefeater)는 진(Gin)의 한 브랜드이다.

59 • 부쇼네(Bouchonne)

　　코르크 마개 결함으로 인해 상하고 곰팡이 냄새가 나는 와인 용어이다.

60 • 고창(Gochang)

　　선운산 복분자주 2oz, 트리플섹 $\frac{1}{2}$oz, 사이다 2oz를 휘젓기(Stirring) 기법으로 만든 뒤 플루트형 샴페인 글라스에 따른다.

저자 소개

박해나

- 스페인 부르고스 대학원 [와인과 문화(La Cuitura del Vino)] 전공 공식 석사
- 2022 스페인 와인 CAVA 논문 공모전 우승

  [논문 주제: The future of Cava in an international context ; a case study of the South Korean market]

- 제주 칵테일 바 운영
- 서울시 청담, 한남, 삼성 등 클래식 바 매니저 역임
- 관광고등학교 등 조주기능사 방과 후 활동 교사
- 칵테일, 위스키 등 식음료 전문 분야 : 기업 특강 및 학교 강의 다수

- E-mail ; bebida365@naver.com

사 주만에 **다** 끝내는 **리** 얼 합격 문제집

조주기능사 필기시험

이 책의 특장점

- ☑ 방대한 필기시험 과목 내용을 압축·요약 정리
- ☑ 풍부한 기출문제 및 정확하고 상세한 해설 수록
- ☑ CBT 시험문제 복원 정리 및 최근년도 문제 수록
- ☑ 새로운 출제기준안에 따른 실전동형 모의고사 수록

쇼핑몰 http://www.cmass21.net/
블로그 http://blog.naver.com/bosungabi

사 주만에 다 끝내는 리 얼 합격 문제집

조주기능사
실기시험

박해나 편저

4단계 합격 비법!

재료 설명

기법 특강

+

합격팁 제공

모의 실습

씨마스21

사 주만에 다 끝내는 리 얼 합격 문제집

조주기능사
실기시험

박해나 편저

씨마스21

머리말

칵테일은 예술과 기술이 조화를 이루는 한 잔의 작품입니다. 조주기능사는 이러한 예술적 감각과 전문적인 기술을 겸비한 바텐더를 양성하는 국가 기술 자격증입니다.

이 책은 조주기능사 실기시험을 준비하는 수험생들을 위한 맞춤형 가이드로, 시험에 필요한 모든 내용을 체계적으로 정리하였습니다. 40가지 칵테일 레시피의 조주 기법, 사용되는 재료의 이미지 및 주요 포인트를 꼼꼼하게 설명하여 실전에서 실수 없이 수행할 수 있도록 구성하였습니다. 또한, 시험장에서 유용한 팁을 포함하여 보다 효율적인 학습이 가능하도록 하였습니다. 마지막 장에서는 시험 당일의 상황을 미리 그려보며 긴장하지 않도록 시험장 배치도와 기출문제를 첨부하였습니다.

조주기능사 실기시험은 레시피 암기에서 끝나는 것이 아니라 정확한 테크닉과 시간 분배, 위생 관리, 고객을 위한 서비스 마인드까지 갖추어야 합격할 수 있습니다. 이 책을 통해 기본기를 탄탄히 다지고 실전 감각을 익힌다면 합격은 물론 훌륭한 바텐더로 성장하는데 도움이 될 것입니다.

칵테일을 배우는 과정은 단순한 자격 취득을 넘어 새로운 세계를 탐험하는 즐거운 여정이기도 합니다. 이 책이 여러분의 꿈을 이루는 데 도움이 되길 바라며 여러분의 합격과 성공을 응원합니다.

저자 드림

차례

조주기능사 실기 시험안내

조주기능사 시험안내

 개요

조주에 관한 숙련기능을 가지고 조주작업과 관련되는 업무를 수행할 수 있는 전문인력을 양성하고자 자격제도를 제정하였다.

 수행 직무

주류, 음료류, 다류 등에 대한 재료 및 제법의 지식을 바탕으로 칵테일을 조주하고 호텔과 외식업체의 주장관리, 고객관리, 고객서비스, 경영관리, 케이터링 등의 업무를 수행한다.

 진로 및 전망

주류, 음료류, 다류 등을 서비스하는 칵테일바, 와인바, 호텔, 레스토랑 등의 외식업체에서 바텐더, 소믈리에, 바리스타 등으로 근무하며, 간혹 해외 업체로 취업을 하기도 한다. 주류, 음료류, 다류 등에 관한 많은 지식을 가져야 함은 물론이고 고객과의 원만하고 폭넓은 대화를 나눌 수 있는 소양을 갖추어야 하며, 외국인을 대할 기회가 많기 때문에 간단한 외국어 회화 능력을 갖추는 것이 유리하다.

 취득 방법

① **시 행 처** : 한국산업인력공단
② **시험과목** : 필기(음료 특성, 칵테일 조주 및 영업장 관리, 바텐더 외국어 사용 등에 관한 사항),
  실기(바텐더 실무)
③ **검정 방법** : 필기(객관식 4지 택일형, 60문항, 60분), 실기(작업형, 7분)
④ **합격 기준** : 필기 및 실기 (100점을 만점으로 하여 60점 이상)

 시험 일정

구분	필기 원서접수	필기시험	필기 합격자 발표	실기 원서접수	실기시험	최종 합격자 발표
제1회	1월 초	1월 말	2월 초	2월 중순	3월 말	4월 중순
제2회	3월 초	3월 말	4월 중순	4월 말	5월 말	6월 말
제3회	5월 말	6월 중순	6월 말	7월 중순	8월 중순	9월 초
제4회	8월 초	8월 말	9월 말	9월 말	11월 초	12월 초

※ 시험 일정은 시행처의 사정에 따라 변경될 수 있으므로, www.q-net.or.kr에서 수시로 확인하는 것을 권장합니다.

실기시험에 유용한 사항

 1 접수

• "실기시험은 시험에 합격하는 것보다 접수가 더 어렵다."라는 경험담이 많다. 특정 시험장에 수험자가 몰릴 가능성이 크기 때문에, 접수 방법을 미리 확인하여 접수 당일 오전 빠르게 등록할 수 있도록 한다.

 2 준비

• 인터넷에서 이전 수험자들의 후기를 검색해 보는 것은 시험장 분위기를 파악하는 데 도움이 된다. 자신이 응시하게 될 시험장을 중점적으로 읽어본다.
• 실기시험에 필요한 칵테일 레시피는 베이스별, 기법별, 글라스별, 가니쉬별 등으로 분류된 것 중 자신에게 편한 것을 선택하여 암기하기 시작한다.

3 시험 당일

• 신분증을 두고 시험장에 가는 일이 없도록 한다.
• 조주용과 뒷정리용 린넨(또는 행주) 2개를 준비한다. 색깔이 다른 것이면 더욱 좋다.
• 복장에 대한 규정은 없으나 가급적 액세서리를 착용하지 않은 단정한 차림이 좋다. 여성 수험자의 경우 머리를 묶도록 한다.

4 대기실

• 대기실에서 제비뽑기를 통해 응시 순서가 결정되며, 2인 1조 혹은 3인 1조로 시험을 치른다.
• 대기실에서는 휴대폰, 스마트워치 등 전자기기를 사용할 수 없고, 국가기술자격 실기시험문제 배부 문제지(조주기능사 실기시험 15~16면 참고)만 볼 수 있으므로 대기시간 동안 차분하게 레시피를 정리한다.

5 시험장

- 이름과 수험번호가 확인되면 2분의 시간이 주어진다. 조주하게 될 3가지 칵테일은 이때 확인할 수 있으니, 자신에게 필요한 글라스와 재료들 위주로 확인한다.

- 사용할 얼음이나 술, 가니쉬용 과일이 부족한 경우에는 감독관에게 요청하거나 간단히 질문할 수 있다.

- 어떤 칵테일을 먼저 만들 것인지에 대한 순서를 빠르게 결정해야 한다. 플로팅 기법의 칵테일이나 재료가 비교적 많이 필요한 칵테일은 가급적 가장 나중에 조주한다. 3가지 칵테일 중 1가지를 제출하지 못하면 실격이라는 점을 유의한다.

- 시험시간 7분이 시작되면 감독관에게 가볍게 목례를 하고 손을 씻은 뒤 조주를 시작한다.

- 3가지 칵테일에 사용할 글라스를 칠링한 뒤, 하나씩 완성하는 것이 좋다.

- 모든 계량은 반드시 지거나 바 스푼을 사용하여야 한다.

- 지거를 사용하여 음료를 계량할 때는 지거를 수평으로 유지하여 기울어지지 않게 한다.

- 술병을 잡을 때는 라벨이 앞으로 향하도록 하여 감독관이 라벨을 확인할 수 있어야 한다.

- 3가지 칵테일의 조주 순서는 수험자의 자유이다. 따라서 자신이 직접 넣기(Build) 기법의 칵테일을 만들고 있을 때 옆 수험자의 셰이킹 소리가 들린다고 해서 당황하지 않는다.

- 완성된 혼합물을 글라스에 따르기 전 글라스를 칠링한 얼음은 싱크대나 얼음통에 버린다.

- 완성된 혼합물을 글라스에 따를 때는 다른 손으로 글라스의 아랫부분을 잡는다.

- 과도, 글라스 등은 조심성 있게 다루어 안전사고가 발생하지 않도록 주의해야 한다.

- 가니쉬는 가급적 글라스의 왼쪽에 둔다. Bar에 앉은 고객에게 칵테일을 제공한다고 가정했을 때 고객은 글라스의 오른쪽에 놓인 가니쉬를 먹는(또는 활용하는) 것이 편하다.

- 완성된 작품을 제출할 때는 반드시 코스터를 사용해야 하며, 문제 번호와 일치하는 칵테일을 올려 두었는지 확인한다.

- 감독관이 종료 2분 전을 알릴 때 조급해하지 않도록 한다. 아직 시간은 충분하다.

- 3가지 칵테일을 제출한 후 감독관이 질문을 하는 경우에는 실수를 만회할 수 있는 마지막 기회라 생각하고 침착하게 답변한다.

- '시험이 종료되고 뒷정리를 하는 것'까지가 채점 기준이므로 준비해 간 린넨으로 작업대를 닦고 사용한 글라스를 설거지하여 마무리한다.

출제기준안

출제기준(실기)

직무 분야	음식서비스	중직무 분야	조리	자격 종목	조주기능사	적용 기간	2025.01.01~ 2027.12.31
직무 내용	다양한 음료의 특성을 이해하고 조주에 관계된 지식, 기술, 태도의 습득을 통해 음료 서비스, 영업장 관리를 수행하는 직무이다						
수행준거	1. 고객에게 위생적인 음료를 제공하기 위하여 음료 영업장과 조주에 활용되는 재료·기물·기구를 청결히 관리하고 개인위생을 준수할 수 있다. 2. 다양한 음료의 특성을 파악·분류하고 조주에 활용할 수 있다. 3. 칵테일 조주를 위한 기본적인 지식과 기법을 습득하고 수행할 수 있다. 4. 칵테일 조주 기법에 따라 칵테일을 조주하고 관능평가를 수행할 수 있다. 5. 고객영접, 주문, 서비스, 다양한 편익제공, 환송 등 고객에 대한 서비스를 수행할 수 있다. 6. 음료 영업장 시설을 유지보수하고 기구·글라스를 관리하며 음료의 적정 수량과 상태를 관리할 수 있다. 7. 기초 외국어, 음료 영업장 전문용어를 숙지하고 사용할 수 있다. 8. 본격적인 식음료서비스를 제공하기 전 영업장환경과 비품을 점검함으로써 최선의 서비스가 될 수 있도록 준비할 수 있다. 9. 와인서비스를 위해 와인글라스, 디캔터와 그 외 관련비품을 청결하게 유지·관리할 수 있다.						
필기 검정 방법	작업형			**시험 시간**			7분 정도

실기 과목명	주요 항목	세부 항목	세세 항목
바텐더 실무	1. 위생관리	1. 음료 영업장 위생 관리	1. 음료 영업장의 청결을 위하여 영업 전 청결상태를 확인하여 조치할 수 있다.
			2. 음료 영업장의 청결을 위하여 영업 중 청결상태를 유지할 수 있다.
			3. 음료 영업장의 청결을 위하여 영업 후 청결상태를 복원할 수 있다.
		2. 재료 · 기물 · 기구 위생 관리	1. 음료의 위생적 보관을 위하여 음료 진열장의 청결을 유지할 수 있다.
			2. 음료 외 재료의 위생적 보관을 위하여 냉장고의 청결 을 유지할 수 있다.
			3. 조주 기물의 위생 관리를 위하여 살균 소독을 할 수 있다.
		3. 개인위생 관리	1. 이물질에 의한 오염을 막기 위하여 개인 유니폼을 항상 청결하게 유지할 수 있다.
			2. 이물질에 의한 오염을 막기 위하여 손과 두발을 항상 청결하게 유지할 수 있다.

실기 과목명	주요 항목	세부 항목	세세 항목
바텐더 실무	1. 위생관리	3. 개인위생 관리	3. 병원균 오염의 예방관리를 위하여 건강진단결과서(보건증)을 발급받을 수 있다.
	2. 음료 특성 분석	1. 음료 분류하기	1. 알코올 함유량에 따라 음료를 분류할 수 있다.
			2. 양조방법에 따라 음료를 분류할 수 있다.
			3. 청량음료, 영양음료, 기호음료를 분류할 수 있다.
			4. 지역별 전통주를 분류할 수 있다.
		2. 음료 특성 파악하기	1. 다양한 양조주의 기본적인 특성을 설명할 수 있다.
			2. 다양한 증류주의 기본적인 특성을 설명할 수 있다.
			3. 다양한 혼성주의 기본적인 특성을 설명할 수 있다.
			4. 다양한 전통주의 기본적인 특성을 설명할 수 있다.
			5. 다양한 청량음료, 영양음료, 기호음료의 기본적인 특성을 설명할 수 있다.
		3. 음료 활용하기	1. 알코올성 음료를 칵테일 조주에 활용할 수 있다.
			2. 비알코올성 음료를 칵테일 조주에 활용할 수 있다.
			3. 비터와 시럽을 칵테일 조주에 활용할 수 있다.
	3. 칵테일 기법 실무	1. 칵테일 특성 파악하기	1. 고객에게 음료관련 정보를 제공하기 위하여 칵테일의 유래와 역사를 설명할 수 있다.
			2. 칵테일 조주를 위하여 칵테일 기구의 사용법을 습득할 수 있다.
			3. 칵테일별 특성에 따라서 칵테일을 분류할 수 있다.
		2. 칵테일 기법 수행하기	1. 셰이킹(Shaking) 기법을 수행할 수 있다.
			2. 빌딩(Building) 기법을 수행할 수 있다.
			3. 스터링(Stirring) 기법을 수행할 수 있다.

실기 과목명	주요 항목	세부 항목	세세 항목
	3. 칵테일 기법 실무	2. 칵테일 기법 수행하기	4. 플로팅(Floating) 기법을 수행할 수 있다.
			5. 블렌딩(Blending) 기법을 수행할 수 있다.
			6. 머들링(Muddling) 기법을 수행할 수 있다.
	4. 칵테일 조주 실무	1. 칵테일 조주하기	1. 동일한 맛을 유지하기 위하여 표준 레시피에 따라 조주할 수 있다.
			2. 칵테일 종류에 따라 적절한 조주 기법을 활용할 수 있다.
			3. 칵테일 종류에 따라 적절한 얼음과 글라스를 선택하여 조주할 수 있다.
		2. 전통주 칵테일 조주하기	1. 전통주 칵테일 레시피를 설명할 수 있다.
			2. 전통주 칵테일을 조주할 수 있다.
			3. 전통주 칵테일에 맞는 가니쉬를 사용할 수 있다.
		3. 칵테일 관능평가하기	1. 시각을 통해 조주된 칵테일을 평가할 수 있다.
			2. 후각을 통해 조주된 칵테일을 평가할 수 있다.
			3. 미각을 통해 조주된 칵테일을 평가할 수 있다.
	5. 고객 서비스	1. 고객 응대하기	1. 고객의 예약사항을 관리할 수 있다.
			2. 고객을 영접할 수 있다.
			3. 고객의 요구사항과 불편 사항을 적절하게 처리할 수 있다.
			4. 고객을 환송할 수 있다.
		2. 주문 서비스하기	1. 음료 영업장의 메뉴를 파악할 수 있다.
			2. 음료 영업장의 메뉴를 설명하고 주문 받을 수 있다.
			3. 고객의 요구나 취향, 상황을 확인하고 맞춤형 메뉴를 추천할 수 있다.

실기 과목명	주요 항목	세부 항목	세세 항목
바텐더 실무	5. 고객 서비스	3. 편익 제공하기	1. 고객에 필요한 서비스 용품을 제공할 수 있다.
			2. 고객에 필요한 서비스 시설을 제공할 수 있다.
			3. 고객 만족을 위하여 이벤트를 수행할 수 있다.
	6. 음료영업장 관리	1. 음료 영업장 시설 관리하기	1. 음료 영업장 시설물의 안전 상태를 점검할 수 있다.
			2. 음료 영업장 시설물의 작동 상태를 점검할 수 있다.
			3. 음료 영업장 시설물을 정해진 위치에 배치할 수 있다.
		2. 음료 영업장 기구 · 글라스 관리하기	1. 음료 영업장 운영에 필요한 조주 기구, 글라스를 안전하게 관리할 수 있다.
			2. 음료 영업장 운영에 필요한 조주 기구, 글라스를 정해진 장소에 보관할 수 있다.
			3. 음료 영업장 운영에 필요한 조주 기구, 글라스의 정해진 수량을 유지할 수 있다.
		3. 음료 관리하기	1. 원가 및 재고 관리를 위하여 인벤토리(Inventory)를 작성할 수 있다.
			2. 파스탁(Par Stock)을 통하여 적정 재고량을 관리할 수 있다.
			3. 음료를 선입선출(F.I.F.O)에 따라 관리할 수 있다.
	7. 바텐더 외국어 사용	1. 기초 외국어 구사하기	1. 기초 외국어 습득을 통하여 외국어로 고객을 응대할 수 있다.
			2. 기초 외국어 습득을 통하여 고객 응대에 필요한 외국어 문장을 해석할 수 있다.
			3. 기초 외국어 습득을 통해서 고객 응대에 필요한 외국어 문장을 작성할 수 있다.
		2. 음료 영업장 전문용어 구사하기	1. 음료 영업장 시설물과 조주 기구를 외국어로 표현할 수 있다.
			2. 다양한 음료를 외국어로 표현할 수 있다.
			3. 다양한 조주 기법을 외국어로 표현할 수 있다.

실기 과목명	주요 항목	세부 항목	세세 항목
바텐더 실무	8. 식음료 영업 준비	1. 테이블 세팅하기	1. 메뉴에 따른 세팅 물품을 숙지하고 정확하게 준비할 수 있다.
			2. 집기 취급 방법에 따라 테이블 세팅을 할 수 있다.
			3. 집기의 놓는 위치에 따라 정확하게 테이블 세팅을 할 수 있다.
			4. 테이블 세팅 시에 소음이 나지 않게 할 수 있다.
			5. 테이블과 의자의 균형을 조정할 수 있다.
			6. 예약 현황을 파악하여 요청사항에 따른 준비를 할 수 있다.
			7. 영업장의 성격에 맞는 테이블클로스, 냅킨 등 린넨류를 다룰 수 있다.
			8. 냅킨을 다양한 방법으로 활용하여 접을 수 있다.
		2. 스테이션 준비하기	1. 스테이션의 기물을 용도에 따라 정리할 수 있다.
			2. 비품과 소모품의 위치와 수량을 확인하고 재고목록 표를 작성 할 수 있다.
			3. 회전율을 고려한 일일 적정 재고량을 파악하여 부족한 물품이 없도록 확인할 수 있다.
			4. 식자재 유통기한과 표시기준을 확인하고 선입선출의 방법에 따라 정돈 사용할 수 있다.
		3. 음료 재료 준비하기	1. 표준 레시피에 따라 음료 제조에 필요한 재료의 종류와 수량을 파악하고 준비할 수 있다.
			2. 표준 레시피에 따라 과일 등의 재료를 손질하여 준비할 수 있다.
			3. 덜어 쓰는 재료를 적합한 용기에 보관하고 유통기한을 표시할 수 있다.
		4. 영업장 점검하기	1. 영업장의 청결을 점검할 수 있다.
			2. 최적의 조명상태를 유지하도록 조명기구들을 점검 할 수 있다.

실기 과목명	주요 항목	세부 항목	세세 항목
바텐더 실무	8. 식음료 영업 준비	4. 영업장 점검하기	3. 고정 설치물의 적합한 위치와 상태를 유지할 수 있도록 점검할 수 있다.
			4. 영업장 테이블 및 의자의 상태를 점검할 수 있다.
			5. 일일 메뉴의 특이사항과 재고를 점검할 수 있다.
	9. 와인장비 · 비품 관리	1. 와인글라스 유지 · 관리하기	1. 와인글라스의 파손, 오염을 확인할 수 있다.
			2. 와인글라스를 청결하게 유지·관리할 수 있다.
			3. 와인글라스를 종류별로 정리·정돈할 수 있다.
			4. 와인글라스의 종류별 재고를 적정하게 확보·유지할 수 있다.
		2. 와인디캔터 유지 · 관리하기	1. 디캔터의 파손, 오염을 확인할 수 있다.
			2. 디캔터를 청결하게 유지·관리할 수 있다.
			3. 디캔터를 종류별로 정리·정돈할 수 있다.
			4. 디캔터의 종류별 재고를 적정하게 확보·유지할 수 있다.
		3. 와인비품 유지 · 관리하기	1. 와인오프너, 와인쿨러 등 비품의 파손, 오염을 확인할 수 있다.
			2. 와인오프너, 와인쿨러 등 비품을 청결하게 유지·관리할 수 있다.
			3. 와인오프너, 와인쿨러 등 비품을 종류별로 정리·정돈할 수 있다.
			4. 와인오프너, 와인쿨러 등 비품을 적정하게 확보·유지할 수 있다.

실기시험 공개문제

[공개]
국가기술자격 실기시험문제

자격종목	조주기능사	과제명	칵테일

※문제지는 시험종료 후 본인이 가져갈 수 있습니다.

비번호		시험일시		시험장명	

※시험시간: 7분

1. 요구사항

※ 다음의 칵테일 중 감독위원이 제시하는 3가지 작품을 조주하여 제출하시오.

번호	칵테일	번호	칵테일	번호	칵테일	번호	칵테일
1	Pousse Cafe	11	New York	21	Long Island Iced Tea	31	Tequila Sunrise
2	Manhattan Cocktail	12	Daiquiri	22	Side Car	32	Healing
3	Dry Martini	13	B-52	23	Mai Tai	33	Jindo
4	Old Fashioned	14	June Bug	24	Pina Colada	34	Puppy Love
5	Brandy Alexander	15	Bacardi Cocktail	25	Cosmopolitan Cocktail	35	Geumsan
6	Singapore Sling	16	Cuba Libre	26	Moscow Mule	36	Gochang
7	Black Russian	17	Grasshopper	27	Apricot Cocktail	37	Gin Fizz
8	Margarita	18	Seabreeze	28	Honeymoon Cocktail	38	Fresh Lemon Squash
9	Rusty Nail	19	Apple Martini	29	Blue Hawaiian	39	Virgin Fruit Punch
10	Whiskey Sour	20	Negroni	30	Kir	40	Boulevardier

[공개]

자격종목	조주기능사	과제명	칵테일

2. 수험자 유의사항

1) 시험시간 전 2분 이내에 재료의 위치를 확인합니다.
2) 개인위생 항목에서 0점 처리되는 경우는 다음과 같습니다.
   가) 두발 상태가 불량하고 복장 상태가 비위생적인 경우
   나) 손에 과도한 액세서리를 착용하여 작업에 방해가 되는 경우
   다) 작업 전에 손을 씻지 않는 경우
3) 감독위원이 요구한 3가지 작품을 7분 내에 완료하여 제출합니다.
4) 완성된 작품을 제출 시 반드시 코스터를 사용해야 합니다.
5) 검정장 시설과 지급재료 이외의 도구 및 재료를 사용할 수 없습니다.
6) 시설이 파손되지 않도록 주의하며, 실기시험이 끝난 수험자는 본인이 사용한 기물을 3분 이내에 세척·정리하여 원위치에 놓고 퇴장합니다.
7) 과도, 글라스 등을 조심성 있게 다루어 안전사고가 발생하지 않도록 주의해야 합니다.
8) 채점 대상에서 제외되는 경우는 다음과 같습니다.
   가) 오작:
      (1) 3가지 과제 중 2가지 이상의 주재료(주류) 선택이 잘못된 경우
      (2) 3가지 과제 중 2가지 이상의 조주법(기법) 선택이 잘못된 경우
      (3) 3가지 과제 중 2가지 이상의 글라스 사용 선택이 잘못된 경우
      (4) 3가지 과제 중 2가지 이상의 장식 선택이 잘못된 경우
      (5) 1과제 내에 재료(주부재료) 선택이 2가지 이상 잘못된 경우
   나) 미완성 :
      (1) 요구된 과제 3가지 중 1가지라도 제출하지 못한 경우
9) 다음의 경우에는 득점과 관계없이 채점 대상에서 제외됩니다.
   가) 시험 도중 포기한 경우
   나) 시험 도중 시험장을 무단 이탈하는 경우
   다) 부정한 방법으로 타인의 도움을 받거나 타인의 시험을 방해하는 경우
   라) 국가기술자격법상 국가기술자격 검정에서의 부정행위 등을 하는 경우

※ 국가기술자격 시험문제는 저작권법상 보호되는 저작물이고, 저작권자는 한국산업인력공단입니다.
시험문제의 일부 또는 전부를 무단 복제, 배포, (전자)출판하는 등 저작권을 침해하는 일체의 행위를 금합니다.
〈국가기술자격 부정행위 예방 캠페인: "부정행위, 묵인하면 계속됩니다."〉

실기시험 표준레시피

🍸 Ⅰ. 국가기술자격 조주기능사 실기시험 표준 레시피(기법별)

	칵테일	기법	글라스	새료	가니쉬
1	Pousse Café	Float	Liqueur Glass	Grenadine Syrup ⅓part, Crème de Menthe(Green) ⅓part, Brandy ⅓part	없음
2	B-52	Float	Sherry Glass	Coffee Liqueur(Kahlúa) ⅓part, Bailey's Irish Cream Liqueur ⅓part, Grand Marnier ⅓part	없음
3	Dry Martini	Stir	Cocktail Glass	Dry Gin 2oz, Dry Vermouth ⅓oz	Green Olive
4	Manhattan	Stir	Cocktail Glass	Bourbon Whiskey 1½oz, Sweet Vermouth ¾oz, Angostura Bitters 1dash	Cherry
5	Boulevardier	Stir	Old-fashioned Glass	Bourbon Whiskey 1oz, Sweet Vermouth 1oz, Campari 1oz	Twist of Orange Peel
6	고창	Stir	Flute Champagne Glass	선운산복분자주 2oz, Triple Sec ½oz, Sprite 2oz	없음
7	Negroni	Build	Old-fashioned Glass	Dry Gin ¾oz, Sweet Vermouth ¾oz, Campari ¾oz	Twist of Lemon Peel
8	Black Russian	Build	Old-fashioned Glass	Vodka 1oz, Coffee Liqueur(Kahlúa) ½oz	없음
9	Rusty Nail	Build	Old-fashioned Glass	Scotch Whisky 1oz, Drambuie ½oz	없음
10	Old Fashioned	Build	Old-fashioned Glass	Bourbon Whiskey 1½oz, Powdered Sugar 1tsp, Angostura Bitters 1dash, Soda Water ½oz	A Slice of Orange & Cherry
11	Cuba Libre	Build	Highball Glass	Light Rum 1½oz, Lime Juice ½oz, Fill with Coke	A Wedge of Lemon
12	Seabreeze	Build	Highball Glass	Vodka 1½oz, Cranberry Juice 3oz, Grapefruit Juice ½oz	A Wedge of Lime or Lemon
13	Moscow Mule	Build	Highball Glass	Vodka 1½oz, Lime Juice ½oz, Fill with Ginger Ale	A Slice of Lime or Lemon

	칵테일	기법	글라스	재료	가니쉬
14	Long Island Iced Tea	Build	Collins Glass	Dry Gin ½oz, Vodka ½oz, Light Rum ½oz, Tequila ½oz, Triple Sec ½oz, Sweet & Sour Mix 1½oz, On Top with Coke	A Wedge of Lime or Lemon
15	Kir	Build	White Wine Glass	White Wine 3oz, Crème de Cassis ½oz	Twist of Lemon Peel
16	Fresh Lemon Squash	Build	Highball Glass	Fresh Squeezed Lemon ½ea, Powdered Sugar 2tsp, Fill with Soda Water	A Slice of Lemon
17	Tequila Sunrise	Build + Float	Footed Pilsner Glass	Tequila 1½oz, Fill with Orange Juice, Grenadine Syrup ½oz	없음
18	Apple Martini	Shake	Cocktail Glass	Vodka 1oz, Apple Pucker(Sour Apple Liqueur) 1oz, Lime Juice ½oz	A Slice of Apple
19	Cosmo-politan	Shake	Cocktail Glass	Vodka 1oz, Triple Sec ½oz, Lime Juice ½oz, Cranberry Juice ½oz	Twist of Lime or Lemon Peel
20	Daiquiri	Shake	Cocktail Glass	Light Rum 1¾oz, Lime Juice ¾oz, Powdered Sugar 1tsp	없음
21	Bacardi Cocktail	Shake	Cocktail Glass	Bacardi Rum White 1¾oz, Lime Juice ¾oz, Grenadine Syrup 1tsp	없음
22	New York	Shake	Cocktail Glass	Bourbon Whiskey 1½oz, Lime Juice ½oz, Powdered Sugar 1tsp, Grenadine Syrup ½tsp	Twist of Lemon Peel
23	Margarita	Shake	Cocktail Glass	Tequila 1½oz, Cointreau or Triple Sec ½oz, Lime Juice ½oz	Rimming with Salt
24	Honeymoon Cocktail	Shake	Cocktail Glass	Apple Brandy ¾oz, Bénédictine DOM ¾oz, Triple Sec ¼oz, Lemon Juice ½oz	없음
25	Sidecar	Shake	Cocktail Glass	Brandy 1oz, Triple Sec 1oz, Lemon Juice ¼oz	없음
26	Brandy Alexander	Shake	Cocktail Glass	Brandy ¾oz, Crème de Cacao(Brown) ¾oz, Light Milk ¾oz	Nutmeg Powder
27	Grass-hopper	Shake	Saucer Champagne Glass	Crème de Menthe(Green) 1oz, Crème de Cacao(White) 1oz, Light Milk 1oz	없음
28	Apricot Cocktail	Shake	Cocktail Glass	Apricot Flavored Brandy 1½oz, Dry Gin 1tsp, Lemon Juice ½oz, Orange Juice ½oz	없음

	칵테일	기법	글라스	재료	가니쉬
29	June Bug	Shake	Collins Glass	Midori(Melon Liqueur) 1oz, Coconut Flavored Rum ½oz, Banana Liqueur ½oz, Pineapple Juice 2oz, Sweet & Sour Mix 2oz	A Wedge of Pineapple & Cherry
30	진도	Shake	Cocktail Glass	진도홍주(40도) 1oz, Crème de Menthe(White) ½oz, White Grape Juice ¾oz, Raspberry Syrup ½oz	없음
31	힐링	Shake	Cocktail Glass	감홍로(40도) 1½oz, Bénédictine DOM ⅓oz, Crème de Cassis ⅓oz, Sweet & Sour Mix 1oz	Twist of Lemon Peel
32	금산	Shake	Cocktail Glass	금산인삼주(43도) 1½oz, Coffee Liqueur(Kahlúa) ½oz, Apple Pucker(Sour Apple Liqueur) ½oz, Lime Juice 1tsp	없음
33	풋사랑	Shake	Cocktail Glass	안동소주(35도) 1oz, Triple Sec ⅓oz, Apple Pucker(Sour Apple Liqueur) 1oz, Lime Juice ⅓oz	A Slice of Apple
34	Gin Fizz	Shake + Build	Highball Glass	Dry Gin 1½oz, Lemon Juice ½oz, Powdered Sugar 1tsp, Fill with Soda Water	A Slice of Lemon
35	Whiskey Sour	Shake + Build	Sour Glass	Bourbon Whiskey 1½oz, Lemon Juice ½oz, Powdered Sugar 1tsp, On Top with Soda Water 1oz	A Slice of Lemon and Cherry
36	Singapore Sling	Shake + Build	Footed Pilsner Glass	Dry Gin 1½oz, Lemon Juice ½oz, Powdered Sugar 1tsp, Fill with Soda Water, On Top with Cherry Flavored Brandy ½oz	A Slice of Orange and Cherry
37	Blue Hawaiian	Blend	Footed Pilsner Glass	Light Rum 1oz, Blue Curaçao 1oz, Coconut Flavored Rum 1oz, Pineapple Juice 2½oz	A Wedge of Pineapple & Cherry
38	Piña Colada	Blend	Footed Pilsner Glass	Light Rum 1¼oz, Piña Colada Mix 2oz, Pineapple Juice 2oz	A Wedge of Pineapple & Cherry
39	Mai-Tai	Blend	Footed Pilsner Glass	Light Rum 1¼oz, Triple Sec ¾oz, Lime Juice 1oz, Pineapple Juice 1oz, Orange Juice 1oz, Grenadine Syrup ¼oz	A Wedge of Pineapple (Orange) & Cherry
40	Virgin Fruit Punch	Blend	Footed Pilsner Glass	Orange Juice 1oz, Pineapple Juice 1oz, Cranberry Juice 1oz, Grapefruit Juice 1oz, Lemon Juice ½oz, Grenadine Syrup ½oz	A Wedge of Pineapple & Cherry

	칵테일	기법	글라스	재료	가니쉬
Gin Base					
1	Dry Martini	Stir	Cocktail Glass	Dry Gin 2oz, Dry Vermouth ⅓oz	Green Olive
2	Negroni	Build	Old-fashioned Glass	Dry Gin ¾oz, Sweet Vermouth ¾oz, Campari ¾oz	Twist of Lemon Peel
3	Long Island Iced Tea	Build	Collins Glass	Dry Gin ½oz, Vodka ½oz, Light Rum ½oz, Tequila ½oz, Triple Sec ½oz, Sweet & Sour Mix 1½oz, On Top with Coke	A Wedge of Lime or Lemon
4	Gin Fizz	Shake + Build	Highball Glass	Dry Gin 1½oz, Lemon Juice ½oz, Powdered Sugar 1tsp, Fill with Soda Water	A Slice of Lemon
5	Singapore Sling	Shake + Build	Footed Pilsner Glass	Dry Gin 1½oz, Lemon Juice ½oz, Powdered Sugar 1tsp, Fill with Soda Water, On Top with Cherry Flavored Brandy ½oz	A Slice of Orange and Cherry
Vodka Base					
6	Black Russian	Build	Old-fashioned Glass	Vodka 1oz, Coffee Liqueur(Kahlúa) ½oz	없음
7	Seabreeze	Build	Highball Glass	Vodka 1½oz, Cranberry Juice 3oz, Grapefruit Juice ½oz	A Wedge of Lime or Lemon
8	Moscow Mule	Build	Highball Glass	Vodka 1½oz, Lime Juice ½oz, Fill with Ginger Ale	A Slice of Lime or Lemon
9	Apple Martini	Shake	Cocktail Glass	Vodka 1oz, Apple Pucker(Sour Apple Liqueur) 1oz, Lime Juice ½oz	A Slice of Apple
10	Cosmo-politan	Shake	Cocktail Glass	Vodka 1oz, Triple Sec ½oz, Lime Juice ½oz, Cranberry Juice ½oz	Twist of Lime or Lemon Peel
Rum Base					
11	Cuba Libre	Build	Highball Glass	Light Rum 1½oz, Lime Juice ½oz, Fill with Coke	A Wedge of Lemon

	칵테일	기법	글라스	재료	가니쉬
12	Daiquiri	Shake	Cocktail Glass	Light Rum 1¾oz, Lime Juice ¾oz, Powdered Sugar 1tsp	없음
13	Bacardi Cocktail	Shake	Cocktail Glass	Bacardi Rum White 1¾oz, Lime Juice ¾oz, Grenadine Syrup 1tsp	없음
14	Blue Hawaiian	Blend	Footed Pilsner Glass	Light Rum 1oz, Blue Curaçao 1oz, Coconut Flavored Rum 1oz, Pineapple Juice 2½oz	A Wedge of Pineapple & Cherry
15	Piña Colada	Blend	Footed Pilsner Glass	Light Rum 1¼oz, Piña Colada Mix 2oz, Pineapple Juice 2oz	A Wedge of Pineapple & Cherry
16	Mai-Tai	Blend	Footed Pilsner Glass	Light Rum 1¼oz, Triple Sec ¾oz, Lime Juice 1oz, Pineapple Juice 1oz, Orange Juice 1oz, Grenadine Syrup ¼oz	A Wedge of Pineapple (Orange) & Cherry
Tequila Base					
17	Tequila Sunrise	Build + Float	Footed Pilsner Glass	Tequila 1½oz, Fill with Orange Juice, Grenadine Syrup ½oz	없음
18	Margarita	Shake	Cocktail Glass	Tequila 1½oz, Cointreau or Triple Sec ½oz, Lime Juice ½oz	Rimming with Salt
Whisk(e)y Base					
19	Manhattan	Stir	Cocktail Glass	Bourbon Whiskey 1½oz, Sweet Vermouth ¾oz, Angostura Bitters 1dash	Cherry
20	Boulevardier	Stir	Old-fashioned Glass	Bourbon Whiskey 1oz, Sweet Vermouth 1oz, Campari 1oz	Twist of Orange Peel
21	Rusty Nail	Build	Old-fashioned Glass	Scotch Whisky 1oz, Drambuie ½oz	없음
22	Old Fashioned	Build	Old-fashioned Glass	Bourbon Whiskey 1½oz, Powdered Sugar 1tsp, Angostura Bitters 1dash, Soda Water ½oz	A Slice of Orange and Cherry
23	New York	Shake	Cocktail Glass	Bourbon Whiskey 1½oz, Lime Juice ½oz, Powdered Sugar 1tsp, Grenadine Syrup ½tsp	Twist of Lemon Peel

	칵테일	기법	글라스	재료	가니쉬
24	Whiskey Sour	Shake + Build	Sour Glass	Bourbon Whiskey 1½oz, Lemon Juice ½oz, Powdered Sugar 1tsp, On Top with Soda Water 1oz	A Slice of Lemon and Cherry
Brandy Base					
25	Honeymoon Cocktail	Shake	Cocktail Glass	Apple Brandy ¾oz, Bénédictine DOM ¾oz, Triple Sec ¼oz, Lemon Juice ½oz	없음
26	Sidecar	Shake	Cocktail Glass	Brandy 1oz, Triple Sec 1oz, Lemon Juice ¼oz	없음
27	Brandy Alexander	Shake	Cocktail Glass	Brandy ¾oz, Crème de Cacao(Brown) ¾oz, Light Milk ¾oz	Nutmeg Powder
Wine Base					
28	Kir	Build	White Wine Glass	White Wine 3oz, Crème de Cassis ½oz	Twist of Lemon Peel
Liqueur Base					
29	Pousse Café	Float	Liqueur Glass	Grenadine Syrup ⅓part, Crème de Menthe(Green) ⅓part, Brandy ⅓part	없음
30	B-52	Float	Sherry Glass	Coffee Liqueur(Kahlúa) ⅓part, Bailey's Irish Cream Liqueur ⅓part, Grand Marnier ⅓part	없음
31	Grass-hopper	Shake	Saucer Champagne Glass	Crème de Menthe(Green) 1oz, Crème de Cacao(White) 1oz, Light Milk 1oz	없음
32	Apricot Cocktail	Shake	Cocktail Glass	Apricot Flavored Brandy 1½oz, Dry Gin 1tsp, Lemon Juice ½oz, Orange Juice ½oz	없음
33	June Bug	Shake	Collins Glass	Midori(Melon Liqueur) 1oz, Coconut Flavored Rum ½oz, Banana Liqueur ½oz, Pineapple Juice 2oz, Sweet & Sour Mix 2oz	A Wedge of Pineapple & Cherry
전통주 Base					
34	고창	Stir	Flute Champagne Glass	선운산복분자주 2oz, Triple Sec ½oz, Sprite 2oz	없음
35	진도	Shake	Cocktail Glass	진도홍주(40도) 1oz, Crème de Menthe(White) ½oz, White Grape Juice ¾oz, Raspberry Syrup ½oz	없음

	칵테일	기법	글라스	재료	가니쉬
36	힐링	Shake	Cocktail Glass	감홍로(40도) 1½oz, Bénédictine DOM ⅓oz, Crème de Cassis ⅓oz, Sweet & Sour Mix 1oz	Twist of Lemon Peel
37	금산	Shake	Cocktail Glass	금산인삼주(43도) 1½oz, Coffee Liqueur(Kahlúa) ½oz, Apple Pucker(Sour Apple Liqueur) ½oz, Lime Juice 1tsp	없음
38	풋사랑	Shake	Cocktail Glass	안동소주(35도) 1oz, Triple Sec ⅓oz, Apple Pucker(Sour Apple Liqueur) 1oz, Lime Juice ⅓oz	A Slice of Apple
Non-Alcohol					
39	Fresh Lemon Squash	Build	Highball Glass	Fresh Squeezed Lemon ½ea, Powdered Sugar 2tsp, Fill with Soda Water	A Slice of Lemon
40	Virgin Fruit Punch	Blend	Footed Pilsner Glass	Orange Juice 1oz, Pineapple Juice 1oz, Cranberry Juice 1oz, Grapefruit Juice 1oz, Lemon Juice ½oz, Grenadine Syrup ½oz	A Wedge of Pineapple & Cherry

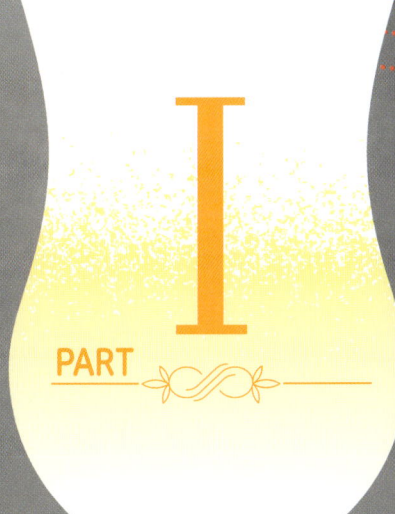

PART I

조주기능사 실기 재료

1 글라스

Cocktail Glass 칵테일 글라스		Footed Pilsner Glass 필스너 글라스	
	과제		**과제**
	드라이 마티니, 애플 마티니, 맨해튼, 바카디, 다이키리, 코스모폴리탄, 마가리타, 뉴욕, 브랜디 알렉산더, 허니문, 사이드카, 애프리코트, 금산, 힐링, 진도, 풋사랑		테킬라 선라이즈, 싱가포르 슬링, 블루 하와이안, 피냐 콜라다, 마이타이, 버진 프루트 펀치

Highball Glass 하이볼 글라스		Old-fashioned Glass 올드패션드 글라스	
	과제		**과제**
	진 피즈, 쿠바 리브레, 모스코뮬, 시브리즈, 프레시 레몬 스쿼시		블랙 러시안, 올드 패션드, 러스티 네일, 불바디에, 네그로니

Collins Glass 콜린스 글라스		Saucer Champagne Glass 소서형 샴페인 글라스	
	과제		**과제**
	롱 아일랜드 아이스티, 준벅		그래스호퍼

Sour Glass 사워 글라스		Flute Champagne Glass 플루트형 샴페인 글라스	
	과제		**과제**
	위스키 사워		고창

Stemmed Liqueur Glass 리큐르 글라스		Sherry Glass 셰리 글라스	
	과제		과제
	푸스 카페		B-52
White Wine Glass 화이트 와인 글라스		※실기시험에 사용되는 글라스는 11종이며, 리큐르 글라스와 셰리 글라스, 사워 글라스와 플루트형 샴페인 글라스를 혼동하지 않도록 유의해야 한다.	
	과제		
	키르		

2 주재료

드라이 진   보드카   럼   바카디 럼   테킬라

스카치 위스키   버번 위스키   브랜디   애플 브랜디

- 시험장에서 증류주는 어떠한 브랜드로 준비되어 있을지 모르지만 진, 럼 등의 글자가 라벨에 크게 기재되어 있기 때문에 걱정할 필요는 없다.
- 진, 럼, 보드카는 투명하고, 테킬라, 위스키, 브랜디는 호박색이다.
- 브랜디 병은 어두운 초록색으로, 'Napoleon'이 기재되어 있을 확률이 매우 높다.
- 바카디 칵테일(Bacardi Cacktail)은 일반 럼이 아닌 바카디 브랜등의 럼을 사용하여야 한다.
- 애플 브랜디는 허니문 칵테일(Honeymoon Cocktail)에만 사용하며 병에 'Calvados'라 기재되어 있다.

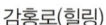

| 감홍로(힐링) | 진도홍주(진도) | 안동소주(풋사랑) | 금산인삼주(금산) | 선운산복분자주(고창) |

3 부재료

| 드라이 베르무트 | 스위트 베르무트 | 베네딕틴 DOM | 드람브이 |

- 드라이 베르무트와 스위트 베르무트의 대표적인 브랜드로는 Martini와 Cinzano가 있다. 드라이 베르무트는 녹색병, 스위트 베르무트는 붉은색이다.
- 스위트 베르무트의 라벨에는 'Red'를 뜻하는 'Rosso'가 기재되어 있다.

| 깔루아 | 베일리스 | 그랑마니에르 | 코인트루 | 캄파리 |

TIP · 베네딕틴, 드람브이, 깔루아, 베일리스, 그랑마니에르, 코인트루, 캄파리는 단일 브랜드
이기 때문에 본서에 수록된 이미지를 그대로 외우는 것이 좋다.

| 크렘드민트(그린) | 크렘드카카오(화이트) | 크렘드카카오(브라운) | 크렘드카시스 | 바나나리큐르 |

| 트리플섹 | 애플퍼커 | 블루큐라소 | 멜론리큐르 | 애프리콧 브랜디 | 코코넛럼 |

TIP · 리큐르를 생산하는 브랜드로는 De Kuyper, Bols 등이 있다. 시험장마다 다른 브랜드가
준비되어 있으나 라벨과 색깔이 직관적이기 때문에 재료를 찾는 데는 크게 어려움이
없을 것이다.

그레나딘 시럽　　　라즈베리 시럽　　　피냐콜라다믹스　　　스위트앤사워믹스　　　우유

레몬주스　　　라임주스　　　오렌지주스　　　파인애플주스　　　크렌베리주스　　　자몽주스

청포도주스　　　**콜라**　　　**사이다**　　　**진저엘**　　　**소다수**　　　**앙고스투라비터**

4 가니쉬

1. 레몬 슬라이스(A Slice of Lemon)

• 과제: Moscow Mule, Fresh Lemon Squash, Gin Fizz

① 레몬을 길게 2등분 한다.
② 반쪽을 가로로 길게 놓고 약 1cm 두께의 반달 모양으로 자른다.
③ 가운데에 칼집을 내어 글라스의 가장자리에 끼운다.

2. 레몬 트위스트 필(Twist of Lemon Peel)

• 과제: ① Twist of Lemon Peel: Negroni, Kir, Cosmopolitan, Healing, New York
       ② Twist of Orange Peel: Boulevardier

① 레몬 슬라이스를 준비한다.
② 과육과 껍질 사이에 칼을 넣어 껍질을 분리한다.
③ 비틀면서 꼬아 준다.
④ 글라스의 가장자리에 걸치거나 글라스의 안에 넣는다.

3. 레몬 웨지(A Wedge of Lemon)

• 과제: Cuba Libre, Long Island Iced Tea, Seabreeze

① 레몬을 길게 2등분 한다.
② 다시 반으로 잘라 ¼ 조각을 만든 후, 한 번 더 반으로 잘라 ⅛ 조각을 만든다.
③ 과육과 껍질 사이에 살짝 칼집을 내어 글라스의 가장자리에 끼운다.

4. 사과 슬라이스(A Slice of Apple)

• 과제: Apple Martini, 풋사랑(Puppy Love)

① 사과의 꼭지 부분을 위로 향하게 하여 반으로 자른다.
② 평평한 면을 바닥으로 향하게 하여 약 0.3cm 두께의 반달 모양으로 자른다.
③ 글라스의 안에 바로 넣거나 가운데에 칼집을 내어 글라스의 가장자리에 끼운다.

5. 오렌지 슬라이스 & 체리(A Slice of Orange & Cherry)

• 과제: ① A Slice of Orange & Cherry: Old-Fashioned, Singapore Sling
　　　　② A Slice of Lemon & Cherry: Whiskey Sour

① 오렌지의 꼭지 부분을 자신의 반대편으로 향하게 하여 반으로 자른다.
② 약 1cm 두께의 반달 모양으로 잘라 슬라이스를 준비한다.
③ 칵테일 픽으로 체리를 통과시킨 후 다른 한쪽 손으로 집게를 들고 오렌지를 잡는다.
④ 칵테일 픽을 오렌지에 꽂아 고정하여 글라스의 안에 넣거나 오렌지에 칼집을 내어 글라스의 가장자리에 끼운다. 슬라이스 레몬 & 체리 가니쉬도 동일한 방식이다.

6. 파인애플 슬라이스 & 체리(A Wedge of Pineapple & Cherry)

• 과제: June Bug, Blue Hawaiian, Piña Colada, Mai-Tai, Virgin Fruit Punch

① 잎을 제거한 파인애플을 세운 뒤 반으로 자른다.
② 평평한 면을 바닥으로 향하게 하여 반으로 잘라 ¼ 조각을 만든다. 파인애플 크기에 따라 한 번 더 2등분을 해야 할 수도 있다.

③ 약 1cm 두께로 잘라 파인애플 슬라이스를 준비한다.

④ 칵테일 픽으로 체리를 통과시킨 후 다른 한쪽 손으로 집게를 들고 파인애플을 잡는다.

④ 칵테일 픽을 파인애플에 꽂아 고정하여 글라스의 안에 넣거나 파인애플에 칼집을
   내어 글라스의 가장자리에 끼운다.

※ 과일은 쉽게 구할 수 있으므로 시험장에 가기 전 꼭 연습해 보는 것을 추천한다.

7. 소금 리밍(Rimming with Salt)

• 과제: Margarita

① 글라스의 가장자리에 레몬이나 라임즙을 묻힌다.

② 글라스를 돌려가며 접시에 있는 소금을 골고루 묻힌다. 조주 시간이 부족한 경우에
   는 글라스를 뒤집어 한 번에 소금을 찍는다.

③ 글라스를 들어 올리기 전에 바닥 부분을 가볍게 두드려 고정되지 않은 소금은 떨어
   뜨린다.

8. 그 외

• 과제: ① Green Olive: Dry Martini

    ② Cherry: Manhattan

    ③ Nutmeg Powder: Brandy Alexander

올리브   체리   넛맥 파우더

PART II

PART

조주기법별
칵테일 레시피

제 1 장　띄우기(Float)

1 띄우기(Float)

재료의 알코올 함량이 높을수록 가볍고, 당분은 많을수록 무겁다는 비중의 차이를 이용하여 내용물을 층층이 띄우는 기법이다. 바 스푼을 글라스 벽면에 대고 그 위로 내용물을 조금씩 따른다.

필요한 기물

- 바 스푼, 지거, 린넨(또는 행주)

지거 잡는 법

- 엄지와 검지로 지거의 잘록한 부분을 가볍게 잡는다.
- 지거는 계량을 위한 도구이므로 기울어지지 않고 바닥과 수평을 이루도록 한다.

조주법

- 준비해 간 린넨으로 지거와 바 스푼의 물기를 제거한 후 조주를 시작한다.
- 첫 번째 재료는 지거에 계량한 뒤 글라스에 바로 따른다.
- 두 번째 재료부터는 지거에 계량한 뒤 바 스푼을 글라스 벽면에 고정하여 재료가 바 스푼을 타고 흘러내려 깔끔하게 쌓일 수 있도록 천천히 따른다.

TIP
- 리큐르 글라스(Pousse Cafe)와 셰리 글라스(B-52)를 헷갈리지 않도록 한다.
- 재료가 바뀔 때마다 린넨으로 지거와 바 스푼의 잔여물을 깨끗이 닦는다.
- 재료가 사용되는 순서를 반드시 기억한다.
- 시간이 많이 요구되므로 가장 마지막에 해결한다.

글라스	Stemmed Liqueur Glass	
기법	Float	
재료	Grenadine Syrup	⅓ part
	Crème de Menthe(Green)	⅓ part
	Brandy	⅓ part
가니쉬	없음	

❶ 지거에 그레나딘 시럽을 ⅓ oz 정도 계량한 후 글라스에 바로 따른다.

❷ 지거에 크렘 드 민트를 ⅓ oz 정도 계량한 후 글라스의 벽 쪽에 바 스푼을 대고 천천히 따른다.

❸ 지거에 브랜디를 ⅓ oz 정도 계량한 후 2의 위에 바 스푼을 대고 천천히 따른다.

Grenadine Syrup   Crème de Menthe(Green)   Brandy

TIP
• 그레나딘 시럽은 부재료, 크렘 드 민트는 리큐르, 브랜디는 증류주 섹션에서 각각 찾아야 한다.
• 다음 재료를 사용하기 전 린넨으로 지거와 바 스푼을 닦아 이전 재료의 잔여물을 없앤다.

글라스	Sherry Glass	
기법	Float	
재료	Coffee Liqueur(Kahlúa)	⅓ part
	Bailey's Irish Cream	⅓ part
	Grand Marnier	⅓ part
가니쉬	없음	

❶ 지거에 커피 리큐르(깔루아)를 ⅓ oz 정도 계량한 후 글라스에 바로 따른다.

❷ 지거에 베일리스를 ½ oz 정도 계량한 후 글라스의 벽 쪽에 바 스푼을 대고 천천히 따른다.

❸ 지거에 그랑 마니에르를 ¾ oz 정도 계량한 후 2의 위에 바 스푼을 대고 천천히 따른다.

Coffee Liqueur　　　Bailey's Irish　　　Grand Marnier
(Kahlúa)　　　　　　Cream

TIP

• 깔루아와 베일리스는 잘 섞이지 않기 때문에 따를 때 긴장하지 않아도 된다.

• 글라스가 역삼각형 모양이므로 동일한 비율로 층을 완성하기 위해서는 그랑 마니에르의 사용량이 가장 많아야 한다.

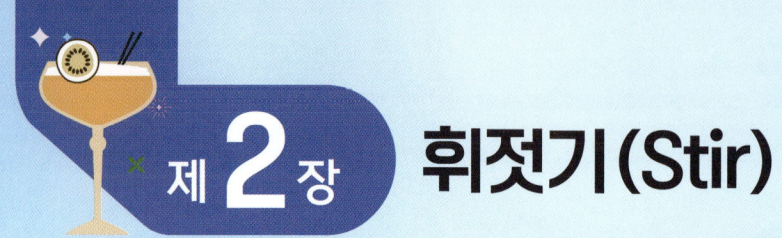

제 **2** 장　휘젓기(Stir)

2 휘젓기(Stir)

믹싱 글라스에 재료와 얼음을 넣고 바 스푼으로 휘저어 혼합한 다음 스트레이너로 얼음을 걸러 나른 글라스에 옮겨 따라주는 기법이다.

필요한 기물

• 바 스푼, 지거, 믹싱 글라스, 스트레이너

조주법

• 믹싱 글라스에 얼음을 5~6개 넣고 재료를 지거로 계량하여 차례로 넣는다.
• 바 스푼으로 믹싱 글라스의 벽면을 따라 10회 이상 휘젓는다.
• 스트레이너를 믹싱 글라스에 결합하여 내용물을 칵테일 글라스에 옮겨 따른다.
• 이때 다른 한쪽 손은 칵테일 글라스의 아랫부분을 잡는다.

TIP
• Stir(휘젓기) 기법을 사용하는 칵테일은 총 4개(Dry Martini, Manhattan, Boulevardier, 고창)로 반드시 숙지해야 한다.
• Dry Martini, Manhattan, Boulevardier의 가니쉬를 잊지 않도록 한다.

3 Dry Martini 드라이 마티니 Stir

글라스	Cocktail Glass	
기법	Stir	
재료	Dry Gin	2 oz
	Dry Vermouth	⅓ oz
가니쉬	Green Olive	

❶ 칵테일 글라스에 각얼음을 3~4개 넣어 잔을 칠링해 둔다.

❷ 믹싱 글라스에 각얼음을 5~6개 넣고 재료들을 지거에 계량하여 베이스부터 차례로 넣는다.

❸ 바 스푼으로 믹싱 글라스의 벽면을 따라 10회 이상 휘젓는다.

❹ 칵테일 글라스에 있는 얼음을 버린다.

❺ 믹싱 글라스에 스트레이너를 끼워 얼음이 걸러진 내용물만 글라스에 따른다.

❻ 올리브를 칵테일 픽에 꽂아 장식한다.

Dry Gin   Dry Vermouth   Green Olive

TIP
- 드라이 베르무트의 유명 브랜드로는 Martini와 Cinzano 등이 있으며, 초록색 병이라는 공통점이 있다. 빨간색 병의 스위트 베르무트와 함께 배치되어 있을 확률이 높다.
- 올리브를 칵테일 픽에 꽂을 때는 집게를 사용한다.

글라스	Cocktail Glass	
기법	Stir	
재료	Bourbon Whiskey	1½ part
	Sweet Vermouth	¾ part
	Angostura Bitters	1 dash
가니쉬	Cherry	

❶ 칵테일 글라스에 각얼음을 3~4개 넣어 잔을 칠링해 둔다.

❷ 믹싱 글라스에 각얼음을 5~6개 넣고 재료들을 지거에 계량하여 차례로 넣는다.

❸ 바 스푼으로 믹싱 글라스의 벽면을 따라 10회 이상 휘젓는다.

❹ 칵테일 글라스에 있는 얼음을 버린다.

❺ 믹싱 글라스에 스트레이너를 끼워 얼음이 걸러진 내용물만 글라스에 따른다.

❻ 체리를 칵테일 픽에 꽂아 장식한다.

Bourbon Whiskey　　　Sweet Vermouth　　　Angostura Bitters　　　체리

TIP
• 스위트 베르무트는 병의 라벨에 'Red'를 뜻하는 'Rosso'가 기재되어 있다.
• 암기법: 맨해튼은 미국에 위치하기 때문에 미국 위스키인 버번 위스키를 사용한다.
　　　　미국의 심장인 맨해튼을 표현하기 위해 체리로 장식한다.
• 앙고스투라 비터가 사용되는 칵테일: 맨해튼(Manhattan), 올드 패션드(Old-Fashioned)
• 앙고스투라 버터 1dish는 버터병을 한 번 흩뿌리는 것이다.

5 Boulevardier 불바디에 Stir

글라스	Old-fashioned Glass	
기법	Stir	
재료	Bourbon Whiskey	1oz
	Sweet Vermouth	1oz
	Campari	1oz
가니쉬	Twist of Orange Peel	

❶ 올드패션드 글라스에 각얼음을 5~6개 넣는다.

❷ 믹싱 글라스에 각얼음을 5~6개 넣고 재료를 차례로 넣는다.

❸ 바 스푼으로 믹싱 글라스의 벽면을 따라 10회 이상 휘젓는다.

❹ 믹싱 글라스에 스트레이너를 끼워 얼음이 걸러진 내용물만 글라스에 따른다.

❺ 오렌지 껍질을 살짝 비틀어 글라스 안에 넣는다.

| Bourbon Whiskey | Sweet Vermouth | Campari | Twist of Orange Peel |

TIP
- 직접 넣기(Build) 기법으로 만들지 않도록 유의한다.
- 레시피가 유사한 네그로니(Negroni)와 함께 암기한다.
- 캄파리(Campari)는 붉은색이며, 라벨에 이름이 크게 기재되어 있으므로 쉽게 찾을 수 있다.

글라스	Flute Champagne Glass	
기법	Stir	
재료	선운산 복분자주	2 oz
	Triple Sec	½ oz
	Sprite	2 oz
가니쉬	없음	

❶ 플루트형 샴페인 글라스에 각얼음을 3~4개 넣어 잔을 칠링해 둔다.

❷ 믹싱 글라스에 각얼음을 5~6개 넣고 재료들을 지거에 계량하여 베이스부터 차례로 넣는다.

❸ 바 스푼으로 믹싱 글라스의 벽면을 따라 7~8회 휘젓는다.

❹ 샴페인 글라스에 있는 얼음을 버린다.

❺ 믹싱 글라스에 스트레이너를 끼워 얼음이 걸러진 내용물만 글라스에 따른다.

선운산 복분자주　　　　　Triple Sec　　　　　Sprite

TIP
• 플루트형 샴페인 글라스를 사용하는 유일한 칵테일이며, 위스키 사워 칵테일에 사용되는 사워 글라스와 혼동하지 않는다. 플루트형 샴페인 글라스가 더 날씬하고 키가 크다.
• 오렌지 껍질을 원료로 하는 트리플섹은 투명한 병에 오렌지 색깔의 라벨을 가지고 있다.
• 믹싱 글라스에서 혼합한 칵테일을 따르기 전, 칠링을 위해 채웠던 얼음을 버리는 것을 잊지 말아야 한다. 와인 잔에는 보통 얼음을 넣지 않는다는 점을 떠올린다.

제 3 장

직접넣기(Build)

3 직접넣기(Build)

글라스에 직접 얼음과 재료를 넣은 후 바 스푼으로 저어주는 기법이다.

필요한 기물

• 바 스푼, 지거

조주법

• 글라스에 얼음을 채운다.
• 지거에 재료를 계량하여 글라스에 넣는다.
• 바 스푼으로 글라스의 벽면을 따라 휘젓는다. 이때 다른 한쪽 손은 글라스의 아랫부분을 잡는다.

TIP

• Long Island Iced Tea를 제외하면 주주 과정이 단순하기 때문에 가장 먼저 해결하는 것이 좋다.
• 지거에 계량한 재료를 글라스에 따를 때는 재료가 얼음에 부딪혀 튀지 않도록 조심해야 한다.
• 탄산음료를 사용하는 경우에는 너무 많이 휘젓지 않는다.

글라스	Old-fashioned Glass	
기법	Build	
재료	Dry Gin	¾ oz
	Sweet Vermouth	¾ oz
	Campari	¾ oz
가니쉬	Twist of Lemon Peel	

❶ 올드 패션드 글라스에 각얼음을 4~5개 채운다.
❷ 재료들을 지거에 계량하여 베이스부터 차례로 넣는다.
❸ 바 스푼으로 잘 섞이도록 10회 정도 저어준다.
❹ 레몬 껍질을 살짝 비틀어 글라스 안에 넣는다.

Dry Gin   Sweet Vermouth   Campari   Twist of
                                                         Lemon Peel

TIP
• 드라이 진(Dry Gin)을 버번위스키(Bourbon Whiskey)로 바꾸면 불바디에(Boulevardier)
  라는 칵테일이 된다. 단, 불바디에는 휘젓기(Stir) 기법을 사용하고 오렌지 껍질로 장식
  한다.
• 캄파리(Campari)는 붉은색이며, 라벨에 이름이 크게 기재되어 있으므로 쉽게 찾을 수
  있다.

8 Black Russian 블랙 러시안   (Build)

글라스	Old-fashioned Glass	
기법	Build	
재료	Vodka	1oz
	Coffee Liqueur(Kahlúa)	½ oz
가니쉬	없음	

❶ 올드 패션드 글라스에 각얼음을 4~5개 채운다.

❷ 재료들을 지거에 계량하여 베이스부터 차례로 넣는다.

❸ 바 스푼으로 잘 섞이도록 10회 정도 저어준다.

Vodka   Coffee Liqueur
(Kahlúa)

TIP
• 커피 리큐르로 유명한 브랜드인 깔루아를 사용하면 된다.
• 암기법: 러시아 사람들은 보드카를 즐겨 마신다.

9 Rusty Nail 러스티 네일 Build

글라스	Old-fashioned Glass	
기법	Build	
재료	Scotch Whisky	1 oz
	Drambuie	½ oz
가니쉬	없음	

❶ 올드 패션드 글라스에 각얼음을 4~5개 채운다.

❷ 재료들을 지거에 계량하여 베이스부터 차례로 넣는다.

❸ 바 스푼으로 잘 섞이도록 10회 정도 저어준다.

Scotch Whisky   Drambuie

TIP • 블랙 러시안과 러스티 네일과 같이 단순한 문제는 절대 틀리지 않도록 한다.
• 드람브이가 사용되는 유일한 칵테일이다.

글라스	Old-fashioned Glass	
기법	Build	
재료	Powdered Sugar	1 tsp
	Angostura Bitters	1 dash
	Soda Water	½ oz
	Bourbon Whiskey	1½ oz
가니쉬	A Slice of Orange & Cherry	

❶ 올드 패션드 글라스에 바 스푼으로 설탕을 1스푼 넣는다.

❷ 글라스를 잡고 앙고스투라 비터를 한 번 흩뿌린다.

❸ 소다 워터 ½ oz를 지거에 계량하여 넣는다.

❹ 바 스푼으로 휘저어 설탕을 녹인다.

❺ 글라스에 각얼음을 4~5개 채운다.

❻ 버번 위스키를 넣고 바 스푼으로 10회 정도 저어준다.

❼ 오렌지 슬라이스와 체리를 칵테일 픽에 꽂아 장식한다.

Powdered Sugar → Angostura Bitters → Soda Water → Bourbon Whiskey → A Slice of Orange & Cherry

TIP
- 조주 순서를 잘 숙지하여야 한다. 특히 1~4번의 과정 후 얼음을 넣는다는 점에 유의한다.
- 소다 워터도 지거로 계량해야 한다는 점을 잊지 않는다.
- 앙고스투라 비터가 사용되는 칵테일: 맨해튼(Manhattan), 올드 패션드(Old-Fashioned)
- 오렌지 슬라이스 & 체리로 장식하는 칵테일: 올드 패션드(Old-Fashioned), 싱가포르 슬링 (Singapore Sling)

글라스	Highball Glass	
기법	Build	
재료	Light Rum	1½ oz
	Lime Juice	½ oz
	Coke	Fill
가니쉬	A Wedge of Lemon	

❶ 하이볼 글라스에 얼음을 5~6개 채운다.

❷ 라이트 럼과 라임 주스를 지거에 계량하여 차례로 넣는다.

❸ 글라스의 80%까지 콜라로 채운다.

❹ 바 스푼으로 잘 섞이도록 4~5회 저어준다.

❺ 레몬 웨지로 장식한다.

| Light Rum | Lime Juice | Coke | A Wedge of Lemon |

TIP
• 라임 주스를 사용하지만 레몬으로 장식한다는 점에 유의한다.
• 바 스푼으로 과하게 저어 콜라의 탄산이 사라지지 않도록 한다.
• 레몬 웨지로 장식하는 칵테일: 쿠바 리브레(Cuba Libre), 시브리즈(Seabreeze), 롱아일랜드 아이스티(Long Island Iced Tea)

`Build`

글라스	Highball Glass	
기법	Build	
재료	Vodka	1½ oz
	Lime Juice	½ oz
	Ginger Ale	Fill
가니쉬	A Slice of Lemon or Lime	

❶ 하이볼 글라스에 얼음을 5~6개 채운다.

❷ 보드카와 라임 주스를 지거에 계량하여 차례로 넣는다.

❸ 글라스의 80%까지 진저엘로 채운다.

❹ 바 스푼으로 잘 섞이도록 4~5회 저어준다.

❺ 레몬 슬라이스로 장식한다.

| Vodka | Lime Juice | Ginger Ale | A Slice of Lemon or Lime |

TIP

• 비슷한 유형의 쿠바 리브레(Cuba Libre)와 함께 암기한다.

• 바 스푼으로 과하게 저어 진저엘의 탄산이 사라지지 않도록 한다.

• 레몬 슬라이스로 장식하는 칵테일: 모스코 뮬(Moscow Mule), 진 피즈(Gin Fizz), 프레쉬 레몬 스쿼시(Fresh Lemon Squash)

글라스	Highball Glass	
기법	Build	
재료	Vodka	1½ oz
	Cranberry Juice	3 oz
	Grapefruit Juice	½ oz
가니쉬	A Wedge of Lemon or Lime	

❶ 하이볼 글라스에 얼음을 5~6개 채운다.

❷ 재료들을 지거에 계량하여 베이스부터 차례로 넣는다.

❸ 바 스푼으로 잘 섞이도록 7~8회 이상 저어준다.

❹ 레몬 웨지로 장식한다.

| Vodka | Cranberry
Juice | Grapefruit
Juice | A Wedge of
Lemon or Lime |

TIP

• 암기법: 바다에서 불어오는 바람(Seabreeze) 때문에 추우니 자켓의 자(몽주스)크(랜베리 주스)를 잘 잠가라.

• 레몬 웨지로 장식하는 칵테일: 쿠바 리브레(Cuba Libre), 시브리즈(Seabreeze), 롱아일랜 드 아이스티(Long Island Iced Tea)

글라스	Collins Glass	
기법	Build	
재료	Dry Gin, Vodka, Light Rum, Tequila	½ oz
	Triple Sec	½ oz
	Sweet & Sour Mix	1½ oz
	Coke	Top
가니쉬	A Wedge of Lemon or Lime	

❶ 콜린스 글라스에 얼음을 6~7개 채운다.

❷ 재료들을 지거에 계량하여 베이스부터 차례로 넣는다.

❸ 바 스푼으로 잘 섞이도록 7~8회 이상 저어준다.

❹ 글라스의 80%까지 콜라로 채운다.

❺ 레몬 웨지로 장식한다.

Dry Gin　　　　Vodka　　　　Light Rum

Tequila　　　Triple Sec　　Sweet & Sour Mix　　Coke　　A Wedge of Lemon or Lime

TIP
- 4가지 증류주를 빠뜨리지 않고 넣는다.
- 콜라를 넣고 난 후에는 젓지 않는다.
- 스위트 앤 사워믹스는 탄산음료나 시럽 등 부재료 섹션에 배치되어 있다.

15 Kir 키르 Build

글라스	White Wine Glass	
기법	Build	
재료	White Wine	3 oz
	Crème de Cassis	½ oz
가니쉬	Twist of Lemon Peel	

❶ 재료들을 지거에 계량하여 화이트 와인 글라스에 베이스부터 차례로 넣는다.

❷ 바 스푼으로 잘 섞이도록 7~8회 이상 저어준다.

❸ 레몬 껍질을 살짝 비틀어 글라스 안에 넣는다.

White Wine   Crème de Cassis   Twist of Lemon Peel

TIP
- 화이트 와인 글라스를 사용하는 유일한 칵테일이다.
- 조주 전 칠링을 위해 채웠던 얼음을 버리는 것을 잊지 말아야 한다. 와인 잔에는 보통 얼음을 넣지 않는다는 점을 떠올린다.
- 크렘 드 카시스가 사용되는 칵테일: 키르(Kir), 힐링(Healing)

16 Fresh Lemon Squash 프레쉬 레몬 스쿼시(논알콜) Build

글라스	Highball Glass	
기법	Build	
재료	Fresh Squeezed Lemon	½ ea
	Powdered Sugar	2 tsp
	Soda Water	Fill
가니쉬	A Slice of Lemon	

❶ 레몬을 가로로 자른 뒤 반 개를 스퀴저에 누르면서 돌려 즙을 짜낸다.

❷ 하이볼 글라스에 1의 레몬즙을 따른다.

❸ 바 스푼으로 설탕을 2스푼 넣고 잘 저어 설탕을 녹인다.

❹ 얼음을 5~6개 채운다.

❺ 글라스의 80%까지 소다 워터로 채운다.

❻ 바 스푼으로 잘 섞이도록 4~5회 저어준다.

❼ 레몬 슬라이스로 장식한다.

| Fresh Squeezed Lemon | Powdered Sugar | Soda Water | A Slice of Lemon |

TIP
- 스퀴저를 사용하는 유일한 칵테일이다.
- 레몬즙에 설탕을 잘 녹인 후 얼음을 넣어야 한다.
- 레몬 슬라이스로 장식하는 칵테일: 모스코 뮬(Moscow Mule), 진 피즈(Gin Fizz), 프레쉬 레몬 스쿼시(Fresh Lemon Squash)

글라스	Footed Pilsner Glass	
기법	Build + Float	
재료	Tequila	$1\frac{1}{2}$ oz
	Orange Juice	Fill
	Grenadine Syrup	$\frac{1}{2}$ oz
가니쉬	없음	

❶ 필스너 글라스에 얼음을 6~7개 채운다.

❷ 테킬라를 지거로 계량하여 넣고 글라스의 80%까지 오렌지주스로 채운다.

❸ 바 스푼으로 잘 섞이도록 7~8회 이상 저어준다.

❹ 지거로 계량한 그레나딘 시럽을 음료 위에 바 스푼을 대고 천천히 따른다.

Tequila   Orange Juice   Grenadine Syrup

TIP

• 띄우기(Float) 기법이나 그레나딘 시럽의 비중으로 인하여 자연스럽게 가라앉는다. 이는 일출을 형상화한 것이다. 따라서 그레나딘 시럽을 따른 후에는 젓지 않는다.

제 4 장 흔들기 (Shake)

4 흔들기(Shake)

셰이커에 재료와 얼음을 넣고 힘차게 흔든 다음 글라스에 따르는 기법으로 크림, 시럽, 주스, 설탕 등 점성이 있거나 비교적 비중이 큰 재료로 칵테일을 만들 때 사용한다.

필요한 기물

• 지거, 셰이커(왼쪽부터 스트레이너, 바디, 캡)

조주법

• 셰이커의 바디에 얼음과 내용물을 넣는다.
• 바디를 스트레이너로 덮은 후 캡(뚜껑)을 닫는다.
• 엄지 손가락은 캡 부분을 눌러주고 남은 손가락들로 가볍게 바디를 감싼다.
• 반대쪽 손으로 셰이커 바닥 부분을 받쳐준다.
• 팔을 앞뒤로 움직이면서 손목을 까딱여 셰이킹한다.
• 셰이커의 캡만 열고 음료를 글라스에 따른다.

TIP
• 결합 순서를 지키지 않을 경우(스트레이너와 캡을 한 번에 닫는 경우) 셰이커 내부의 압력이 높아져 내용물이 새어나올 수 있으니 주의한다.
• 셰이킹 후 내용물을 따를 때는 검지 손가락으로 스트레이너를 잡아 떨어질 위험을 방지한다.
• 셰이킹 후 내용물을 따를 때는 다른 손으로 글라스의 아랫부분을 잡는다.

18 Daiquiri 다이키리 Shake

글라스	Cocktail Glass	
기법	Shake	
재료	Light Rum	1¾ oz
	Lime Juice	¾ oz
	Powdered Sugar	1 tsp
가니쉬	없음	

❶ 칵테일 글라스에 각얼음을 3~4개 넣어 잔을 칠링해 둔다.

❷ 셰이커 바디에 얼음을 6~7개 넣는다.

❸ 라이트 럼과 라임주스를 지거에 계량하여 넣는다.

❹ 바 스푼으로 설탕을 1스푼 넣는다.

❺ 스트레이너와 캡을 차례로 닫은 후 10회 이상 힘차게 흔든다.

❻ 글라스의 얼음을 버리고, 셰이커의 캡을 열어 내용물을 글라스에 따른다. 다른 한쪽 손은 글라스의 아랫부분을 잡는다.

Light Rum   Lime Juice   Powdered Sugar

TIP
• 설탕이 들어간 칵테일이므로 힘차게 흔들어 설탕이 잘 섞이도록 한다.
• 비슷한 유형인 바카디 칵테일(Bacardi Cocktail)과 함께 암기한다.

19 Bacardi Cocktail 바카디 칵테일 〔Shake〕

글라스	Cocktail Glass	
기법	Shake	
재료	Bacardi Rum White	1¾ oz
	Lime Juice	¾ oz
	Grenadine Syrup	1 tsp
가니쉬	없음	

❶ 칵테일 글라스에 각얼음을 3~4개 넣어 잔을 칠링해 둔다.

❷ 셰이커 바디에 얼음을 6~7개 넣는다.

❸ 바카디 럼과 라임주스를 지거에 계량하여 넣는다.

❹ 그레나딘 시럽을 바 스푼에 1스푼 따른 후 넣는다.

❺ 스트레이너와 캡을 차례로 닫은 후 10회 이상 흔든다.

❻ 글라스의 얼음을 버리고, 셰이커의 캡을 열어 내용물을 글라스에 따른다. 다른 한쪽 손은 글라스의 아랫부분을 잡는다.

| Bacardi Rum White | Lime Juice | Grenadine Syrup |

TIP
• 바카디 칵테일은 반드시 바카디 브랜드의 럼을 사용해야 한다.
• 그레나딘 시럽 1tsp를 바 스푼으로 계량할 때, 한 번에 많은 양이 나오지 않도록 유의한다.

글라스	Cocktail Glass	
기법	Shake	
재료	Vodka	1oz
	Apple Pucker	1oz
	Lime Juice	½ oz
가니쉬	A Slice of Apple	

❶ 칵테일 글라스에 각얼음을 3~4개 넣어 잔을 칠링해 둔다.

❷ 셰이커 바디에 얼음을 6~7개 넣는다.

❸ 재료들을 지거에 계량하여 베이스부터 차례로 넣는다.

❹ 스트레이너와 캡을 차례로 닫은 후 10회 이상 흔든다.

❺ 글라스의 얼음을 버리고, 셰이커의 캡을 열어 내용물을 글라스에 따른다. 다른 한쪽 손은 글라스의 아랫부분을 잡는다.

❻ 사과 슬라이스로 장식한다.

Vodka   Apple Pucker   Lime Juice   A Slice of Apple

TIP
• 드라이 마티니는 진(Gin) 베이스, 애플 마티니는 보드카(Vodka) 베이스 칵테일이다.
• 애플 퍼커는 라임주스와 무조건 짝꿍이다: 애플 마티니(Apple Martini), 금산(Geumsan), 풋사랑(Puppy Love)

21 Cosmopolitan 코스모폴리탄 (Shake)

글라스	Cocktail Glass	
기법	Shake	
재료	Vodka	1 oz
	Triple Sec	½ oz
	Lime Juice	½ oz
	Cranberry Juice	½ oz
가니쉬	Twist of Lemon or Lime Peel	

❶ 칵테일 글라스에 각얼음을 3~4개 넣어 잔을 칠링해 둔다.

❷ 셰이커 바디에 얼음을 6~7개 넣는다.

❸ 재료들을 지거에 계량하여 베이스부터 차례로 넣는다.

❹ 스트레이너와 캡을 차례로 닫은 후 10회 이상 흔든다.

❺ 글라스의 얼음을 버리고, 셰이커의 캡을 열어 내용물을 글라스에 따른다. 다른 한쪽 손은 글라스의 아랫부분을 잡는다.

❻ 레몬 껍질을 살짝 비틀어 글라스 안에 넣는다.

| Vodka | Triple Sec | Lime Juice | Cranberry Juice | Twist of Lemon or Lime Peel |

TIP
• 암기법: 세계적인(Cosmopolitan) 곳으로 여행을 떠나려 한다. 저번에는 돛단배를 타고 가서 작았는데 이번에는 보트라 크다. → 보트라크: 보드카, 트리플섹, 라임주스, 크랜베리 주스

Shake

글라스	Cocktail Glass	
기법	Shake	
재료	Bourbon Whiskey	1½ oz
	Lime Juice	½ oz
	Powdered Sugar	1 tsp
	Grenadine Syrup	½ tsp
가니쉬	Twist of Lemon Peel	

❶ 칵테일 글라스에 각얼음을 3~4개 넣어 잔을 칠링해 둔다.

❷ 셰이커 바디에 얼음을 6~7개 넣는다.

❸ 버번 위스키와 라임주스는 지거에 계량하여 베이스부터 차례로 넣는다.

❹ 바스푼으로 설탕과 그레나딘 시럽을 1스푼씩 넣는다.

❺ 스트레이너와 캡을 차례로 닫은 후 10회 이상 흔든다.

❻ 글라스의 얼음을 버리고, 셰이커의 캡을 열어 내용물을 글라스에 따른다. 다른 한쪽 손은 글라스
의 아랫부분을 잡는다.

❼ 레몬 껍질을 살짝 비틀어 글라스 안에 넣는다.

| Bourbon Whiskey | Lime Juice | Powdered Sugar | Grenadine Syrup | Twist of Lemon or Lime Peel |

TIP

• 그레나딘 시럽을 정확히 계량하지 않으면 결과물의 색이 짙거나 연하게 나올 수 있으므
로 유의한다.

• 암기법: 뉴욕은 미국에 위치하기 때문에 미국 위스키인 버번 위스키를 사용한다.
　　　　 뉴욕의 화려한 불빛은 그레나딘 시럽으로 표현한다.

23 Margarita 마가리타   Shake

글라스	Cocktail Glass	
기법	Shake	
재료	Tequila	1½ oz
	Triple Sec or Cointreau	½ oz
	Lime Juice	½ oz
가니쉬	Rimming with Salt	

❶ 레몬 조각을 집게로 잡고 칵테일 글라스의 림(가장자리) 부분에 즙을 바른다.

❷ 접시에 담긴 소금에 글라스의 림을 찍어 소금을 골고루 묻힌다.

❸ 셰이커 바디에 얼음을 6~7개 넣는다.

❹ 재료들을 지거에 계량하여 베이스부터 차례로 넣는다.

❺ 스트레이너와 캡을 차례로 닫은 후 10회 이상 흔든다.

❻ 셰이커의 캡을 열어 내용물을 글라스에 따른다. 다른 한쪽 손은 글라스의 아랫부분을 잡는다.

Salt → Tequila → Triple Sec or Cointreau → Lime Juice

TIP
• 마가리타는 조주 전 얼음으로 글라스를 칠링하지 않아도 괜찮다.
• 소금이 글라스의 가장자리에 균일하게 묻을 수 있도록 한다.

24 Sidecar 사이드카 Shake

글라스	Cocktail Glass	
기법	Shake	
재료	Brandy	1oz
	Triple Sec	1oz
	Lemon Juice	¼ oz
가니쉬	없음	

❶ 칵테일 글라스에 각얼음을 3~4개 넣어 잔을 칠링해 둔다.

❷ 셰이커 바디에 얼음을 6~7개 넣는다.

❸ 재료들을 지거에 계량하여 베이스부터 차례로 넣는다.

❹ 스트레이너와 캡을 차례로 닫은 후 10회 이상 흔든다.

❺ 글라스의 얼음을 버리고, 셰이커의 캡을 열어 내용물을 글라스에 따른다. 다른 한쪽 손은 글라스의 아랫부분을 잡는다.

Brandy   Triple Sec   Lemon Juice

TIP

• 브랜디는 어두운 녹색 병이 특징이다. 라벨에 보통 'Napoleon'으로 기재되어 있다.

• 암기법: 차(Car)가 오니까 사이드로 붙으래. → 브(랜디), 트(리플섹), 레(몬주스)

25 Honeymoon Cocktail 허니문 칵테일 — Shake

글라스	Cocktail Glass	
기법	Shake	
재료	Apple Brandy	¾ oz
	Bénédictine DOM	¾ oz
	Triple Sec	¼ oz
	Lemon Juice	½ oz
가니쉬	없음	

❶ 칵테일 글라스에 각얼음을 3~4개 넣어 잔을 칠링해 둔다.

❷ 셰이커 바디에 얼음을 6~7개 넣는다.

❸ 재료들을 지거에 계량하여 베이스부터 차례로 넣는다.

❹ 스트레이너와 캡을 차례로 닫은 후 10회 이상 흔든다.

❺ 글라스의 얼음을 버리고, 셰이커의 캡을 열어 내용물을 글라스에 따른다. 다른 한쪽 손은 글라스의 아랫부분을 잡는다.

Apple Brandy   Bénédictine DOM   Triple Sec   Lemon Juice

TIP
- 애플 브랜디(증류주)가 사용되는 유일한 칵테일이다. 애플 마티니에 사용되는 리큐르인 애플 퍼커(Apple Pucker)와 혼동하지 않는다.
- 애플 브랜디는 칼바도스(Calvados)가 가장 유명하므로 칼바도스가 기재된 라벨을 찾으면 된다.
- 암기법: 신혼여행(Honeymoon)을 갔는데 애를 배뜨레. → 애(플브랜디), 베(네딕틴), 트(리플섹), 레(몬주스)

글라스	Cocktail Glass	
기법	Shake	
재료	Brandy	¾ oz
	Crème de Cacao(Brown)	¾ oz
	Light Milk	¾ oz
가니쉬	Nutmeg Powder	

❶ 칵테일 글라스에 각얼음을 3~4개 넣어 잔을 칠링해 둔다.

❷ 셰이커 바디에 얼음을 6~7개 넣는다.

❸ 재료들을 지거에 계량하여 베이스부터 차례로 넣는다.

❹ 스트레이너와 캡을 차례로 닫은 후 10회 이상 힘차게 흔든다.

❺ 글라스의 얼음을 버리고, 셰이커의 캡을 열어 내용물을 글라스에 따른다. 다른 한쪽 손은 글라스의 아랫부분을 잡는다.

❻ 넛맥 파우더를 뿌려 장식한다.

Brandy   Crème de Cacao(Brown)   Light Milk   Nutmeg Powder

TIP • 넛맥 파우더를 사용하는 유일한 칵테일이며, 마지막에 뿌리는 것을 잊지 않도록 한다.

글라스	Saucer Champagne Glass	
기법	Shake	
재료	Crème de Menthe(Green)	1oz
	Crème de Cacao(White)	1oz
	Light Milk	1oz
가니쉬	없음	

❶ 소서형 샴페인 글라스에 각얼음을 3〜4개 넣어 잔을 칠링해 둔다.

❷ 셰이커 바디에 얼음을 6〜7개 넣는다.

❸ 재료들을 지거에 계량하여 베이스부터 차례로 넣는다.

❹ 스트레이너와 캡을 차례로 닫은 후 10회 이상 힘차게 흔든다.

❺ 글라스의 얼음을 버리고, 셰이커의 캡을 열어 내용물을 글라스에 따른다. 다른 한쪽 손은 글라스의 아랫부분을 잡는다.

Crème de   Crème de   Light Milk
Menthe(Green)   Cacao(White)

TIP
• 민트 초코 맛이 나는 칵테일로 재료를 기억한다.
• 소서형 샴페인 글라스를 사용하는 유일한 칵테일이다.
• 비슷한 유형의 브랜디 알렉산더(Brandy Alexander)와 함께 암기한다.

글라스	Cocktail Glass	
기법	Shake	
재료	Apricot Flavored Brandy	1½ oz
	Dry Gin	1 tsp
	Orange Juice	½ oz
	Lemon Juice	½ oz
가니쉬	없음	

❶ 칵테일 글라스에 각얼음을 3~4개 넣어 잔을 칠링해 둔다.

❷ 셰이커 바디에 얼음을 6~7개 넣는다.

❸ 재료들을 지거에 계량하여 베이스부터 차례로 넣는다. 이때 드라이 진은 지거에 ⅛oz로 계량한다.

❹ 스트레이너와 캡을 차례로 닫은 후 10회 이상 흔든다.

❺ 글라스의 얼음을 버리고, 셰이커의 캡을 열어 내용물을 글라스에 따른다. 다른 한쪽 손은 글라스의 아랫부분을 잡는다.

Apricot Flavored Brandy　　　Dry Gin　　　Orange Juice　　　Lemon Juice

TIP

• 드라이 진이 사용되지만 베이스는 애프리코트 브랜디(리큐르)이므로, 셰이커에 애프리코트 브랜디를 가장 먼저 넣어야 한다.

• 드라이 진 1tsp는 바 스푼으로 계량할 경우, 한 번에 많은 양이 쏟아져 나올 가능성이 있으므로 안전하게 지거를 사용하여 동일한 용량인 ⅛oz로 계량한다.

• 암기법: 살구싶다. 진짜 오래. → 살구(애프리코트), 진, 오렌지주스, 레몬주스

글라스	Collins Glass	
기법	Shake	
재료	Midori(Melon Liqueur)	1 oz
	Coconut Flavored Rum	½ oz
	Banana Liqueur	½ oz
	Pineapple Juice	2 oz
	Sweet & Sour Mix	2 oz
가니쉬	A Wedge of Pineapple & Cherry	

❶ 콜린스 글라스에 각얼음을 6~7개 채운다.

❷ 셰이커 바디에 얼음을 6~7개 넣는다.

❸ 재료들을 지거에 계량하여 베이스부터 차례로 넣는다.

❹ 스트레이너와 캡을 차례로 닫은 후 10회 이상 흔든다.

❺ 글라스의 얼음을 버리고, 셰이커의 캡을 열어 내용물을 글라스에 따른다. 다른 한쪽 손은 글라스의 아랫부분을 잡는다.

❻ 파인애플 웨지와 체리로 장식한다.

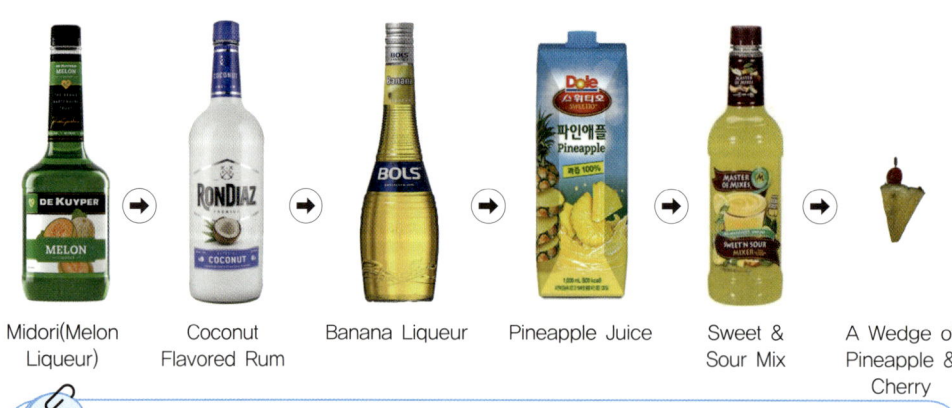

Midori(Melon Liqueur) → Coconut Flavored Rum → Banana Liqueur → Pineapple Juice → Sweet & Sour Mix → A Wedge of Pineapple & Cherry

TIP
- 코코넛 럼은 불투명한 흰색 병이 특징이며 파인애플 주스와 무조건 짝꿍이다.
- 글라스에 칵테일을 따른 후 내용물의 양이 너무 적어 보인다면 얼음을 몇 개 더 채운 뒤 제출한다.

30 Jindo 진도

글라스	Cocktail Glass	
기법	Shake	
재료	진도홍주 40도	1oz
	Crème de Menthe(White)	½ oz
	White Grape Juice	¾ oz
	Raspberry Syrup	½ oz
가니쉬	없음	

❶ 칵테일 글라스에 각얼음을 3~4개 넣어 잔을 칠링해 둔다.

❷ 셰이커 바디에 얼음을 6~7개 넣는다.

❸ 재료들을 지거에 계량하여 베이스부터 차례로 넣는다.

❹ 스트레이너와 캡을 차례로 닫은 후 10회 이상 흔든다.

❺ 글라스의 얼음을 버리고, 셰이커의 캡을 열어 내용물을 글라스에 따른다. 다른 한쪽 손은 글라스의 아랫부분을 잡는다.

| 진도홍주 40도 | Crème de Menthe(White) | White Grape Juice | Raspberry Syrup |

TIP
• 크렘 드 민트(화이트)는 투명하지만 라벨은 초록색인 것이 특징이다. 그래스호퍼(Grasshopper)에 사용되는 크렘 드 민트(그린)는 내용물과 라벨 디자인이 모두 초록색이다.
• 라즈베리 시럽을 사용하는 유일한 칵테일이며 그레나딘 시럽과 헷갈리지 않도록 한다.

글라스	Cocktail Glass	
기법	Shake	
재료	감홍로 40도	1½ oz
	Bénédictine DOM	⅓ oz
	Crème de Cassis	⅓ oz
	Sweet & Sour Mix	1oz
가니쉬	Twist of Lemon Peel	

❶ 칵테일 글라스에 각얼음을 3~4개 넣어 잔을 칠링해 둔다.

❷ 셰이커 바디에 얼음을 6~7개 넣는다.

❸ 재료들을 지거에 계량하여 베이스부터 차례로 넣는다.

❹ 스트레이너와 캡을 차례로 닫은 후 10회 이상 흔든다.

❺ 글라스의 얼음을 버리고, 셰이커의 캡을 열어 내용물을 글라스에 따른다.
   다른 한쪽 손은 글라스의 아랫부분을 잡는다.

❻ 레몬 껍질을 살짝 비틀어 글라스 안에 넣는다.

감홍로 40도   Bénédictine DOM   Crème de Cassis   Sweet & Sour Mix   Twist of Lemon Peel

TIP
- 베네딕틴이 사용되는 칵테일: 힐링(Healing), 허니문(Honeymoon)
- 크렘 드 카시스가 사용되는 칵테일: 힐링(Healing), 키르(Kir)
- 스위트 앤 사워 믹스가 사용되는 칵테일: 힐링(Healing), 준벅(June Bug), 롱 아일랜드 아이스티(Long Island Iced Tea)
- 암기법: 힐링의 자음(ㅎ,ㄹ)과 베이스인 감홍로의 자음(ㅎ,ㄹ)은 같다.

글라스	Cocktail Glass	
기법	Shake	
재료	금산인삼주 43도	1½ oz
	Coffee Liqueur(Kahlúa)	½ oz
	Apple Pucker	½ oz
	Lime Juice	1 tsp
가니쉬	없음	

❶ 칵테일 글라스에 각얼음을 3~4개 넣어 잔을 칠링해 둔다.

❷ 셰이커 바디에 얼음을 6~7개 넣는다.

❸ 재료들을 지거에 계량하여 베이스부터 차례로 넣는다.

❹ 라임주스는 지거에 ⅛ oz 계량하여 넣는다.

❺ 스트레이너와 캡을 차례로 닫은 후 10회 이상 흔든다.

❻ 글라스의 얼음을 버리고, 셰이커의 캡을 열어 내용물을 글라스에 따른다. 다른 한쪽 손은 글라스의 아랫부분을 잡는다.

금산인삼주 43도   Coffee Liqueur(Kahlúa)   Apple Pucker   Lime Juice

TIP
• 라임주스 1tsp는 바 스푼으로 계량할 경우, 한 번에 많은 양이 쏟아져 나올 가능성이 있으므로 안전하게 지거를 사용하여 동일한 용량인 ⅛ oz로 계량한다.

• 애플 퍼커는 라임주스와 무조건 짝꿍이다: 애플 마티니(Apple Martini), 금산(Geumsan), 풋사랑(Puppy Love)

33 Puppy Love 풋사랑　　　　　　　　　　　　　　　　　　Shake

글라스	Cocktail Glass	
기법	Shake	
재료	안동소주 35도	1 oz
	Triple Sec	⅓ oz
	Apple Pucker	1 oz
	Lime Juice	⅓ oz
가니쉬	A Slice of Apple	

❶ 칵테일 글라스에 각얼음을 3~4개 넣어 잔을 칠링해 둔다.

❷ 셰이커 바디에 얼음을 6~7개 넣는다.

❸ 재료들을 지거에 계량하여 베이스부터 차례로 넣는다.

❹ 스트레이너와 캡을 차례로 닫은 후 10회 이상 흔든다.

❺ 글라스의 얼음을 버리고, 셰이커의 캡을 열어 내용물을 글라스에 따른다. 다른 한쪽 손은
　글라스의 아랫부분을 잡는다.

❻ 사과 슬라이스로 장식한다.

안동소주 35도　　　　Triple Sec　　　　Apple Pucker　　　　Lime Juice　　　　A Slice of Apple

TIP
- 암기법: 안동(소주)에서 그녀를 처음 보고 사랑에 눈이 트(리플섹)였지만 에(플퍼커)라(임
  주스)이. 그녀는 내가 싫다고 했다.
- 사과 슬라이스로 장식하는 칵테일: 애플 마티니(Apple Martini), 풋사랑(Puppy Love)
- 애플 퍼커는 라임주스와 무조건 짝꿍이다: 애플 마티니(Apple Martini), 금산(Geumsan),
  풋사랑(Puppy Love)

글라스	Highball Glass	
기법	Shake ＋ Build	
재료	Dry Gin	1½ oz
	Lemon Juice	½ oz
	Powdered Sugar	1 tsp
	Soda Water	Fill
가니쉬	A Slice of Lemon	

❶ 하이볼 글라스에 각얼음을 4∼5개 넣는다.

❷ 셰이커 바디에 얼음을 6∼7개 넣는다.

❸ 진과 레몬주스를 지거에 계량하여 베이스
　부터 차례로 넣는다.

❹ 바 스푼으로 설탕을 1스푼 넣는다.

❺ 스트레이너와 캡을 차례로 닫은 후 10회
　이상 힘차게 흔든다.

❻ 셰이커의 캡을 열어 내용물을 글라스에 따
　른다. 다른 한쪽 손은 글라스의 아랫부분을
　잡는다.

❼ 글라스의 80%까지 소나 워터로 채운다.

❽ 바 스푼으로 가볍게 섞는다.

❾ 레몬 슬라이스로 장식한다.

Dry Gin　　　　Lemon Juice　　　Powdered
　　　　　　　　　　　　　　　　　Sugar

Soda Water　　　A Slice of Lemon

TIP
・혼합 기법(Shake+Build)으로 조주하는 경우 칵테일과 글라스를 잘 연계하여 암기한다.
　1) 진 피즈(Gin Fizz)−Highball Glass
　2) 위스키 사워(Whiskey Sour)−Sour Glass
　3) 싱가포르 슬링(Singapore Sling)−Footed Pilsner Glass
　위 세 가지 칵테일의 공통점은 재료로 레몬주스, 설탕, 소다 워터를 사용한다는 것이다.
・소다 워터를 넣은 후 바스푼으로 가볍게 젓는 것을 잊지 않는다.

35 Whiskey Sour 위스키 사워 Shake+Build

글라스	Sour Glass	
기법	Shake + Build	
재료	Bourbon Whiskey	1½ oz
	Lemon Juice	½ oz
	Powdered Sugar	1 tsp
	Soda Water	1 oz
가니쉬	A Slice of Lemon & Cherry	

❶ 사워 글라스에 각얼음을 4~5개 넣는다.

❷ 셰이커 바디에 얼음을 6~7개 넣는다.

❸ 버번 위스키와 레몬주스를 지거에 계량하여
베이스부터 차례로 넣는다.

❹ 바 스푼으로 설탕을 1스푼 넣는다.

❺ 스트레이너와 캡을 차례로 닫은 후 10회 이상
힘차게 흔든다.

❻ 셰이커의 캡을 열어 내용물을 글라스에 따른다.
다른 한쪽 손은 글라스의 아랫부분을 잡는다.

❼ 음료 위에 소다 워터 1oz를
계량하여 따른다.

❽ 바 스푼으로 가볍게 섞는다.

❾ 레몬 슬라이스와 체리로 장식한다.

Bourbon Whiskey   Lemon Juice   Powdered Sugar

Soda Water   A Slice of Lemon & Cherry

 TIP

- 사워 글라스를 사용하는 유일한 칵테일이다. 고창(Gochang) 칵테일에 사용되는 플루트
형 샴페인 글라스에 비해 키가 작고 뚱뚱하므로 글라스를 잘 구분할 수 있도록 한다.
- 레몬 슬라이스 & 체리 장식을 하는 유일한 칵테일이다.
- 진 피즈(Gin Fizz)와 레시피가 유사하므로 함께 암기한다. 단, 위스키 사워(Whiskey Sour)
에서 소다 워터는 지거로 계량해야 한다.

글라스	Footed Plisner Glass	
기법	Shake + Build	
재료	Dry Gin	1½ oz
	Lemon Juice	½ oz
	Powdered Sugar	1 tsp
	Soda Water	Fill
	Cherry Flavored Brandy	½ oz
가니쉬	A Slice of Orange & Cherry	

❶ 필스너 글라스에 각얼음을 4~5개 채운다.

❷ 셰이커 바디에 얼음을 6~7개 넣는다.

❸ 드라이 진과 레몬주스를 지거에 계량하여 베이스부터 차례로 넣는다.

❹ 바 스푼으로 설탕을 1스푼 넣는다.

❺ 스트레이너와 캡을 차례로 닫은 후 10회 이상 힘차게 흔든다.

❻ 셰이커의 캡을 열어 내용물을 글라스에 따른다. 다른 한쪽 손은 글라스의 아랫부분을 잡는다.

❼ 글라스의 80%까지 소다 워터로 채운다.

❽ 바 스푼으로 가볍게 섞는다.

❾ 음료 위에 체리 브랜디 ½ oz를 계량하여 따른다.

❿ 오렌지 슬라이스와 체리로 장식한다.

Dry Gin   Lemon Juice   Powdered Sugar

Soda Water   Cherry Flavored Brandy   A Slice of Orange & Cherry

TIP

• 진 피즈(Gin Fizz)와 레시피가 유사하므로 함께 암기한다. 단, 마지막에 체리 브랜디를 따른 후에는 젓지 않는다.

• 오렌지 슬라이스 & 체리로 장식하는 칵테일: 올드 패션드(Old–Fashioned), 싱가포르 슬링 (Singapore Sling)

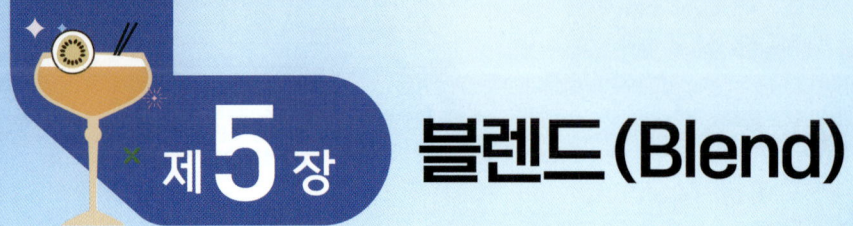

제 5 장 블렌드 (Blend)

5 블렌드(Blend)

혼합하기 힘든 재료를 섞거나 프로즌(Frozen) 스타일의 칵테일을 만들 때 전기 블렌더 (믹서기)를 사용하는 기법이다.

필요한 기물

• 지거, 블렌더, 아이스 스쿱

조주법

• 블렌더에 재료들을 계량하여 넣는다.
• 크러쉬드 아이스를 1scoop 넣는다.
• 블렌더를 작동시켜 음료와 얼음을 갈아낸다.

TIP
• 크러쉬드 아이스(Crushed Ice)를 사용하지만 시험장에 준비가 되어있지 않은 경우에는 먼저 감독관에게 질문한 뒤 각얼음(8~10개)을 사용한다.
• 블렌더의 내용물을 글라스에 따를 때는 블렌더 입구를 자신 쪽으로 향하게 한다.
• 내용물이 슬러쉬 형태가 되어 잘 따라지지 않을 때는 바 스푼을 이용하여 내용물을 긁어 낸다.
• 블렌더를 이용하여 조주하는 칵테일은 4가지이며, 글라스(Footed Pilsner Glass)와 가니 쉬(A Wedge of Pineapple & Cherry)가 모두 동일하다.

글라스	Footed Pilsner Glass	
기법	Blend	
재료	Light Rum	1 oz
	Blue Curaçao	1 oz
	Coconut Flavored Rum	1 oz
	Pineapple Juice	2½ oz
가니쉬	A Wedge of Pineapple & Cherry	

❶ 필스너 글라스에 각얼음을 4~5개 넣는다.

❷ 재료들을 지거에 계량하여 베이스부터 블렌더에 차례로 넣는다.

❸ 블렌더에 크러쉬드 아이스를 1scoop 넣는다.

❹ 블렌더의 뚜껑을 닫고 10~15초 작동시킨다.

❺ 필스너 글라스의 얼음을 버린다.

❻ 블렌더의 뚜껑을 열고 블렌더가 자신을 향하도록 잡아서 글라스에 따른다.

❼ 파인애플 웨지와 체리로 장식한다.

Light Rum   Blue Curaçao   Coconut Flavored Rum   Pineapple Juice   A Wedge of Pineapple & Cherry

TIP
- 블렌더를 사용하는 칵테일 4가지 중 논알콜 칵테일인 버진 프루트 펀치를 제외하고 나머지 세 가지 칵테일(블루 하와이안, 피냐 콜라다, 마이타이)은 모두 럼을 베이스로 한다.
- 불투명한 흰색 병이 특징인 코코넛럼은 파인애플 주스와 무조건 짝꿍이다.

글라스	Footed Pilsner Glass	
기법	Blend	
재료	Light Rum	1¼ oz
	Piña Colada Mix	2 oz
	Pineapple Juice	2 oz
가니쉬	A Wedge of Pineapple & Cherry	

❶ 필스너 글라스에 각얼음을 4~5개 넣는다.

❷ 재료들을 지거에 계량하여 베이스부터 블렌더에 차례로 넣는다.

❸ 블렌더에 크러쉬드 아이스를 1scoop 넣는다.

❹ 블렌더의 뚜껑을 닫고 10~15초 작동시킨다.

❺ 필스너 글라스의 얼음을 버린다.

❻ 블렌더의 뚜껑을 열고 블렌더가 자신을 향하도록 잡아서 글라스에 따른다.

❼ 파인애플 웨지와 체리로 장식한다.

Light Rum   Piña Colada Mix   Pineapple Juice   A Wedge of Pineapple & Cherry

TIP   • 블렌더를 사용하는 칵테일 4가지의 글라스(Footed Pilsner Glass)와 가니쉬(A Wedge of Pineapple & Cherry)는 모두 동일하다.

글라스	Footed Pilsner Glass	
기법	Blend	
재료	Light Rum	1¼ oz
	Triple Sec	¾ oz
	Lime Juice	1oz
	Pineapple Juice	1oz
	Orange Juice	1oz
	Grenadine Syrup	¼ oz
가니쉬	A Wedge of Pineapple(or Orange) & Cherry	

❶ 필스너 글라스에 각얼음을 4~5개 넣는다.

❷ 재료들을 지거에 계량하여 베이스부터 블렌더에 차례로 넣는다.

❸ 블렌더에 크러쉬드 아이스를 1scoop 넣는다.

❹ 블렌더의 뚜껑을 닫고 10~15초 작동시킨다.

❺ 필스너 글라스의 얼음을 버린다.

❻ 블렌더의 뚜껑을 열고 블렌더가 자신을 향하도록 잡아서
  글라스에 따른다.

❼ 파인애플 웨지와 체리로 장식한다.

Light Rum   Triple Sec

Lime Juice

Pineapple
Juice

Orange
Juice

Grenadine
Syrup

A Wedge of
Pineapple &
Cherry

TIP   • 암기법: 파라오(파인애플, 라임, 오렌지) 주스를 사용한다.

40 Virgin Fruit Punch 버진 프루트 펀치 (논알콜)   Blend

글라스	Footed Pilsner Glass	
기법	Blend	
재료	Orange Juice	1oz
	Pineapple Juice	1oz
	Cranberry Juice	1oz
	Grapefruit Juice	1oz
	Lemon Juice	½ oz
	Grenadine Syrup	½ oz
가니쉬	A Wedge of Pineapple & Cherry	

❶ 필스너 글라스에 각얼음을 4~5개 넣는다.

❷ 재료들을 지거에 계량하여 베이스부터 블렌더에 차례로 넣는다.

❸ 블렌더에 크러쉬드 아이스를 1scoop 넣는다.

❹ 블렌더의 뚜껑을 닫고 10~15초 작동시킨다.

❺ 필스너 글라스의 얼음을 버린다.

❻ 블렌더의 뚜껑을 열고 블렌더가 자신을 향하도록 잡아서
   글라스에 따른다.

❼ 파인애플 웨지와 체리로 장식한다.

Orange   Pineapple
Juice   Juice

Cranberry Juice   Grapefruit Juice   Lemon Juice   Grenadine Syrup   A Wedge of Pineapple & Cherry

TIP
• 암기법: 청포도 주스를 제외한 모든 주스류를 사용하며, 레몬은 시니까 절반만 넣는다고
  생각한다.
• 알코올이 함유되지 않은 칵테일: 프레쉬 레몬 스쿼시(Fresh Lemon Squash), 버진 프루
  트 펀치(Virgin Fruit Punch)

PART

조주기능사
실기 모의고사

1 시험장 배치도

시험장의 모습을 재구성한 배치도입니다. 조주기능사 실기 91~98면에 수록한 재료의 이미지를 잘라서 알맞은 위치에 놓아보고, 99면에 제시한 조주기능사 실기시험 기출문제의 과제를 참고하여 시험을 준비합니다.

			③	②
레몬주스 라임주스 오렌지주스 파인애플주스 자몽주스 크렌베리주스 청포도주스 그레나딘시럽 라즈베리시럽	피냐콜라다 믹스 스위트& 사워 믹스 우유 스프라이트 콜라 소다수 진저엘	글라스	믹싱글라스, 스트레이너, 앙고스투라 비터 설탕, 소금 넛맥 등	지거, 셰이커 작 업 공 간
크러쉬드 아이스 블렌더				싱크

①

바스푼
얼음

	올리브 체리, 과일 도마, 과도 가니쉬 집게 가니쉬 픽 등	증류주 9종 드라이 베르무트 스위트 베르무트	트리플섹 베일리스 깔루아 캄파리 카카오(W) 카카오(B) 민트(W) 민트(G) 블루큐라소	멜론 리큐르 바나나 리큐르 애플 퍼커 체리 브랜디 애프리콧 브랜디 크렘 드 카시스
		코인트루, 드람부이 그랑마니에르 베네딕틴DOM		전통주

 **재료**

● 증류주

드라이 진

보드카

럼

바카디 럼

테킬라

스카치 위스키

버번 위스키

브랜디

애플 브랜디

감홍로(힐링)

진도홍주(진도)

안동소주(풋사랑)

금산인삼주(금산)

선운산복분자주(고창)

● 리큐르

드라이 베르무트

스위트 베르무트

베네딕틴 DOM

드람브이

깔루아

베일리스

그랑마니에르

트리플섹

코인트루

크렘드민트(그린)

크렘드카카오(화이트)

크렘드카카오(브라운)

크렘드카시스

바나나리큐르

캄파리

애플퍼커

블루큐라소

멜론리큐르

애프리콧 브랜디

코코넛럼

● 주스 등 음료류

그레나딘 시럽

라즈베리 시럽

피냐콜라다믹스

스위트앤사워믹스

우유

레몬주스

라임주스

오렌지주스

파인애플주스

크렌베리주스

자몽주스

| 청포도주스 | 콜라 | 사이다 | 진저엘 | 소다수 | 앙고스투라비터 |

● **가니쉬 등**

| 소금 | 설탕 | 넛맥 | 올리브 | 체리 |

| 레몬슬라이스 | 사과슬라이스 | 레몬필 | 오렌지필 | 레몬웨지 |

| 파인애플&체리 | 오렌지&체리 | 레몬&체리 | 스퀴저 |

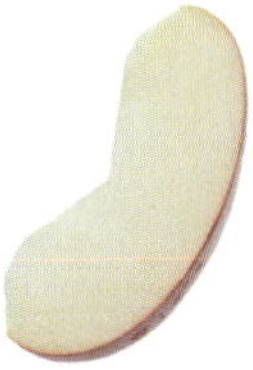

● 글라스

올드패션드   칵테일   리큐르   셰리

소서형 샴페인   플루트형 샴페인   사워   화이트와인

필스너   하이볼   콜린스

3 조주기능사 실기시험 과제

자신에게 이러한 문제가 주어졌을 때 어떠한 순서로 해결할 것인지 필요한 재료는 무엇인지 상상하며 시험을 준비합니다.

	과제 1	과제 2	과제 3
예제 1	Daiquiri	Negroni	Tequila Sunrise
예제 2	Margarita	Moscow Mule	Pousse Café
예제 3	Cuba Libre	Gin Fizz	Pousse Café
예제 4	Gochang	Daiquiri	Grasshopper
예제 5	Honeymoon	Old-Fashioned	Mai-Tai
예제 6	Dry Martini	Piña Colada	Black Russian
예제 7	Brandy Alexander	Old-fashioned	Rusty Nail
예제 8	Cuba Libre	B-52	Geumsan
예제 9	Cosmopolitan	Boulevardier	B-52
예제 10	Manhattan	June Bug	B-52
예제 11	Apricot	Seabreeze	Blue Hawaiian
예제 12	Long Island Iced Tea	Bacardi Cocktail	B-52
예제 13	Sidecar	Gochang	Pousse Café
예제 14	Puppy Love	Tequila Sunrise	Whiskey Sour
예제 15	Negroni	New York	Piña Colada
예제 16	Moscow Mule	Margarita	Jindo

4 조주기능사 레시피 최종 확인

번호	칵테일	기법	글라스	재료	가니쉬
1	Pousse Café				
2	B-52				
3	Dry Martini				
4	Manhattan				
5	Boulevardier				
6	고창				
7	Negroni				
8	Black Russian				
9	Rusty Nail				
10	Old Fashioned				
11	Cuba Libre				
12	Seabreeze				
13	Moscow Mule				

번호	칵테일	기법	글라스	재료	가니쉬
14	Long Island Iced Tea				
15	Kir				
16	Fresh Lemon Squash				
17	Tequila Sunrise				
18	Apple Martini				
19	Cosmopolitan				
20	Daiquiri				
21	Bacardi Cocktail				
22	New York				
23	Margarita				
24	Honeymoon Cocktail				
25	Sidecar				
26	Brandy Alexander				
27	Grasshopper				

번호	칵테일	기법	글라스	재료	가니쉬
28	Apricot Cocktail				
29	June Bug				
30	진도				
31	힐링				
32	금산				
33	풋사랑				
34	Gin Fizz				
35	Whiskey Sour				
36	Singapore Sling				
37	Blue Hawaiian				
38	Piña Colada				
39	Mai-Tai				
40	Virgin Fruit Punch				

저자 소개

박해나

- 스페인 부르고스 대학원 [와인과 문화(La Cuitura del Vino)] 전공 공식 석사
- 2022 스페인 와인 CAVA 논문 공모전 우승

  [논문 주제: The future of Cava in an international context; a case study of the South Korean market]

- 제주 칵테일 바 운영
- 서울시 청담, 한남, 삼성 등 클래식 바 매니저 역임
- 관광고등학교 등 조주기능사 방과 후 활동 교사
- 칵테일, 위스키 등 식음료 전문 분야 : 기업 특강 및 학교 강의 다수

- E-mail ; bebida365@naver.com

사 주만에 **다** 끝내는 **리** 얼 합격 문제집

조주기능사 실기시험

이 책의 특장점

☑ 실전시험에 필요한 실기재료 정리 및 상세 설명

☑ 조주기법과 정확한 칵테일 레시피 수록

☑ 실기시험 과제 레시피마다 저자의 합격 Tip 비법 전수

☑ 새로운 출제기준안에 따른 실전 모의실습 제공

쇼핑몰 http://www.cmass21.net/
블로그 http://blog.naver.com/bosungabi